冲压、注塑成型工艺及模具技术

主　编　袁小江　于　丹
副主编　王　娟

清華大学出版社
北　京

内容简介

本书针对冲压、注塑成型工艺及模具技术的应用，较为全面、系统地阐述了冲压、注塑成型工艺的基本原理、主要结构特点，以及相应的模具结构设计与制造工艺，内容涵盖冲裁、弯曲、拉深、连续冲压成型工艺与模具设计、注塑成型工艺与模具设计、模具制造技术等。本书在保证冲压、注塑成型工艺与模具技术知识完整性和系统性的同时，突出体现了成型工艺与模具技术的应用，以项目载体将知识连接起来，以实用性和针对性为原则，注重知识和技能与应用之间的关系。每个项目都以企业实际应用的课题为载体，通过项目实施的过程，将理论知识贯穿起来，重点体现知识的应用。

本书可作为职业教育模具类专业教材，也可作为相关专业的辅助教材以及工程技术人员的参考书。

本书封面贴有清华大学出版社防伪标签，无标签者不得销售。
版权所有，侵权必究。举报：010-62782989，beiqinquan@tup.tsinghua.edu.cn。

图书在版编目(CIP)数据

冲压、注塑成型工艺及模具技术/袁小江，于丹主编. —北京：清华大学出版社，2022.12
ISBN 978-7-302-59956-2

Ⅰ. ①冲… Ⅱ. ①袁… ②于… Ⅲ. ①冲压—成型 ②冲模—设计 ③塑料成型 ④注塑—塑料模具—设计 Ⅳ. ①TG38 ②TQ320.66

中国版本图书馆CIP数据核字(2022)第019803号

责任编辑：颜廷芳
封面设计：刘艳芝
责任校对：袁　芳
责任印制：刘海龙

出版发行：清华大学出版社
网　　址：http://www.tup.com.cn，http://www.wqbook.com
地　　址：北京清华大学学研大厦A座　　**邮　　编**：100084
社 总 机：010-83470000　　**邮　　购**：010-62786544
投稿与读者服务：010-62776969，c-service@tup.tsinghua.edu.cn
质量反馈：010-62772015，zhiliang@tup.tsinghua.edu.cn
课件下载：http://www.tup.com.cn，010-83470410
印 装 者：三河市龙大印装有限公司
经　　销：全国新华书店
开　　本：185mm×260mm　　**印　　张**：16.75　　**字　　数**：385千字
版　　次：2022年12月第1版　　**印　　次**：2022年12月第1次印刷
定　　价：52.00元

产品编号：090143-01

前言

FOREWORD

目前国内的模具技术水平飞速发展，随着冲压、注塑两大种类模具相关工艺的深入研究和发展，新技术、新工艺大量应用。为了更好地满足职业技术教育教学改革与发展的需要，克服原有教材内容和形式陈旧、实用性不强等缺点，编者编写本书时借鉴了国内外职业教育研究的成果，整理、总结了教学资料，创新了教学方法、手段和培养模式，本书出版前已经过多轮的实际使用与修正。

为适应职业教育人才的培养，本书在保证科学性、理论性和系统性的同时，重点突出了实用性、针对性和综合性，侧重于成型工艺与模具设计的实际应用能力的培养。本书以企业真实项目为载体实施教学过程，将知识在项目实施过程中进行展现。

本书共分3篇，包含9个项目。第1篇为冲压成型工艺与模具设计，其内容包括管夹冲裁成型工艺与模具设计、封板零件弯曲成型工艺与模具设计、变流漏斗拉深成型工艺与模具设计、端盖零件成型工艺与模具设计、扣板零件连续成型工艺与模具设计5个项目；第2篇为注塑成型工艺与模具设计，其内容包括GMC汽车标志注塑成型工艺与模具设计、支架零件注塑成型工艺与模具设计2个项目；第3篇为模具制造技术，其内容包括冲孔凹模镶块零件加工、动模型芯零件加工2个项目。本书以企业真实、典型的零件成型工艺与模具设计的项目为载体，由简单到复杂、由浅入深地讲解了冲压与注塑成型的主要工艺过程与模具结构设计及模具制造技术。

本书由无锡科技职业学院袁小江、无锡技师学院于丹担任主编，由连云港职业技术学院王娟担任副主编，江苏城市职业学院朱云开参编。全书由袁小江和于丹统稿和整理。

本书的编写过程中得到了无锡模具工业协会众多会员理事单位的支持和帮助，同时得到了很多兄弟院校的支持和帮助，在此表示衷心的感谢。

由于编者水平有限，疏漏和不足之处在所难免，敬请广大读者批评、指正。

编　者

2022年6月

目 录

CONTENTS

第1篇 冲压成型工艺与模具设计

项目1 管夹冲裁成型工艺与模具设计 …… 3

1.1 项目分析 …… 3
1.2 理论知识 …… 4
1.2.1 冲压设备 …… 4
1.2.2 冲压基本工序 …… 9
1.2.3 冲裁成型工艺 …… 12
1.2.4 冲裁模主要零部件结构设计 …… 27
1.2.5 复合模具结构 …… 45
1.3 项目实施 …… 47
1.3.1 成型工艺分析 …… 47
1.3.2 模具设计 …… 48
拓展练习 …… 50

项目2 封板零件弯曲成型工艺与模具设计 …… 51

2.1 项目分析 …… 51
2.2 理论知识 …… 52
2.2.1 弯曲工艺分析 …… 52
2.2.2 弯曲件的工艺性 …… 53
2.2.3 弯曲件展开尺寸计算 …… 56
2.2.4 弯曲回弹与对策 …… 58
2.2.5 弯曲时的偏移 …… 62
2.2.6 常见弯曲模的结构 …… 63
2.3 项目实施 …… 67
2.3.1 成型工艺分析 …… 67

2.3.2 模具设计 …… 67
拓展练习 …… 68

项目3 变流漏斗拉深成型工艺与模具设计 …… 69

3.1 项目分析 …… 69
3.2 理论知识 …… 70
3.2.1 拉深变形过程 …… 70
3.2.2 拉深零件的主要质量问题 …… 72
3.2.3 拉深件毛坯尺寸计算 …… 74
3.2.4 拉深系数与拉深次数 …… 76
3.2.5 拉深模工作部分结构参数确定 …… 82
3.2.6 常见拉深模具结构 …… 86
3.3 项目实施 …… 88
3.3.1 成型工艺分析 …… 88
3.3.2 模具设计 …… 89
拓展练习 …… 90

项目4 端盖零件成型工艺与模具设计 …… 91

4.1 项目分析 …… 91
4.2 理论知识 …… 92
4.2.1 胀形 …… 92
4.2.2 翻边 …… 94
4.2.3 缩口 …… 98
4.2.4 校平与整形 …… 98
4.3 项目实施 …… 100
4.3.1 成型工艺分析 …… 100
4.3.2 模具设计 …… 100
拓展练习 …… 101

项目5 扣板零件连续成型工艺与模具设计 …… 102

5.1 项目分析 …… 102
5.2 理论知识 …… 103
5.2.1 连续模的排样设计 …… 103
5.2.2 连续模常用定距方式 …… 108
5.2.3 导料装置 …… 110
5.2.4 凸、凹模设计 …… 111
5.2.5 卸料装置的设计 …… 114
5.2.6 自动送料装置 …… 114

5.2.7 安全检测装置 …… 115
5.3 项目实施 …… 116
5.3.1 成型工艺分析 …… 116
5.3.2 模具设计 …… 117
拓展练习 …… 118

第2篇 注塑成型工艺与模具设计

项目6 GMC汽车标志注塑成型工艺与模具设计 …… 121
6.1 项目分析 …… 121
6.2 理论知识 …… 122
6.2.1 塑料的组成与工艺特性及常用塑料简介 …… 122
6.2.2 注塑成型原理与注塑件的工艺特性 …… 134
6.2.3 型腔布局与分型面设计 …… 147
6.2.4 浇注系统与排气系统设计 …… 152
6.2.5 成型零件设计 …… 170
6.2.6 结构零部件设计 …… 178
6.2.7 脱模机构设计 …… 184
6.2.8 温度调节系统设计 …… 196
6.2.9 注塑模与注塑机 …… 200
6.3 项目实施 …… 205
6.3.1 成型工艺分析 …… 205
6.3.2 模具设计 …… 206
拓展练习 …… 207

项目7 支架零件注塑成型工艺与模具设计 …… 208
7.1 项目分析 …… 208
7.2 理论知识 …… 209
7.2.1 侧向分型与抽芯机构分类 …… 209
7.2.2 机动侧向分型与抽芯机构 …… 210
7.2.3 液压与气动侧抽机构 …… 219
7.3 项目实施 …… 220
7.3.1 成型工艺分析 …… 220
7.3.2 模具设计 …… 220
拓展练习 …… 222

第3篇 模具制造技术

项目8 冲孔凹模镶块零件加工 …… 225
8.1 项目分析 …… 225

8.2 理论知识 …… 226
8.2.1 模具制造的要求与特点 …… 226
8.2.2 模具制造工艺规程 …… 227
8.2.3 模具零件的工艺分析 …… 231
8.2.4 模具零件的普通机械加工 …… 232
8.2.5 模具零件电火花线切割加工 …… 236
8.3 项目实施 …… 240
8.3.1 制造工艺分析 …… 240
8.3.2 制造工艺卡编制 …… 240
拓展练习 …… 241

项目9 动模型芯零件加工 …… 242

9.1 项目分析 …… 242
9.2 理论知识 …… 243
9.2.1 电火花成型加工 …… 243
9.2.2 数控加工 …… 248
9.2.3 模具装配 …… 251
9.3 项目实施 …… 257
9.3.1 制造工艺分析 …… 257
9.3.2 制造工艺卡编制 …… 258
拓展练习 …… 259

参考文献 …… 260

第1篇

冲压成型工艺与模具设计

项目1

管夹冲裁成型工艺与模具设计

1. 了解冲压成型工艺的基本特点。
2. 了解冲压设备与冲压成型的基本工序。
3. 能分析并划分简单冲裁件的工艺与工序。
4. 能确定合理的常用冲压材料的冲裁间隙、刃口搭边值等参数。
5. 能计算冲裁模具的凸、凹模刃口尺寸与冲裁力、压力中心等参数。
6. 能设计简单冲压件的单工序冲裁模具与复合冲裁模具结构。

1.1 项目分析

1. 项目介绍

管夹零件结构尺寸如图1-1所示。材料为不锈钢4301，材料厚度为$t=1.0$mm。管夹零件的结构不是很复杂，具有冲压产品冲裁成型工艺的典型特点，零件的形状轮廓比较规则，在开口处的尺寸为$17^{+0.1}_{0}$mm、$\phi(18.2\pm0.2)$mm、(31 ± 0.2)mm，具有一定的精度要求，其他尺寸精度要求较低。管夹零件的尺寸既有公差要求的尺寸，也有未注公差的尺寸，项目载体零件比较简单，便于初步学习掌握冲压、冲裁工艺的基本知识。

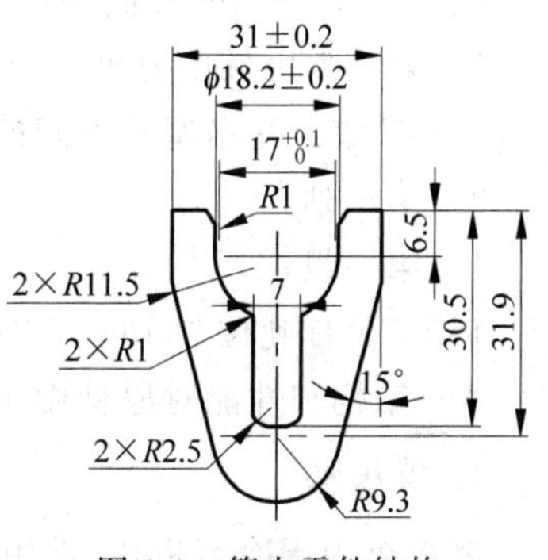

图1-1　管夹零件结构

2. 项目基本流程

根据管夹零件的结构特点，零件主要针对落料的冲裁成型工艺，采用单工序模具结构的形式，介绍冲压工艺中基础冲裁工艺的知识。通过理论知识的学习，并结合目前相关企业的实际生产状况，设计比较合理的模具结构，实现管夹零件的成型工艺与模具设计。通过管夹零件冲裁成型工艺分析与模具结构设计的结合，了解冲压件通用的冲压设备；分析冲压基本工序及冲裁成型工艺的常规应用；确定管夹零件合理的冲裁间隙、刃口搭边尺寸等参数；计算出冲裁成型工艺时的刃口尺寸、冲裁力、压力中心等参数，设计典型冲裁件的冲裁成型工艺的模具结构。

1.2 理论知识

冲压成型是利用安装在压力机上的模具对材料施加压力，使其产生分离或塑性变形，从而获得所需要零件（常称为冲压件）的一种压力加工方法。这种冲压成型工艺通常是在室温下进行生产加工的，所以常称为冷冲压，即材料与模具不进行加热。但也并不是绝对的，某些特殊的情况下也可以对材料在加热状态下生产加工。

冲压成型工艺不仅可以加工金属材料，而且可以加工非金属材料。冲压成型工艺所使用的模具称为冲压模具，冲压模具是将材料加工成所需要的冲压件的一种工艺过程装备。先进的冲压成型工艺需要通过先进的模具技术来实现。

1.2.1 冲压设备

冲压加工中常用的压力机分别为锻压机械中的一类，锻压机械的基本型号是由一个大写字母和几个阿拉伯数字组成，其中字母代表压力机的类别，其分类见表1-1。机械压力机为常用冲压设备的一种，按其结构形式和使用条件不同，冲压设备压力机主要有曲柄压力机和油压机，其中曲柄压力机属于机械压力机，以曲柄压力机最为常用。冲压设备根据自动化程度也可以分为普通压力机、数控压力机、自动压力机等。

表 1-1 压力机分类

类别名称	拼音代号	类别名称	拼音代号
机械压力机	J	锻机	D
液压压力机	Y	剪切机	Q
自动压力机	Z	弯曲校正机	W
锤	C	其他	T

例如，JA31—160A 曲柄压力机型号的意义如下。

J—第一类机械压力机；

A—参数与基本型号不同的第一种变型；

3—第三列；

1—第一组；

160—公称吨位为 160t；

A—结构和性能对原型做了第一次改进。

1. 剪板机

剪板机用于冷剪板料，常用于下料工序，将尺寸较大的板料或成卷的带料按零件排样尺寸的要求裁剪成所需宽度的条料。剪板机分为平刃和斜刃两类，其中平刃剪板机应用较多，如图1-2所示。平刃剪板机是特殊的曲柄压力机，工作时，上、下刀片的整个刀刃同时与板材接触，所需要剪切力较大，剪切质量较好。

剪板机的代号为Q，其规格型号按所能剪裁的板料的宽度和厚度来表示。如：Q11—6×2000剪板机，表示可剪裁板料最大尺寸（厚×宽）为6mm×2000mm。

图1-2　平刃剪板机

2. 曲柄压力机

曲柄压力机是以曲柄连杆机构作为主传动结构的机械式压力机，它是冲压加工中应用最广泛的一种压力机，能完成各种冲压工序，如冲裁、弯曲、拉深、成型等。常用曲柄压力机根据床身的结构又可以分为开式压力机和闭式压力机两类。图1-3所示为开式单点压力机，图1-4所示为闭式双点压力机。

图1-3　开式单点压力机

图1-4　闭式双点压力机

1）曲柄压力机的工作原理

以开式压力机为例，其压力机的运动原理如图1-5所示。其工作原理是：电动机通过V形带把运动传递给大带轮，再经过小齿轮、大齿轮传递给曲轴。连杆上端装在曲轴上，下端与滑块连接，把曲轴的旋转运动变为滑块的直线往复运动。滑块运动的最高位置称为上止点位置，最低位置称为下止点位置。冲压模具的上模装在滑块上，下模装在垫板（或工作台）上。因此，当板料放在上、下模之间时，滑块向下移动进行冲压，即可获得工件。在使用压力机时，电动机始终在不停地运转，但由于生产工艺的需要，滑块有时运动，有时停止，因此装有离合器和制动器。普通压力机在整个工作周期内进行工艺操作的时间很短，大部分是无负荷的空行程时间。为了使电动机的负荷均匀并有效地利用能量，因而装有飞轮。大带轮同时起飞轮的作用。

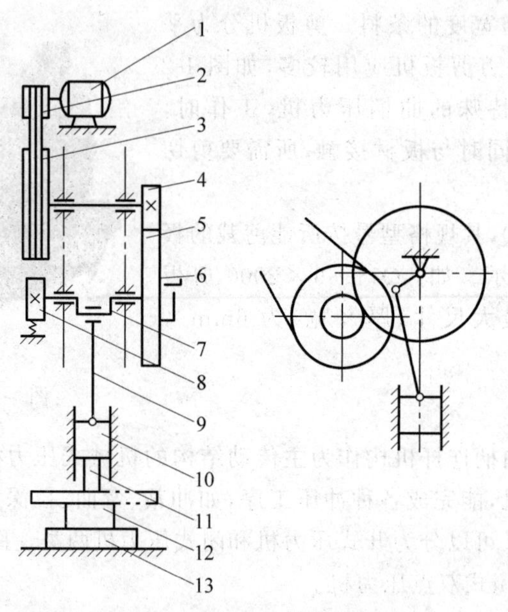

图 1-5 压力机的运动原理图

1—电动机；2—小带轮；3—大带轮；4—小齿轮；5—大齿轮；6—离合器；7—曲轴；8—制动器；9—连杆；10—滑块；11—上模；12—下模；13—垫板

2）曲柄压力机的主要类型

可以按照不同的分类方式对曲柄压力机进行分类。

(1) 按照床身结构可以分为开式压力机和闭式压力机两种。开式压力机床身的前面、左面和右面 3 个方向完全敞开，具有安装模具和操作方便的特点，但床身呈 C 字形，刚性较差。闭式压力机床身两侧封闭，只能在前后方向操作，具有机床刚性好、适用于一般要求的大中型压力机和精度要求较高的轻型压力机等特点。

(2) 按照连杆数目可分为单点压力机、双点压力机和四点压力机。单点压力机只有一个连杆，而双点压力机和四点压力机分别有 2 个和 4 个连杆。

(3) 按照滑块数目分为单动压力机、双动压力机和三动压力机。双动压力机和三动压力机主要用于复杂工件的拉深。

(4) 按传动方式可分为上传动压力机和下传动压力机两种。

(5) 按照工作台结构可分为固定式压力机、可倾式压力机和升降台压力机三种，其中固定式压力机最为常用。

(6) 按滑块行程是否可调分为曲柄压力机和偏心压力机，二者的不同之处在于其滑块行程是否可以适当调节。

曲柄压力机是使用最广泛的一种冲压设备，具有精度高、刚性好、生产效率高、工艺性能好、操作方便、易实现机械化和自动化生产等多种优点。在曲柄压力机上几乎可以完成所有冲压工序。因此，各国均大力发展曲柄压力机，新型压力机不断涌现，将数控技术引入压力机操纵控制系统，使其操作更加方便，自动化程度大大提高。但是，由于曲柄压力机的机身是敞开式结构，其机床刚性较差，故一般适用于公称压力 1000kN 以下的小型压力机。而 1000～3000kN 的中型压力机和 3000kN 以上的大型压力机，大多采用闭式压力机。闭式压力机的操作空间只能从前后方向接近模具，但机床刚性较强，精度较高。

3）曲柄压力机的主要技术参数

常用开式双柱可倾式压力机的规格型号与技术参数见表 1-2。

表 1-2 开式双柱可倾式压力机的规格型号与技术参数

<table>
<tr><th>型 号</th><th>公称压力/kN</th><th>滑块行程/mm</th><th>行程次数/(次/min)</th><th>最大闭合高度/mm</th><th>连杆调节长度/mm</th><th>工作台尺寸(前后×左右)/(mm×mm)</th><th>电动机功率/kW</th><th>模柄孔尺寸/mm</th></tr>
<tr><td>J23—10A</td><td>100</td><td>60</td><td>145</td><td>180</td><td>35</td><td>240×360</td><td>1.1</td><td rowspan="2">$\phi30\times50$</td></tr>
<tr><td>J23—16</td><td>160</td><td>55</td><td>120</td><td>220</td><td>45</td><td>300×450</td><td>1.5</td></tr>
<tr><td>J23—25</td><td>250</td><td>65</td><td>55/105</td><td>270</td><td>55</td><td>370×560</td><td>2.2</td><td rowspan="7">$\phi50\times70$</td></tr>
<tr><td>JD23—25</td><td>250</td><td>10～100</td><td>55</td><td>270</td><td>50</td><td>370×560</td><td>2.2</td></tr>
<tr><td>J23—40</td><td>400</td><td>80</td><td>45/90</td><td>330</td><td>65</td><td>460×700</td><td>5.5</td></tr>
<tr><td>JC23—25</td><td>400</td><td>90</td><td>65</td><td>210</td><td>50</td><td>380×630</td><td>4</td></tr>
<tr><td>J23—63</td><td>630</td><td>130</td><td>50</td><td>360</td><td>80</td><td>480×710</td><td>5.5</td></tr>
<tr><td>JB23—63</td><td>630</td><td>100</td><td>40/80</td><td>400</td><td>80</td><td>570×860</td><td>7.5</td></tr>
<tr><td>JC23—63</td><td>630</td><td>120</td><td>50</td><td>360</td><td>80</td><td>480×710</td><td>5.5</td></tr>
<tr><td>J23—80</td><td>800</td><td>130</td><td>45</td><td>380</td><td>90</td><td>540×800</td><td>7.5</td><td rowspan="7">$\phi60\times75$</td></tr>
<tr><td>JB23—80</td><td>800</td><td>115</td><td>45</td><td>417</td><td>80</td><td>480×720</td><td>7</td></tr>
<tr><td>J23—100</td><td>1000</td><td>130</td><td>38</td><td>480</td><td>100</td><td>710×1080</td><td>10</td></tr>
<tr><td>J23—100A</td><td>1000</td><td>16～140</td><td>45</td><td>400</td><td>100</td><td>600×900</td><td>7.5</td></tr>
<tr><td>JA23—100</td><td>1000</td><td>150</td><td>60</td><td>430</td><td>120</td><td>710×1080</td><td>10</td></tr>
<tr><td>JB23—100</td><td>1000</td><td>150</td><td>60</td><td>430</td><td>120</td><td>710×1080</td><td>10</td></tr>
<tr><td>J23—125</td><td>1250</td><td>130</td><td>38</td><td>480</td><td>110</td><td>710×1080</td><td>10</td></tr>
<tr><td>J13—160</td><td>1600</td><td>200</td><td>40</td><td>570</td><td>120</td><td>900×1360</td><td>15</td><td>$\phi70\times80$</td></tr>
</table>

曲柄压力机主要技术参数如下。

(1) 公称压力。曲柄压力机的公称压力是指滑块离下止点前某个特定距离或曲柄旋转到离下止点前某个特定角度时，滑块上所允许承受的最大作用力。例如 J31—315 型压力机的公称压力为 3150kN，它是指滑块离下止点前 10.5mm 或曲柄旋转到离下止点前 20°时，滑块上所允许承受的最大作用力。公称压力是压力机的一个主要技术参数，我国压力机的公称压力已经系列化。

(2) 滑块行程。滑块行程是指滑块从上止点到下止点所经过的距离，其大小随工艺用途和公称压力的不同而不同。例如，冲裁用的压力机行程较小，拉伸用的压力机行程较大。

(3) 行程次数。行程次数是指滑块每分钟从上止点到下止点,然后再回到上止点所往复的次数。一般小型压力机和用于冲裁的压力机行程次数较多,大型压力机和用于拉伸的压力机行程次数较少。

(4) 闭合高度。闭合高度是指滑块在下止点时,滑块下平面到工作台上平面的距离。当闭合高度调节装置将滑块调整到最上位置时,闭合高度最大,称为最大闭合高度;当滑块调整到最下位置时,闭合高度最小,称为最小闭合高度。闭合高度从最大到最小可以调节的范围称为闭合高度调节量。

(5) 装模高度。当工作台面上装有工作垫板,并且滑块在下止点时,滑块下平面到垫板上平面的距离称为装模高度。在最大闭合高度状态时的装模高度称为最大装模高度,在最小闭合高度状态时的装模高度称为最小装模高度。装模高度与闭合高度之差为垫板厚度。

(6) 连杆调节长度。连杆调节长度又称为装模高度调节量。曲柄压力机的连杆通常做成两部分,使其长度可以调整。通过改变连杆长度可以改变压力机的闭合高度,以适应不同闭合高度模具的安装要求。

除上述主要参数外,还有工作台尺寸、模柄孔尺寸等参数。

3. 油压机

图 1-6 所示为常见的万能油压机。其工作原理为电动机带动液压泵向液压缸输送高压油,推动活塞或柱塞带动活动横梁做上下方向的往复运动。模具安装在活动横梁和工作台上,能够完成弯曲、拉深、翻边、整形等冲压工序;油压机工作行程长,在整个行程中都能承受公称载荷,但其工作效率低,如果不采取特殊措施,一般不能用于冲裁工序。

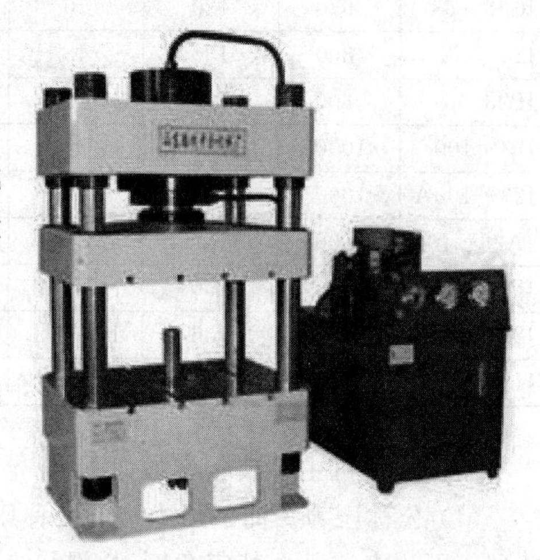

图 1-6 万能油压机

4. 冲压设备的选用

冲压设备的选择主要包括选择压力机的类型和确定压力机的规格。

1) 设备类型的选择

冲压设备的类型较多,其刚度、精度、用途各不相同,应根据冲压工艺的性质、生产批量、模具大小、制件精度等正确选用。

对于中小型的冲裁件、弯曲件或拉深件的生产,主要应采用开式机械压力机。虽然开式压力机的刚性差,在冲压力的作用下床身的变形能够破坏冲裁模的间隙分布、降低模具的寿命或冲裁件的表面质量。可是,由于它提供了极为方便操作的条件和非常容易安装机械化附属装置的特点,使它成为目前中、小型冲压设备的主要形式。

对于大中型冲裁件的生产多采用闭式结构形式的机械压力机,其中有一般用途的通用压力机,也有台面较小而刚性大的专用挤压压力机、精压机等。因为双动拉深压力机可使所用模具结构简单，调整方便。所以在大型拉深件的生产中，应尽量选用双动拉深压力机。

在小批量生产中，尤其是大型厚板冲压件的生产中，多采用液压机。液压机没有固定的行程，不会因为板料厚度变化而超载，而且在需要很大的施力行程加工时，与机械压力机相比具有明显的优点。但是，液压机的速度慢，生产效率低，而且零件的尺寸精度有时因受到操作因素的影响而不十分稳定。

2）设备规格选择

确定压力机的规格时应遵循以下原则。

(1）压力机的公称压力必须大于冲压工序所需压力，当冲压行程较长时，还应注意在全部工作行程上，压力机许可压力曲线应高于冲压变形力曲线。

(2）压力机滑块行程应满足制件在高度上能获得所需尺寸，并在冲压工序完成后能顺利地从模具上取出来。对于拉深件，行程应大于制件高度两倍以上。

(3）压力机的行程次数应符合生产率和材料变形速度的要求。

(4）压力机的闭合高度、工作台面尺寸、滑块尺寸、模柄孔尺寸等都能满足模具正确安装要求。对于曲柄压力机，模具的闭合高度与压力机闭合高度之间要符合如下公式。

$$H_{max} - H_1 - 5 \geqslant H \geqslant H_{min} - H_1 + 10$$

式中，H 为模具闭合高度，mm；H_{max} 为压力机的最大闭合高度，mm；H_{min} 为压力机的最小闭合高度，mm；H_1 为压力机的垫板厚度，mm。

工作台尺寸一般应大于模具下模座 50～70mm，以便于安装。垫板孔径应大于制件或废料的投影尺寸，以便于漏料。模柄尺寸或加衬套应与模柄孔尺寸相符。

1.2.2　冲压基本工序

冲压工序是指一个或一组人，在一个工作地点对同一个或同时对几个冲压件所连续完成的那一部分冲压工艺过程。一个冲压件往往需要经过多道冲压工序才能完成，由于冲压件的形状、尺寸、精度、生产批量、原材料等的不同，其冲压工序也是多样的，但大致可分为分离工序和成型工序两大类。

分离工序是指在冲压过程中，使冲压工序与板料沿一定的轮廓线相互分离的工序。例如切断、落料、冲孔等。

成型工序（也称塑性成型）是指材料在不破裂的条件下产生塑性变形，从而获得一定形状、尺寸和精度要求的零件的工序。例如弯曲、拉深、成型、冷挤压等。

在冲压的一次行程过程中，只能完成一个冲压工序的模具称为单工序模具。在冲压的一次行程过程中，在不同的工位上同时完成两道或两道以上冲压工序的模具称为级进模具。在冲压的一次行程过程中，在同一工位上完成两道以上冲压工序的模具称为复合模具。

常用冲压工序名称及特点见表 1-3 和表 1-4。

表 1-3 分离工序

工序名称	工序简图	特点与应用
落料	废料 零件	将材料沿封闭轮廓分离，被分离下来的部分大多是平板形的零件或工序件
冲孔	零件 废料	将废料沿封闭轮廓从材料或工序件上分离下来，从而在材料或工序件上获得需要的孔
切断	零件	将材料沿敞开轮廓分离，被分离的材料成为零件或工序件
冲缺	F	将材料从工件外围周边上分离出废料，获得工件需要的槽或缺口形状
切舌		将材料沿敞开轮廓局部分离而不是完全分离，并使被局部分离的部分达到工件所要求的一定位置，不再位于分离前所处的平面上
切边		利用冲模修切成型工序件的边缘，使其具有一定直径、一定高度或一定形状
剖切		用剖切模将成型工序件分为多个，主要用于不对称零件的成双或成组冲压成型之后的分离

表 1-4 成型工序

工序名称	工 序 简 图	特点与应用
弯曲	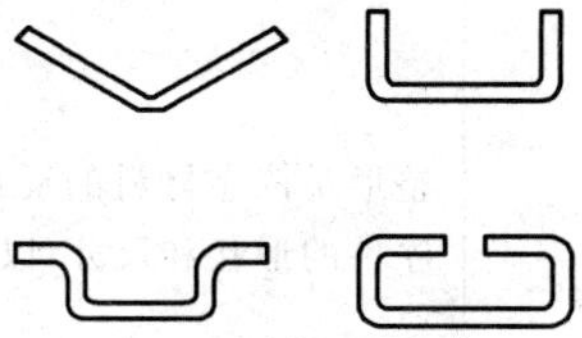	用弯曲模使材料产生塑性变形,从而弯成一定曲率、一定角度的零件。它可以加工各种复杂的弯曲件
卷边	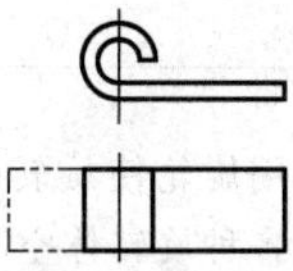	将工序件边缘卷成接近封闭圆形的状态,用于加工类似铰链的零件
拉弯	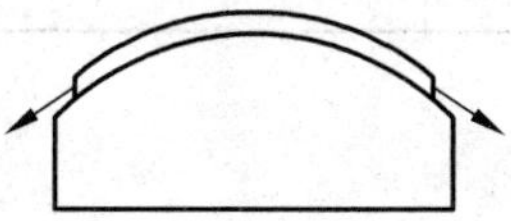	在拉力与弯矩共同作用下实现弯曲变形,使坯料的整个弯曲横断面全部受拉应力作用,从而提高弯曲件的精度
拉深	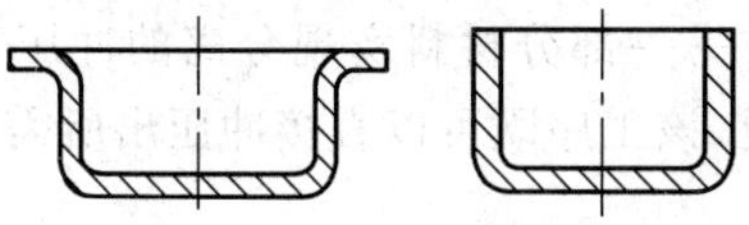	将平板形的坯料或工序件变为开口空心件,或把开口空心工序件进一步改变形状和尺寸成为开口空心件
变薄拉深	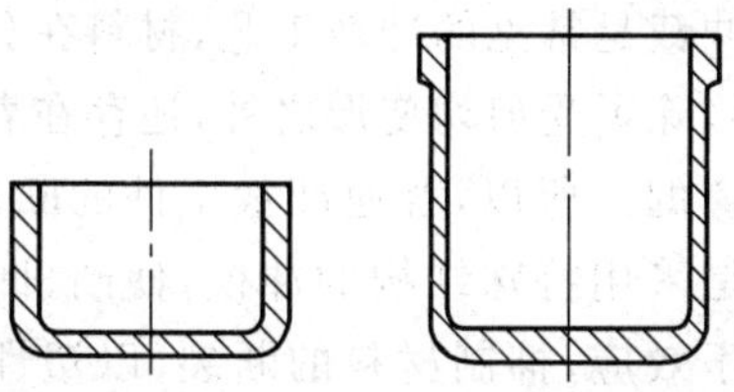	将拉深后的空心工序件进一步拉深,使其侧壁减薄、高度增大,以获得底部厚度大于侧壁厚度的零件
翻孔	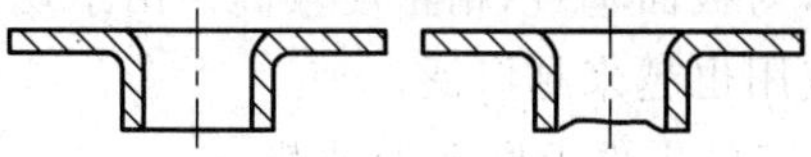	沿内孔周围将材料翻成竖边的形式,其直径比原内孔直径大
翻边	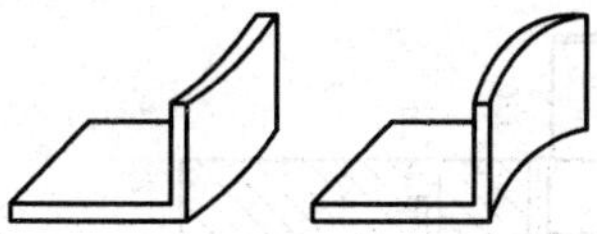	沿外形曲线周围翻成侧立短边的形式
胀形	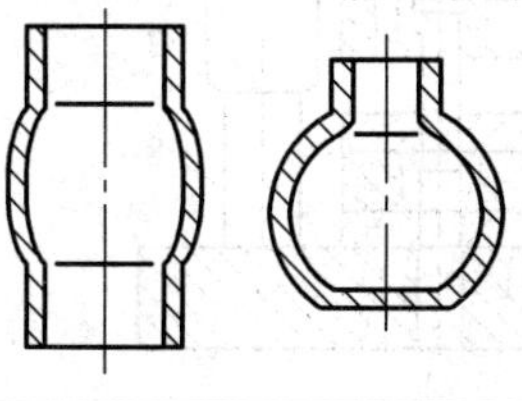	将空心工序件或管状件沿径向往外扩张,形成局部直径较大的零件
缩口、扩口	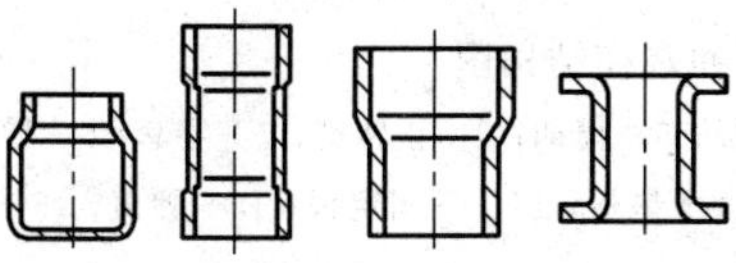	将空心工序件或管状件口部或中部加压使其直径缩小,形成口部或中部直径较小的零件;或将空心工序件或管状件敞开处向外扩张,形成口部直径较大的零件

续表

工序名称	工 序 简 图	特点与应用
整形		整形是依靠材料的局部变形，少量改变工序件的形状和尺寸，以保证工件的精度
旋压		用旋轮使旋转状态下的坯料逐步成型为各种旋转体空心件

1.2.3 冲裁成型工艺

冲裁是利用冲压模具使一部分材料与另一部分材料实现分离的冲压工艺方法，是冲压加工方法中的基础工序。冲裁应用广泛，该工序既可以直接冲压出所需的零件，又可以为其他冲压工序制备毛坯。

冲裁分为普通冲裁和精密冲裁，普通冲裁是常见的冲裁工艺，材料在分离时由于受到冲裁力的作用，在凸、凹模刃口之间的材料，除了受剪切变形之外，还存在着拉、弯、横向挤压等变形，材料最终是以撕裂形式实现分离的。所以，普通冲裁工件的断面比较粗糙，而且有一定的锥度，精度比较低。精密冲裁是采用特殊结构的冲模，使凸、凹模刃口处的材料受三向压应力的作用，形成很大的静水压效应，抑制材料的断裂，以塑性剪切变形状态使材料分离。精密冲裁零件的断面光洁，与板面垂直，精密度较高。由于现代工业对冲压件质量的要求越来越严格，精密冲裁的应用也越来越广泛。

图 1-7 所示为典型的冲裁模结构，可完成零件上圆孔的冲裁。

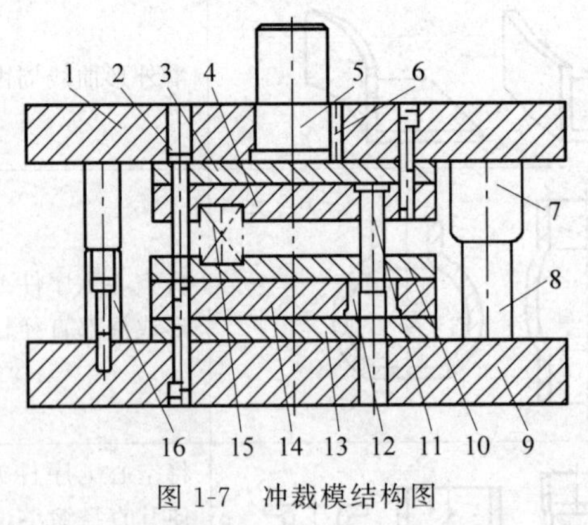

图 1-7 冲裁模结构图

1—上模座；2—卸料螺钉；3—上垫板；4—上固定板；5—模柄；6—止转销；7—导套；8—导柱；9—下模座；10—卸料板；11—凸模(冲头)；12—凹模镶件；13—下垫板；14—下固定板；15—弹簧；16—限位柱

1. 冲裁工艺及模具分类

1）冲裁工序分类

(1) 落料。从材料上沿封闭轮廓分离出工件，冲裁的目的是获取具有一定外形轮廓和尺寸的工件，这种冲裁工序称为落料。

(2) 冲孔。从工件上沿封闭轮廓分离出废料，冲裁的目的是获取一定形状和尺寸的内孔，则冲落部分成为废料，带孔部分即为工件，这种冲裁工序称为冲孔。

(3) 切断。从材料上沿不封闭的轮廓分离出工件的工序称为切断。

(4) 冲槽(冲缺)。从工件外围周边上分离出废料，获得工件需要的形状的工序称为冲槽(冲缺)。

(5) 切舌。从工件上沿敞开的轮廓局部分离材料，被分离的材料不再在分离前的平面上的工序称为切舌。

(6) 切边(修边)。将成型后的零件周边边缘与中间零件分离，使之达到一定尺寸或形状要求的工件，特别是一些复杂成型的零件，在成型后周边边缘的变形和偏移量很大、很不规则，所以需要进行切边以达到产品的要求。

(7) 剖切。将成型后的空心工序件分离成两个或两个以上工件的工序称为剖切。

2）冲裁模具分类

(1) 按冲裁工序组合程度分类，可分为单工序模、复合模、连续模(级进模)、组合冲模等。

(2) 按模具有无导向装置分类，可分为无导向(敞开式)冲裁模、有导向冲裁模。

(3) 按冲裁过程变形机理分类，可分为普通冲裁模、精密冲裁模、光洁冲裁模等。

(4) 按模具材料分类，可分为一般钢结构冲裁模、硬质合金冲裁模、聚氨酯和橡胶冲裁模、锌合金冲裁模等。

2. 冲裁过程

1）冲裁过程分析

图1-8所示是无压料板装置时金属板料的冲裁变形过程，当凸、凹模间隙正常时，其冲裁过程大致可以分为三个阶段。

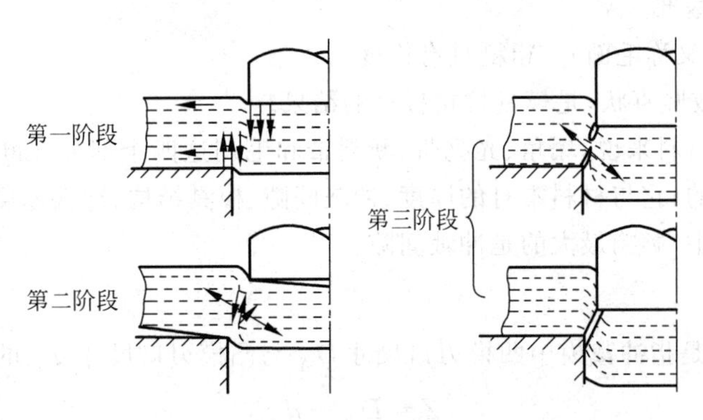

图1-8　冲裁变形过程

(1) 弹性变形阶段。凸模的压力作用使材料产生弹性压缩、弯曲和拉伸等变形,且部分被挤入凹模型孔内,此时,凸模下的材料略呈拱形,凹模上的材料略有上翘。间隙越大,拱形和上翘越严重。在这一阶段中,因材料内部的应力没有超过弹性极限,处于弹性变形状态,当凸模卸载后,材料即恢复原状。

(2) 塑性变形阶段。凸模继续下压,材料内的应力达到屈服点,材料开始产生塑性剪切变形,凸模挤入板料、板料挤入凹模,形成光亮的剪切断面。同时因凸、凹模间存在间隙,因此伴随材料的弯曲与拉伸变形(间隙越大,变形越大)。随着凸模的不断压入,材料变形抗力不断增加,硬化加剧,刃口附近产生应力集中,达到材料抗拉强度时,塑性变形阶段结束。

(3) 断裂分离阶段。当刃口附近应力达到材料破坏应力时,凸、凹模间的材料先后在靠近凹、凸模刃口侧面产生裂纹,并沿最大切应力方向往材料内层扩展,使材料分离。

2) 冲裁断面特征

对普通冲裁零件的断面作进一步的分析,可以发现这样的规律,零件的断面与零件平面并非完全垂直,而是带有一定的锥度;除光亮带以外,其余均粗糙无光泽,并有毛刺和塌角,如图 1-9 所示。观察所有普通冲裁零件的断面都具有明显的区域性特征,不同之处是各个区域的大小占整个断面的比例。冲裁断面上各区域如下。

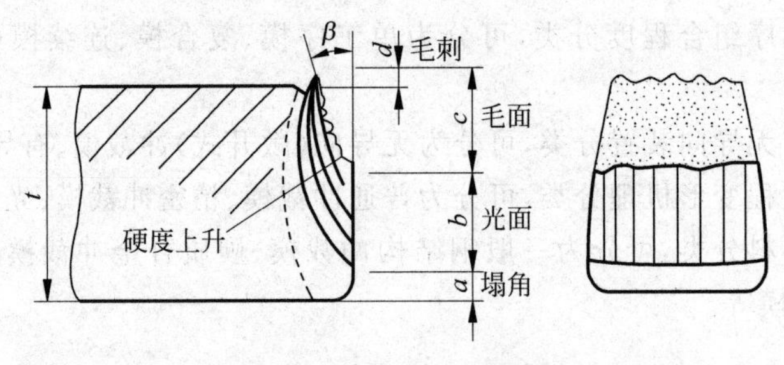

图 1-9　冲裁断面特征

(1) 塌角带(又称塌角)。其大小与材料塑性和模具间隙有关。

(2) 光亮带(又称光面)。光亮且垂直于端面,普通冲裁占整个断面的 1/3 以上。光面是制件测量的基准。

(3) 断裂带(又称毛面)。粗糙且有锥度。

(4) 毛刺。成竖直状,是模具拉挤板材的结果。

对于同一种材料来说,塌角、光亮带、断裂带和毛刺这四个部分在断面上所占的比例也不是固定不变的,它与材料本身的厚度、冲裁间隙、模具结构、冲裁速度及刃口锋利程度等因素有关。其中,影响最大的是冲裁间隙。

3. 冲裁间隙

冲裁间隙 Z 是指冲裁模中凹模刃口尺寸 D_A 与凸模刃口尺寸 d_T 的差值,即

$$Z = D_A - d_T$$

如图 1-10 所示,Z 表示双面间隙,单面间隙用 $Z/2$ 表示,如无特殊说明,冲裁间隙就是指双面间隙。Z 值可为正,也可为负,但在普通冲裁中均为正值。

1）冲裁间隙对冲裁工艺的影响

冲裁间隙对冲裁件质量、冲裁力和模具寿命均有很大影响，是冲裁工艺与冲裁模设计中的一个非常重要的工艺参数。

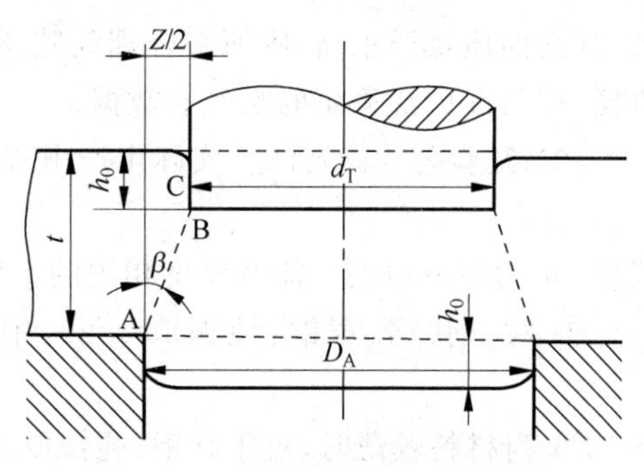

图 1-10 冲裁合理间隙的确定

(1) 冲裁间隙对冲裁件质量的影响。冲裁间隙是影响冲裁件质量的主要因素之一，详见前面“冲裁变形过程”部分的内容。

(2) 冲裁间隙对冲裁力的影响。随着间隙的增大，材料所受的拉应力增大，材料容易断裂分离，因此冲裁力减小。通常冲裁力的降低并不显著，当单边间隙在材料厚度的5%～20%时，冲裁力的降低不超过5%～10%。间隙对卸料力、推件力的影响比较显著。间隙增大后，从凸模上卸料和从凹模里推出零件都省力，当单边间隙达到材料厚度的15%～25%时，卸料力几乎为零。但若间隙继续增大，因为毛刺增大，将引起卸料力、顶件力迅速增大。

(3) 冲裁间隙对模具寿命的影响。模具寿命受各种因素的综合影响，间隙是影响模具寿命诸因素中最主要的因素之一。冲裁过程中，凸模与被冲的孔之间以及凹模与落料件之间均有摩擦，而且间隙越小，模具作用的压应力越大，摩擦也越严重。所以过小的间隙对模具寿命极为不利，而较大的间隙可使凸模侧面及材料间的摩擦减小，并减缓由于受到制造和装配精度的限制，出现间隙不均匀的不利影响，从而提高模具寿命。

2）冲裁间隙值的确定

由以上分析可见，冲裁间隙对冲裁件质量、冲裁力、模具寿命等都有很大影响，但很难找到一个固定的间隙值能同时满足冲裁件质量最佳、冲模寿命最长、冲裁力最小等各方面要求。因此，在冲压实际生产中，主要根据冲裁件断面质量、尺寸精度和模具寿命这三个因素综合考虑，给间隙规定一个范围值。只要间隙在这个范围内，就能得到质量合格的冲裁件和较长的模具寿命。这个间隙范围称为合理间隙 Z，这个范围的最小值称为最小合理间隙 Z_{min}，最大值称为最大合理间隙 Z_{max}。考虑到在生产过程中的磨损会使间隙变大，因此在设计与制造新模具时应采用最小合理间隙 Z_{min}。

确定合理间隙值有理论确定法和经验确定法两种。

(1) 理论确定法。主要是根据凸、凹模刃口产生的裂纹相互重合的原则进行计算。图 1-10 所示为冲裁过程中开始产生裂纹的瞬时状态，根据图中几何关系可求得合理间隙 Z 为

$$Z=2(t-h_0)\tan\beta=2t(1-h_0/t)\tan\beta$$

式中，t 为材料厚度；h_0 为产生裂纹时凸模压入材料的深度；h_0/t 为产生裂纹时凸模压入材料的相对深度；β 为剪切裂纹与垂线方向的夹角。

从上式可看出，合理间隙 Z 与材料厚度 t、凸模压入材料的相对深度 h_0/t 及裂纹角 β 有关，而 h_0/t 又与材料塑性有关，β 又与冲裁件断面质量有关。因此，影响冲裁间隙值的主要因素是冲裁件材料的性质、厚度和冲裁件断面的质量。材料厚度越厚、塑性越差的硬脆材料，其断面质量要求低，则所需合理间隙 Z 值就越大；材料厚度越薄、塑性越好的材

料，其断面质量要求高，则所需合理间隙 Z 值就越小。由于理论计算法在生产中使用不方便，故目前广泛采用的是经验数据。

(2) 经验公式确定法。实际生产中常应用以下经验公式来确定合理间隙值：

$$Z = mt$$

式中，m 为与材料的性能及厚度相关的系数，其值一般按不同的经验选取。

① 对于软钢、黄铜、纯铜取 1/20，中硬钢取 1/16，硬钢取 1/14，极硬钢取 1/12～1/10。

② 当材料较薄时，对于软钢、纯铁取 $m=6\%\sim9\%$，铜铝合金取 $m=6\%\sim10\%$，硬钢取 $m=8\%\sim12\%$。当材料厚度 $t>3$mm 时，可以适当放大系数 m，当断面质量没有特殊要求时，m 可以放大 1.5 倍。

(3) 查表法。查表法是企业中设计模具时普遍采用的一种方法。表 1-5 是一个经验数据表。表中Ⅰ类适用于断面质量和尺寸精度均要求较高的制件，但使用此间隙时，冲压力较大，模具寿命较低；Ⅱ类适用于一般精度和断面质量的制件，以及需要进一步塑性变形的坯料；Ⅲ类适用于精度和断面质量要求不高的制件，但模具寿命较高。由于各类间隙值之间没有绝对的界限，因此还必须根据冲件尺寸与形状、模具材料和加工方法，以及冲压方法、速度等因素酌情增减间隙值。例如：

① 在相同条件下，非圆形比圆形间隙大，冲孔比落料间隙大。

② 直壁凹模比锥口凹模间隙大。

③ 高速冲压时，模具易发热，间隙应增大，当行程次数超过 200 次/min 时，间隙值应增大 10%左右。

表 1-5 冲裁间隙分类及双边间隙值 $Z(t\%)$ 单位：mm

材　　料	双边间隙(t%)		
	Ⅰ类	Ⅱ类	Ⅲ类
低碳钢 08F、10F、10、20、Q235-A	6～14	14～20	20～25
中碳钢 45，不锈钢 1Cr18Ni9Ti、4Cr13，膨胀合金 4J29	7～16	16～22	22～30
高碳钢 T8A、T10A、65Mn	16～24	24～30	30～36
纯铝 1060、1050A、1035、1200，铝合金(软)3A21，黄铜(软)H62，纯铜(软)T1、T2、T3	4～8	9～12	13～18
黄铜(硬)H62，纯黄铜 Hbp59-1，纯铜(硬) T1、T2、T3	6～10	11～16	17～22
铝合金(硬)2A12、锡磷青铜 QSn4-4-2.5、铝青铜 QA17、铍青铜 QBe2	7～12	14～20	22～26
镁合金 MB1、MB8	3～5		
电工硅钢 D21、D31、D41	5～10	10～18	

注：① 表中所列数值适用于材料厚度 $t<10$mm 的金属材料，料厚 $t>10$mm 时，间隙应适当加大比值。

② 硬质合金模的冲裁间隙比表中所给值大 25%～30%。

③ 表中双边间隙分为三类，即较小合理间隙、中间合理间隙、较大合理间隙，根据实际情况进行选取。表中下限值为 Z_{min}，上限值为 Z_{max}。

④ 凸、凹的制造偏差和磨损均使间隙变大，故新设计模具应取较小合理间隙。

④ 冷冲比热冲间隙要大。

⑤ 冲裁热轧硅钢板比冷轧硅钢板的间隙大。

⑥ 用电火花加工的凹模，其间隙比用磨削加工的凹模小 0.5%～2%。

由于冲裁间隙对冲裁工艺的重大影响，我国于 2010 年制定了《冲裁间隙》国家标准(GB/T 16743—2010)。

4. 冲裁件的排样与搭边

1) 冲裁件的排样

在冲压零件的成本中，材料费用约占 60%以上，材料的经济利用具有非常重要的意义。冲压件在条料或板料上的布置方法称为排样。根据材料经济利用程度，排样方法可分为有废料、少废料和无废料排样三种。根据制件在条料上的布置形式，排样又可分为直排、斜排、直对排、混合排、多排等多种形式。

(1) 有废料排样法。如图 1-11(a)所示，沿制件的全部外形轮廓冲裁，在制件之间及制件与条料侧边之间都有工艺余料(或称搭边)存在。因留有搭边，所以制件质量和模具寿命较高，但材料的利用率降低了。

(2) 少废料排样法。如图 1-11(b)所示，沿制件的部分外形轮廓切断或冲裁，只在制件之间(或制件与条料侧边之间)留有搭边。

(3) 无废料排样法。无废料排样法就是无工艺搭边的排样，制件直接由切断条料获得，或称为无废料冲裁。图 1-11(c)是步距为两倍制件宽度的一模两件的无废料排样。

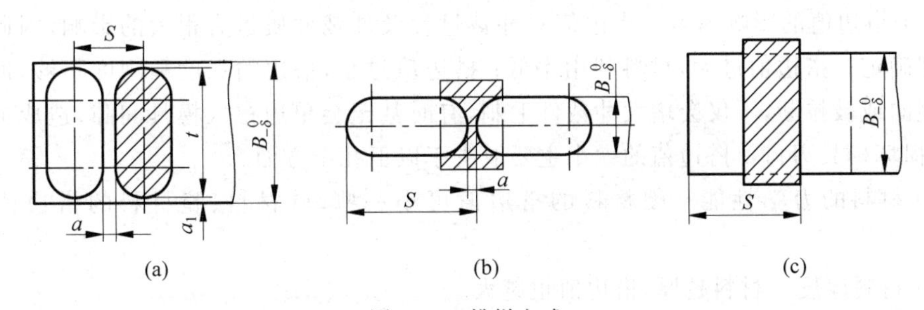

图 1-11 排样方式

有废料、少废料、无废料的排样方式，针对不同冲裁件的具体要求各有优缺点。实际生产中需要根据具体情况进行应用。如采用少废料或无废料排样法，材料利用率高，不但有利于一次冲程获得多个制件，而且可以简化模具结构、降低冲裁力，但是由于条料本身的公差以及条料导向与定位所产生的误差的影响，冲裁件的公差等级较低；同时，因模具单面受力(单边切断时)，不但会加剧模具的磨损，降低模具的寿命，而且也会直接影响冲裁件的断面质量。为此，排样时必须统筹兼顾、全面考虑。排样还可以进一步按冲裁件在条料上的布置方法加以分类，其主要形式见表 1-6。

2) 搭边

排样时冲裁件之间以及冲裁件与条料侧边之间留下的工艺废料称为搭边。搭边的作用是：补偿定位误差和剪板误差；增加条料刚度，方便条料送进，提高劳动生产率；避免冲裁时条料边缘的毛刺被拉入模具间隙，提高断面质量和模具寿命。

表 1-6 其他排样形式

排样形式	简图	排样形式	简图
直排		斜对排	
斜排		混合排	
直对排		多排	

(1) 搭边值的影响因素。搭边值对冲裁过程及冲裁件质量有很大的影响,因此一定要合理确定。搭边值过大,材料利用率低;搭边值过小,搭边的强度和刚度不够,冲裁时容易翘曲或被拉断,不仅会增大冲裁件毛刺,有时甚至会单边拉入模具间隙,造成冲裁力不均,损坏模具刃口。搭边值的大小主要取决于以下几个方面。

① 材料的力学性能。硬材料的搭边值可小一些,软材料、脆材料的搭边值要大一些。

② 材料厚度。材料越厚,搭边值也越大。

③ 冲裁件的形状与尺寸。零件外形越复杂,圆角半径越小,搭边值越需取大些。

④ 送料及挡料方式。用手工送料,有侧压装置的搭边值可以小一些;用侧刃定距比用挡料销定距的搭边值要小一些。

⑤ 卸料方式。弹性卸料比刚性卸料的搭边值小一些。

(2) 搭边值的确定。搭边值通常是根据经验值确定,表 1-7 所列搭边值为普通冲裁时的经验数据之一。

3) 条料宽度的确定

排样方式和搭边值确定后。条料的宽度和进距就可以设计出来。进距是每次将条料送入模具进行冲裁的距离。进距与排样方式有关,是决定挡料销位置的依据。条料宽度的确定与模具结构有关。确定的原则是:最小条料宽度要保证冲裁时工件周边有足够的搭边值;最大条料宽度能在冲裁时顺利地在导料板之间送进条料,并有一定的间隙。

表 1-7 搭边最小值 单位：mm

材料厚度 t	圆形件及 $r>2t$ 的工件		矩形工件边长 $L<50$		矩形工件边长 $L\geqslant 50$ 或 $r\leqslant 2t$ 的工件	
	工件间搭边值 a_1	侧搭边值 a	工件间搭边值 a_1	侧搭边值 a	工件间搭边值 a_1	侧搭边值 a
<0.25	1.8	2.0	2.2	2.5	2.8	3.0
0.25～0.50	1.2	1.5	1.8	2.0	2.2	2.5
0.5～0.8	1.0	1.2	1.5	1.8	1.8	2.0
0.8～1.2	0.8	1.0	1.2	1.5	1.5	1.8
1.2～1.6	1.0	1.2	1.5	1.8	1.8	2.0
1.6～2.0	1.2	1.5	1.8	2.0	2.0	2.2
2.0～2.5	1.5	1.8	2.0	2.2	2.2	2.5
2.5～3.0	1.8	2.2	2.2	2.5	2.5	2.8
3.0～3.5	2.2	2.5	2.5	2.8	2.8	3.2
3.5～4.0	2.5	2.8	2.5	3.2	3.2	3.5
4.0～5.0	3.0	3.5	3.5	4.0	4.0	4.5
5.0～12.0	$0.6t$	$0.7t$	$0.7t$	$0.8t$	$0.8t$	$0.9t$

(1) 有侧压装置时条料的宽度。有侧压装置的模具，能使条料始终沿基准导料板一侧送料，因此条料宽度可按下式计算，即

$$B = D + 2a$$

式中，B 为条料宽度的基本尺寸；D 为条料宽度方向零件轮廓的最大尺寸；a 为侧面搭边值。

(2) 无侧压装置时条料的宽度。无侧压装置的模具，其条料宽度应考虑在送料过程中因条料的摆动而使侧面搭边值减小。为了补偿侧面搭边值的减小部分，条料宽度应增加一个条料可能的摆动量 C（通常称为条料与模具导料板的间隙），故条料宽度为

$$B = D + 2a + C$$

式中，C 为条料与导料板的间隙。

不论是有侧压还是无侧压装置的条料宽度，根据实际条料生产的工艺，条料宽度的计算结果需要进行偏大圆整，例如计算得到的条料宽度为 121.24mm，则通常把条料宽度圆整为 122mm。

4) 材料利用率

冲裁件的实际面积与所使用材料面积的百分比称为材料利用率，通常一个步距内的

材料利用率可用下式表示，即

$$\eta=\frac{A}{BS}\times 100\%$$

式中，A 为一个步距内冲裁件的实际面积；S 为送料步距（相邻两个冲裁件对应点之间的距离）；B 为条料宽度。

材料利用率通常有净利用率和毛利用率两种情况。通常把冲裁件内部的废料（冲孔出的废料）不作为废料计算时为毛利用率。

5. 冲裁模凸、凹模刃口尺寸计算

在冲裁过程中，凸、凹模的刃口尺寸及制造公差直接影响冲裁件的尺寸精度。合理的冲裁间隙也要依靠凸、凹模刃口尺寸的准确性来保证。因此，正确地确定冲裁模刃口尺寸及制造公差是冲裁模设计过程中的一项关键性的工作。

在冲裁模刃口尺寸计算之前，根据生产实际应首先明确以下几个问题。

(1) 由于凸、凹模之间存在间隙，因此落下来的料和冲出的孔都是带有锥度的，且落料件的大端尺寸等于凹模尺寸，冲孔件的小端尺寸等于凸模尺寸。

(2) 在测量与使用中，落料件是以大端尺寸为基准，冲孔孔径是以小端尺寸为基准。即冲裁件的尺寸是以测量光亮带尺寸为基础的。

(3) 冲裁时，凸、凹模将与冲裁件或废料发生摩擦，凸模越磨越小，凹模越磨越大，从而导致凸、凹模间隙越用越大。

图 1-12 所示为凸、凹模刃口尺寸计算关系图。

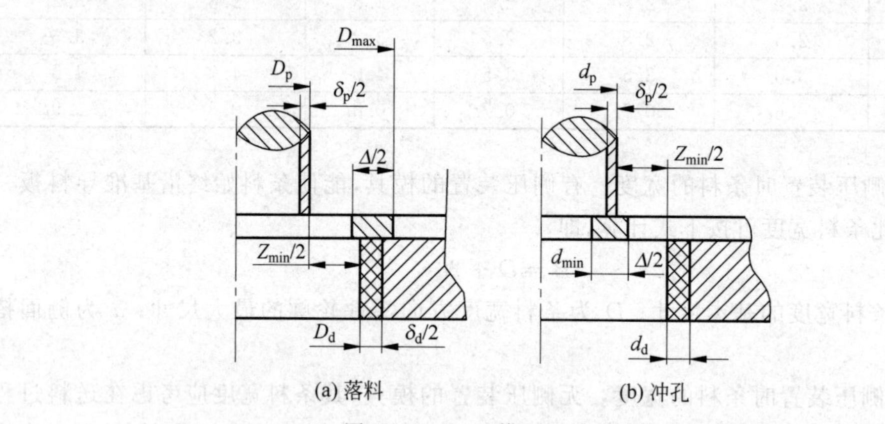

(a) 落料　　(b) 冲孔

图 1-12　凸、凹模刃口尺寸计算

1) 凸、凹模刃口尺寸计算原则

(1) 落料尺寸取决于凹模尺寸，冲孔尺寸取决于凸模尺寸。因此，设计落料模时，以凹模为基准，间隙取在凸模上，冲裁间隙通过减小凸模刃口的尺寸来取得；设计冲孔模时以凸模为基准，间隙取在凹模上，冲裁间隙通过增大凹模刃口的尺寸来取得。

(2) 根据磨损规律，设计落料模时，凹模基本尺寸应取制件尺寸公差范围内的较小尺寸；设计冲孔模时，凸模基本尺寸则应取制件孔尺寸公差范围内的较大尺寸。这样，在凸、凹模磨损到一定程度的情况下，仍能冲出合格制件。磨损余量用 $x\Delta$ 表示，其中 Δ 为工件的公差值；x 为磨损系数，一般由工件的精度要求及生产批量来确定，除查表 1-8 外，也可按下列原则确定：当冲裁件精度在 IT10 级以上或生产批量较大时，$x=1.0$；当冲裁件精度在 IT11～IT13 级或中等生产批量时，$x=0.75$；当冲裁件精度在 IT14 级以下或小批量生产时，$x=0.5$。

表 1-8　磨损系数 x

材料厚度 t/mm	非圆形			圆形	
	1	0.75	0.5	0.75	0.5
	制件公差 Δ/mm				
≤1	<0.16	0.17～0.35	≥0.36	<0.16	≥0.16
1～2	<0.20	0.21～0.41	≥0.42	<0.20	≥0.20
2～4	<0.24	0.25～0.49	≥0.50	<0.24	≥0.24
>4	<0.30	0.31～0.59	≥0.60	<0.30	≥0.30

(3) 不管是落料还是冲孔，在初始设计模具时，冲裁间隙一般采用最小合理间隙值。

(4) 冲裁模刃口尺寸的制造偏差方向，原则上单向注向金属实体内部，即凹模(内表面)刃口尺寸制造偏差取正值($+\delta_d$)；凸模(外表面)刃口尺寸制造偏差取负值($-\delta_p$)；而对刃口尺寸磨损后不变化的尺寸，制造偏差应取双向偏差($\pm\delta_d$ 或 $\pm\delta_p$)。对于形状简单的圆形、方形刃口，其制造偏差值可按 IT6～IT7 级来选取或按表 1-9 选取；对于形状复杂的刃口，制造偏差值按工件相应部位的公差值的 1/4 来选取；对于刃口尺寸磨损后无变化的制造偏差值可取工件相应部位公差值的 1/8 并以"±"选取；如果工件没有标注公差，可认为工件为 IT14 取值。

表 1-9　规则形状(圆形、方形)凸、凹模刃口制造偏差

基本尺寸/mm	凸模偏差	凹模偏差	基本尺寸/mm	凸模尺寸	凹模尺寸
≤18	0.020	0.020	180～260	0.030	0.040
18～30	0.020	0.025	260～360	0.035	0.050
30～80	0.020	0.030	360～500	0.040	0.060
80～120	0.025	0.035	>500	0.050	0.070
120～180	0.030	0.040			

(5) 冲裁模的加工方法不同，其刃口尺寸的计算方法也不同。冲裁模的加工方法分为分别加工法和配合加工法两种。

2) 凸、凹模刃口尺寸计算方法

(1) 凸模与凹模分别加工时凸、凹模刃口尺寸的计算。分别加工是指凸模和凹模分别按图纸要求加工至尺寸。这种加工主要适用于圆形或简单形状的工件，故此类工件冲裁的凸、凹模制造相对简单，精度容易保证。设计时需要在图纸上分别标注凸模和凹模刃口尺寸及制造公差。为了保证冲裁间隙在合理范围内，需满足下列关系式：

$$|\delta_p|+|\delta_d|\leqslant Z_{max}-Z_{min}$$

或取

$$\delta_d=0.6(Z_{max}-Z_{min})$$

$$\delta_p = 0.4(Z_{max} - Z_{min})$$

① 落料。

$$D_d = (D_{max} - x\Delta)^{+\delta_d}_{0}$$

$$D_p = (D_d - Z_{min})^{0}_{-\delta_p} = (D_{max} - x\Delta - Z_{min})^{0}_{-\delta_p}$$

② 冲孔。

$$d_p = (d_{min} + x\Delta)^{0}_{-\delta_p}$$

$$d_d = (d_p + Z_{min})^{+\delta_d}_{0} = (d_{min} + x\Delta + Z_{min})^{+\delta_d}_{0}$$

③ 孔心距。

$$L_d = (L_{min} + 0.5\Delta) \pm 0.125\Delta$$

式中,D_d 为落料凹模基本尺寸,mm;D_{max} 为落料件最大极限尺寸,mm;d_{min} 为冲孔件孔的最小极限尺寸,mm;L_d 为同一工步中凹模孔距基本尺寸,mm;L_{min} 为制件上孔中心距的最小尺寸,mm;Z_{min} 为凸、凹模最小双面间隙,mm;Z_{max} 为凸、凹模最大双面间隙,mm;δ_p 为凸模下偏差,按 IT6~IT7 级选取(或查表 1-11);δ_d 为凹模上偏差,按 IT6~IT7 级选取(或查表 1-11);x 为磨损系数,按刃口尺寸计算原则②中所述选取(或查表 1-10);D_p 为落料凸模基本尺寸,mm;d_p 为冲孔凸模基本尺寸,mm;d_d 为冲孔凹模基本尺寸,mm;Δ 为制件公差。

【例 1-1】 如图 1-13 所示零件,其材料为 Q235,料厚 $t=0.5$mm,试求凸模、凹模刃口尺寸及公差。

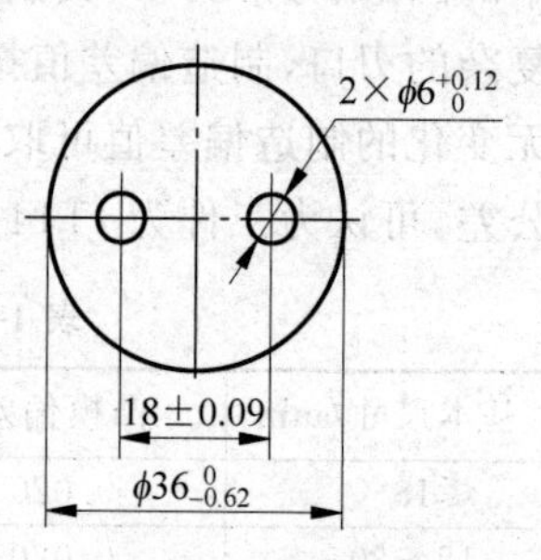

图 1-13 零件图

解:该零件为一般冲裁件,$\phi36$ 由落料获得,$2\times\phi6$ 孔及孔中心距 18 由冲孔获得。

查表 1-5 获得冲裁间隙值 $Z_{min}=0.04$mm;$Z_{max}=0.06$mm,可得:

$$\delta_p = 0.4(Z_{max} - Z_{min}) = 0.4 \times 0.02 = 0.008(\text{mm})$$

$$\delta_d = 0.6(Z_{max} - Z_{min}) = 0.6 \times 0.02 = 0.012(\text{mm})$$

查表 1-8 获得系数 x 值,冲孔 $\phi6$ 时取 $x=0.75$,落料 $\phi36$ 时取 $x=0.5$,可得:

① 冲孔($\phi6^{+0.012}$)。

$$d_p = (d_{min} + x\Delta)^{0}_{-\delta_p} = (6 + 0.75 \times 0.12)^{0}_{-0.008} = 6.09^{0}_{-0.008}(\text{mm})$$

$$d_d = (d_p + Z_{min})^{+\delta_d}_{0} = (6.09 + 0.04)^{+0.012}_{0} = 6.13^{+0.012}_{0}(\text{mm})$$

② 落料($\phi36_{-0.62}$)。

$$D_d = (D_{max} - x\Delta)^{+\delta_d}_{0} = (36 - 0.5 \times 0.62)^{+0.012}_{0} = 35.69^{+0.012}_{0}(\text{mm})$$

$$D_p = (D_d - Z_{min})^{0}_{-\delta_p} = (35.69 - 0.04)^{0}_{-0.008} = 35.65^{0}_{-0.008}(\text{mm})$$

③ 孔距尺寸(18±0.09)。

$$L_d = (L_{min} + 0.5\Delta) \pm 0.125\Delta = 18 \pm 0.023$$

(2) 凸模与凹模配合加工时凸、凹模刃口尺寸的计算

配合加工方法是先按照工件尺寸计算出基准件凸模(或凹模)的公称尺寸及公差尺

寸,然后配制另一个相配件凹模(或凸模),这样很容易保证冲裁间隙,而且可以放大基准件的公差,也无须校核,同时还能简化模具设计的绘图工作。设计时,只要把基准件的刃口尺寸及制造公差详细注明,而另外一个相配件只需在图纸上注明:凸(凹)模刃口尺寸按凹(凸)模的实际尺寸配制,保证双面间隙 Z 即可。

实际生产中,对于单件生产的模具或冲制形状复杂工件的模具,其凸、凹模的加工常用配合加工方法,其计算方法如下。

① 落料模刃口尺寸计算。如图 1-14(a)所示的落料件,以凹模为基准模,配制凸模。由于工件比较复杂,故凹模磨损后刃口尺寸有变大、变小和不变三种情况,如图 1-14(b)所示。

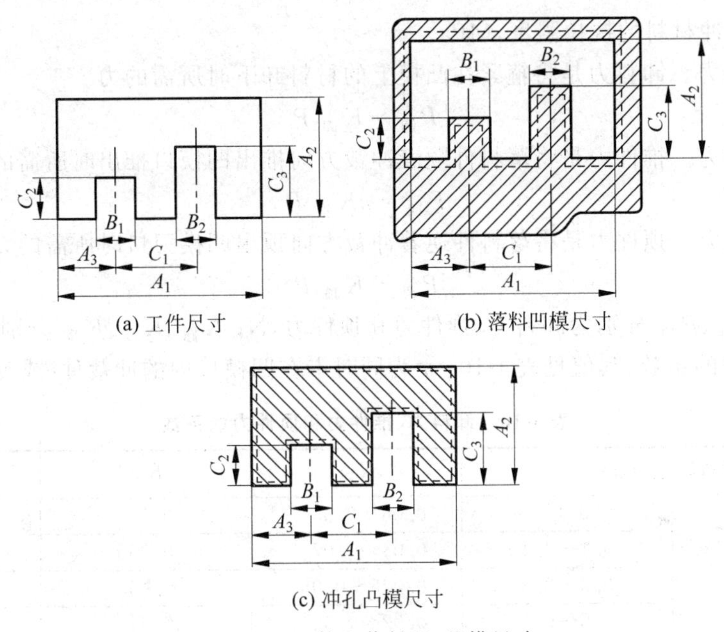

(a) 工件尺寸 (b) 落料凹模尺寸

(c) 冲孔凸模尺寸

图 1-14 工件和落料凹、凸模尺寸

a. 凹模磨损后刃口尺寸变大,如图中尺寸 A_1、A_2、A_3,按落料凹模尺寸公式计算,即

$$A_d = (A_{max} - x\Delta)^{+\delta_d}_{0}$$

b. 凹模磨损后刃口尺寸变小,如图中尺寸 B_1、B_2,按冲孔凸模尺寸公式计算。即

$$B_d = (B_{min} + x\Delta)^{0}_{-\delta_d}$$

c. 凹模磨损后刃口尺寸大小不变化,如图中尺寸 C_1、C_2、C_3,计算时按凹模孔距公式进行,即

$$C_d = C_{平均} \pm 0.125\Delta$$

式中,A_d、B_d、C_d 为凹模刃口尺寸;A_{max}、B_{min}、$C_{平均}$ 为工件的最大、最小和平均尺寸。

② 冲孔模刃口尺寸计算。如图 1-14(a)所示,把它改为冲孔件,在计算刃口尺寸时,首先应计算凸模的刃口尺寸,以凸模为基准件,配合加工凹模。画出凸模磨损图,如图 1-14(c)所示。分析凸模各尺寸磨损变化情况,同样存在着凸模冲孔磨损后变大、变小和不变的三种磨损情况,凸模的刃口尺寸计算仍可用上述配合加工的公式进行计算。

6. 冲压力

冲压力是冲裁力、卸料力、推件力和顶件力的总称。

(1) 冲裁力。冲裁力是冲裁过程中凸模对板料施加的压力。

$$P=KLt\tau$$

式中，P 为冲裁力，N；K 为系数，$K=1.3$；L 为冲裁件周边长度，即刃口周长，mm；t 为材料厚度，mm；τ 为材料抗剪强度，MPa。

上式中的抗剪强度 τ 与材料的种类和坯料的原始状态有关，可在手册中查取。为了便于计算，可取材料的 $\tau=0.8\sigma_b$，故冲裁力又可用下式表达：

$$P=1.3Lt\tau\approx Lt\sigma_b$$

式中，σ_b 为被冲材料的抗拉强度，MPa。

(2) 卸料力。卸料力是将箍紧在凸模上的材料卸下时所需的力。

$$P_{卸}=K_{卸}P$$

(3) 推件力。推件力是将落料件顺着冲裁方向推出凹模口推出时所需的力。

$$P_{推}=nK_{推}P$$

(4) 顶件力。顶件力是将落料件逆着冲裁方向顶出凹模刃口时所需的力。

$$P_{顶}=K_{顶}P$$

式中，$P_{卸}$、$P_{推}$、$P_{顶}$ 分别为卸料力、推件力和顶件力，N；$K_{卸}$、$K_{推}$、$K_{顶}$ 分别为卸料力、推件力和顶件力的系数，其值见表 1-10；n 为同时卡在凹模口内的冲裁件(或废料)数量。

表 1-10 卸料力、推件力和顶件力的系数

材料厚度/mm		$K_{卸}$	$K_{推}$	$K_{顶}$
钢	≤0.1	0.06～0.09	0.1	0.14
	0.1～0.5	0.04～0.07	0.065	0.08
	0.5～2.5	0.025～0.060	0.050	0.06
	2.5～6.5	0.02～0.05	0.045	0.05
	>6.5	0.015～0.040	0.025	0.03
铝、铝合金		0.03～0.08	0.03～0.07	
纯铜、黄铜		0.02～0.06	0.03～0.09	

卸料力、推件力、顶件力的计算如图 1-15 所示。

3) 降低冲裁力的方法

当冲裁力的数值大于现有能提供使用的冲压设备的公称力时，可以采用某些方法来降低冲裁力。这些方法主要围绕降低材料的抗剪强度，或将冲裁的断面积在一次冲压行程中分散开，使瞬时冲裁力小于设备公称力等原则，以达到降低冲裁力的目的。常用的方法有加热冲裁、阶梯冲裁和斜刃冲裁等。

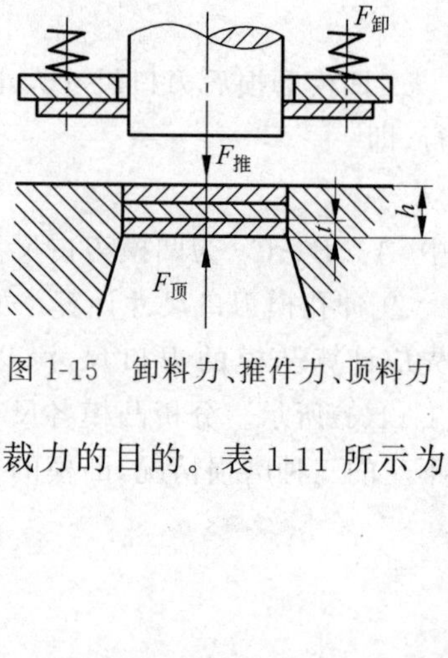

图 1-15 卸料力、推件力、顶料力

(1) 加热冲裁。加热冲裁是基于材料在加热状态下进行冲裁时，其抗剪强度将明显下降，从而达到降低冲裁力的目的。表 1-11 所示为钢在加热状态下的抗剪强度。

表 1-11　钢在加热状态下的抗剪强度

材料牌号	材料加热到以下温度时的抗剪强度及 τ_k/MPa					
	200℃	500℃	600℃	700℃	800℃	900℃
Q195、Q215、10、15	360	320	200	110	60	30
Q235、Q255、20、25	450	450	240	130	90	60
Q275、30、35	530	520	330	160	90	70
Q295、40、45、50	600	580	380	190	90	70

采用将材料加热冲裁的方法来降低冲裁力时，应注意以下问题。

① 应用表 1-15 时，应充分考虑加热设备与冲床间的距离，将加热完材料到实行冲裁时的热量散失增加在加热温度上。

② 钢在加热到 700～900℃时，抗剪强度很低，这时进行加热冲裁最好；而钢在加热至 100～400℃时，脆性加大，不能进行冲裁加工。

③ 钢在加热后会产生热胀冷缩现象，模具设计时，应考虑其对工件尺寸的影响。

④ 加热后钢材的硬度随之下降，故凸、凹模刃口间隙可适当取较小值；但加热后材料厚度会有所增加，有时表面还有氧化皮层，因而间隙会很快被磨大，设计模具时的选材及模具热处理需要将上述因素考虑在内。

⑤ 加热冲裁工件表面有氧化层，因而工件表面质量差，尺寸精度低，模具磨损比较严重；加热冲裁时工作环境差、工人劳动条件差等，故加热冲裁一般只用于厚板或工件表面质量及尺寸精度要求不高的冲件。

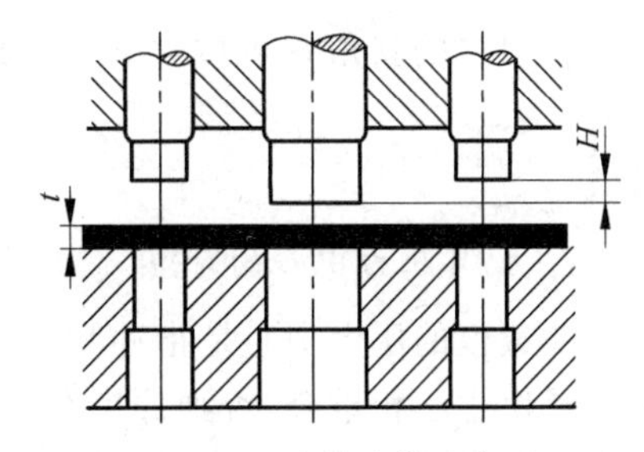

图 1-16　阶梯冲模示意图

(2) 阶梯冲裁。图 1-16 为阶梯冲裁模具结构示意图。设计阶梯冲裁模时，应注意以下问题。

① 阶梯凸模的高度差应大于冲裁断面光亮带的高度。H 一般可由表 1-12 选用。

表 1-12　凸模高度差 H 与 τ_k 的关系

材料的抗剪强度 τ_k/MPa	凸模高度差 H/mm
＜200	0.8t
200～500	0.6t
＞500	0.4t

注：t—材料厚度，mm。

② 设计计算时，每层阶梯上数个凸模冲裁力之和应小于设备的公称压力。

③ 设计阶梯冲模时，应注意查阅冲裁设备说明书，注意压力机的压力行程曲线，并应特别注意压力机的公称行程。

④ 各阶梯凸模应对称分布，以避免压力中心偏离。

⑤ 阶梯凸模应按以下原则安排：先冲大孔，后冲小孔，可使小凸模高度最小，尺寸缩短，增加模具寿命及冲裁工作的稳定性。

(3) 斜刃冲裁。用平刃凸(或凹)模进行冲裁时，平刃凸(或凹)模刃口全部周边与材料接触并发生剪切。当冲件尺寸较大且材料较厚时，冲裁力大，同时发生的振动和噪声也大。而采用斜刃凸(或凹)模冲裁时，凸(或凹)模刃口周边为斜(或弧)线，故刃口周边不会同时与被冲材料接触并发生剪切，而是沿斜(或弧)面逐步进行冲切，从而使瞬时冲裁力小于冲床的公称压力，以达到降低冲裁力的目的。图 1-17 为斜刃冲裁的结构形式。

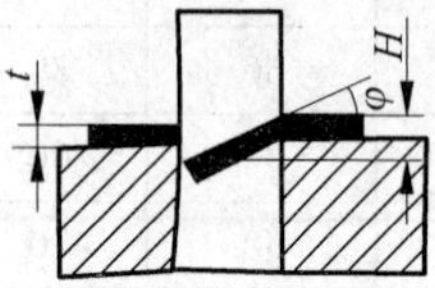

图 1-17 斜刃冲裁

斜刃冲裁时降低冲裁力的大小取决于刃口的斜角 φ。

斜刃冲裁力 $P_{斜}$ 可按下式计算，即

$$P_{斜}=KP_{冲}$$

式中，$P_{斜}$ 为斜刃冲裁力，N；K 为减力系数，其值见表 1-13；$P_{冲}$ 为平刃冲裁力，N。

表 1-13 斜刃减力系数 K

H/mm	$H=t$	$H=2t$	$H=3t$
K	0.4～0.6	0.2～0.4	0.1～0.25

注：H—斜刃高度，mm；t—材料厚度，mm。

斜刃口的斜角 φ 可按以下经验数值选取：$t<3$mm，$H=2t$ 时，$\varphi<5°$；$t=3\sim10$mm，$H=t$ 时，$\varphi<8°$；一般情况下，$\varphi>12°$。对于大型冲裁模的斜刃，可以制成对称分布的波浪式。

7. 模具压力中心的计算

冲裁模的压力中心是指冲裁力合力的作用点。在设计冲裁模时，其压力中心要与压力机滑块中心相重合，否则冲模在工作中就会产生偏弯矩，使冲模发生歪斜，从而会加速冲模导向机构的不均匀磨损，冲裁间隙得不到保证，刃口迅速变钝，将直接影响冲裁件的质量和模具的使用寿命，同时压力机导轨与滑块之间也会发生异常磨损。冲模压力中心的确定，对大型复杂冲模、无导柱冲模、多凸模冲孔及多工序级进模冲裁尤为重要。因此，在设计冲模时必须确定模具的压力中心，并使其通过模柄的轴线，从而保证模具压力中心与压力机滑块中心重合。

1) 简单形状工件压力中心的计算

(1) 对称形状的零件，其压力中心位于刃口轮廓图形的几何中心上。

(2) 等半径的圆弧段的压力中心位于任意角 2α 角平分线上，且距离圆心为 x_0 的点上，如图 1-18 所示。

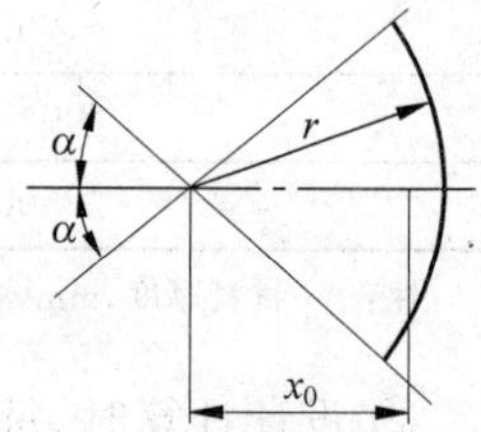

$$x_0=r\times\frac{360°}{2\pi\alpha}\times\sin\alpha$$

式中，α 为弧度。

图 1-18 压力中心位于角平分线上 x_0 点

2）复杂工件或多凸模冲裁件的压力中心计算

可根据力学中力矩平衡原理进行计算，即各分力对某坐标轴力矩之和等于其合力对该坐标轴的力矩，复杂形状零件与多凸模冲裁的压力中心如图1-19所示。

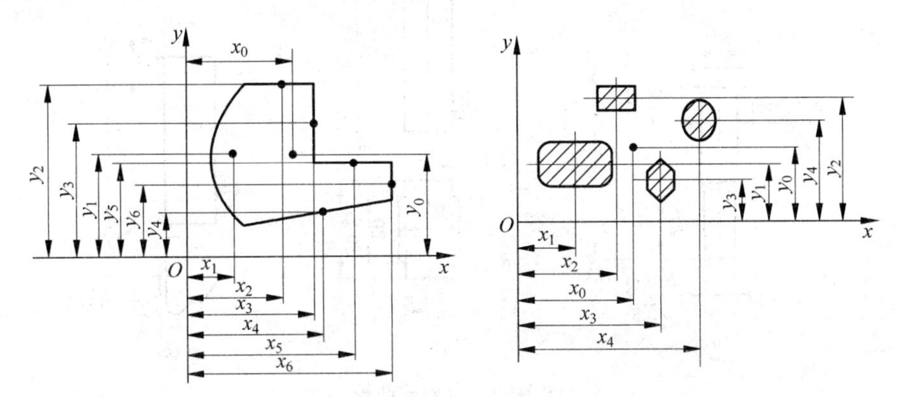

图1-19 复杂形状零件与多凸模冲模的压力中心

其计算步骤如下。

(1) 根据排样方案，按比例画出排样图(或工件的轮廓图)。

(2) 根据排样图，选取特征点为原点建立坐标系 x、y(或任选坐标系 x、y，选取坐标轴不同，则压力中心位置也不同)。

(3) 将工件分解成若干基本线段 l_1、l_2、…、l_n，并确定各线段长度(因冲裁力与轮廓线长度成正比关系，故用轮廓线长度代替 p)。

(4) 确定各线段长度几何中心的坐标(x_i，y_i)。

(5) 计算各基本线段的重心到 y 轴的距离 x_1、x_2、…、x_n。和到 x 轴的距离 y_1、y_2、…、y_n，则根据力矩原理可得压力中心的计算公式为

$$x_0=(l_1x_1+l_2x_2+\cdots+l_nx_n)/(l_1+l_2+\cdots+l_n)$$

$$y_0=(l_1y_1+l_2y_2+\cdots+l_ny_n)/(l_1+l_2+\cdots+l_n)$$

除了上述模具压力中心的计算方法之外，冲裁模具压力中心的确定还可以用作图法和悬挂法等。

1.2.4 冲裁模主要零部件结构设计

1. 工作零件的设计

1）凸模结构设计

凸模的结构形式主要根据冲裁件的形状、尺寸以及加工工艺等条件决定，凸模刃口截面轮廓形状通常分为规则的和不规则的，其结构形式有整体式、镶拼式、台肩式、直通式和护套式等；常用的固定方法有台阶固定、铆接固定、螺钉直接固定、销钉固定等。

由于凸模直接成型产品零件，所以凸模本身具有较高的加工精度要求，其与固定板安装通常采用H7/m6的过渡配合或较小的间隙配合形式。

(1) 台肩式凸模。台肩式凸模通常其刃口截面轮廓形状比较规则，如圆形、方形等。常见台肩式结构的凸模如图1-20(a)、图1-20(b)所示，一些轮廓形状比较复杂的凸模也

可以设计为台肩式的，但要根据具体情况来考虑，如图 1-20(c)所示。

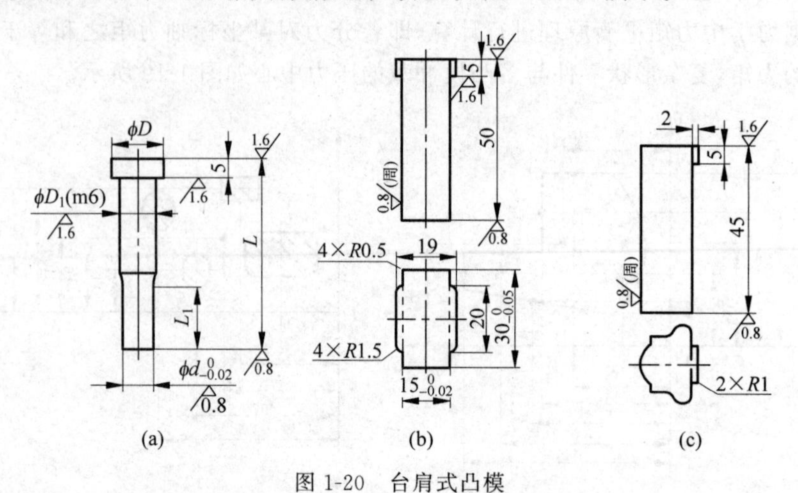

图 1-20　台肩式凸模

图 1-20(a)中的凸模为典型的圆形凸模的结构，图中尺寸 ϕd 为凸模的刃口尺寸(需要根据产品尺寸进行计算得出)，ϕD_1 为凸模固定部分的尺寸，一般与孔采用 H7/m6 过渡配合，通常 $D_1=d+(3\sim5)\mathrm{mm}$，$\phi D$ 为台肩的外圆尺寸，通常 $D=D_1+(3\sim5)\mathrm{mm}$。

(2) 直通式凸模。直通式凸模通常其截面轮廓形状是不规则的，所以其一般不设计为台肩式，不同结构形式的凸模其固定方式不同，加工工艺也不相同。根据凸模的截面轮廓形状与尺寸，通常截面尺寸足够大的凸模可以直接采用螺钉固定，如图 1-21(a)所示；截面尺寸小的异形凸模可根据具体截面形状而定，也可以采用如图 1-20(c)所示的单面台肩的结构形式，一些细长的异形截面凸模也可以采用销钉悬臂式的结构，如图 1-21(b)所示。

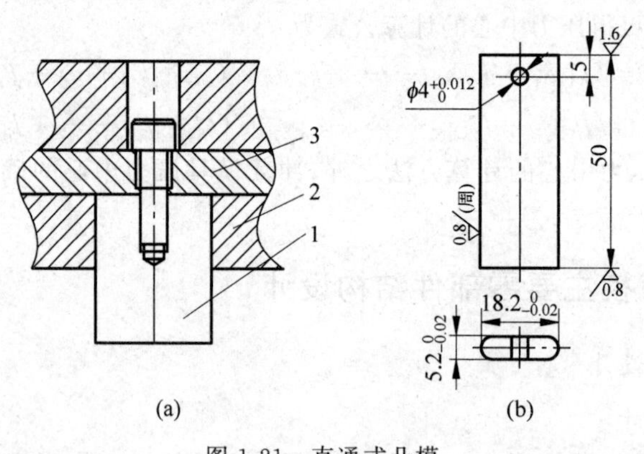

图 1-21　直通式凸模

1—直通式凸模；2—固定板；3—垫板

(3) 凸模长度的确定。凸模长度应根据模具的具体结构，并考虑凸模本身的强度，以及修磨、固定板与卸料板之间的安全距离(弹性卸料距离)，以及装配等的需要来确定。

当采用固定卸料板和导料板时，如图 1-22(a)所示，凸模长度按下式计算：

$$L=h_1+h_2+h_3+h$$

当采用弹性卸料板时，如图 1-22(b)所示，凸模长度按下式计算：

$$L=h_1+h_2+t+h$$

式中，h_1、h_2、h_3 分别为凸模固定板、卸料板、导料板的厚度；t 为材料厚度；h 为附加长度，包括凸模的修磨量、凸模进入凹模的深度及凸模固定板与卸料板间的安全距离，一般为 15～30mm。

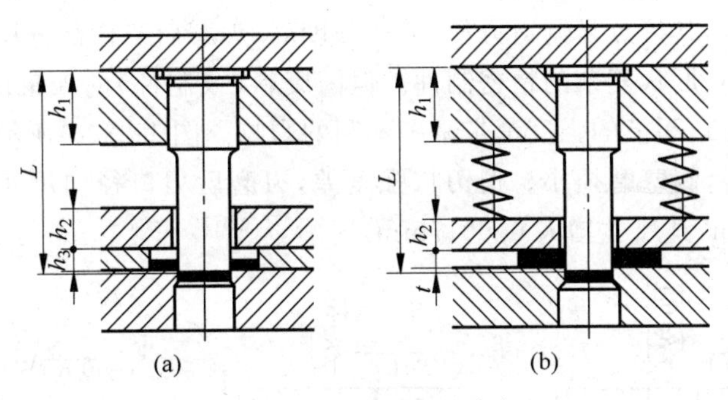

图 1-22　凸模长度的确定

凸模的刃口要求有较高的耐磨性，并能承受冲裁时的较大的冲击力，因此应具有较高的硬度与适当的韧性以及耐磨性。常用模具材料有 Cr12、Cr12MoV、SKD11（日本牌号）等，热处理淬火硬度一般取 58～62HRC，刃口表面粗糙度值一般小于 $Ra0.8$；要求高寿命、高耐磨性的凸模可选用 GCr15 等的硬质合金材料。

（4）凸模的强度校核

在一般情况下，根据经验设计的凸模，其结构强度是足够的，无须校核。但对于特别细长的凸模或产品板料厚度较大等特殊情况下，应对凸模进行压应力和弯曲应力的校核，检查其危险断面尺寸和自由长度是否满足强度要求。

① 压应力的校核。圆形凸模按公式 $d_{\min}\geqslant 4t\tau/[\sigma_{压}]$进行校核；非圆形凸模按公式 $f_{\min}\geqslant P/[\sigma_{压}]$进行校核。式中，$d_{\min}$ 为凸模最小直径，mm；$f_{\min}$ 为凸模最小横截面的面积，mm^2；t 为产品材料厚度，mm；τ 为材料的抗剪强度，MPa；P 为冲裁力，N；$[\sigma_{压}]$ 为凸模材料的许用压应力，MPa。

② 弯曲应力的校核。根据模具结构特点，凸模的抗弯能力可分为无导向装置和有导向装置两种情况。

无导向装置的圆形凸模的最大长度为

$$L_{\min}\leqslant 95d^2/\sqrt{P}$$

无导向装置的非圆形凸模的最大长度为

$$L_{\max}\leqslant 425\times\sqrt{I/P}$$

带导向装置的圆形凸模的最大长度为

$$L_{\max}\leqslant 270d^2/\sqrt{P}$$

带导向装置的非圆形凸模的最大长度为

$$L_{\max} \leqslant 1200 \times \sqrt{I/P}$$

式中，$L_{\max}$ 为凸模允许的最大自由长度，mm；d 为凸模的最小直径，mm；P 为冲裁力，N；I 为凸模最小横截面的惯性矩，mm^4。

2）凹模结构设计

(1) 凹模刃口形式。常用凹模刃口形式如图 1-24 所示。其中图 1-23(a)、图 1-23(b)所示为直筒式刃口，其特点是制造方便，刃口强度高，刃磨后工作部分尺寸不变，广泛用于冲裁公差要求较小、形状复杂的精密制件。但因废料(或制件)的聚集而增大了推件力和凹模的胀裂力，给凸、凹模的强度都带来了不利的影响。图 1-23(c)所示为锥筒式刃口，在凹模内不聚集材料，侧壁磨损小。但刃口强度差，刃磨后刃口径向尺寸略有增大(如 $\alpha=30'$时，刃磨 0.1mm，其尺寸增大 0.0017mm)。

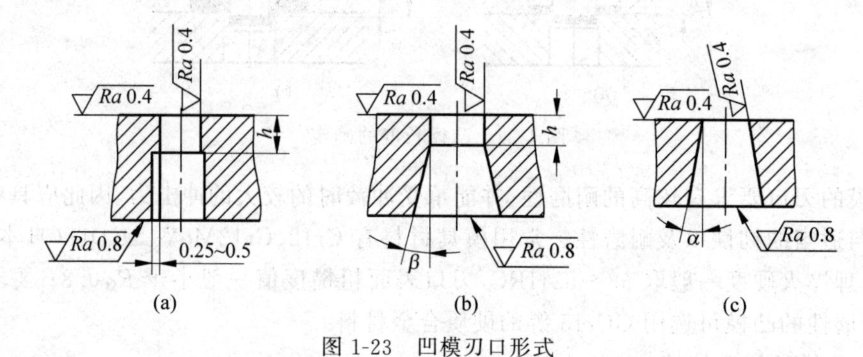

图 1-23 凹模刃口形式

凹模锥角 α、后角 β 和刃口高度 h 均随制件材料厚度的增大而增大，一般取 $\alpha=15'\sim1^\circ$，$\beta=3^\circ\sim5^\circ$，$h=5\sim10$mm。α、β、h 其值主要与冲裁材料的厚度 t 相关，通常取值随着 t 值的增大而增大。

(2) 凹模结构及固定形式。凹模的结构与工件结构类似，常见的有镶套式和整体式两种结构形式。其固定方法如图 1-24 所示，图 1-24(a)这种结构形式的凹模尺寸不大，通常直接安装固定在凹模固定板中，与凹模固定板过渡配合，其配合孔的尺寸及位置精度要求较高，通常主要用于冲孔、冲缺、切口、切边等较小尺寸的冲裁工艺。图 1-24(b)所示为采用螺钉和销钉直接固定在模板(座)上的整体式凹模，这种整体式凹模由销钉进行位置定位，螺钉进行紧固连接；整体式凹模采用螺钉和销钉定位连接的同时，要保证螺钉孔、螺钉沉孔(或螺纹孔)、销钉孔与凹模刃口壁间的距离不能太近，否则会影响模具寿命。

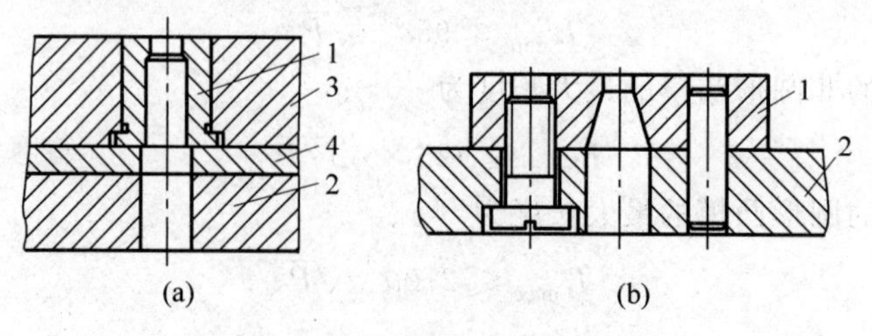

图 1-24 常见凹模结构与固定方法

1—凹模；2—模板(座)；3—凹模固定板；4—垫板

凹模的刃口要求与凸凹模类似，都具有较高的耐磨性，并能承受冲裁时较大的冲击力。常用的材料有Cr12、Cr12MoV、SKD11(日本牌号)等，热处理淬火硬度一般取58～62HRC，刃口表面粗糙度值一般小于$Ra0.8$；要求高寿命、高耐磨性的凹模可选用GCr15等的硬质合金材料，通常配套使用的凹模与凸模所选用的材料及技术要求等都基本相同。

(3) 凹模外形尺寸的确定。冲裁时凹模受冲裁力和侧向挤压力的作用。由于凹模各结构形式的固定方法不同，受力情况又比较复杂，目前还不能用理论方法确定凹模轮廓尺寸。在生产中，通常根据冲裁的板料厚度、冲裁件的轮廓尺寸或凹模孔口刃壁间距离，按经验公式来确定，如图1-25所示。

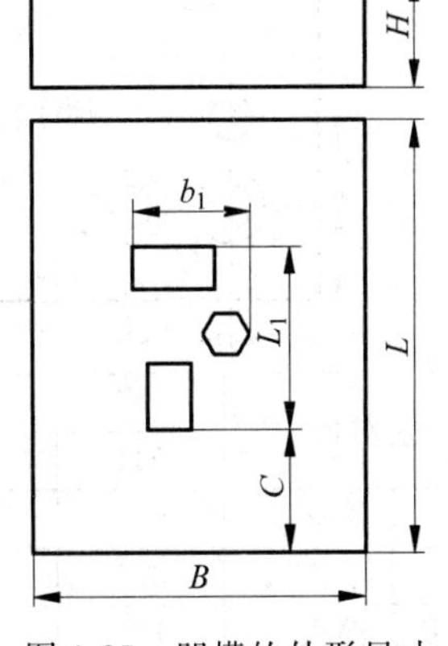

图1-25 凹模的外形尺寸

凹模厚度H为

$$H = Kb_1(\geqslant 15\text{mm})$$

凹模宽度B为

$$B = b_1 + (2.5 \sim 4)H$$

凹模长度L为

$$L = L_1 + 2C$$

式中，b_1为凹模宽度方向刃口孔壁间最大距离；L_1为凹模长度方向刃口孔壁间最大距离；K为系数，见表1-14；C为凹模长度方向孔壁与凹模边缘的最小距离，见表1-15。

表1-14 系数K值

b_1/mm	冲裁制件材料厚度t/mm				
	0.5	1	2	3	>3
≤50	0.3	0.35	0.42	0.5	0.6
50～100	0.2	0.22	0.28	0.35	0.42
100～200	0.15	0.18	0.2	0.24	0.3
>200	0.1	0.12	0.15	0.18	0.22

表1-15 凹模孔壁至边缘的距离C

L_1/mm	冲裁制件材料厚度t/mm			
	≤0.8	0.8～1.5	1.5～3.0	3.0～6.0
≤40	20	22	28	32
40～50	22	25	30	35
50～70	28	30	36	40
70～90	34	36	42	46
90～120	38	42	48	52
120～150	40	45	52	55

以上公式计算出的凹模外形尺寸应有足够的螺纹孔和销钉孔的位置尺寸，其孔至凹模刃口壁边缘的距离应大于孔径的1.5～2倍。对于采用螺钉、销钉定位连接的凹模，其

螺钉孔(或螺纹孔)、销钉孔至凹模刃口壁边缘要有足够的尺寸距离以保证凹模的强度及使用寿命,其最小尺寸可参考表 1-16。

表 1-16　螺孔、销孔之间及至刃口边的最小距离　　单位：mm

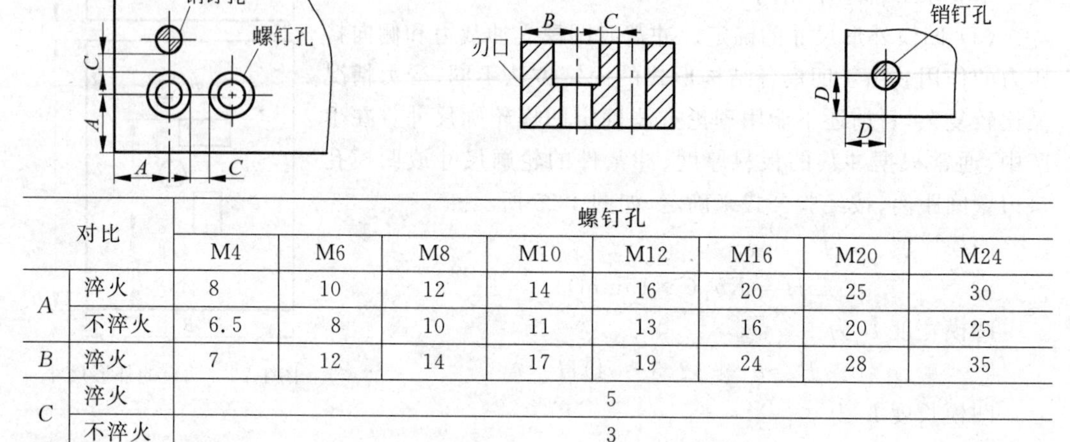

对比		螺钉孔							
		M4	M6	M8	M10	M12	M16	M20	M24
A	淬火	8	10	12	14	16	20	25	30
	不淬火	6.5	8	10	11	13	16	20	25
B	淬火	7	12	14	17	19	24	28	35
C	淬火	5							
	不淬火	3							

对比		销钉孔										
		$\phi 2$	$\phi 3$	$\phi 4$	$\phi 5$	$\phi 6$	$\phi 8$	$\phi 10$	$\phi 12$	$\phi 16$	$\phi 20$	$\phi 25$
D	淬火	5	6	7	8	9	11	12	15	16	20	25
	不淬火	3	3.5	4	5	6	7	8	10	13	16	20

一般螺钉孔(或螺纹孔)、销钉孔除了保证与刃口边的最小距离外,还应保证其孔与凹模的外形边距为其孔径 1.5～2 倍的距离,通常对于凸模固定板等类似的孔距也是这样确定的。

3) 凸凹模

凸凹模是复合模中同时具有落料凸模和冲孔凹模作用的工作零件。它的内孔和外缘均有工作刃口,内孔与外缘之间的壁厚取决于冲裁件(产品)的尺寸。从强度方面考虑,冲裁件(产品)在设计时的壁厚尺寸应受最小值限制。凸凹模的最小壁厚与模具结构有关,当模具为正装结构时,内孔不积存废料,张力小,最小壁厚可以小些；当模具为倒装结构时,若内孔为直筒形刃口形式且采用下出料方式,则内孔积存废料,张力大,此时最小壁厚应大些。倒装式复合模与正装式复合模两种结构的比较见表 1-17。

表 1-17　倒装式复合模与正装式复合模两种结构的比较

比较项目		倒装复合模	正装复合模
工作零件装置位置	凸模	在上模部分	在下模部分
	凹模	在上模部分	在下模部分
	凸凹模	在下模部分	在上模部分
出件方式		采用顶板、顶杆(或打杆)自上模(凹模)内推出,下落到模具工作面上	采用弹顶器等自下模(凹模)内顶出至模具工作面上
废料排除		废料在凸凹模内积聚一定厚度后,便从下模部分的漏料孔或排出槽排出	废料不在凸凹模内积聚,压力机回程时,废料即从凸凹模内推出

续表

比较项目	倒装复合模	正装复合模
凸凹模的强度和寿命	凸凹模承受的张力较大，凸凹模的最小壁厚应严格控制，以免胀裂	受力情况比倒装模好，但凸凹模的内形尺寸易磨损增大，壁厚可比倒装薄
生产操作性	废料自漏料孔中排出，有利于清理模具工作面，生产操作较安全	废料自上而下掉落，和工件一起汇集在模具工作面上，对生产操作不利
适应性	适应性较强，凸凹模尺寸较大时，可直接固定在下模板上，不用固定板	适合于薄料的冲裁、平整度要求较高、壁厚较小、强度较差的凸凹模

凸凹模的最小壁厚值通常根据一些经验数据确定，倒装复合模的凸凹模最小壁厚见表 1-18。正装复合模的凸凹模最小壁厚可比倒装的小些。

表 1-18　倒装复合模的凸凹模最小壁厚值

简图											
材料厚度 t	0.4	0.6	0.8	1.0	1.2	1.4	1.6	1.8	2.0	2.2	2.5
最小壁厚 δ	1.4	1.8	2.3	2.7	3.2	3.6	4.0	4.4	4.9	5.2	5.8
材料厚度 t	2.8	3.0	3.2	3.5	3.8	4.0	4.2	4.4	4.6	4.8	5.0
最小壁厚 δ	6.4	6.7	7.1	7.6	8.1	8.5	8.8	9.1	9.4	9.7	10

4）凸模与凹模的镶拼结构

（1）镶拼结构的应用场合及镶拼方法。对于大、中型的凸模、凹模或形状复杂、局部薄弱的小型凸模、凹模，如果采用整体式结构，将给锻造、机械加工或热处理带来困难，而且当发生局部损坏时，就会造成整个凸模、凹模的报废，因此常采用镶拼结构的凸模、凹模。镶拼结构有镶接和拼接两种：镶接是另做一块局部易磨损部分（作为单独的易损零件），然后镶入凹模体或凹模固定板内，图 1-26(a)所示为镶接式凹模；拼接是整个凸模、凹模的形状按分段原则分成若干块，分别加工后拼接起来，图 1-26(b)所示为拼接式凹模。

通常在冲裁模中凹模零件比较大，所以镶拼式结构较多，一些较大的凸模采用镶拼式时，其结构与图 1-26 中镶拼式凹模类似。

（2）镶拼结构的设计原则。凸模和凹模镶拼结构设计的依据是模形状、尺寸、受力情况及冲裁板料厚度等。镶拼结构设计的一般原则是：力求改善加工工艺性，减少钳工工作量，提高模具加工精度；便于装配调整和维修。具体要求如下。

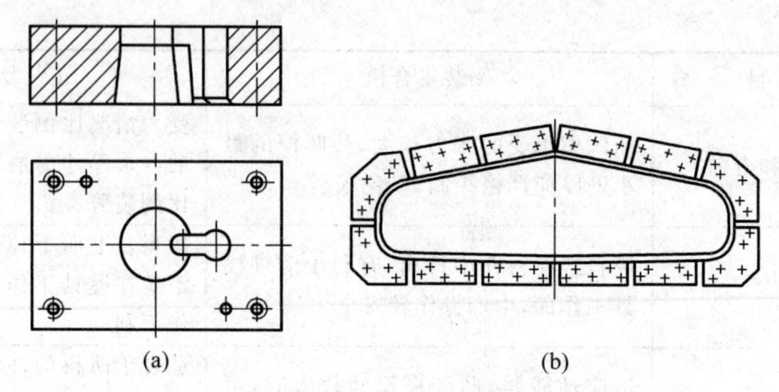

图 1-26　镶拼式凹模

① 尽量将形状复杂的内型加工变成外型加工，以便于切削加工和磨削，如图 1-27(a)～图 1-27(g)所示。

② 尽量使分割后拼块的形状、尺寸相同，可以几块同时加工和磨削，如图 1-27(d)～图 1-27(f)所示，一般沿对称线分割可以实现这个目的。

③ 应沿转角、尖角分割，并尽量使拼块角度大于或等于 90°，如图 1-27(j)所示。

④ 圆弧尽量单独分块，拼接线应在离切点 4～7mm 的直线处，大圆弧和长直线可以分为几块，如图 1-27(b)所示。

⑤ 拼接线应与刃口垂直，而且不宜过长，一般为 12～15mm，如图 1-27(b)所示。

⑥ 比较薄弱或容易磨损的局部凸出或凹进部分，应单独分为一块，做成单独的易损零件的形式。

⑦ 拼块之间应能通过磨削或增减垫片方法，调整其间隙或保证中心距公差，如图 1-27(h)和图 1-27(i)所示。

⑧ 拼块之间应尽量以凸、凹槽形相嵌，便于拼块定位，防止在冲压过程中发生相对移动，如图 1-27(k)所示。

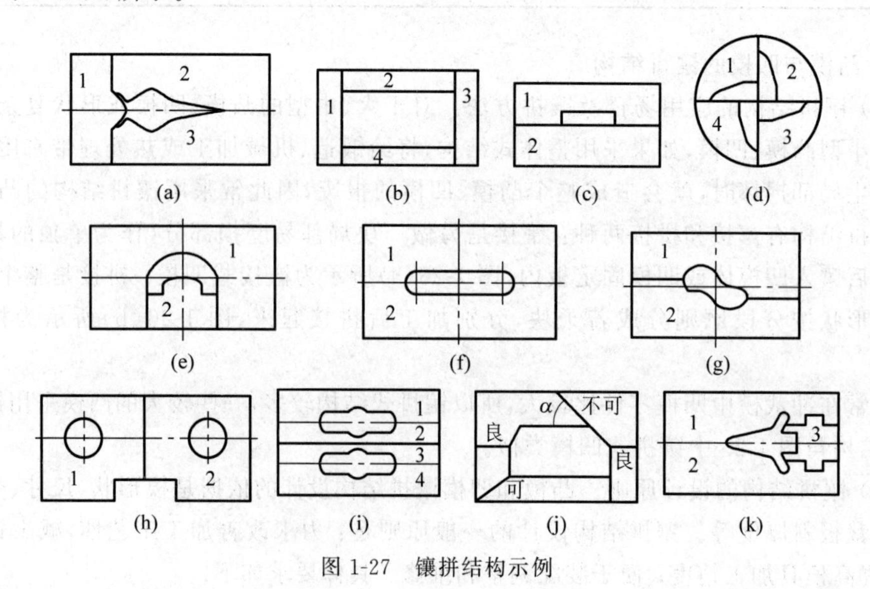

图 1-27　镶拼结构示例

为满足冲压工艺要求，提高冲压件质量，凸模与凹模的拼接线应至少错开 3～5mm，以免冲裁件产生毛刺；拉深模拼接线应避开材料的增厚部位，以免零件表面出现拉痕。为了减少冲裁力，大型冲裁件或厚板冲裁的镶拼模，可以把凸模（冲孔时）或凹模（落料时）制成波浪形斜刃，如图 1-28 所示。斜刃应对称，拼接面应取在最低或最高处，每块一个或半个波形，斜刃高度 H 一般取 1～3 倍的板料厚度。

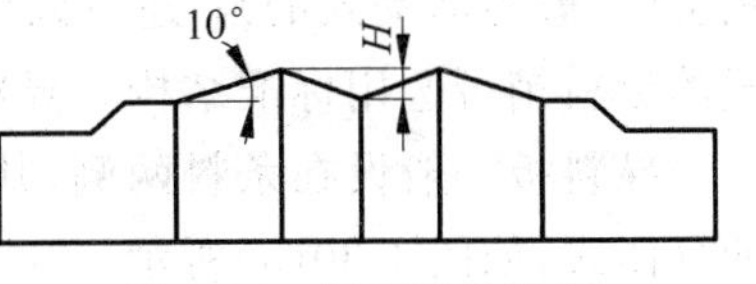

图 1-28　斜刃镶拼结构

（3）镶拼结构的固定方法。镶拼结构的固定方法主要有以下几种。

① 平面式固定。平面式固定即把拼块直接用螺钉、销钉紧固定位于固定板或模座平面上，如图 1-29(b)所示。这种固定方法主要用于大型的镶拼凸、凹模。

② 嵌入式固定。嵌入式固定即把各拼块拼合后嵌入固定板凹槽内，如图 1-29(a)所示。

③ 压入式固定。压入式固定即把各拼块拼合后，以过盈配合压入固定板孔内，如图 1-29(b)所示。

④ 斜楔式固定。斜楔式固定如图 1-29(c)所示。

此外，还有用黏结剂浇注等固定方法。

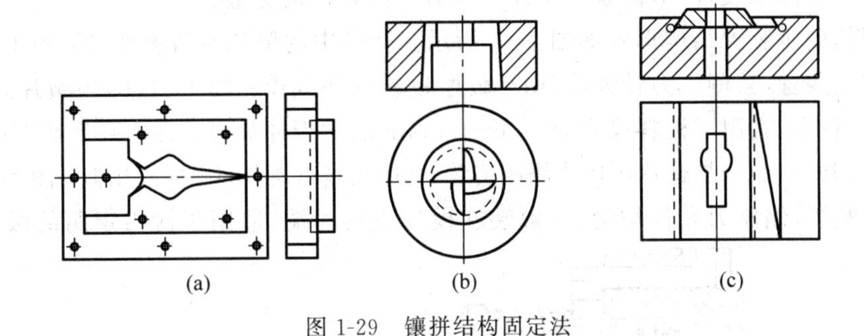

图 1-29　镶拼结构固定法

2. 定位零件的结构设计

冲裁模的定位零件是用来保证条料的正确送进、确定布距及保证在模具中的正确位置等功能。条料在模具的送料平面中必须有两个方向的限位：一是在与条料方向垂直方向上的限位，保证条料沿正确的方向送进，称为送进导向；二是在送料方向上的限位，控制条料一次送进的距离（步距）称为送料定距。对于块料或工序件的定位，基本也是在这两个方向上的限位，只是定位零件的结构形式与条料的有所不同。

属于送进导向的定位零件有导料销、导料板、侧压板等；属于送料定距的定位零件有挡料销、导正销、侧刃等；属于块料或工序件的定位零件有定位销、定位板等。选择定位方式及定位零件时应根据坯料形式、模具结构、冲件精度和生产率的要求等。冲裁模中与冲裁件（产品零件）接触的定位零件通常采用 45 钢材料（热处理：硬度 43～48HRC）。

1）导料销、导料板

导料销或导料板是对条料或带料的侧向进行导向，以免其送偏的定位零件。

导料销一般设两个，并位于条料的同侧，具体位置需要根据模具结构、生产现场设备、操作人员等情况而定。导料销可设在凹模面上(一般为固定式的)；也可以设在弹压卸料板上(一般为活动式的)；还可以设在固定板或下模座平面上(导料螺钉)。固定式和活动式的导料销可选用标准结构。导料销的导向定位多用于单工序模和复合模中。

导料板一般设在条料两侧，其结构通常有两种：一种是与卸料板(或导板)分开制造的分体式，如图 1-30(a)所示；另一种是与卸料板制成整体的结构，如图 1-30(b)所示。为使条料顺利通过，两种导料板间的距离应等于条料宽度加上一个间隙值。导料板的厚度 H 取决于导料方式和板料厚度。如果只在条料一侧设置导料板，其位置同导料销相同。

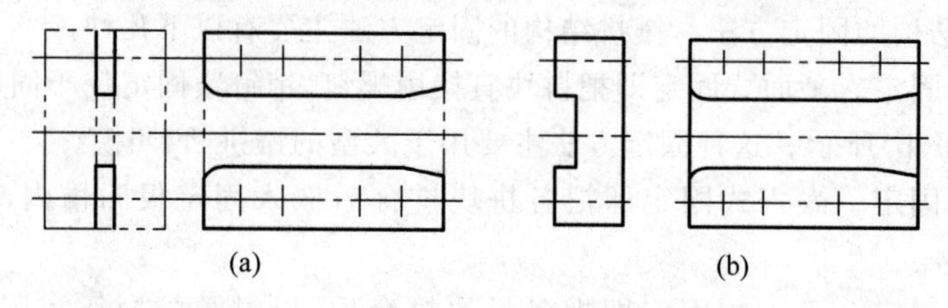

图 1-30　导料板

2) 侧压装置

如果条料的公差较大，为避免条料在导料板中偏摆，使最小搭边得到保证，应在送料方向的一侧装侧压装置，迫使条料始终紧靠另一侧导料板送进。

常用的侧压装置结构形式如图 1-31 所示。标准中的侧压装置有两种：图 1-31(a)是弹簧式侧压装置，其侧压力较大，宜用于较厚板料的冲裁模；图 1-31(b)为簧片式侧压装置，侧压力较小，宜用于板料厚度为 0.3～1.0mm 的薄板冲裁模。在实际生产中还有两种侧压装置：图 1-31(c)是簧片压块式侧压装置，其应用场合与图 1-31(b)相似；图 1-31(d)是板式侧压装置，侧压力大且均匀，一般装在模具进料一端，适用于侧刃定距的级进模中。

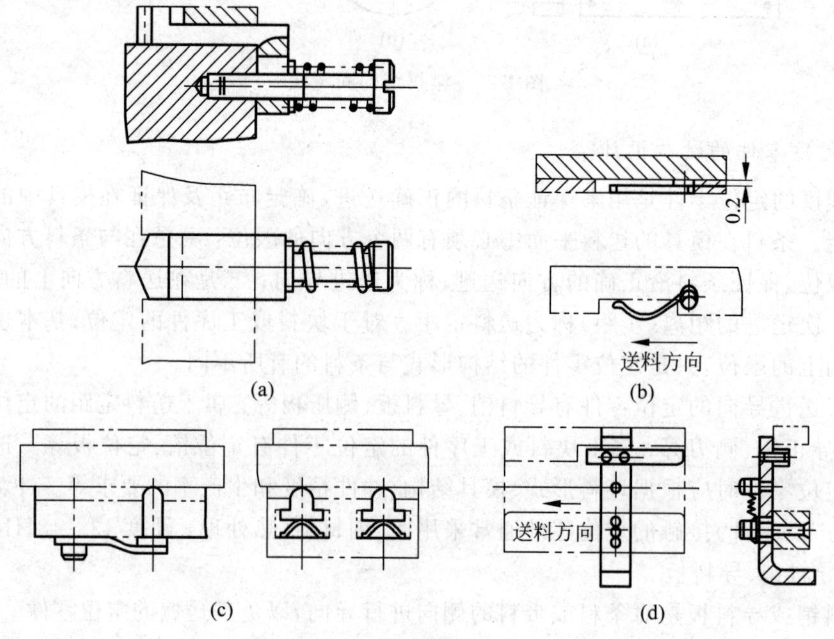

图 1-31　常用侧压装置

在一副模具中,侧压装置的数量和位置视实际需要而定。应该注意的是,板料厚度在0.3mm以下的薄板不宜采用侧压装置。另外,由于有侧压装置的模具,送料阻力较大,因而备有辊轴自动送料装置的模具也不宜设置侧压装置。

3) 挡料销

挡料销起定位作用,用它挡住搭边或冲件轮廓,以限定条料送进距离。常用的有固定挡料销、活动挡料销和始用挡料销三种结构形式。

(1) 固定挡料销。常用固定挡料销如图1-32所示,其结构简单,制造容易,广泛用于冲制中、小型冲裁件的挡料定距;其缺点是销孔离凹模刃壁较近,削弱了凹模的强度。图1-32(b)这种挡料销的销孔距离凹模刃壁可以设计得较远些,这样不会削弱凹模强度,但为了防止钩头在使用过程发生转动,需考虑防转。国家标准中常用固定挡料销的尺寸见表1-19。

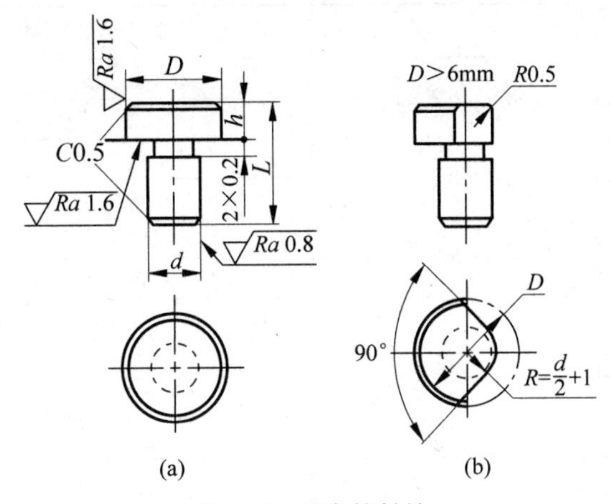

图1-32 固定挡料销

表1-19 固定挡料销 单位：mm

D(h11)		d(m6)		h	L
基本尺寸	极限偏差	基本尺寸	极限偏差		
6	0 −0.075	3	+0.008 +0.002	3	8
8	0 −0.090	4	+0.012 +0.004	2	10
10				3	13
16	0 −0.110	8	+0.015 +0.006	3	13
20		10		4	16
25	0 −0.130	12	+0.018 +0.007		20

(2) 活动挡料销。常用活动挡料销装置如图1-33所示,通常活动挡料销的一端与卸料板(承料板)等采用(H8/d9)的间隙配合,另一端则与弹簧的内孔配合(配合间隙较大),图中尺寸 H 根据具体的工件材料厚度而定。常用活动挡料销与弹簧的规格尺寸见表1-20。

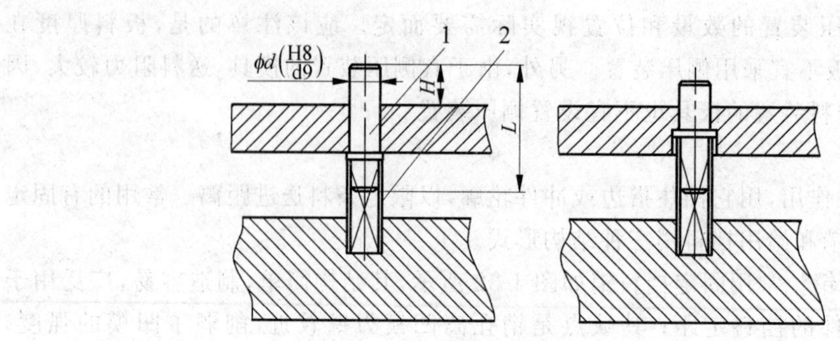

图 1-33　活动挡料销装置

1—活动挡料销；2—弹簧

表 1-20　活动挡料销规格尺寸　　　单位：mm

活动挡料销（$d \times L$）	弹　　簧	活动挡料销（$d \times L$）	弹　　簧
$\phi 4\times 18$	0.5×6×20	$\phi 10\times 30$	1.6×12×30
$\phi 4\times 20$		$\phi 10\times 32$	
$\phi 6\times 20$	0.8×8×20	$\phi 12\times 34$	1.6×15×40
$\phi 6\times 22$		$\phi 12\times 36$	
$\phi 6\times 24$	0.8×8×30	$\phi 12\times 40$	
$\phi 6\times 26$		$\phi 16\times 36$	2×20×40
$\phi 8\times 24$	1×10×30	$\phi 16\times 40$	
$\phi 8\times 26$		$\phi 16\times 50$	
$\phi 8\times 28$		$\phi 20\times 50$	2×20×50
$\phi 8\times 30$		$\phi 20\times 55$	
$\phi 10\times 26$	1.6×12×30	$\phi 20\times 60$	
$\phi 10\times 28$			

（3）始用挡料销。图 1-34 所示为标准结构的始用挡料装置。始用挡料销一般用于以导料板送料导向的级进模和单工序模中。一副模具使用的始用挡料销数量取决于冲裁排样方法及工位数。采用始用挡料销可提高材料利用率。

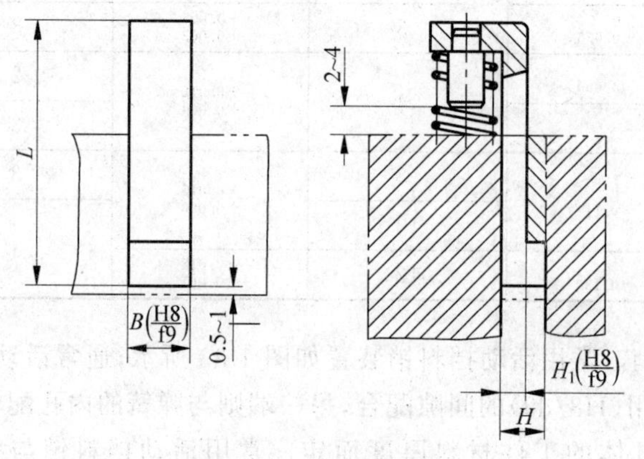

图 1-34　始用挡料销

4）定位板和定位销

定位板和定位销是用于单个坯料或工序件的定位，通常在单工序模具中使用。定位方式有两种：外缘定位和内孔定位，定位方式根据坯料或工序件的形状复杂性、尺寸大小和冲压工序的性质等具体情况决定。外轮廓比较简单的冲件一般可采用外缘定位，如图 1-35(a)～图 1-35(d)所示；外轮廓较复杂的一般可采用内孔定位，图 1-35(e)～图 1-35(h)所示。

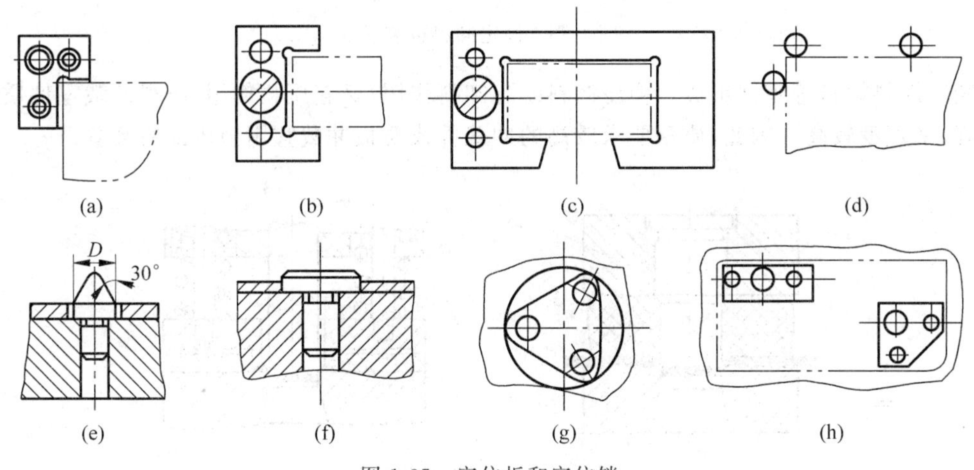

图 1-35 定位板和定位销

定位板厚度或定位销高度见表 1-21。

表 1-21 定位板厚度或定位销高度 单位：mm

材料厚度 t	<1	1～3	3～5
高度(厚度)h	$t+2$	$t+1$	t

3. 卸料装置与推件装置

1）卸料装置

从凸模或复合模的凸、凹模上把冲裁后的材料、工件或工序件卸下来的装置称为卸料装置。卸料装置通常有固定卸料、弹压卸料、废料切刀等几种。

（1）固定卸料板。图 1-36(a)和图 1-36(b)用于平板的冲裁卸料。图 1-36(a)卸料板与导料板为一整体；图 1-36(b)卸料板与导料板是分开的。图 1-36(c)和图 1-36(d)一般用于成型后的工序件的冲裁卸料。当卸料板仅起卸料作用不起导向作用时，凸模与卸料板的单边间隙一般在(0.1～0.5)t，板料薄时取小值，板料厚时取大值；同时还与卸料板厚度与卸料力大小、模具结构等因素有关。当固定卸料板兼起导板作用时，一般按 H7/h6 间隙配合制造，或可取单面间隙(0.1～0.5)t，但应保证导板与凸模之间间隙小于凸、凹模之间的冲裁间隙，以保证凸、凹模的正确配合。

固定卸料板的卸料力大，卸料可靠。由于固定卸料板与冲裁件(工件)之间存在着间隙，所以固定卸料的工件平直度不好，设计使用时应根据工件的具体要求而定。

（2）弹压卸料装置。如图 1-37 所示。弹压卸料装置是由卸料板、弹性元件（弹簧或

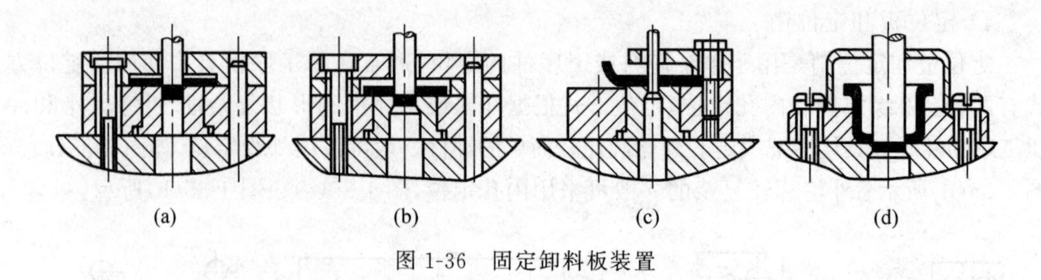

图 1-36　固定卸料板装置

橡胶)、卸料螺钉等零件组成。弹压卸料既起卸料作用,又起压料作用,所得冲裁零件质量较好,平直度较高。因此,质量要求较高的冲裁件或薄板冲裁宜用弹压卸料装置。

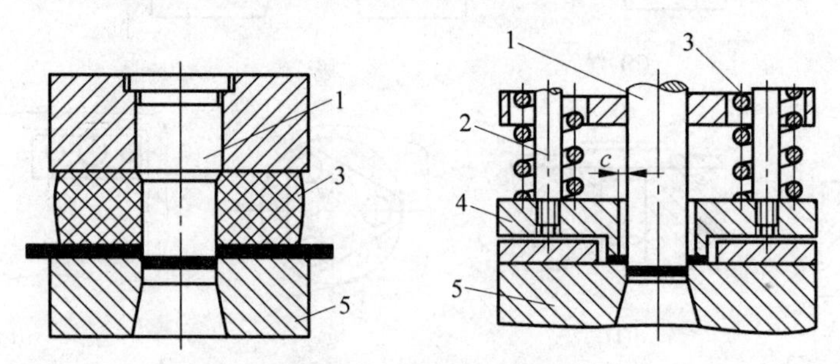

图 1-37　弹压卸料装置

1—凸模；2—卸料螺钉；3—弹性元件；4—卸料板；5—凹模

通常在以弹压卸料板作为细长小凸模的导向时,在卸料板与凸模固定板之间增加两个(或两个以上)小导柱(导套)导向,以免弹压卸料板产生水平摆动,从而保护小凸模不被折断并保证冲裁件质量。小导柱(导套)与卸料板的结构简图如图 1-38 所示。此外,在模具开启状态,卸料板应高出模具工作零件刃口 0.5～2mm,以便顺利卸料及生产时对料有预压作用。

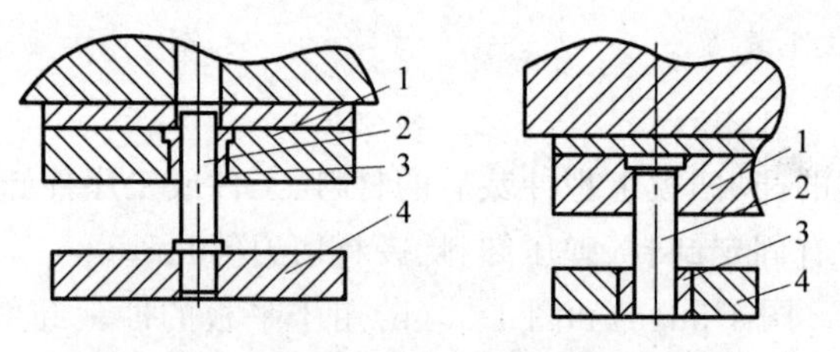

图 1-38　小导柱(导套)与卸料板的结构

1—凸模固定板；2—小导柱；3—小导套；4—卸料板

(3) 废料切刀。对于落料或成型件的切边,如果冲件尺寸大,卸料力大,往往采用废料切刀代替卸料板,将废料切开而卸料。如图 1-39 所示,当凹模向下切边时,同时把已切下的废料压向废料切刀上,通过挤压从而将其切开。对于冲裁形状简单的冲裁模,一般设两个废料切刀；冲件形状复杂的冲裁模,可以用弹压卸料加废料切刀进行卸料。图 1-40 为标准废料切刀结构。图 1-40(a)为圆废料切刀,用于小型模具和切薄板废料；图 1-40(b)为方形废料切刀,用于大型模具和切厚板废料。废料切刀的刃口长度应比废料宽度大些,刃口比凸模刃口低,且不小于 2mm；为减小工作时刃口的磨损,切刀的夹角 $\alpha=78°\sim80°$。

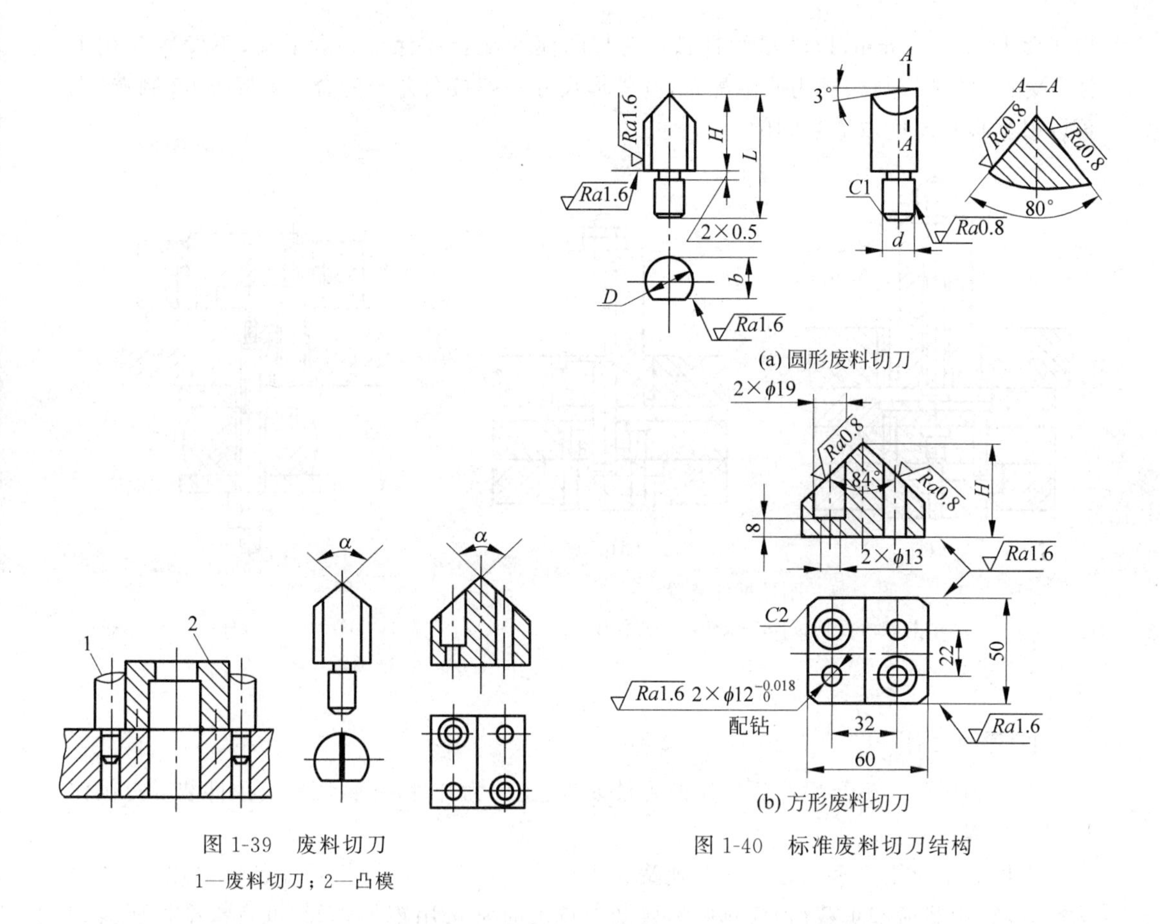

图 1-39 废料切刀

1—废料切刀；2—凸模

(a) 圆形废料切刀

(b) 方形废料切刀

图 1-40 标准废料切刀结构

2）推件和顶件装置

推件和顶件的目的都是从凹模中卸下冲件或废料。向下推出的机构称为推件，一般装在上模内；向上顶出的机构称为顶件，一般装在下模内。

(1) 推件装置。推件装置主要有刚性推件装置和弹性推件装置两种。一般刚性的用得较多，它由打杆、中间板、推杆和推件板组成，如图 1-41(a)所示。

有的刚性推件装置不需要中间板和推杆组成中间传递结构，而由打杆直接推动推件板，甚至直接由打杆推件，如图 1-41(b)所示。其工作原理是在冲压结束后上模回程时，利用压力机滑块上的打料杆，撞击上模内的打杆与推件板，将凹模内的工件推出，其推件力大，工作可靠。

通常推杆需要 2～4 根，且分布均匀、长短一致。中间板要有足够的刚度，其平面形状尺寸只要能够覆盖推杆，不必设计得太大，以保证安装中间板的孔不会太大。

(2) 顶件装置。顶件装置一般是弹性的。其基本组成有顶杆、顶件块和装在下模底下的弹顶器，弹顶器可以做成通用的，其弹性元件是弹簧或橡胶，如图 1-42 所示。这种结构的顶件力容易调节，工作可靠，冲件平直度较高，有时件 2 也可以直接用件 3 代替使用。

顶件块在冲裁过程中是在凹模中运动的零件，对它有如下要求：模具处于闭合状态时，其背后有一定空间，以便修磨和调整；模具处于开启状态时，必须顺利复位，工作面高出凹模平面 1～2mm，以便继续冲裁；它与凹模的配合应保证顺利滑动，不发生互相干涉。为此，顶件块与凹模为间隙配合，其外形尺寸一般按公差与配合国家标准 h8 制造，也可以根据板料厚度取适当间隙。

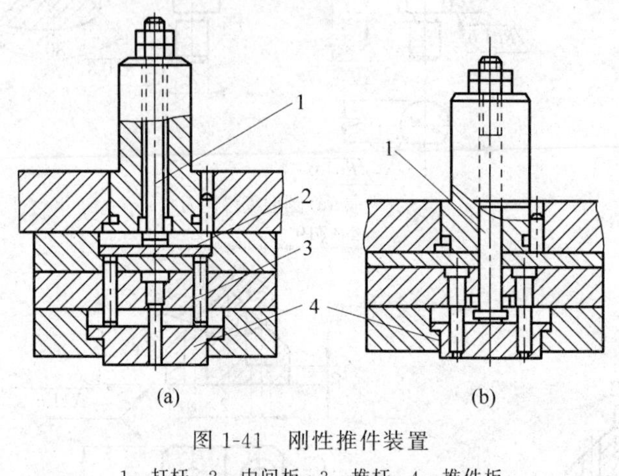

图 1-41　刚性推件装置

1—打杆；2—中间板；3—推杆；4—推件板

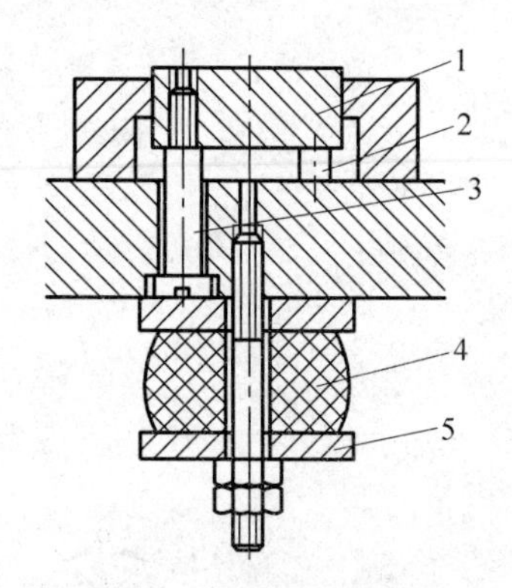

图 1-42　弹性顶件装置

1—顶件块；2—顶杆；3—卸料螺钉；4—橡胶；5—托板

4. 弹性元件

弹簧和橡胶是模具中广泛应用的弹性元件，主要为弹性卸料、压料及顶件装置提供作用力和行程。

在模具中应用最多的是圆柱形弹簧和矩形弹簧。弹簧的规格尺寸已标准化，一般分为轻载荷、中载荷和重载荷，模具中需要受力较大时常选用矩形弹簧，可直接根据所需的力和压缩行程尺寸查表选用。

聚氨酯橡胶具有高强度、高弹性、高耐磨性和易于机械加工等特性，在冲模中的应用越来越多，现已有国家标准的聚氨酯弹性体。使用时可根据模具空间尺寸和卸料力大小，并参照聚氨酯橡胶块的压缩量与压力的关系，适当选择聚氨酯弹性体的形状和尺寸。如果需要用非标准形状的聚氨酯橡胶时，则应进行必要的计算。聚氨酯橡胶的压缩量一般在 10%～35%范围内。通常橡胶在受力压缩时其高度尺寸将减小，但是其径向尺寸将变大，这是橡胶和弹簧作为弹性元件的区别。

当模具中需要承受较大力时，可以选用氮气弹簧作为弹性元件，氮气弹簧力大、受力运动平稳，在中、大型模具中应用较多。

5. 模架

模架及其组成零件已经标准化，并对其规定了一定的技术条件。模架主要分为滑动导向模架和滚动导向模架两种。

滑动导向模架的精度等级分为Ⅰ级和Ⅱ级，滚动导向模架的精度等级分为 0Ⅰ级和 0Ⅱ级。各级对导柱和导套的配合精度、上模座上平面对下模座下平面的平行度、导柱轴心线对下模座下平面的垂直度等都规定了一定的公差等级。这些技术条件保证了整个模架具有一定的精度，也是保证冲裁间隙均匀性的前提。有了这一前提，加上工作零件的制造精度和装配精度达到一定的要求,整个模具达到一定的精度就有了基本的保证。

标准模架的基本形式如图 1-43 所示。对角导柱模架、中间导柱模架、四角导柱模架的共同特点是导向装置都是安装在模具的对称线上,滑动平稳,导向准确可靠。当要求导向精确可靠时都采用这 3 种结构形式。对角导柱模架上、下模座,其工作平面的横向尺寸一般大于纵向尺寸,常用于横向送料的级进模、纵向送料的单工序模或复合模。中间导柱模架只能纵向送料,一般用于单工序模或复合模。四角导柱模架常用于精度要求较高或尺寸较大冲件的生产及大批量生产用的自动模。后侧导柱模架的特点是导向装置在后侧,横向和纵向送料都比较方便,但如果有偏心载荷,压力机导向又不精确,就会造成上模歪斜,导向装置和凸、凹模都容易磨损,从而影响模具寿命。此模架一般用于较小的冲模。

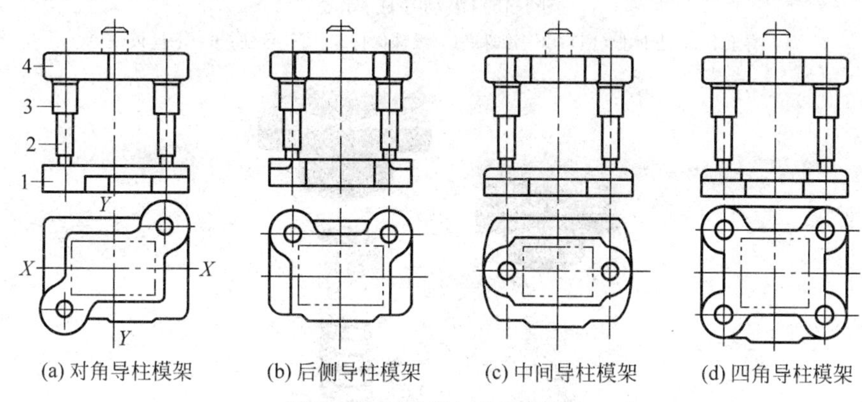

图 1-43 标准模架的基本形式

1—下模板(座); 2—导柱; 3—导套; 4—上模板(座)

1) 导柱、导套

滑动导向模架中导柱与导套之间采用 H7/h6 或 H7/h5 的间隙配合,如图 1-44 所示。滚动导向模架在导柱和导套间装有保持架和钢球,如图 1-45 所示,由于导柱、导套间的导向通过钢球的滚动摩擦实现,导向精度高,使用寿命长,主要用于高精度、高寿命的硬质合金模、薄材料的冲裁模以及高速精密级进模。导柱导套一般选用 20 钢制造,为增加表面的硬度和耐磨性,采用渗碳淬火处理,硬度为 58~62HRC。淬火后磨削表面,工作表面的表面粗糙度 Ra 值为 0.2~0.1μm。不论是滑动导向还是滚动导向模架,其导柱、导套都分别与模板采用 H7/r6 的过盈配合。

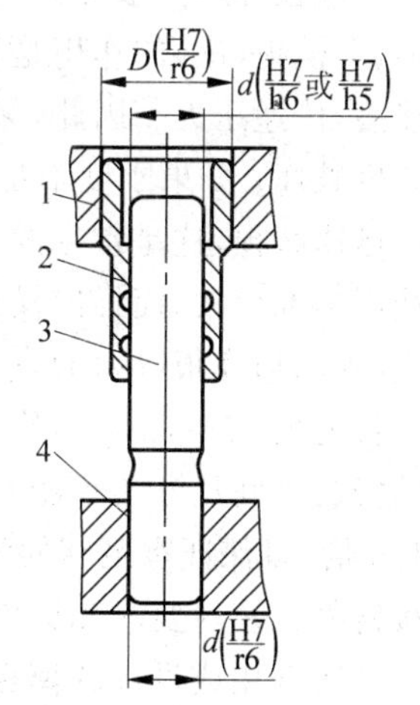

图 1-44 滑动导柱、导套

1—上模板(座); 2—导套; 3—导柱; 4—下模板(座)

2) 独立导向件

独立导向件即为独立导柱、导套的结构,如图 1-46 所示。通常在模具过大、过小或形状不规则等而无法选用标准导柱、导套的结构时,可选用独立导柱、导套的结构。独立导向件通过螺钉、销钉把与导柱导套一体的安装座和模板(座)固定连接在一起,安装位置可以根据模具的具体空间结构而定,使用和更换都十分方便。

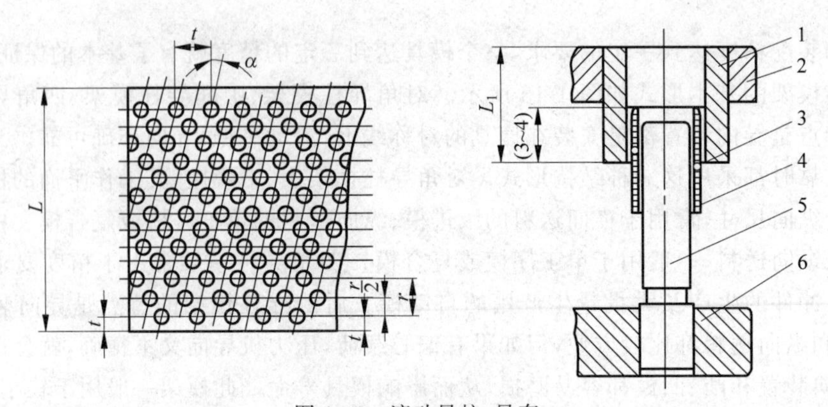

图 1-45　滚动导柱、导套

1—导套；2—上模板(座)；3—滚珠；4—滚珠保持架；5—导柱；6—下模板(座)

图 1-46　独立导向件

3）模板(座)

模板(座)一般分为上、下模板(座)，其形状基本相似，主要有钢板类和铸造类等形式。上、下模板(座)的作用是直接或间接地安装冲模的所有零件，分别与压力机滑块和工作台连接，传递压力。因此，必须十分重视上、下模座的强度和刚度。模板(座)因强度不足会产生破坏；如果刚度不足，工作时会产生较大的弹性变形，导致模具的工作零件和导向零件迅速磨损，这是常见的却又往往不为人们所重视的现象。在选用和设计时应注意尽量选用标准模架，而标准模架的规格就决定了上、下模板(座)的规格。如果需要自行设计模座，则圆形模板(座)的直径应比凹模板直径大 30～70mm，矩形模板(座)的长度应比凹模板长度大 40～70mm，其宽度可以略大或等于凹模板的宽度，同时还必须考虑模具与机床的安装空间尺寸。模板(座)的厚度可参照标准模座确定，一般为凹模板厚度的 1.0～1.5 倍，以保证有足够的强度和刚度。对于大型非标准模板(座)，还必须根据实际需要，按铸件工艺性要求和铸件结构设计规范进行设计。

所选用或设计的模板(座)必须与所选压力机的工作台和滑块的有关尺寸相适应，并进行必要的校核。比如，下模板(座)的最小轮廓尺寸应比压力机工作台上漏料孔的尺寸每边至少要大 40～50mm。常用材料一般选用 45、HT200、HT250，也可选用 Q235、Q255 结构钢，对于大型精密模具的模座选用铸钢 ZG35、ZG45。上、下表面粗糙度为 $Ra\,1.6\sim0.8\mu m$。

4）模柄

中、小型模具一般是通过模柄将上模固定在压力机滑块上。模柄是作为上模与压力机滑块连接的零件。对它的基本要求：一是要与压力机滑块上的模柄孔正确配合，安装可靠；二是要与上模正确而可靠连接。标准模柄的结构形式如图 1-49 所示。

（1）图 1-47(a)为旋入式模柄，通过螺纹与上模座连接，并加螺丝防止松动。这种模具拆装方便，但模柄轴线与上模座的垂直度较差，多用于有导柱的中、小型冲模。

（2）图 1-47(b)为压入式模柄，它与模座孔采用 H7/m6(或 H7/h6)的过渡配合，并加销钉(或螺钉)以防转动。这种模柄可较好保证轴线与上模座的垂直度。适用于各种中、小型冲模，生产中最常见。

（3）图 1-47(c)为凸缘式模柄，用 3～4 个螺钉紧固于上模座，模柄的凸缘与上模座的窝孔采用 H7/js6 过渡配合。多用于较大型的模具。

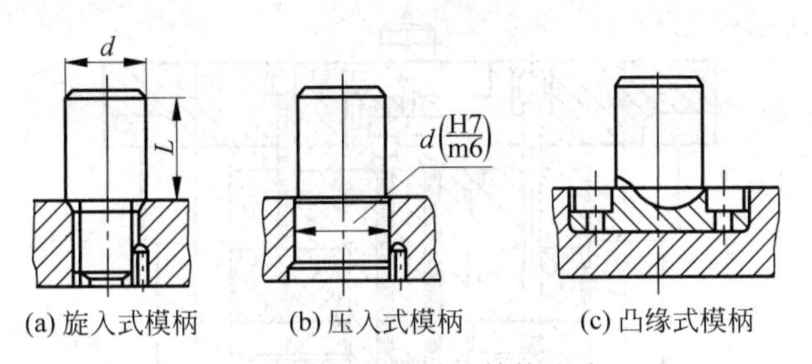

(a) 旋入式模柄　(b) 压入式模柄　(c) 凸缘式模柄

图 1-47　标准模柄的结构形式

此外，还有槽型模柄、浮动模柄等多种结构形式的模柄。

6. 其他零件

1）垫板

冲裁模具中垫板的作用是直接承受凸模、凹模以及凸凹模的工作压力，以降低模板(座)所受的单位压力，防止模板(座)局部变形及压陷，从而影响凸模、凹模以及凸凹模的正常工作。通常垫板采用通用的 45 钢材料，热处理：淬火 43～48HRC。一般凸模、凹模以及凸凹模的工作截面积较小时一定要设置垫板。

2）螺钉和销钉

螺钉和销钉都是标准件，设计模具时按标准选用即可。螺钉用于固定模具零件，一般选用内六角螺钉；销钉起定位作用，常用圆柱销钉。螺钉、销钉的规格应根据冲压力大小、凹模厚度等具体尺寸而确定。螺钉规格可参照表 1-22 确定，通常选用的螺钉和销钉的基本尺寸相同，即选用 M10 的内六角螺钉时，则选用 $\phi10$ 的销钉。

表 1-22　螺钉选用规格

凹模(固定板等)厚度/mm	≤15	15～20	20～25	25～35	>35
内六角螺钉规格	M4、M5、M6	M5、M6	M6、M8	M8、M10	M10、M12

1.2.5　复合模具结构

复合模和级进模一样，也是多工序模，但与级进模不同的是，复合模是在冲床滑块一次行程中，在冲模的同一工位上完成两种以上的冲压工序。在复合模中，有一个身兼双职的重要零件就是凸凹模。

1. 正装复合模

图 1-48 为正装式落料冲孔复合模。它的落料凹模安装在冲模的下模部分(落料凹模安装在冲模的下模部分的，称为正装式)，凸凹模安装在上模部分。当压力机滑块带动上模下移时，几乎同时完成冲孔和落料。冲裁后，条料箍在凸凹模上，由卸料螺钉、橡胶、卸料板组成的弹性卸料装置卸料；冲孔废料卡在凸凹模的模孔内，由刚性推料装置(又称打料装置)将废料推出凸凹模，工件卡在落料凹模的洞口中，由弹性顶件装置(螺钉、顶板、橡胶、顶杆、顶块板组成)将工件顶出落料凹模洞口。对于有气垫的冲床可用气垫代替下面的弹性装置。

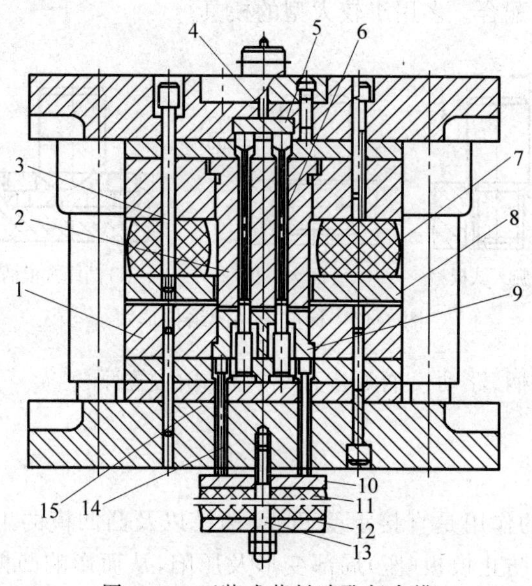

图 1-48　正装式落料冲孔复合模

1—落料凹模；2—凸凹模；3—卸料螺钉；4、5、6—推料装置；7、11—橡胶；8—卸料板；9—顶件块；10、12—顶板；13—螺钉；14—顶杆；15—冲孔凸模

正装式复合模冲裁的工件和废料最终都落在下模的上表面，因此，必须清除后才能进行下一次的冲裁。正装式复合模的这一特点，给操作带来不便，也不安全。特别是对冲多孔工件不宜采用这种结构。但是由于冲裁时条料被凸凹模和弹性顶件装置压紧，冲出的工件比较平整，因此适于冲裁工件平直度要求较高或冲裁时易弯曲的大而薄的工件。

2. 倒装复合模

图 1-49 为倒装式复合模的典型结构，它的落料凹模装在上模部分，凸凹模装在下模部分。冲裁后条料箍在凸凹模上，工件卡在上模中的落料凹模孔内，冲孔废料从凸凹模洞口自然落下。箍在凸凹模上的条料由弹压卸料装置卸下，弹性卸料装置由卸料螺钉、弹簧、卸料板组成。卡在落料凹模内的工件由刚性推件装置推出，刚性推件装置由打杆、推板、连接推杆和推件块组成，当上模随压力机滑块一起上升到某一位置时，打杆上端与压力机横梁相碰，而不能随上模继续上升，上模继续上升时，打杆将力传递给推件块将工件

从凹模孔内卸下。然后，可利用导料机构或吹料机构将工件移出冲模的下表面，而不影响下一次冲裁的进行。

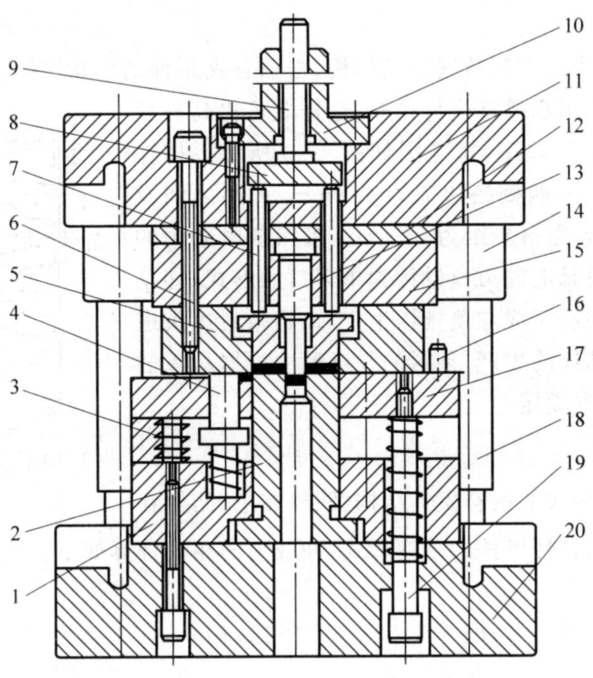

图 1-49 倒装式复合模的典型结构

1、15—固定板；2—凸凹模；3—弹簧；4—活动挡料销；5—落料凹模；6—推件块；7—连接推杆；8—推板；9—打杆；10—模柄；11—上模座；12—垫板；13—冲孔凸模；14—导套；16—导料销；17—卸料板；18—导柱；19—卸料螺钉；20—下模座

条料的送进定位是靠导料销和活动挡料销来完成的。该活动挡料销下面设有弹簧，安装在凸凹模固定板上。冲裁时，活动挡料销被落料凹模压进卸料板内，当上模离开后，活动挡料销在弹簧的作用下，又被顶出卸料板表面，实现定位。

复合模生产率较高，冲裁件的内孔与外缘的相对位置精度高，板料的定位精度要求比级进模低，冲模的轮廓尺寸小。但复合模的结构复杂，制造精度要求高。复合模主要用于生产批量大、精度要求高的冲裁件。

1.3 项目实施

1.3.1 成型工艺分析

管夹零件的冲裁件产品如图 1-51 所示。管夹零件的技术要求：材料为不锈钢 4301，该牌号是德国 DIN 标准不锈钢的牌号，相当于我国的 0Cr18Ni9，也相当于日本 SUS304。材料的抗拉强度≥520MPa，屈服强度≥205MPa，伸长率≥40%，断面收缩率≥60%；材料厚度为 $t=1.0$mm。管夹零件的结构不是很复杂，具有冲压产品冲裁成型工艺的典型特点，零件的形状轮廓比较规则，在开口处的尺寸 $17^{+0.1}_{0}$mm、$\phi(18.2\pm0.2)$mm、(31 ± 0.2)mm 具有一定的精度要求，其他尺寸精度要求较低，尺寸按未注公差要求 IT14 级设置。

1.3.2 模具设计

1. 排样设计

管夹零件模具为典型的落料模具结构，根据管夹零件的形状结构特点，同时结合零件的生产批量考虑，采用双排件进行排样，这样既可提高材料利用率，又可提高生产效率，排样图如图 1-50 所示。排样条料的宽度为 81mm，两侧搭边值为 1.8mm，产品之间及条料头搭边为 3mm，送料步距为 34mm。虽然条料采用的是双排形式，但是模具上的刃口设计为单刃口的形式，即条料先靠左侧送料冲载，完成左侧排样生产后，将条料掉头进行冲裁，完成右侧排样的生产，条料的长度尺寸根据具体的生产设备及现场情况而定。

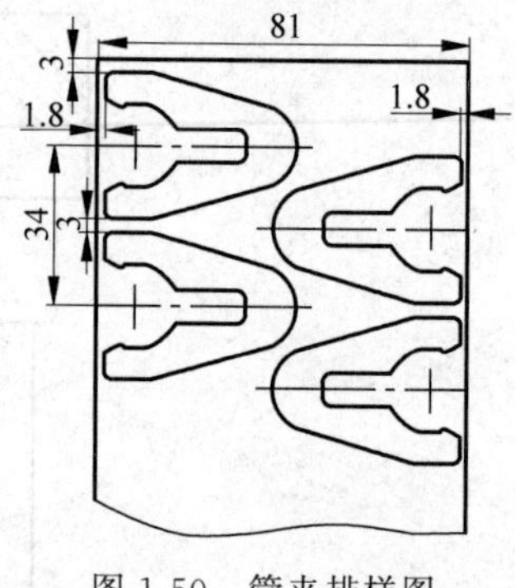

图 1-50 管夹排样图

2. 冲压力计算

该模具采用倒装式的落料模具结构（凹模在上、凸模在下），采用弹性卸料、打杆出件的结构形式，冲裁力的相关计算如下：

冲裁力为

$$F = KtL\tau = 1.3 \times 1 \times 175 \times 511 = 116.3(\text{kN})$$

卸料力为

$$F_{卸} = K_1 F = 0.06 \times 116.3 = 7.0(\text{kN})$$

推件力为

$$F_{推} = K_1 F = 0.07 \times 116.3 = 8.1(\text{kN})$$

在上述计算中，冲裁力的计算公式中的 L 值为落料周边刃口长度，管夹零件轮廓周长约为 175mm（可利用软件计算）；卸料力系数、推件力系数的取值均取偏大值，以确保具有足够的卸料力和推件力使模具正常工作。根据计算冲裁力，并结合模具结构及外形尺寸，初选压力机设备为 JH23-30。

3. 压力中心的确定

管夹零件左右对称的形状，即在一个坐标方向上的压力中心在该对称中心上，零件的另外一个方向上结构形状比较复杂，该方向的中心点可以借助软件或简单的计算得出（假设一条线将该方向的轮廓划分为两部分，两部分的轮廓尺寸相等时，该条假设线即为该方向的中心线，即该方向的压力中心在这条线上），这样可以确定出模具的冲裁压力。

4. 工作零件刃口尺寸计算

在进行零件刃口尺寸计算之前，先要考虑工作零件的加工方法及模具装配方法。根据模具结构及产品的生产情况，比较适合采用配合加工的制造方法，这样易于保证冲裁的刃口间隙，降低制造成本，简化模装配工作。因此工作零件的刃口尺寸按照配合加工方法进行计算。管夹落料模具的刃口零件主要尺寸计算（单位：mm）如下。

根据图纸尺寸精度与技术要求，在图纸中未注尺寸公差按 IT14 级选取，主要未注尺

寸及公差为 $17^{+0.1}_{0}$mm、$\phi(18.2\pm0.2)$mm、(31 ± 0.2)mm，尺寸精度为 IT11～IT13（接近 IT13）。凹模刃口尺寸计算中选 $x=0.75$。

由于不锈钢材料韧性较大，结合经验考虑，刃口间隙值取 $t\times10\%=0.1$(mm)，通常刃口间隙的经验取值范围为 $t\times(6\%\sim16\%)$。该间隙值也与查手册所得的 Z_{min} 与 Z_{max} 的中间值比较接近，因此复合模具的要求。

落料凹模的尺寸计算如下：

$\phi(18.2\pm0.2)$mm 对应凹模尺寸为

$$(18.2-0.75\times0.4)^{+0.025}_{0}=17.9^{+0.025}_{0}$$

(31 ± 0.2)mm 对应凹模尺寸为

$$(31-0.75\times0.4)^{+0.03}_{0}=30.7^{+0.03}_{0}$$

$17^{+0.1}_{0}$mm 对应凹模尺寸为

$$(17-0.75\times0.1)^{+0.02}_{0}=16.93^{+0.02}_{0}$$

由于模具是采用配合加工的制造方法，落料模具以凹模刃口尺寸为基准，因此对于凸模零件上刃口基本尺寸与落料凹模的基本尺寸相同，同时必须要在凸模的零件图纸的技术要求上注明：凸模刃口尺寸与落料凹模配 0.1mm 的双面间隙。

5. 模具结构设计

管夹零件落料模具的总体结构如图 1-51 所示。模具的主要结构特点是模具采用倒

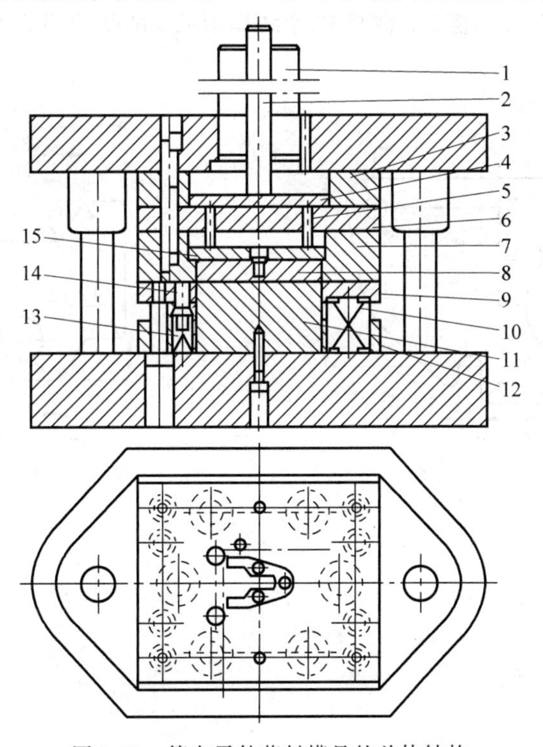

图 1-51 管夹零件落料模具的总体结构

1—模柄；2—打杆；3—空心垫板；4—过桥板；5—小打杆；6—上垫板；7—凹模；8—顶块；9—卸料板；10—矩形弹簧；11—凸模；12—下固定板；13—活动挡料钉；14—弹簧；15—盖板

装式落料结构；采用两中间导柱标准模架，滑动配合式导柱、导套；采用弹性卸料与打杆推件的卸料装置；活动挡料钉导料、定距；模具闭合高度为188mm。管夹落料模具的结构形式对于一般落料模来说复杂了些，工作效率及模具结构不如正装式的落料模具好，但是由于管夹零件的材料是不锈钢材质，一般不锈钢零件对其表面都有较高的要求，不能有划痕等缺陷，而且零件具有一定的精度要求，因此采用上出料的倒装式模具结构形式可以有效保护零件质量。

拓展练习

1. 冲裁变形过程分为哪几个阶段？通常冲裁件的断面质量如何判定？
2. 简述冲压工序划分的基本类型、划分工序的意义及基本步骤。
3. 冲裁件为何需要设置搭边？影响搭边值的因素有哪些？
4. 简述冲裁模具中常用的卸料装置，比较弹性卸料与刚性卸料的异同点。
5. 分析法兰零件(图1-52)的尺寸及冲孔、冲缺的工艺，法兰零件材料：QS 1010 Z0 (GMW F104)，$t=10$mm。试确定冲孔、冲缺模具的工作零件刃口尺寸、刃口间隙、工件定位方式、卸料等结构形式，并设计法兰的冲孔、冲缺模具结构。
6. 分析锚定销锁零件(图1-53)的尺寸及落料、冲孔的复合工艺，锚定销锁零件材料：SHP1(KSD 3501-83)，$t=4.5$mm，全部尺寸公差为±0.3mm。试确定落料、冲孔模具的工作零件刃口尺寸、刃口间隙、工件排样等结构形式，并设计锚定销锁零件的复合模具结构。

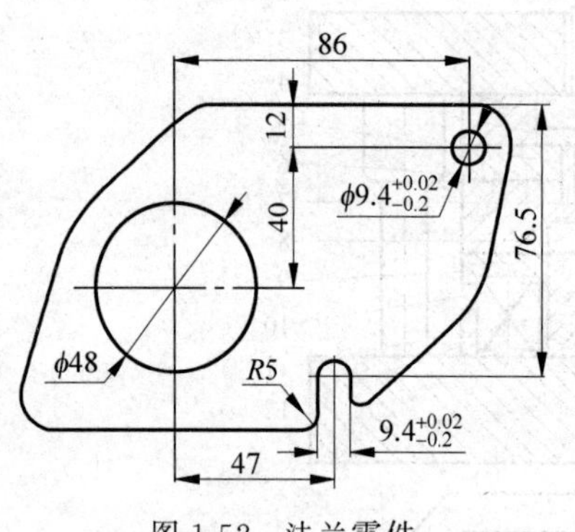

图1-52　法兰零件

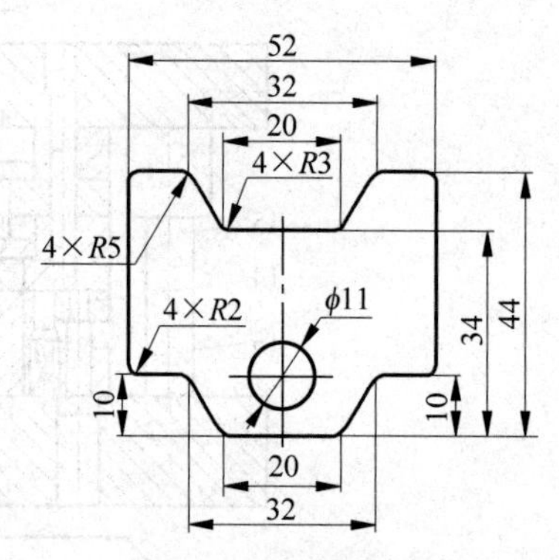

图1-53　锚定销锁零件

项目2

封板零件弯曲成型工艺与模具设计

1. 了解弯曲成型工艺的基本工艺特性。
2. 能够对简单弯曲零件进行工艺分析。
3. 能够计算简单弯曲件的展开尺寸、弯曲力等参数。
4. 能够解决简单弯曲件在弯曲成型工艺时的回弹、偏移等现象。
5. 能够进行简单弯曲件的弯曲模具设计。

2.1 项目分析

1. 项目介绍

封板零件的结构及相关尺寸如图 2-1(a)所示,零件的 3D 效果如图 2-1(b)所示。封板零件材料为 SPCE 板材,材料厚度 $t=1$mm,零件的结构不是很复杂,具有冲压产品单边弯曲成型工艺的典型特点,封板单边弯曲后的高度为 8.3mm,弯曲内圆角尺寸为 $R2$,弯曲角度为 95°,未注尺寸公差为±0.2mm,未注角度公差为±0.5°。

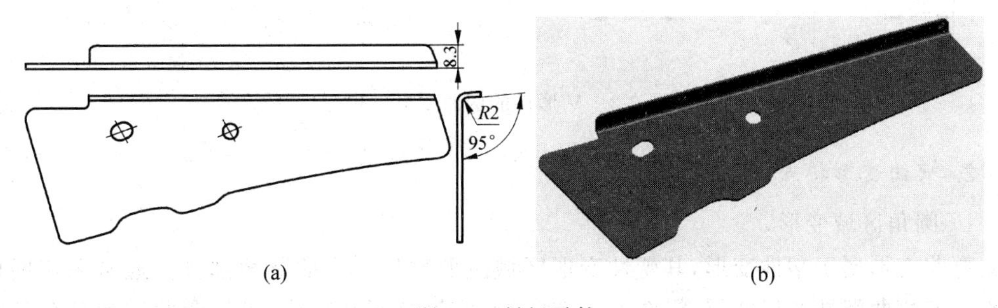

图 2-1　封板零件

2. 项目基本流程

封板零件冲压弯曲成型工艺属于零件的单边弯曲成型，通过了解弯曲成型工艺的基本特点，分析零件的结构工艺与零件弯曲过程中的回弹与位移现象及其相关的解决措施。以封板零件为项目载体，设计较为典型的弯曲模具结构。

2.2 理论知识

在冲压生产中，使金属坯料（板料、型材、管材或棒料）产生塑性变形，形成一定角度或一定形状的零件加工方法，称为弯曲。弯曲所使用的模具称为弯曲模。弯曲是冲压生产中常见的一种工艺，弯曲可以使用模具在普通压力机上进行，也可以在其他的折弯机、弯管机、滚弯机等专业设备上进行。

2.2.1 弯曲工艺分析

1. 弯曲变形过程

图 2-2 所示为 V 形件的弯曲变形过程。弯曲开始时，凸模、凹模分别与板料在 A、B 处相接触，凸模在 A 处对板料施加弯曲力，凹模则在 B 处对板料产生反向弯曲力，板料在弯曲力及反向弯曲力构成的弯矩作用下产生弯曲。随着凸模下压，板料在 B 点沿凹模斜面不断下移，弯曲力臂逐渐减少，即 $l_n < l_3 < l_2 < l_1$。同时弯曲圆角半径 r 逐渐减少，即 $r_n < r_3 < r_2 < r_1$。当凸模继续下压，直至凸模、板料、凹模完全贴合时，此时弯曲力臂、弯曲圆角半径达到最小，弯曲过程结束。当凸模、板料、凹模完全贴合后，凸模不再下压，称为自由弯曲。若凸模继续下压，使坯料产生进一步塑性变形，从而对弯曲件进行校正，称为校正弯曲。

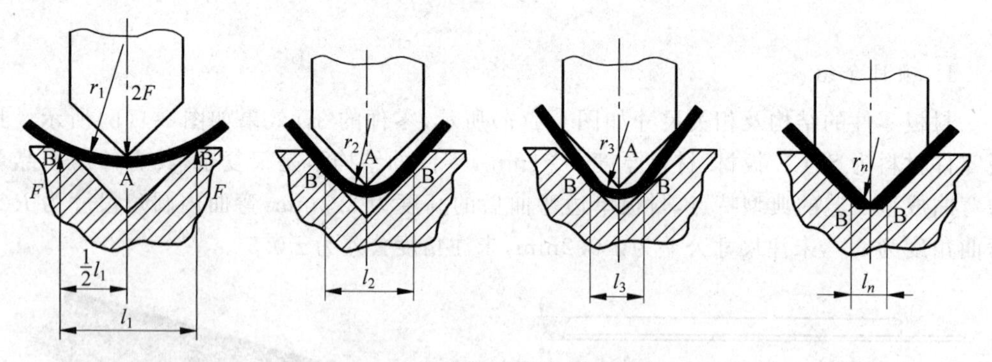

图 2-2 V 形件的弯曲变形过程

2. 弯曲变形特点

1）圆角区域变形

弯曲变形属于塑性变形，其塑性变形区域主要发生在弯曲圆角部分。通常采用网格法来了解弯曲塑性变形的特点（图 2-3），通过观察网格形状变化，可见弯曲圆角部分的网格发生了显著变化，原来的正方形网格变成了扇形，靠近圆角部分的直边有少量变形，而其余直边部分的网格仍保持原状没有变形，说明弯曲塑性变形主要发生在弯曲圆角部分。

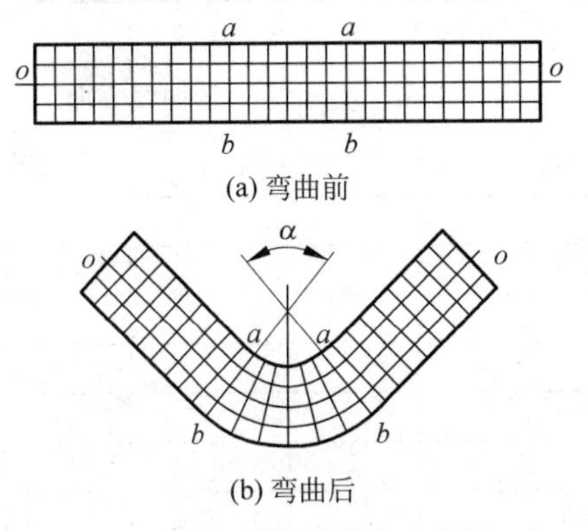

(a) 弯曲前

(b) 弯曲后

图 2-3　弯曲前后网格变化图

2）变形区三个方向都变形

（1）长度方向。网格由正方形变成了扇形，靠近凹模的外侧长度伸长，说明外侧受到拉伸，靠近凸模的内侧长度缩短，说明内侧受到压缩。由内、外表面至坯料中心，其缩短和伸长逐渐减少，在缩短和伸长的两个变形区之间，必然有一个层面，其长度在变形前后保持不变，这一层面称为中性层（见图 2-3 中的 o-o 层，弯曲前中性层与中间层重合，弯曲后中性层与中间层发生偏移不重合）。中性层长度是计算弯曲件坯料展开尺寸的依据。

（2）厚度方向。内侧长度方向缩短，厚度增加，但由于凸模紧压坯料，厚度方向变形较困难，因此厚度增加较少。坯料外侧长度伸长，从而使厚度变薄。由于内侧厚度增加量少于外侧变薄量，因此材料厚度在弯曲变形区内会变薄，并使坯料的中性层内移。弯曲变形量很少时，中性层基本处于材料厚度中心，变形量越大，中性层内移量也越大。

（3）宽度方向。内侧材料受压缩，宽度应增加，外侧材料受拉伸，宽度应减少。这种变形根据坯料宽度不同有两种情况：宽板（宽度与厚度之比 $B/t>3$）弯曲，材料在宽度方向变形受到相邻金属限制，横断面形状变化很少，仅在两端出现少量变形，基本保持为矩形；窄板（宽度与厚度之比 $B/t\leqslant3$）弯曲，宽度方向变形不受约束，横断面变成内宽外窄的扇形。

2.2.2　弯曲件的工艺性

通常弯曲件的工艺性可以从弯曲部位的圆角半径、零件的结构、形状、尺寸等方面来评价弯曲件的工艺性。

1．弯曲部位的圆角

弯曲半径不宜过大或过小，过大时会受回弹的影响，弯曲件的精度不易保证；过小时会产生破裂。弯曲半径应大于材料的许可最小相对弯曲半径。最小相对弯曲半径是指在保证毛坯弯曲时外表面不发生开裂的条件下，弯曲件内表面能够完成的最小圆角半径与坯料厚度的比值，用 $r_{\min}/t$ 来表示。该值越小，说明板料弯曲的性能也越好。生产中用来衡量弯曲时变形毛坯的成型极限。最小相对弯曲半径受多种因素的影响，一般采用由实验获得的经验数据，见表 2-1。

表 2-1 最小相对弯曲半径 r_{min}/t 的实验数值

材　料	正火或退火		冷作硬化	
	弯曲线方向			
	与轧纹垂直	与轧纹平行	与轧纹垂直	与轧纹平行
08、10、Q215	0	0.4	0.4	0.8
15、20、Q235	0.1	0.5	0.5	1.0
25、30、Q255	0.2	0.6	0.6	1.2
35、40	0.3	0.8	0.8	1.5
45、50	0.5	1.0	1.0	1.7
55、60	0.7	1.3	1.3	2.0
硬铝(软)	1.0	1.5	1.5	2.5
硬铝(硬)	2.0	3.0	3.0	4.0
钛合金 BT1	300℃热弯		冷弯	
	1.5	2.0	3.0	4.0

一般情况下，不宜采用最小相对弯曲半径，应尽量将圆角半径取大一些。通常材料的塑性越好，表面无划伤、裂纹等缺陷，其最小相对弯曲半径越小；窄板($B/t\leqslant 3$)弯曲时，宽度方向的材料可以自由流动，可使最小相对弯曲半径减小；弯曲用冷轧钢板具有方向性，当弯曲件的折弯线与纤维方向垂直时，材料具有较大的拉伸强度不易拉裂。最小相对弯曲半径的数值最小。板料纤维方向对弯曲半径的影响如图 2-4 所示。

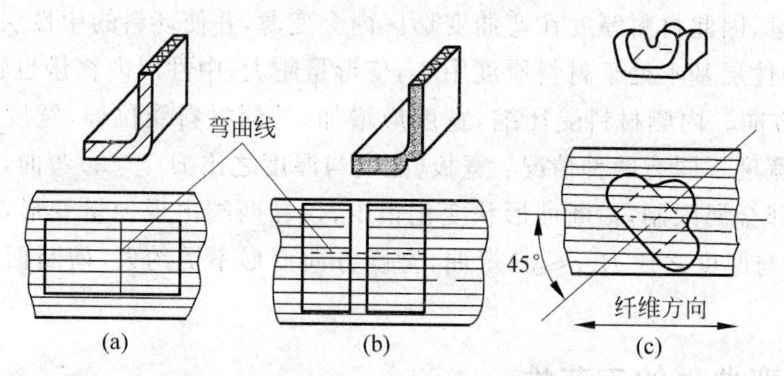

图 2-4　板料纤维方向对弯曲半径的影响

改善弯曲件工艺性的方法：当弯曲件的圆角半径与板厚之比小于最小相对弯曲半径时，为防止弯裂，常采用的措施有退火、加热弯曲、消除冲裁毛刺；对较厚材料，可在弯曲线处先压槽后弯曲(图 2-5)，使弯曲部位的板厚减小，相对弯曲半径增大，保证弯曲成型。

2. 直边高度

当弯曲 90°时，弯曲件圆角区以外的直边高度 $H>2t$ 时，才能保证弯曲件的质量，如图 2-6 所示的上部直边部分；或按下式，即

$$h\geqslant h_{\min}=r+2t$$

式中，$h_{\min}$ 为保证弯曲件质量的最小直边高度，mm；r 为弯曲半径，mm；t 为毛坯厚度，mm。

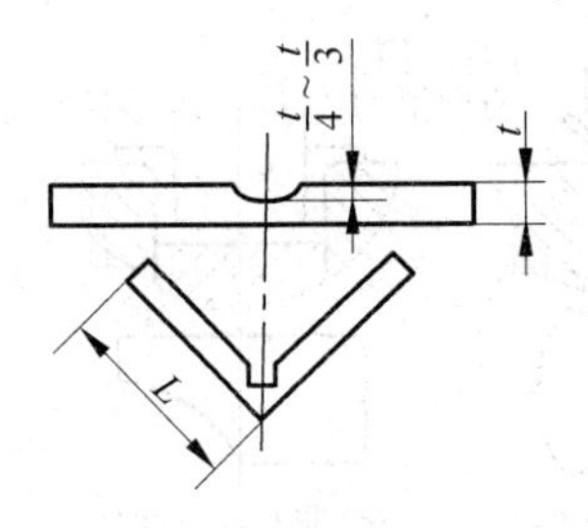

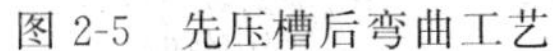

图 2-5 先压槽后弯曲工艺

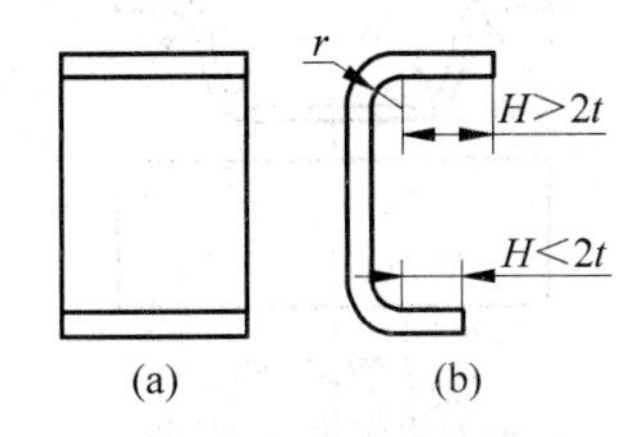

图 2-6 弯曲件直边高度

若弯曲件的直边带有斜线，且斜线达到了变形区，则该部分 $H<2t$，在弯曲成型时难以弯成直边，如图 2-7(a)所示。

改善弯曲件工艺性的方法：增加直边高度。当弯曲件直边高度较小时，可以将其直边高度增加，保证弯曲质量，在弯曲成型后再将多余的直边高度切掉。当弯曲变形区带有斜线边缘时，虽然增加直边高度后弯曲可以保证弯曲质量，但弯曲后切掉多余部分时，却难以保证弯曲件的质量。此时，需要改变零件设计的尺寸，增加该部分的高度，如图 2-7(b)所示。

3. 孔边距离

当弯曲毛坯上有孔时，如果孔的位置与弯曲线距离太小，孔会受到弯曲变形的影响而产生形状变化。当孔边缘与弯曲圆角边缘的距离 L(图 2-8)符合以下条件时，才能保证孔型不发生变化。当 $t<2\text{mm}$ 时，$L\geqslant t$；当 $t\geqslant 2\text{mm}$ 时，$L\geqslant 2t$。

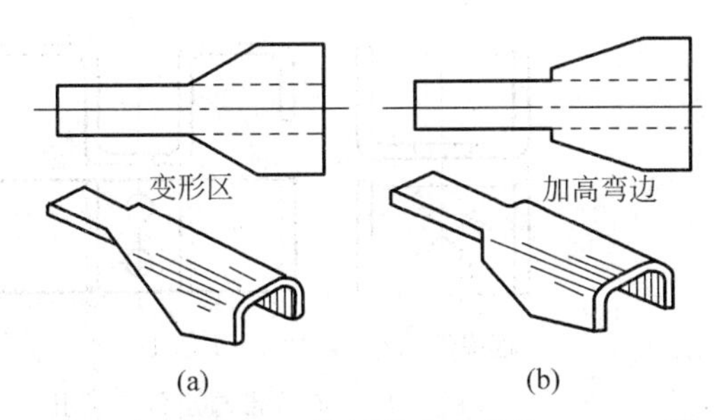

图 2-7 带斜线直边弯曲

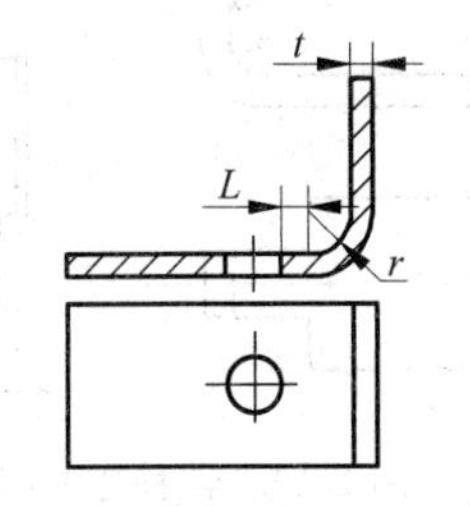

图 2-8 弯曲件的孔边距离

改善弯曲件工艺性的方法：增加工艺孔、槽。当孔边距离太小时，可以采用先弯曲再冲孔的工艺流程；或采取在弯曲线上加冲工艺孔，或切槽的办法。当局部边缘弯曲时，在弯曲线的端部增加工艺孔或工艺槽。

4. 形状与尺寸的对称性

形状与尺寸都对称的弯曲件具有较好的弯曲工艺性，在弯曲件的孔边距离弯曲成型时不会出现毛坯偏移现象(图 2-9)，弯曲件的尺寸精度高。当不对称的弯曲件弯曲时，因受力不均匀，毛坯容易偏移，尺寸不易保证。

改善弯曲件工艺性的方法：转移弯曲线。当弯曲线上有尺寸突变时，尺寸突变处的尖角会产生应力集中甚至撕裂。对此可采取转移弯曲线，避开尺寸突变处的办法。如

(a) 对称弯曲件的弯曲　(b) 非对称弯曲件单弯曲　(c) 非对称弯曲件双边弯曲

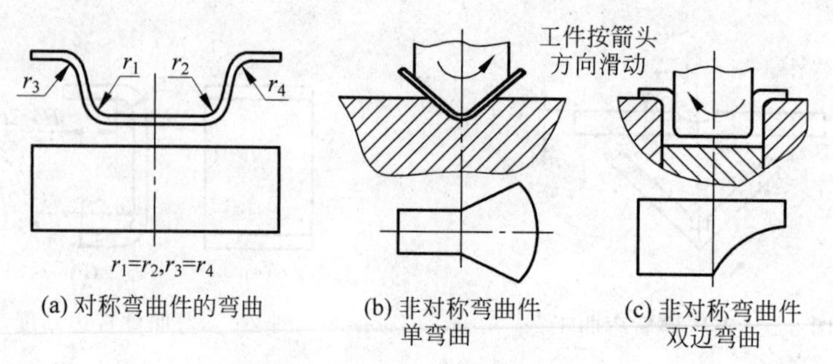

图 2-9　对称性对弯曲件的影响

图 2-10 所示,使弯曲线离开尺寸突变处一定的距离 b,可以较好地保证弯曲件的质量。

5. 边缘局部弯曲

边缘局部弯曲(弯曲线不能到达毛坯的边缘)的弯曲件工艺性不好。非弯曲部分既对弯曲变形区的变形有限制作用,使变形不能顺利进行,又受到变形区的影响而产生一定程度的形变。

改善弯曲件工艺性的方法:连接带与定位工艺孔。保留连接带和开设定位工艺孔,在弯曲变形区附近带有缺口时,若在毛坯上就将缺口冲出,弯曲时会影响此处的形状尺寸。为保证弯曲件质量,应保留此处为弯曲变形区的连接带,弯曲成型后,再将多余的部分切除,如图 2-11 所示。

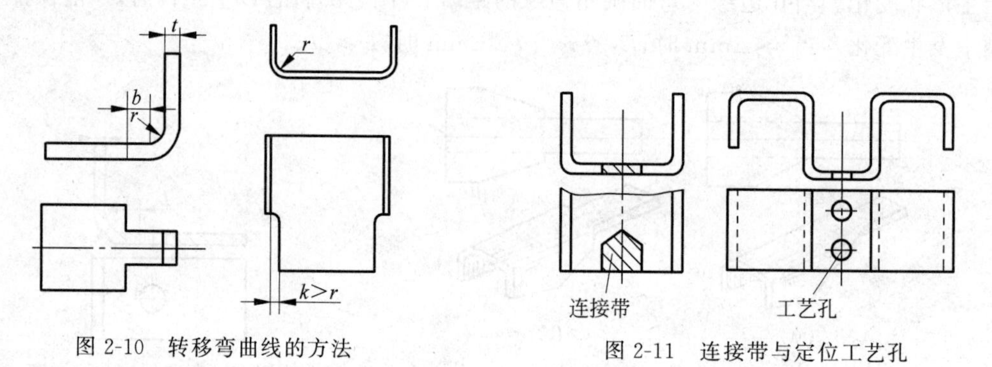

图 2-10　转移弯曲线的方法

图 2-11　连接带与定位工艺孔

2.2.3　弯曲件展开尺寸计算

板材弯曲变形时,切向应变从外层的伸长应变过渡到内层的压缩应变,必有一层的切向变形为零,称该层为应变中性层。应变中性层的位置并不是板厚的几何中心层。因此,在计算弯曲件毛坯的长度尺寸时,要遵循应变中性层在弯曲前后长度不变的原则。生产中因模具结构和弯曲方式等多种因素影响弯曲变形区的应力状态,也会影响应变中性层的位置。

1. 弯曲中性层位置确定

根据中性层的定义,弯曲件的坯料长度应等于中性层的展开长度。中性层位置以曲率半径 ρ 表示,通常采用下面的经验公式确定,即

$$\rho = r + xt$$

式中，r 为弯曲件的内圆角弯曲半径，mm；t 为材料厚度，mm；x 为中性层位移系数（表 2-2）。

表 2-2 中性层位移系数 x 的值

r/t	0.1	0.2	0.3	0.4	0.5	0.6	0.7	0.8	1.0	1.2
x	0.21	0.22	0.23	0.24	0.25	0.26	0.28	0.30	0.32	0.33
r/t	1.3	1.5	2.0	2.5	3.0	4.0	5.0	6.0	7.0	≥8.0
x	0.34	0.36	0.38	0.39	0.40	0.42	0.44	0.46	0.48	0.50

2. 弯曲件展开尺寸计算

中性层位置确定以后，对于形状比较简单、尺寸精度要求不高的弯曲件，可以直接按照下面介绍的方法计算展开尺寸；对于形状复杂或精度要求较高的弯曲件，在利用下面介绍的方法初步计算出展开长度后，还需要反复试弯并不断修正，才能最后确定毛坯的形状和尺寸；在实际生产中一般先制造弯曲模，经过试模调试确定尺寸之后，再制造落料模。

1）$r>0.5t$ 的弯曲件

一般将 $r>0.5t$ 的弯曲称为有圆角半径的弯曲。由于变薄不严重，按中性层展开的原理，坯料总长度应等于弯曲件直线部分和圆弧部分长度之和，如图 2-12 所示。

$$L_z = l_1 + l_2 + \frac{\pi\alpha}{180}\rho = l_1 + l_2 + \frac{\pi\alpha}{180}(r + xt)$$

式中：L_z 为坯料展开总长度，mm；α 为弯曲中心角，(°)。

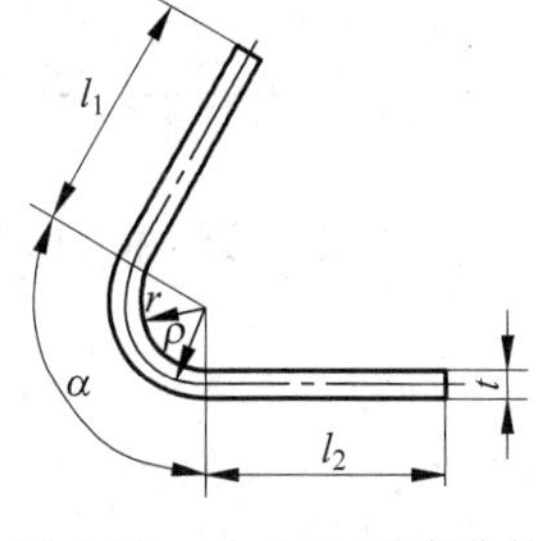

图 2-12 $r>0.5t$ 的弯曲件

2）$r<0.5t$ 的弯曲件

由于弯曲时不仅制件的圆角变形区产生严重变薄，而且与其相邻的直边部分也产生变薄，因此应该按变形前后体积不变的条件来确定坯料长度。一般采用表 2-3 所列经验公式进行计算。

表 2-3 $r<0.5t$ 的弯曲件坯料长度计算公式

简图	计算公式	简图	计算公式
	$L_z = l_1 + l_2 + 0.4t$		$L_z = l_1 + l_2 + l_3 + 0.6t$ （一次同时弯曲两个角）
	$L_z = l_1 + l_2 - 0.43t$		$L_z = l_1 + 2l_2 + 2l_3 + t$ （一次同时弯曲四个角） $L_z = l_1 + 2l_2 + 2l_3 + 1.2t$ （分两次弯曲四个角）

3）铰链式弯曲件

铰链式弯曲件如图 2-13 所示，$r=(0.6\sim3.5)t$ 的铰链式弯曲件通常采用卷圆的方法成型。在卷圆的过程中板料增厚，中性层外移，其坯料长度可按下式近似计算，即

$$L_z = l + 1.5\pi(r + x_1 t) + r \approx l + 5.7r + 4.7x_1 t$$

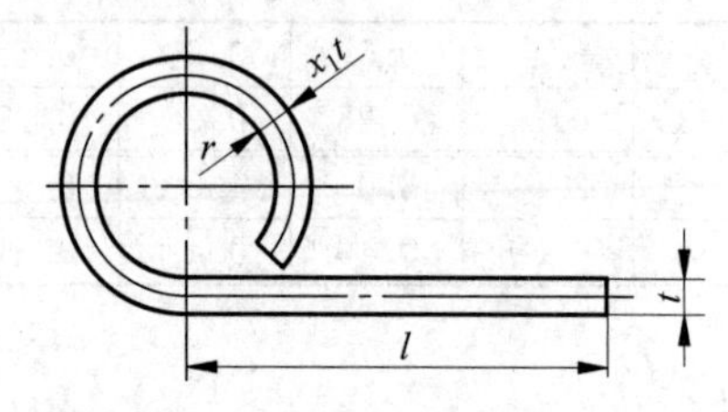

图 2-13　铰链式弯曲件

式中，l 为直线段长度，mm；r 为铰链内半径，mm；x_1 为中性层位移系数，见表 2-4。

表 2-4　卷边时中性层位移系数 x_1 的值

r/t	0.5～0.6	0.6～0.8	0.8～1.0	1.0～1.2	1.2～1.5
x_1	0.76	0.73	0.70	0.67	0.64
r/t	1.5～1.8	1.8～2.0	2.0～2.2	>2.2	—
x_1	0.61	0.58	0.54	0.5	—

2.2.4　弯曲回弹与对策

弯曲件的质量问题主要有回弹、裂纹、翘曲、尺寸偏移、孔偏移等。尤其是以回弹问题最为常见。

1. 回弹现象

弯曲成型过程中，毛坯在外载荷的作用下产生的变形由塑性变形和弹性变形两部分组成。当外载荷去除后，毛坯的塑性变形保留下来，而弹性变形会完全消失，使其形状和尺寸都发生与加载时变形方向相反的变化，这种现象称为回弹。由于加载过程中毛坯变形区内外两侧的应力与应变性质都相反，卸载时这两部分回弹变形方向也是相反的，由此引起的弯曲件的形状和尺寸变化也十分明显，成为弯曲成型要解决的主要问题之一。弯曲件的回弹量大小通常用回弹角 $\Delta\alpha$（图 2-14）来表示，即

$$\Delta\alpha = \alpha_0 - \alpha$$

式中，α_0 为卸载后弯曲件的实际角度；α 为卸载前弯曲件的实际角度（模具的角度）。

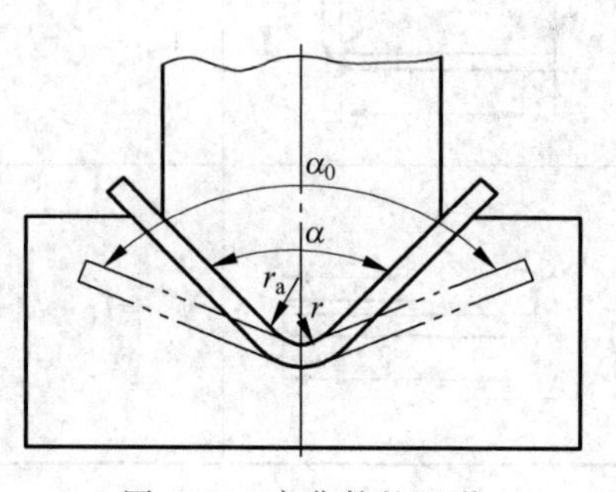

图 2-14　弯曲件的回弹

2. 影响回弹的因素

（1）材料的力学性能。材料的屈服极限 σ_s 越高，弹性模数 E 越小，则弯曲后回弹量 $\Delta\alpha$ 越大；加工硬化现象越严重，回弹量也越大。

（2）相对弯曲半径 r/t。当相对弯曲半径 r/t 较小时，弯曲毛坯内、外表面上切向变形的总应变值较

大。虽然弹性应变的数值也在增加，但弹性应变在总应变当中所占比例却在减小，因而回弹量 $\Delta\alpha$ 较小。

(3) 弯曲角 α。弯曲角 α 越大，表示变形区长度越大，回弹角度也越大。但对曲率半径的回弹没有影响。

(4) 弯曲力。在实际生产中，施加的弯曲力越大，变形区的应力状态和应变状态都产生变化，塑性变形量增大，回弹量减小。

(5) 弯曲方式和模具结构。用无底凹模进行自由弯曲时，回弹量最大；校正弯曲时，变形区的应力和应变状态都与自由弯曲差别很大，增加校正力可以减小回弹。相对弯曲半径小的 V 形件进行校正弯曲后，回弹角度有可能成为负值，即 $\Delta\alpha<0$。

(6) 摩擦。毛坯和模具表面之间的摩擦，尤其是一次弯曲多个部位时，对回弹的影响较大。一般认为摩擦可增大变形区的拉应力，使零件的形状更接近于模具形状。但拉弯时摩擦的影响是非常不利的。

(7) 间隙。在弯曲 U 形件时，凸、凹模之间的间隙对回弹有较大的影响；间隙越大，回弹角也就越大。

弯曲件回弹量的大小还受到弯曲件形状、板材厚度偏差、板材性能的波动、模具圆角半径等多种因素的影响。

3. 回弹值的确定

由于回弹角受多种因素的影响，为了得到一定形状与尺寸精度的工件，通常在设计与制造模具时，必须要考虑材料的回弹，一般都是先根据经验数值和简单的计算来初步确定模具工作部分尺寸，然后试模时进行修正。

1) 小变形程度($r/t\geqslant10$)自由弯曲时的回弹值

当相对弯曲半径 $r/t\geqslant10$ 时，卸载后弯曲件的角度和圆角半径变化都比较大，如图 2-15 所示。凸模工作部分圆角半径和角度可用下式计算，然后在生产中进行修正。

$$r_T=\frac{r}{1+3\frac{\sigma_s r}{Et}}$$

$$\varphi_T=\varphi-(180^\circ-\varphi)\left(\frac{r}{r_T}-1\right)$$

式中，r 为工件的圆角半径，mm；r_T 为凸模工作部分圆角半径，mm；φ_T 为弯曲凸模角度，(°)，$\varphi_T=180^\circ-\alpha_T$；$\varphi$ 为弯曲件角度，(°)，$\varphi=180^\circ-\alpha$；t 为坯料厚度，mm；E 为弯曲材料的弹性模量，MPa；σ_s 为弯曲材料的屈服点，MPa。

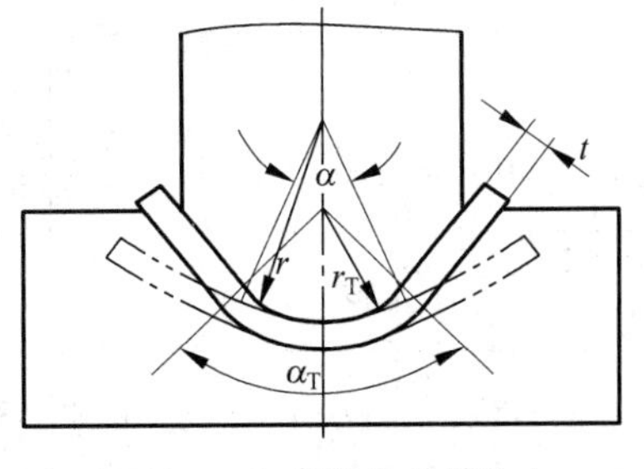

图 2-15 相对弯曲半径较大时的回弹现象

需要指出的是，上述公式的计算是近似的。根据工厂生产经验。修磨凸模时，放大弯曲半径比减小弯曲半径容易。因此，对于 r/t 值较大的弯曲件，生产中希望压弯后零件的曲率半径比图纸要求略小，以方便在试模后进行修正。

2）大变形程度（$r/t<5$）自由弯曲时的回弹值

当相对弯曲半径 $r/t<5$ 时，弯曲半径的回弹值不大，一般只考虑角度的回弹，表 2-5 为自由弯曲 V 形件，当弯曲带中心角为 90°时部分材料的平均回弹角。当弯曲件的弯曲带中心角不为 90°时，其回弹角可以用下式计算，即

$$\Delta\alpha = \alpha/90 \times \Delta\alpha_{90}$$

式中，α 为弯曲件的弯曲带中心角；$\Delta\alpha_{90}$ 为弯曲带中心角为 90°时的平均回弹角，见表 2-5。

表 2-5 单角自由弯曲 90°时的平均回弹角 $\Delta\alpha_{90}$

材料	r/t	材料厚度 t/mm		
		<0.8	0.8～2.0	>2.0
软钢 $\sigma_b=350$MPa	<1	4°	2°	0
软黄铜 $\sigma_b\leqslant350$MPa	1～5	5°	3°	1°
铝、锌	>5	6°	4°	2°
中硬钢 $\sigma_b=400\sim500$MPa	<1	5°	2°	0
硬黄铜 $\sigma_b=350\sim400$MPa	1～5	6°	3°	1°
硬青铜	>5	8°	5°	3°
硬钢 $\sigma_b>350$MPa	<1	7°	4°	2°
	1～5	9°	5°	3°
	>5	12°	7°	5°
硬铝 2A12	<2	2°	3°	4.5°
	2～5	4°	6°	8.5°
	>5	6.5°	10°	14°
超硬铝 7A40	<2	2.5°	5°	5°
	3～5	4°	8°	11.5°
	>5	7°	12°	19°

3）校正弯曲时的回弹值

校正弯曲时的回弹角可以用实验所得的公式进行计算，见表 2-6（表中数据的单位是弧度）。公式符号如图 2-16 所示。

表 2-6 V 形件校正弯曲时的回弹角 $\Delta\beta$

材料	弯曲角 β			
	30°	60°	90°	120°
08、10、Q195	$\Delta\beta=0.75\frac{r}{t}-0.39$	$\Delta\beta=0.58\frac{r}{t}-0.80$	$\Delta\beta=0.43\frac{r}{t}-0.61$	$\Delta\beta=0.36\frac{r}{t}-1.26$
15、20、Q215、Q235	$\Delta\beta=0.69\frac{r}{t}-0.23$	$\Delta\beta=0.64\frac{r}{t}-0.65$	$\Delta\beta=0.43\frac{r}{t}-0.36$	$\Delta\beta=0.37\frac{r}{t}-0.58$
25、30、Q255	$\Delta\beta=1.59\frac{r}{t}-1.03$	$\Delta\beta=0.95\frac{r}{t}-0.94$	$\Delta\beta=0.78\frac{r}{t}-0.79$	$\Delta\beta=0.46\frac{r}{t}-1.36$
35、Q275	$\Delta\beta=1.51\frac{r}{t}-1.48$	$\Delta\beta=0.84\frac{r}{t}-0.76$	$\Delta\beta=0.79\frac{r}{t}-1.62$	$\Delta\beta=0.51\frac{r}{t}-1.71$

4. 减小回弹的对策

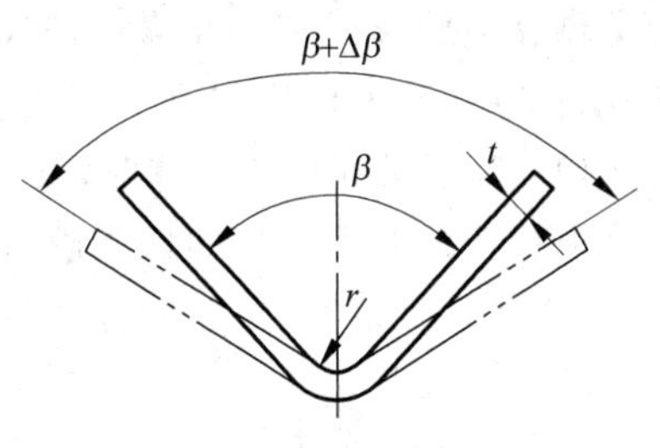

图 2-16 V形件校正弯曲的回弹

由于在弯曲工艺中弯曲件回弹所产生的误差，很难得到合格的零件尺寸。同时由于材料的力学性能和厚度的波动，要完全消除弯曲件的回弹几乎是不可能的，但可以采取一些措施来减小或补偿回弹所产生的误差。控制弯曲件回弹的措施如下。

1）选择力学性能较好的材料

材料的力学性能对弯曲件的回弹有很大影响，因此在进行产品设计时，应选择屈服 σ_s 较小、弹性模量 E 较大、硬化指数 n 较小的材料，可以减小弯曲件的回弹量 $\Delta\alpha$ 值。

2）设计合理的弯曲件结构

由于弯曲件的相对弯曲半径 r/t 及弯曲截面惯性矩 I 对弯曲件的回弹都有较大影响，在设计弯曲件结构时，相对弯曲半径在大于最小相对弯曲半径的前提下应尽量小。同时，在不影响弯曲件的使用性能的前提下，可以在弯曲区压制加强筋，以增加弯曲件截面惯性矩，能够较好地抑制回弹。

3）改变变形区应力状态

弯曲变形区切向应力分布是引起回弹的根本原因，改变切向应力的分布，使弯曲断面上拉、压应力的相对差别减小，可以抑制回弹；适当改变模具结构可以实现这一目的。

(1) 校正法。把弯曲凸模的角部做成局部突起的形状，在弯曲变形终了时，凸模力将集中作用在弯曲变形区，迫使内层金属受挤压，产生切向伸长变形。在卸载后回弹量将减小。一般认为，当弯曲变形区金属的校正压缩量为板厚的 2%～5%时就可以得到较好的效果。

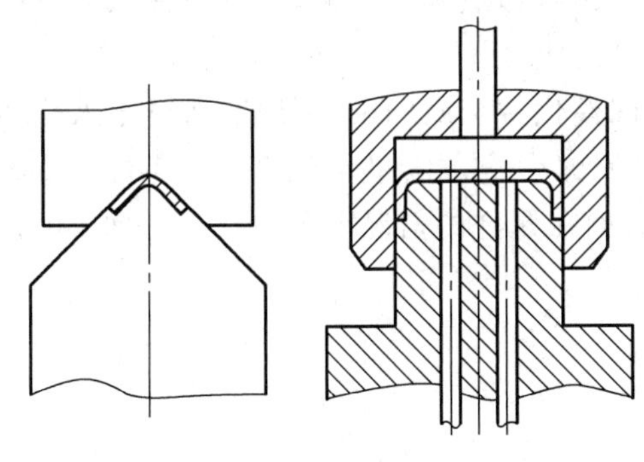
图 2-17 纵向加压法模具结构

(2) 纵向加压法。在弯曲过程结束时，用凸模上的突肩沿弯曲毛坯的纵向加压，使变形区内外层金属切向均受压缩(图 2-17)，减小了与内层毛坯切向应力的差别，可以减小弹复量。

(3) 拉弯法。当板材进行弯曲的同时，在长度方向施加拉力时，可以改变弯曲变形区的应力状态，使内层切向压应力转变为拉应力，从而使回弹量很小。这种方法主要用于大曲率半径的弯曲零件(如飞机蒙皮、大客车车身覆盖件等)。有时为了提高弯曲件精度，在弯曲后再加大拉力进行“补拉”，也可以减小回弹。对于一般小型的单角或双角弯曲件，可用减小模具间隙，使弯曲处的材料做变薄挤压拉伸，也可以取得明显的拉弯效果。

4）利用回弹自身特点

弯曲件的回弹是不可避免的，但可以根据回弹趋势和回弹量的大小，预先对模具工作部分做相应的形状和尺寸修正,使出模后的弯曲件获得要求的形状和尺寸。这种方法简单易行,在生产实际中得到了广泛应用;通俗地称“矫枉过正”。

(1)补偿法。单角弯曲时,根据估算的回弹量或由回弹图表中查出的回弹量,在模具上采取相应的对策使弯曲件出模后的回弹得到补偿。如将凸模的圆角半径和顶角预先做小些,再经调试修磨,使弯曲件回弹后恰好等于所要求的角度,如图 2-18(a)和图 2-18(b)所示。

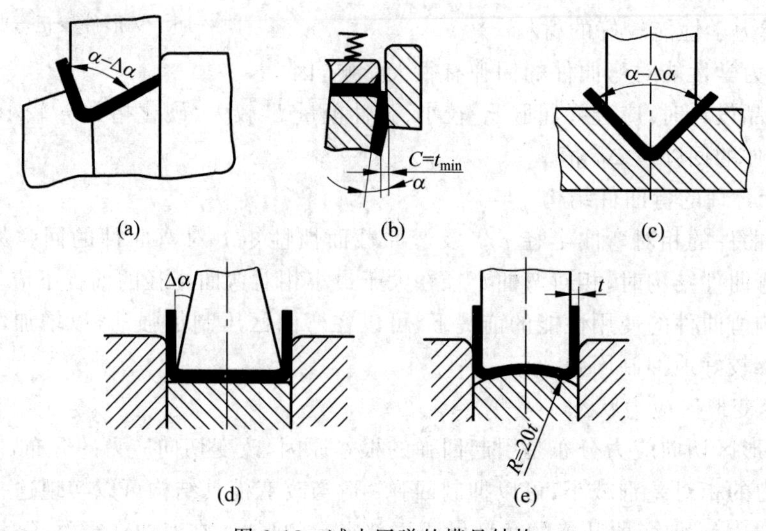

图 2-18　减小回弹的模具结构

U 形弯曲时,采用较小的间隙甚至负间隙,可以减小回弹。有压板时,将回弹量做在下模上,如图 2-18(c)所示,并使上、下模间隙为最小板厚;在凸模两侧做出回弹角,如图 2-18(d)所示;对于回弹较大的材料,将凸模和顶板做成圆弧曲面,当弯曲件从模具中取出后,曲面部分伸直补偿了回弹,如图 2-18(e)所示。

(2)软模法。用橡胶或聚氨酯等软材质的凹模代替金属凹模,用调节凸模压入软凹模深度的方法控制弯曲回弹,这样卸载后弯曲件回弹小,就能获得较高精度的零件。

此外,也可利用弯曲工艺进行回弹的控制。如在允许的情况下采用加热弯曲;用校正弯曲代替自由弯曲,在操作时进行多次镦压。

2.2.5　弯曲时的偏移

1. 偏移现象的产生

板料在弯曲过程中沿凹模圆角滑移时,会受到凹模圆角处摩擦阻力作用,当坯料各边所受到的摩擦阻力不等时。有可能使坯料在弯曲过程中沿零件的长度方向产生移动,使零件两直边的高度不符合零件技术要求,这种现象称为偏移。产生偏移的原因很多。图 2-19(a)、图 2-19(b)所示为由零件坯料形状不对称造成的偏移;图 2-19(c)所示为由零件结构不对称造成的偏移;图 2-19(d)、图 2-19(e)所示为由弯曲模结构不合理造成的偏移。此外,凸、凹模圆角不对称以及间隙不对称等,也会导致弯曲时产生偏移现象。

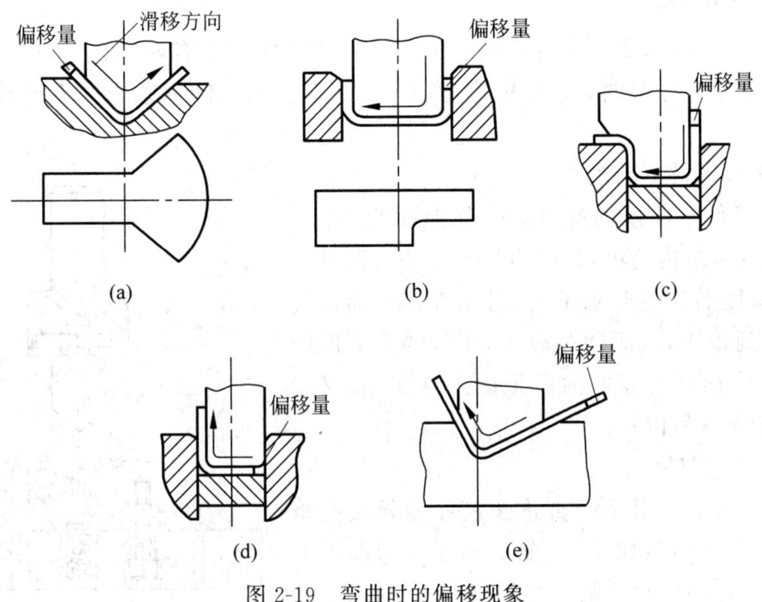

图 2-19 弯曲时的偏移现象

2. 消除偏移的措施

(1) 利用压料装置,使坯料在压紧状态下逐渐弯曲成型,从而防止坯料的滑动,并且能够得到较为平整的零件,如图 2-20(a)、图 2-20(b)所示。

(2) 利用坯料上的孔或先冲出来的工艺孔采用定位销插入孔内再弯曲,从而使得坯料无法移动,如图 2-20(c)所示。

(3) 将不对称的弯曲件组合成对称弯曲件后再弯曲,然后再切开,使坯料弯曲时受力均匀,不容易产生偏移,如图 2-20(d)所示。

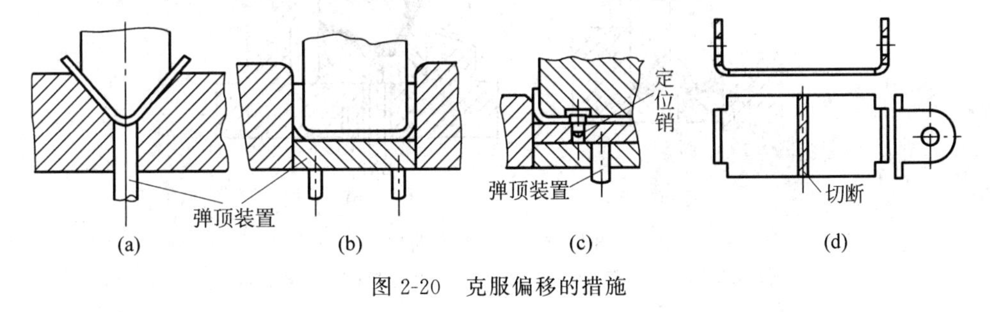

图 2-20 克服偏移的措施

(4) 模具制造准确,间隙调整对称。

2.2.6 常见弯曲模的结构

弯曲模的结构与一般冲裁模具的结构相似,分为上模、下模两部分,一般由凸模、凹模、定位、卸料、导向及紧固件等组成。弯曲模的结构应根据弯曲件的形状、精度要求及弯曲工序来确定。下面介绍弯曲模的典型结构及特点。

1. V形件弯曲模

V形件形状简单,能一次弯曲成型。V形件的弯曲方法有两种:一是以工件弯曲角的角平分线方向对称弯曲,称为V形弯曲;二是垂直于工件一条边的方向弯曲,称为L形弯曲。

1）一般V形件弯曲模

一般V形件弯曲模的基本结构如图2-21所示。该模具的优点是结构简单,在压力机上安装及调试方便,对材料厚度的公差要求不高,且工件在弯曲冲程终了时能得到校正,因而回弹较少,工件的平面度较好。图2-21中顶杆既起弯曲后顶出工件作用,又起压料作用,防止材料偏移。

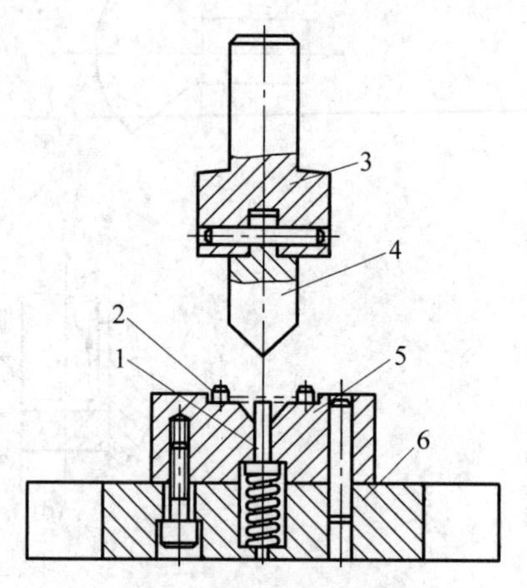

图2-21 一般V形件弯曲模

1—顶杆;2—挡料销;3—模柄;4—凸模;5—凹模;6—下模板

2）L形件弯曲模

L形件弯曲模常用于两直边长度相差较大的单角弯曲件,其基本结构如图2-22(a)所示。弯曲件的长直边被夹紧在凸模和压料板之间,另一边沿凹模圆角滑动而竖立向上弯曲。由于采用了定位钉定位和压料装置,压弯过程中工件不易偏移。但因竖边部分无法得到校正,所以工件回弹较大。图2-22(b)所示是有校正作用的L形件弯曲模。由于凹模和压料板的工作面有一定的倾斜角,凸模下压时竖边能得到一定的校正,因此弯曲后工件回弹较小。倾斜角一般取1°～5°。

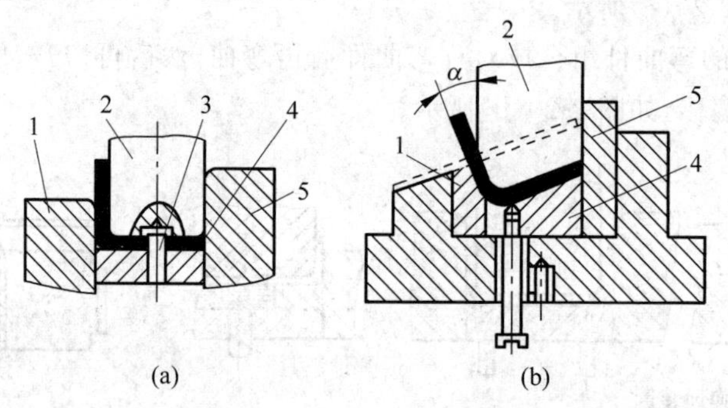

图2-22 L形件弯曲模

1—凹模;2—凸模;3—定位销钉;4—压料板;5—凹模挡块

2. U形件弯曲模

1）一般U形件弯曲模

图2-23所示为一般U形件弯曲模,弯曲时工件沿凹模圆角滑动进入凸、凹模间隙,凸模回升时,顶料装置将工件顶出。由于材料的回弹,工件一般不会包在凸模上。

2）夹角小于90°的U形件弯曲模

图2-24所示为夹角小于90°的U形件弯曲模,它的下模部分设有一对回转凹模,弯曲前回转凹模在弹簧的拉力作用下处于初始位置,工件用定位板定位。弯曲时,凸模先将

其弯成U形,然后继续下降,迫使工件底部压向回转凹模,使两边的回转凹模向内侧旋转,将工件弯曲成型。弯曲完成后,凸模上升,弹簧使回转凹模复位。

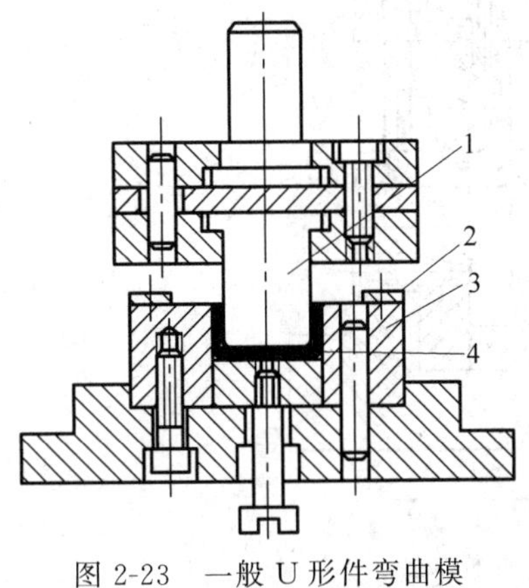

图 2-23 一般U形件弯曲模

1—凸模;2—定位板;3—凹模;4—工件

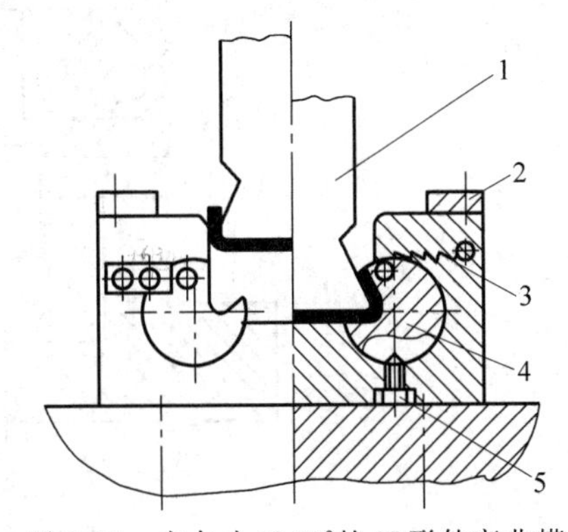

图 2-24 夹角小于90°的U形件弯曲模

1—凸模;2—定位板;3—弹簧;4—回转凹模;5—限位螺钉

3) 带斜楔的U形件弯曲模

图2-25所示为带斜楔的U形件弯曲模。工件首先在凸模的作用下压成U形,随着上模座继续下行凸模到位,弹簧被压缩,装于上模座上的两斜楔压向滚柱,使两侧活动凹模块分别向中间移动,将U形件两侧边向内压弯成型。当上模回程时,弹簧使活动凹模复位,零件从凸模侧向取出。

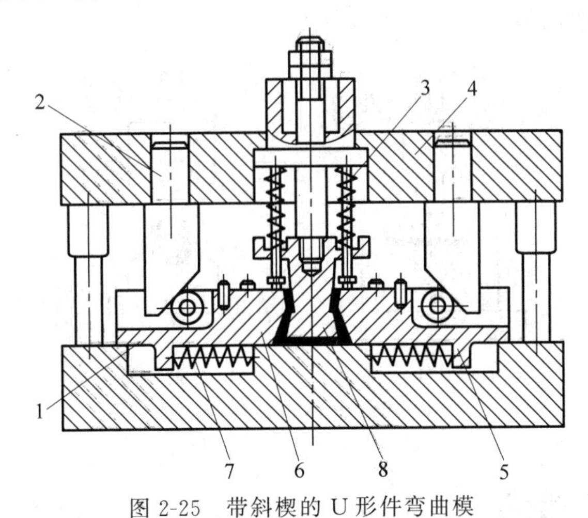

图 2-25 带斜楔的U形件弯曲模

1—滚柱;2—斜楔;3、7—弹簧;4—上模板;5、6—活动凹模块;8—凸模

3. Z形件弯曲模

图2-26所示为一种Z形件弯曲模。由于Z形件两直边弯曲方向相反,因此弯曲模必须要有两个方向的弯曲动作。弯曲前,由于橡胶作用使凹模与凸模的端面平齐。弯曲时凸模与顶料板将工件夹紧,由于托板上橡皮的弹力大于作用在顶料板上弹顶装置的弹力,迫使顶料板向下运动,完成左端弯曲。当顶料板接触下模板后,上模继续下降,迫使橡胶

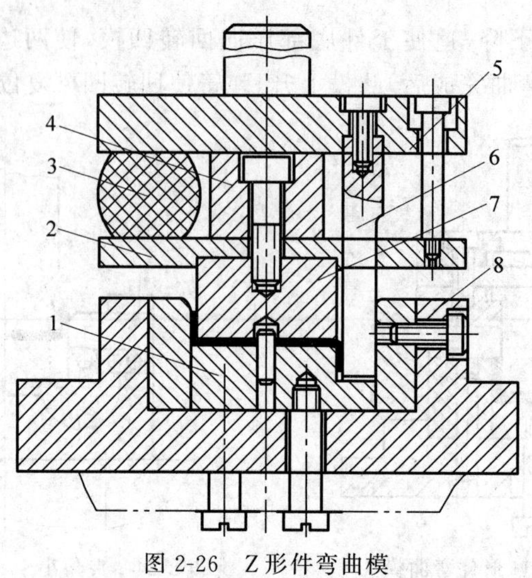

图 2-26　Z 形件弯曲模

1—顶料板；2—托板；3—橡胶；4—压柱；5—上模板；6—凹模；7—凸模；8—下模座

压缩，凹模和顶料板完成右端的弯曲。当压柱与上模板相碰时，整个零件弯成。

4. 圆形件弯曲模

对于圆筒直径小于或等于 15mm 的小圆筒形件，一般先将工件弯成 U 形，然后再弯成圆形，模具结构如图 2-27 所示。对于圆筒直径大于或等于 20mm 的大圆筒形件，一般先将工件弯成波浪形，然后再弯成圆形，模具结构如图 2-28 所示。弯曲完后，零件套在凸模上，可顺凸模轴向取出零件。

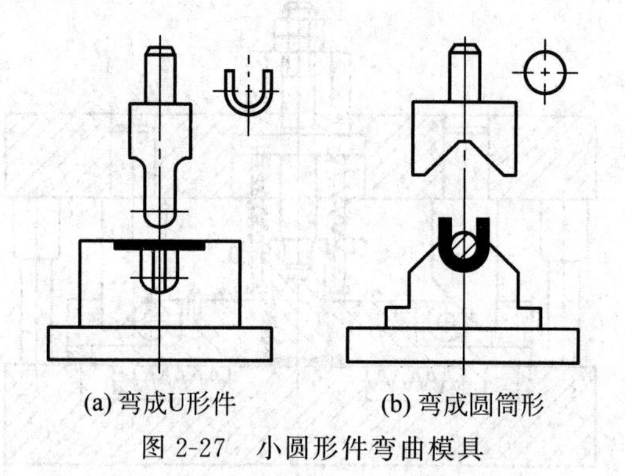

(a) 弯成U形件　　(b) 弯成圆筒形

图 2-27　小圆形件弯曲模具

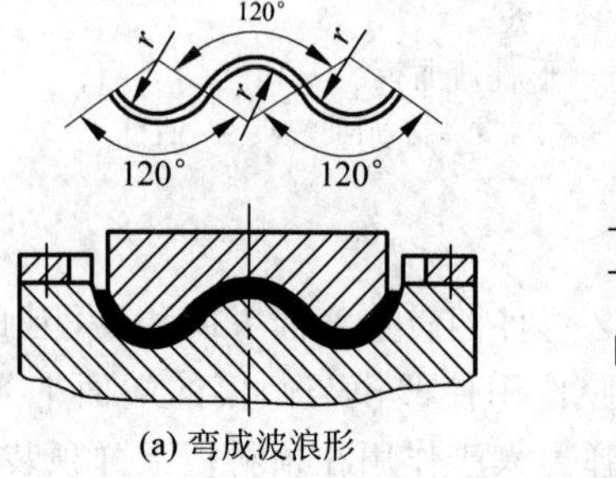

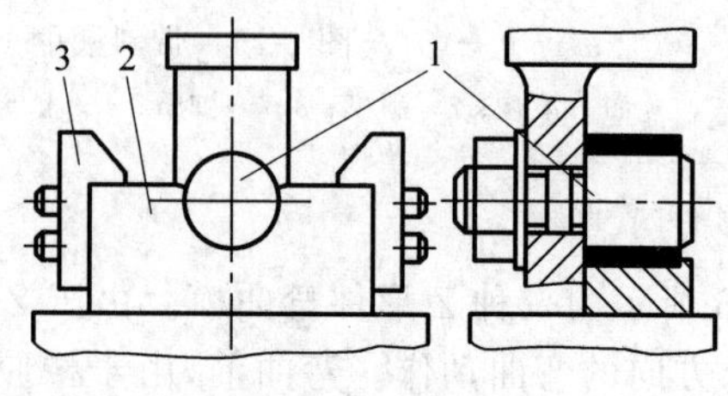

(a) 弯成波浪形　　(b) 弯成圆筒形

图 2-28　大圆形件弯曲模具

1—凸模；2—下凹模；3—定位块

2.3 项目实施

2.3.1 成型工艺分析

封板弯曲件如图2-1所示。封板零件材料为SPCE板材，材料厚度$t=1.0$mm，零件具有冲压产品单边弯曲成型工艺的典型特点，封板单边弯曲后的弯边高度为8.3mm，弯曲内圆角尺寸为R_2，弯曲角度为95°，未注尺寸公差为±0.3mm，未注角度公差为±0.5°。

根据零件的结构特点，封板零件的冲压工艺可分为两道基本工序，即冲孔落料、弯曲。其中弯曲属于较为典型的单边弯曲，由于单边弯曲容易产生材料的偏移现象，因此封板弯曲工艺中需要克服这一缺陷，由于封板零件弯曲边尺寸不是很大，弯曲后边的高度为8.3mm，该尺寸相比弯曲边的另一面的尺寸相对较小，因此产生弯曲偏移的程度不会很大，为防止弯曲时的偏移现象，封板零件弯曲时将其不弯曲的一面压紧固定，然后再进行弯曲成型，这样可以有效克服弯曲时的材料偏移。

封板零件弯曲工艺时的定位方案采用其外形较为规则处的直边设置定位钉，不采用零件上距离弯曲边较近的两个孔作为定位孔，因为这两个孔距离弯曲边太近，设置定位钉容易使孔在弯曲时产生变形，从而导致零件不合格。

2.3.2 模具设计

根据上述成型工艺的分析，封板零件弯曲模具设计相关的基本参数计算如下。

1. 零件弯曲圆角部位展开尺寸计算

$$\sum L_{弯}=\frac{\pi\alpha}{180}(r+xt)=\frac{\pi\times 95}{180}\times(2+0.38\times 1)\approx 3.94(\text{mm})$$

由于$r/t=2/1=2$，所以上式中取$x=0.38$，并将$r=2$，$t=1$代入公式。所以零件弯曲圆角部位展开长度尺寸为$L_{弯}=3.94$mm。封板零件为单边弯曲，所以弯曲展开尺寸只需计算其弯曲的圆角部位展开尺寸即可。

2. 模具总体结构设计

封板零件弯曲模具的总体结构如图2-29所示。

封板零件弯曲模具采用定位板进行零件的定位，弯曲成型之前，由机床的液压油缸推动模具的顶杆，将顶板向上顶出与凹模框上表面平齐，封板弯曲的坯料零件放置在顶板上表面，由定位板进行定位。弯曲工艺开始时，通过上模的弯曲凸模与下模的顶板将封板弯曲坯料夹紧，之后在上模向下的压力大于机床的液压油缸的顶力后，上模的弯曲凸模推动顶板向下运动，在凸模与凹模镶块的相对运动的作用下，完成封板零件的单边弯曲，为了避免模具成型零件过度受到挤压力，在模具的模架上设置了限位柱，一般限位柱设置在上、下模两侧上，在零件弯曲成型到位时，上、下限位柱的面贴紧以保护模具及零件被过度挤压变薄。弯曲成型工艺结束后，上模向上运动退出凹模，机床的液压油缸推动顶杆，将弯曲工件推出凹模从而取出，由于零件存在一定的回弹，因此工件不会包覆在凸模上，故凸模无须设置卸料结构。由于弯曲成型工艺时，凹模可能会受到各向分力，所以凹模采用

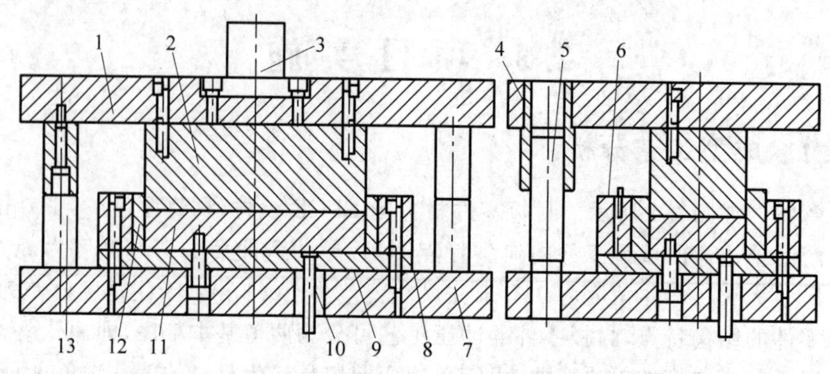

图 2-29 封板零件弯曲模具的总体结构

1—上模板；2—弯曲凸模；3—模柄；4—导套；5—导柱；6—定位板；7—下模板；8—凹模框；9—下垫板；10—顶杆；11—顶板；12—凹模镶块；13—限位柱

了凹模框的结构形式，把凹模镶块放置在整体零件凹模框内。同时为便于生产时操作方便，模具的模架采用后侧两导柱、导套的结构形式。

拓展练习

1. 简述冲压弯曲成型的工艺过程，以及弯曲成型的基本特点。
2. 简述弯曲成型工艺中回弹产生的原因，及其影响因素。
3. 简述弯曲成型工艺中回弹的特点，以及常用控制回弹的措施。
4. 简述弯曲成型工艺中弯曲件偏移的原因及相关的解决办法。
5. 分析连接轴零件(图 2-30)的弯曲成型工艺，并设计弯曲模具结构。

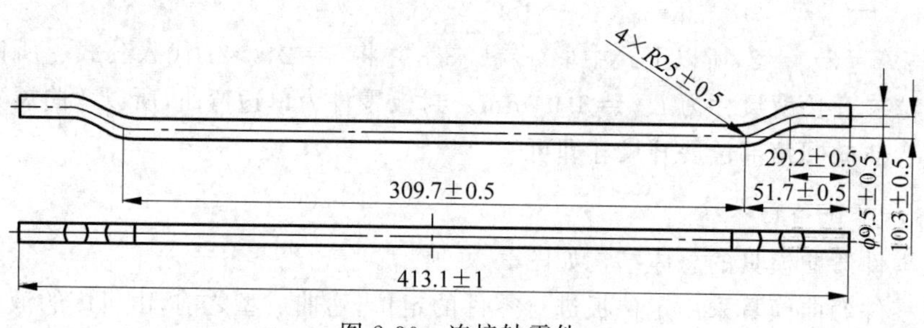

图 2-30 连接轴零件

项目3

变流漏斗拉深成型工艺与模具设计

1. 了解冲压工艺中拉深变形过程及应力应变状态。
2. 了解拉深成型工艺中的主要质量问题及相关解决办法。
3. 了解拉深模具中工作部分零件的结构及参数确定。
4. 能够理解简单零件拉深成型工艺及工序划分与模具结构。

3.1 项目分析

1. 项目介绍

变流漏斗零件如图3-1所示，图3-1(b)所示为变流漏斗零件的3D图。变流漏斗零件材料为S/S 439(不锈钢)，材料厚度$t=2$mm。图3-1所示为变流漏斗零件产品的最终结构及尺寸要求，零件两端均为开口形状，大小端的直径之比接近1∶2(尺寸变化很大)，由于零件为不锈钢材料，因此不能采用管形材进行成型，需要采用板材进行拉深成型。

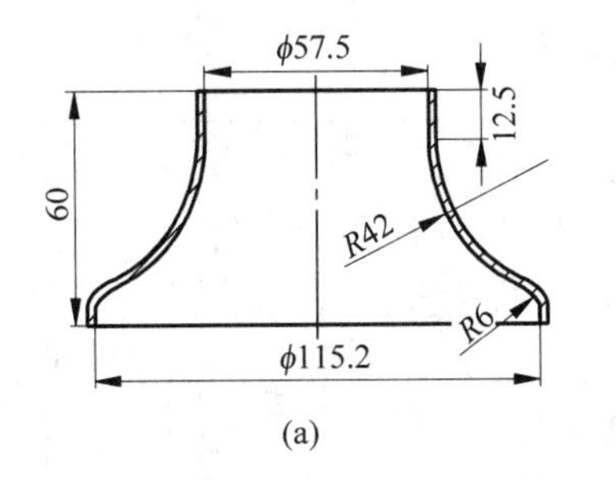

(a)

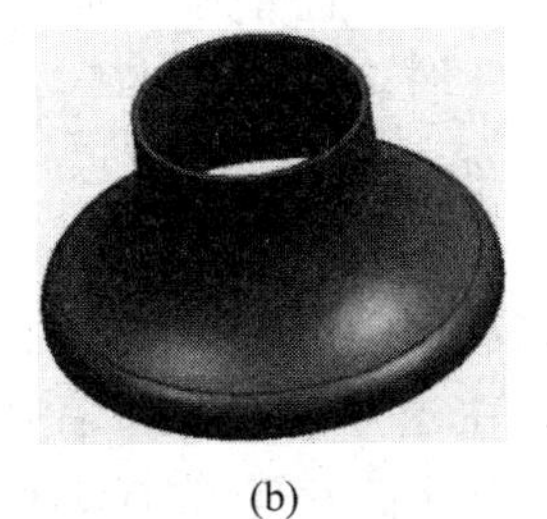

(b)

图3-1　变流漏斗零件

2. 项目基本流程

通过变流漏斗零件拉深工艺分析，了解冲压成型工艺中拉深成型工艺的零件基本变形过程，及其变形过程中的应力、应变状态；了解拉深成型工艺中容易出现的常见质量问题，及其相关的解决办法；能够计算简单拉深零件的拉深系数，并确定零件的拉深次数；能够计算简单拉深零件的毛坯尺寸；通过变流漏斗零件的工艺分析，能够分析简单拉深零件的工序划分，并设计简单零件的典型拉深工序的模具结构。

3.2 理论知识

拉深是指将一定形状的平板毛坯通过拉深模冲压成各种形状的开口空心件，或以开口空心件为毛坯通过拉深进一步使空心件改变形状和尺寸的一种冷冲压加工方法，是冲压生产中应用最广泛的工序之一。

拉深工艺可分为两类：一类是以平板为毛坯，在拉深过程中壁厚不产生较大的变化，筒壁与筒底厚度较为一致，称为不变薄拉深。另一类是以空心有底开口零件为毛坯，通过减小壁厚成型零件，称为变薄拉深。变薄拉深主要用于制造壁部和底部厚度不一样的空心圆筒形零件，如弹壳、高压锅等。

用拉深制造的冲压零件很多，通常将其归纳为三大类：①旋转体零件，如搪瓷杯、搪瓷盒、车灯壳、喇叭等；②盒形件，如饭盒、汽车油箱、电容器外壳等；③形状复杂件，如汽车上的覆盖件等。其中用拉深制造的零件中，旋转体零件最为常见。

3.2.1 拉深变形过程

如图 3-2 所示，直径为 D、厚度为 t 的圆形毛坯，经过拉深模拉深后，可得直径为 d_1（零件的平均直径 d_{1m}）、高度为 h 的圆筒形工件。圆形的平板毛坯如何变成筒形件呢？将平板毛坯(图 3-3)的三角形阴影部分 b_1、b_2、b_3、…切去，将留下部分的狭条 a_1、a_2、a_3、…沿直径为 d_{1n} 的圆周弯折过来，再把它们加以焊接，就成为一个圆筒形工件。这个圆筒形工件的高度 $h=0.5(D-d_{1n})$。但是在实际拉深过程中，并没有把三角形材料切掉，这部分材料是在拉深过程中由于产生塑性流动而转移了。其结果：一方面，工件壁厚增加 Δt；另一方面，更主要的是工件高度增加 Δh，使得工件高度 $h>0.5(D-d_{1n})$。

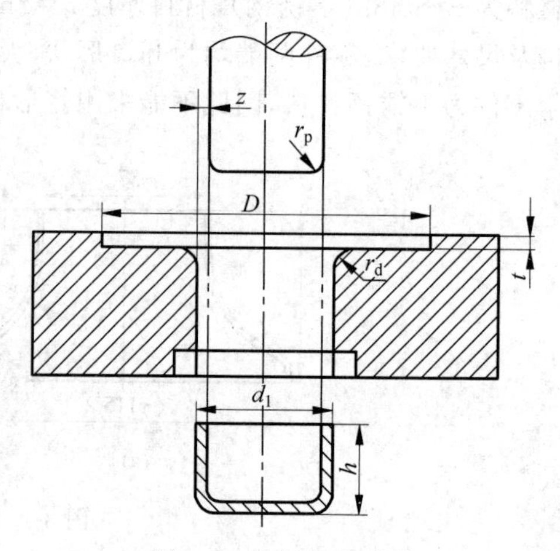

图 3-2 拉深变形过程

为更进一步了解金属的流动状态，可在圆形毛坯上画出许多等间距 a 的同心圆和等分的辐射线(图 3-4)。由这些同心圆和辐射线所组成的网格，经拉深后我们发现，在筒形件底部的网格基本保持原来的形状；而在筒形件的筒壁部分，网格则发生了很大的变化。原来直径不

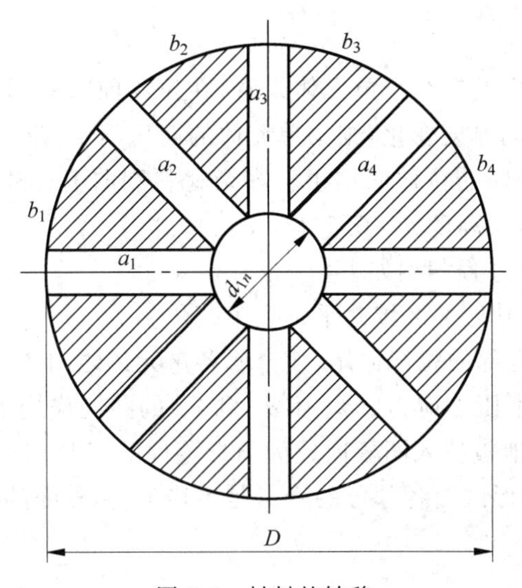

图 3-3 材料的转移

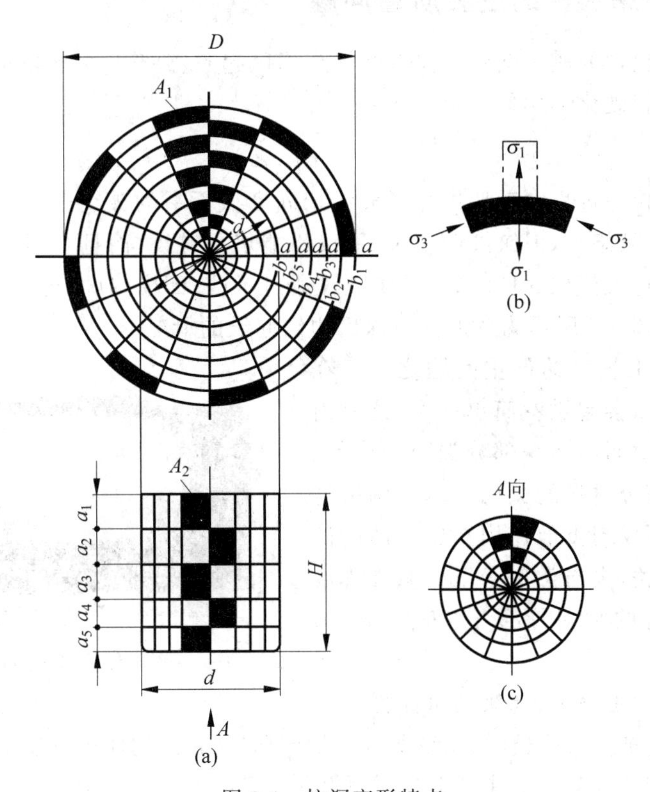

图 3-4 拉深变形特点

等的同心圆变为筒壁上直径相等的水平圆筒线，而且其间距也已逐渐增大，越靠近筒的上部增大越多，即

$$a_1 > a_2 > a_3 > \cdots > a$$

另外，原来等分的辐射线变成了筒壁上的垂直平行线，其间距缩小了，越靠近口部缩小越多，即由原来的 $b_1 > b_2 > b_3 > \cdots > b$ 变为

$$b_1=b_2=b_3=\cdots=b$$

如自筒壁取下网格中的一个小单元体来看，在拉深前为扇形的 A_1，在拉深后变成了矩形 A_2，假如忽略很少的厚度变化，则小单元体的面积不变，即 $A_1=A_2$。扇形小单元体的变形是切向受压缩、径向受拉伸的结果。多余材料则向上转移(图 3-3 中阴影部分)形成零件筒壁，因此拉深后的高度 $h>0.5(D-d_{1n})$。

综上所述，拉深变形过程归纳如下。

(1) 在拉深过程中，其底部区域几乎不发生变化。

(2) 由于金属材料内部的相互作用，使金属各单元体之间产生了内应力，在径向产生拉伸应力 σ_1，在切向产生压缩应力 σ_3。在 σ_1 和 σ_3 的共同作用下，凸缘区的材料在发生塑性变形的条件下不断地被拉入凹模内成为筒形零件的直壁。

(3) 拉深时，凸缘变形区内各部分的变形是不均匀的，外缘的厚度、硬度最大，变形也最大。

3.2.2 拉深零件的主要质量问题

拉深时容易出现的质量问题主要有凸缘变形区起皱、筒壁传力区拉裂、材料的厚度变化不均匀以及材料硬化不均匀。

1. 起皱

起皱是指在拉深过程中毛坯边缘形成沿切向高低不平的皱纹。若皱纹很小，在通过凸、凹模间隙时会被烙平，但皱纹严重时，不仅不能烙平皱纹，而且会因皱纹在通过凸、凹模间隙时的阻力过大使拉深件断裂，即使皱纹通过了凸、凹模间隙，也因为皱纹不能烙平而使零件报废。图 3-5 所示为盒形件拉深后边缘起皱的情况。

起皱是拉深工艺中的严重问题之一。在拉深工艺中为什么会起皱？简单地说，这是由于切向压应力过大而使凸缘部分失稳造成的。实践证明，凸缘部分材料的失稳与压杆两端受压失稳相似，它不仅与类似作用在压杆两端的压应力的大小有关，也与类似于压杆粗细程度的凸缘部分材料的相对厚度 $t/(R_t-d_{1m})$ 有关。

图 3-5 盒形件拉深后边缘起皱的情况

在第一道拉深工序中，起皱的可能性可以用理论法(当毛坯被拉入凹模时，凸缘部分在切向压应力 σ_1 的作用下发生失稳的条件)求得。但是，这种理论计算法往往过于烦琐而不便在实际生产中应用。

为了防止起皱，在生产实践中通常采用压边圈(图 3-6)。通过压边圈的压边力作用，使毛坯不易拱起(起皱)而达到防皱的目的。压边力的大小对拉深力有很大影响。压边力太大，则会增加危险断面处的拉应力，导致破裂或严重变薄超差；压边力太小则防皱效果不好。在生产实际中，压边力 Q 的确定多数是建立在实践经验的基础上的。这种方法简便可靠，它不仅考虑了材料的种类、厚度，而且还考虑了拉深系数 m 和润滑剂的影响，其单位压边力可按表 3-1 选取。

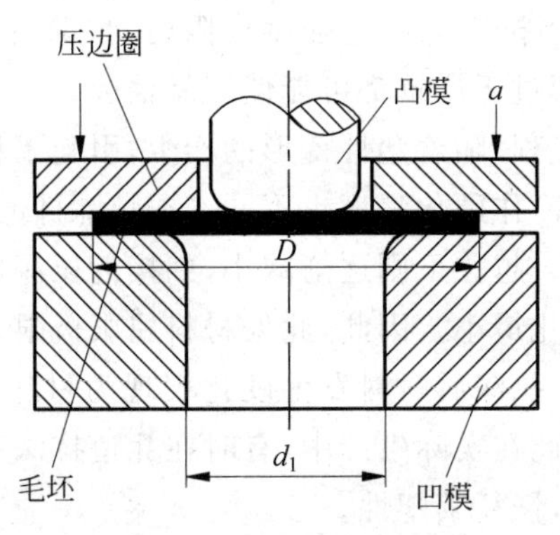

图 3-6 带压边圈的拉深模

表 3-1 单位压边力

材料名称		单位压边力/MPa	材料名称	单位压边力/MPa
铝		0.8～1.2	高合金钢、高锰钢、不锈钢	3.0～4.5
紫铜、硬铝(已退火)		1.2～1.8	黄铜	1.5～2.0
软钢	$t<0.5$mm	2.5～3.0	高温合金(软化状态)	2.8～3.5
	$t>0.5$mm	2.0～2.5		
镀锡钢板		2.5～3.0		

在生产实际中,为了实现压边作用而常用的压边装置有两类:一类是以橡皮、聚氨酯橡胶、矩形弹簧、氮气弹簧、液压油缸等作为装置的弹性压边装置;另一类是间隙固定式的刚性压边装置。

压边的总压力按下式计算,即

$$Q=Sq$$

式中,S 为在开始拉深瞬间,不考虑凹模圆角时的压边圈面积。

在生产中也可以按压边力为拉深力的 1/4 选取,即

$$Q=0.25F_1$$

式中,F_1 为第一道拉深的拉深力。

除此之外,在模具设计方面,应注意压边圈和拉深筋的位置和形状;在拉深工序的安排时,应尽可能使拉深深度均匀;对于深度较大的拉深零件,或者阶梯差较大的零件,可分两道工序或多道工序进行拉深成型;也可采用反拉深防止起皱。在冲压条件方面的措施主要是采用均衡的压边力和润滑,凸缘变形区的材料的压边力一般都是均衡的,但有的零件在拉深过程中,某个局部非常容易起皱,就应对凸缘的该局部加大压边力,高的压边力易发生高温粘结,因此要对凸缘部分进行润滑。

2. 破裂

经过拉深变形后,圆筒形零件壁部的厚度与硬度都会发生变化,在圆筒形件侧壁上部厚度增加最多,约为30%;零件壁部与底部圆角连接处在拉深中一直受到拉力的作用,被挤走的材料很少,变薄最厉害,厚度减少了10%,也是拉深最容易破裂的地方,这就是拉深件最薄弱的一个断面,称其为“危险断面”。当作用在壁上的拉应力超过材料的屈服点

时,危险断面处就会变薄;当拉应力超过强度极限时,拉深就会从此断面拉破,这种现象称为拉裂。拉裂或材料变薄过于严重都可能使产品报废。

拉深是一个塑性变形过程,随着塑性变形的产生,引起了材料的冷作硬化。材料的转移量在零件各个部分不同,冷作硬化程度也不同。在拉深件的上部由于挤走的材料较多,变形程度大,冷作硬化严重。越往下则逐渐减小,到接近拉深件底部圆角处几乎没有多余的材料被挤走,所以冷作硬化最小。因此,此处材料屈服极限也最低,强度最弱,这也是危险断面产生的又一个原因。拉深后材料发生硬化表现为材料的硬度和强度增加,塑性降低,使得以后变形困难。因此在实际生产中,有时在几道拉深工序中需要对半成品零件进行退火处理,以降低其硬度,恢复其塑性。

起皱与拉裂是拉深时的主要质量问题。在一般情况下,起皱并不是圆筒件拉深时的主要问题,因为起皱总是可以使用压边圈等方法来解决,所以拉裂就成为拉深时的主要破坏形式,拉深时极限变形程度就是以不拉裂为前提条件的。防止拉裂可以采取的措施包括:一方面,要通过改善材料的力学性能提高筒壁的抗拉强度;另一方面,可以通过正确制定拉深工艺和设计模具降低筒壁所受的拉应力。防止危险断面破裂的根本措施是减小拉深时的变形抗力。通常根据板料的成型性能,确定合理的拉深系数;采用适当的压边力;增大模具成型件的圆角半径;改善凸缘部分的润滑条件,增大凸模表面的粗超度;选用塑性好、屈强比低、板厚方向性系数大的材料。

3.2.3 拉深件毛坯尺寸计算

拉深件毛坯尺寸确定得正确与否,直接影响拉深变形的生产过程以及生产的经济性。其中生产的经济性体现在材料的合理使用和零件生产流程的安排上,而在冲压生产中,材料的费用占总成本的60%~80%。对于形状复杂的拉深件的毛坯尺寸的确定,一般需要用样片经过试验,反复修改,才能最终确定毛坯的形状与尺寸。因此在设计零件生产用的模具时,先要设计拉深模,待毛坯形状与尺寸完全确定以后再设计冲裁模(拉深件的落料模)。而试验用样片则可以采取手工放样或电火花线切割、激光切割等加工方法,如果拉深件口部不齐,一般还需要预留切边余量。

1. 毛坯尺寸计算方法

拉深件毛坯尺寸确定的原则有以下两条。

(1) 体积不变原则(质量不变):拉深前后材料的体积相等。对于不变薄拉深,可以假设变形过程中材料的厚度不变,则拉深前毛坯面积与拉深后零件的面积相等。

(2) 形状相似原则:毛坯形状一般与零件形状相似。如零件的断面是圆形、正方形、长方形或椭圆形,则毛坯的形状也对应相似。但毛坯的周边必须是光滑的曲线,并无急剧的转折。通常具体的计算方法有等体积法、等面积法、分析图解法以及作图法等。对于不变薄拉深(实际生产中不变薄拉深几乎很少),一般采取等体积法或等面积法;对于形状复杂的旋转体零件,多采取分析图解法和作图法。

等面积法通常作为不变薄拉深工序用来计算毛坯尺寸的依据。常用旋转体拉深零件毛坯直径 D 的计算公式见表 3-2。

表 3-2　常用旋转体拉深零件毛坯直径 D 的计算公式

序号	零件形状	坯料直径 D
1		$\sqrt{d_1^2+4d_2h+6.28rd_1+8r^2}$ 或 $\sqrt{d_2^2+2d_2H-1.72rd_2-0.56r^2}$
2		当 $r\neq R$ 时，有 $\sqrt{d_1^2+6.28rd_1+8r^2+4d_2h+6.28Rd_2+4.56R^2+d_4^2-d_3^2}$ 当 $r=R$ 时，有 $\sqrt{d_4^2+4d_2H-3.44rd_2}$
3		$\sqrt{d_1^2+2r(\pi d_1+4r)}$
4		$\sqrt{2d^2}=1.414d$

2. 修边余量

在拉深过程中，由于材料各向异性的存在以及凸、凹模之间间隙分布不均、板料厚度的波动、摩擦阻力的差异和坯料定位误差等因素的影响，造成拉深件口部或凸缘法兰周边不整齐。特别是经过多次拉深后的制件，口部或凸缘法兰不整齐的现象更为显著，因此必须增加制件的高度或凸缘的直径。拉深后修齐增加的部分即为修边余量，修边余量可以通过切边去除。因而毛坯尺寸的计算必须将加上了修边余量的制件尺寸作为计算的依据，表 3-3 为无凸缘法兰圆筒件的修边余量 Δh，表 3-4 为带凸缘法兰圆筒件的修边余量 Δd。图 3-7 为无凸缘法兰和带凸缘法兰的修边余量。

表 3-3　无凸缘法兰圆筒件的修边余量 Δh　　单位：mm

工作高度 h	工件相对高度 h/d			
	0.5～0.8	0.8～1.6	1.6～2.5	2.5～4.0
≤10	1.0	1.2	1.5	2.0
10～20	1.2	1.6	2.0	2.5

续表

工作高度 h	工件相对高度 h/d			
	0.5～0.8	0.8～1.6	1.6～2.5	2.5～4.0
20～50	2.0	2.5	3.3	4.0
50～100	3.0	3.8	5.0	6.0
100～150	4.0	5.0	6.5	8.0
150～200	5.0	6.3	8.0	10.0
200～250	6.0	7.5	9.0	11.0
＞250	7.0	8.5	10.0	12.0

表 3-4 带凸缘法兰圆筒件的修边余量 Δ*d* 单位：mm

凸缘直径 d_1	凸缘相对直径 d_1/d			
	＜1.5	1.5～2.0	2.0～2.5	＞2.5
≤25	1.8	1.6	1.4	1.2
25～50	2.5	2.0	1.8	1.6
50～100	3.5	3.0	2.5	2.2
100～150	4.3	3.6	3.0	2.5
150～200	5.0	4.2	3.5	2.7
200～250	5.5	4.6	3.8	2.8
＞250	6.0	5.0	4.0	3.0

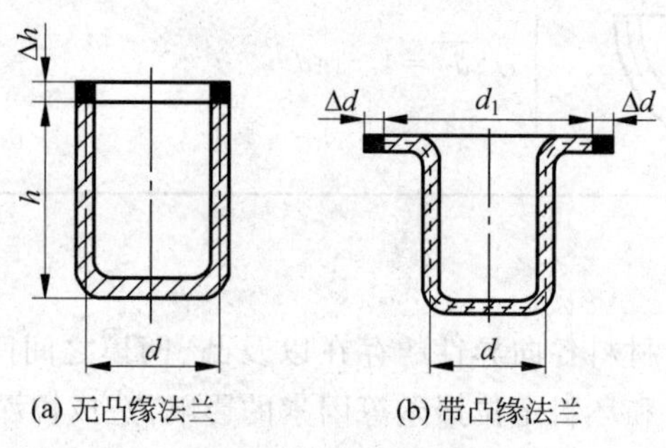

(a) 无凸缘法兰 (b) 带凸缘法兰

图 3-7 修边余量

3.2.4 拉深系数与拉深次数

1. 拉深系数

在制定拉深工艺和设计拉深凹模时，必须预先确定该零件是一次拉深成型还是分多次拉深成型，即确定合理的拉深次数。

从拉深过程的分析可知，拉深件的起皱和破裂是拉深工作中存在的主要问题，而其中破裂是首要问题。破裂往往发生在工件底部转角稍偏上的地方，因为该处是拉深件最薄弱的部位。对于壁厚尺寸要求严格的拉深件，即使没有破裂，但因该处严重变薄而超差，也会使工件报废。零件究竟需要几次才能拉深成型与拉深系数有关。拉深系数是用来控制拉深时变形程度的一个工艺指标,拉深系数的确定是拉深工艺计算的基础,根据拉深系数可以确定零件的拉深次数以及各次拉深时的工序尺寸。圆筒形件的拉深系数是指拉深后圆筒形制件的直径与拉深前毛坯(或半成品)直径的比值,即

$$m_1 = d_1/D$$

$$m_2 = d_2/d_1$$

$$m_3 = d_3/d_2$$

$$\vdots$$

式中,m_1、m_2、m_3、…、m_n 为各次的拉深系数;d_1、d_2、d_3、…、d_n 为各次拉深制件(或工件)的直径,mm,如图 3-8 所示;D 为毛坯直径,mm。

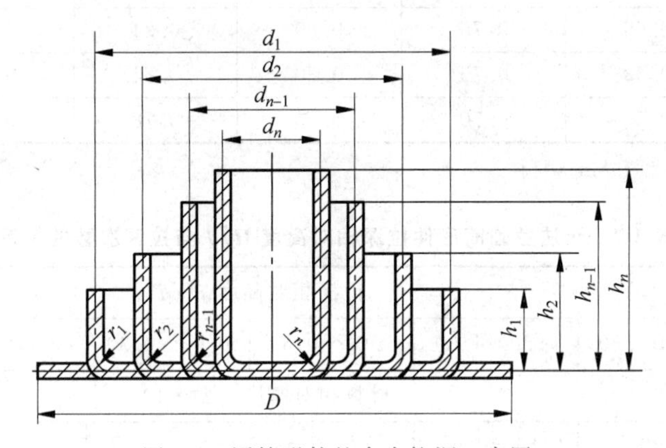

图 3-8 圆筒形件的多次拉深工序图

1) 极限拉深系数

拉深系数是拉深工序中一个重要的工艺参数,它可以用来表示拉深过程中的变形程度。拉深系数越小,变形程度越大。在制定拉深工艺时,如拉深系数取值过小(或拉深比取值过大),就会使拉深件起皱、断裂或严重变薄超差。因此,拉深系数的减少有一个客观的界限,这个界限称为极限拉深系数,即在拉深过程中,受到材料的力学性能、拉深条件和材料相对厚度(t/D)等条件限制,保证拉深件不起皱和不断裂的最小拉深系数。在实际生产中,考虑各种具体条件后,各种材料及结构的拉深件的极限拉深系数见表 3-5~表 3-10。

表 3-5 无法兰筒形件的极限拉深系数(带压边圈)

拉深系数	材料相对厚度 $t/D\times100$					
	2.00~1.50	1.50~1.00	1.00~0.60	0.60~0.30	0.30~0.15	0.15~0.08
m_1	0.48~0.50	0.50~0.53	0.53~0.55	0.55~0.58	0.58~0.60	0.60~0.63
m_2	0.73~0.75	0.75~0.76	0.76~0.78	0.78~0.79	0.79~0.80	0.80~0.82
m_3	0.76~0.78	0.78~0.79	0.79~0.80	0.80~0.81	0.81~0.82	0.82~0.84
m_4	0.78~0.80	0.80~0.81	0.81~0.82	0.82~0.83	0.83~0.85	0.85~0.86
m_5	0.80~0.82	0.82~0.84	0.84~0.85	0.85~0.86	0.86~0.87	0.87~0.88

注:适用于 08、10F 和 15F 钢和软黄铜 H62、H68。

表 3-6　无法兰筒形件的极限拉深系数（不带压边圈）

材料相对厚度 $t/D\times100$	各次拉深系数					
	m_1	m_2	m_3	m_4	m_5	m_6
0.4	0.90	0.92	—	—	—	—
0.6	0.85	0.90	—	—	—	—
0.8	0.80	0.88	—	—	—	—
1.0	0.75	0.85	0.90	—	—	—
1.5	0.65	0.80	0.84	0.87	0.90	—
2.0	0.60	0.75	0.80	0.84	0.87	0.90
2.5	0.55	0.75	0.80	0.84	0.87	0.90
3.0	0.53	0.75	0.80	0.84	0.87	0.90
＞3.0	0.50	0.70	0.75	0.78	0.82	0.85

注：适用于 08、10 和 15Mn 等材料。

表 3-7　无法兰圆筒形件拉深相对高度 H/d 与拉深次数的关系

拉深次数	拉深相对高度 H/d					
	2.00～1.50	1.50～1.00	1.00～0.60	0.60～0.30	0.30～0.15	0.15～0.06
	材料相对厚度 $t/D\times100$					
1	0.94～0.77	0.84～0.65	0.77～0.57	0.62～0.65	0.52～0.45	0.46～0.38
2	1.88～1.54	1.60～1.32	1.36～1.1	1.13～0.94	0.96～0.83	0.9～0.7
3	3.5～2.7	2.8～2.2	2.3～1.8	1.9～1.5	1.6～1.3	1.3～1.1
4	5.6～4.3	4.3～3.5	3.6～2.9	2.9～2.4	2.4～2.0	2.0～1.5
5	8.9～6.6	6.6～5.1	5.2～4.1	4.1～3.3	3.3～2.7	2.7～2.0

表 3-8　带法兰圆筒形件首次拉深极限拉深系数[m_{F1}]

法兰相对直径 d_F/d_1	材料相对厚度 $t/D\times100$				
	0.06～0.20	0.20～0.50	0.50～1.00	1.00～1.50	＞1.50
＜1.1	0.59	0.57	0.55	0.53	0.50
1.1～1.3	0.55	0.54	0.53	0.51	0.49
1.3～1.5	0.52	0.51	0.50	0.49	0.47
1.5～1.8	0.48	0.48	0.47	0.46	0.45
1.8～2.0	0.45	0.45	0.44	0.43	0.42
2.0～2.2	0.42	0.42	0.42	0.41	0.40
2.2～2.5	0.38	0.38	0.38	0.38	0.37
2.5～2.8	0.35	0.35	0.34	0.34	0.33
2.8～3.0	0.33	0.33	0.32	0.32	0.31

表 3-9 带法兰圆筒形件首次拉深极限拉深高度[h_1/d_1]

法兰相对直径 d_F/d_1	材料相对厚度 $t/D\times100$				
	0.06～0.20	0.20～0.50	0.50～1.00	1.00～1.50	>1.50
<1.1	0.45～0.52	0.50～0.62	0.57～0.70	0.60～0.80	0.75～0.90
1.1～1.3	0.46～0.47	0.45～0.53	0.50～0.60	0.56～0.72	0.65～0.80
1.3～1.5	0.35～0.42	0.40～0.48	0.45～0.68	0.60～0.73	0.58～0.70
1.5～1.8	0.29～0.35	0.34～0.39	0.37～0.44	0.42～0.53	0.48～0.58
1.8～2.0	0.35～0.30	0.29～0.34	0.32～0.38	0.36～0.46	0.42～0.51
2.0～2.2	0.22～0.26	0.25～0.29	0.27～0.33	0.31～0.40	0.35～0.45
2.2～2.5	0.17～0.21	0.20～0.23	0.22～0.27	0.25～0.32	0.28～0.35
2.5～2.8	0.13～0.16	0.15～0.18	0.17～0.21	0.19～0.24	0.22～0.27
2.8～3.0	0.10～0.13	0.12～0.15	0.14～0.17	0.16～0.20	0.18～0.22

表 3-10 带法兰圆筒形件以后各次的拉深系数

拉深系数 m_n	材料相对厚度 $t/D\times100$				
	2.00～1.50	1.50～1.00	1.00～0.60	0.60～0.30	0.30～0.15
m_2	0.73	0.75	0.76	0.78	0.80
m_3	0.75	0.78	0.79	0.80	0.82
m_4	0.78	0.80	0.82	0.83	0.84
m_5	0.80	0.82	0.84	0.85	0.86

在实际生产中不是所有情况都采用极限拉深系数，因为太接近极限拉深系数会引起拉深件在凸模圆角部分过分变薄，而在以后的拉深中，部分边薄严重的缺陷会转移到成品零件的侧壁上，从而降低零件质量。

2）影响极限拉深系数的因素

（1）板材的内部组织和力学性能。通常板材的塑性好、组织均匀、晶粒大小适当、屈服比小、板平面方向性小而板厚方向性大时，其拉深性能好，可以采用较小的极限拉深系数。

（2）毛坯的相对厚度。毛坯的相对厚度 t/D 小时，容易起皱，防皱压板的压力加大，引起的摩擦阻力也大，因此极限拉深系数相应也加大。

（3）模具工作部分的圆角半径。凸模圆角半径过小时，拉深毛坯的直壁部分与底部的过渡区的弯曲变形加大，使危险断面的强度受到削弱，使极限拉深系数增加。凹模圆角半径过小时，毛坯沿凹模圆角滑动的阻力增加，毛坯侧壁传力区内的拉应力相应地加大，其结果也提高了极限拉深系数值。

（4）润滑条件及模具情况。润滑条件良好、模具工作表面光滑、间隙正常都能减小摩擦阻力改善金属的流动情况，使极限拉深系数减小。

（5）拉深方式。采用压边圈拉深时，因不易起皱，极限拉深系数可取小些。不用压边圈时，极限拉深系数可取大些。

（6）拉深速度。一般情况下，拉深速度对极限拉深系数的影响不大，但对变形速度敏感的金属（如钛合金、不锈钢、耐热钢等）拉深速度大时，极限拉深系数增大。

2. 拉深次数

实际上拉深系数有两个不同的概念，一个是零件所要求的拉深系数 m_d，即 $m_d=d/D$，式中 d 为零件的直径，而 D 为该零件的毛坯直径；另一个是按材料的性能及拉深条件等所能达到的极限拉深系数(表 3-2 至表 3-4 所列)。如果零件所要求的拉深系数 m_d 值大于按材料及拉深条件所允许的极限拉深系数时，则所给零件只需一次拉深，否则必须多次拉深。

1) 计算法

选定首次极限拉深系数 m_1 及以后各道极限拉深系数的平均值 m_n，利用下式计算，即

$$n=[\lg(d_n)-\lg(m_1D_0)/\lg m_n]+1$$

式中，n 为拉深次数；d_n 为零件直径。

如 n 为带小数的值时，进位取整数。例如，$n=3.4$，取 $n=4$。按 $m_1<m_2<m_3<\cdots<m_n$ 的原则并满足 $m=d_n/D_0=m_1m_2m_3\cdots m_n$，再合理分配拉深系数，即可得到各工序半成品直径：$d_1=m_1D_0, d_2=m_2d_1,\cdots,d_n=m_nd_{n-1}$。

2) 推算法

根据材料和相对厚度 t/D_0，查表 3-2，得 m_1、m_2、m_3、…、m_n，即

$$d_1=m_1D_0$$

$$d_2=m_2D_1$$

$$\vdots$$

$$d_n=m_nD_{n-1}$$

一直计算到 $d_n\leqslant d$，如 $d_n=d$，拉深次数和半成品直径即被确定；如 $d_n<d$，可调整拉深系数，使 $d_n=d=m_1m_2m_3\cdots m_nD_0$。根据调整后 m_1、m_2、m_3、…、m_n 算出半成品直径：$d_1=m_1D_0, d_2=m_2D_1,\cdots,d_n=m_nD_{n-1}$。

3) 查表法

确定拉深次数还可以根据工件的相对高度，即拉深高度 H 与直径之比，从表 3-11 中查得。

表 3-11 无法兰圆筒件拉深次数的确定

拉深次数 n	相对高度 h/d					
	2.00～1.50	1.50～1.00	1.00～0.60	0.60～0.30	0.30～0.15	0.15～0.08
	材料相对厚度 $t/D\times100$					
1	0.94～0.77	0.84～0.65	0.71～0.57	0.62～0.50	0.52～0.45	0.46～0.38
2	1.88～1.54	1.60～1.32	1.36～1.10	1.13～0.94	0.96～0.83	0.90～0.70
3	3.5～2.7	2.8～2.2	2.3～1.8	1.9～1.5	1.6～1.3	1.3～1.1
4	5.6～4.3	4.3～3.5	3.6～2.9	2.9～2.4	2.4～2.0	2.0～1.5
5	8.9～6.6	6.6～5.1	5.2～4.1	4.1～3.3	3.3～2.7	2.7～2.0

注：① 大的 h/d 值适用于第一道工序的大凹模圆角 $R_{凹}=(8\sim15)t$。

② 小的 h/d 值适用于第一道工序的小凹模圆角 $R_{凹}=(4\sim8)t$。

③ 该表适用材料为 08F、10F。

也可以根据材料的相对厚度 $t/D\times100$ 与总拉深系数 $m_{总}$，由表 3-12 查取拉深次数。

表 3-12 总拉深系数 $m_{总}$ 与拉深次数的关系(圆筒形带压边圈)

拉深次数 n	材料相对厚度 $t/D\times100$				
	2.00～1.50	1.50～1.00	1.00～0.50	0.50～0.20	0.20～0.06
1	0.33～0.36	0.36～0.40	0.40～0.43	0.43～0.46	0.46～0.48
2	0.24～0.27	0.27～0.30	0.30～0.34	0.34～0.37	0.37～0.40
3	0.18～0.21	0.21～0.24	0.24～0.27	0.27～0.30	0.30～0.33
4	0.13～0.16	0.16～0.19	0.19～0.22	0.22～0.25	0.25～0.29

3. 无凸缘圆筒形拉深件的拉深次数和工序件尺寸的计算案例

【例 3-1】 试确定如图 3-9 所示无凸缘零件的拉深次数和各次拉深工序尺寸。(材料 08 钢，材料厚度 $t=2$mm)

1) 计算毛坯直径。查表确定切边余量 Δh，根据 $h=200$mm，$h/d=200/88=2.28$，查表取 $\Delta h=7$mm。按表格中公式计算毛坯直径，即

$$D=\sqrt{d_2^2+4d_2H-1.72rd_2-0.56r^2}\approx283(\text{mm})$$

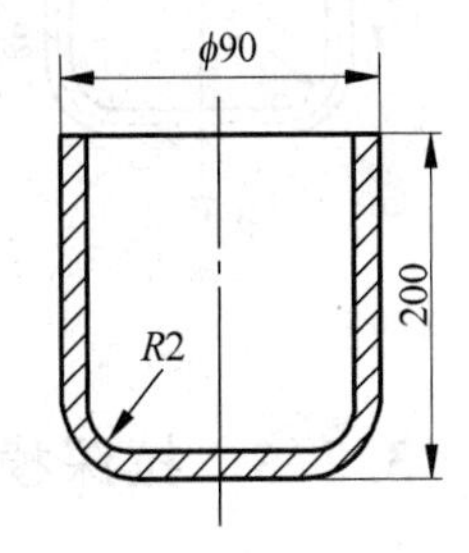

图 3-9 无凸缘零件图

2) 计算总拉深系数，判断能否一次拉出。

$$m_{总}=d/D=88/283=0.31$$

查表 $m_1=0.54$，则 $m_{总}<m_1$，故该零件需经多次拉深才能达到所需尺寸。

3) 确定拉深次数：拉伸次数经常用推算法辅以查表法进行确定。查表得

$$m_1=0.54,\quad m_2=0.77,\quad m_3=0.80,\quad m_4=0.82$$

再将毛坯直径或中间工序毛坯尺寸依次乘以查出的极限拉深系数，得到各次半成品的直径，直到计算出的直径 d_n 小于或等于工件最终直径 d 为止，即

$$d_1=m_1D=0.54\times283=152.8(\text{mm})$$

$$d_2=m_2d_1=0.77\times153=117.8(\text{mm})$$

$$d_3=m_3d_2=0.80\times117.8=94.2(\text{mm})$$

$$d_4=m_4d_3=0.82\times94.2=77.2(\text{mm})$$

可知该零件要拉深 4 次，再通过查表校核。零件的相对高度 $H/d=207/88=2.63$，相对厚度为 0.7，查表可知拉深次数为 3～4，和推算法得出的结果相符，这样零件的拉深次数就确定为 4 次。

4) 半成品尺寸确定：依据计算结果对各次拉深系数再进行调整，使实际采用的拉深系数大于极限拉深系数，并重新计算各次拉深的半成品直径。

(1) 调整后的拉深系数为

$$m'_1=0.57,\quad m'_2=0.79,\quad m'_3=0.82,\quad m'_4=0.85$$

(2) 半成品直径为

$$d_1=m_1D=0.57\times283=161(\text{mm})$$

$$d_2 = m_2 d_1 = 0.79 \times 161 = 127(\mathrm{mm})$$
$$d_3 = m_3 d_2 = 0.82 \times 127 = 104(\mathrm{mm})$$
$$d_4 = m_4 d_3 = 0.85 \times 104 = 88(\mathrm{mm})$$

（3）半成品高度的确定：先确定各次半成品底部圆角半径，可取 $r_1 = 12\mathrm{mm}$、$r_2 = 8\mathrm{mm}$、$r_3 = 5\mathrm{mm}$，代入圆筒形件高度计算公式求得，根据拉深前后毛坯与零件表面积相等的原则推导，即

$$H = 0.25\left(\frac{D^2}{d_n} - d_n\right) + 0.43\,\frac{r_n}{d_n}(d_n + 0.32 r_n)$$

也可以通过试模结果确定各次拉深高度，如图 3-10 所示。

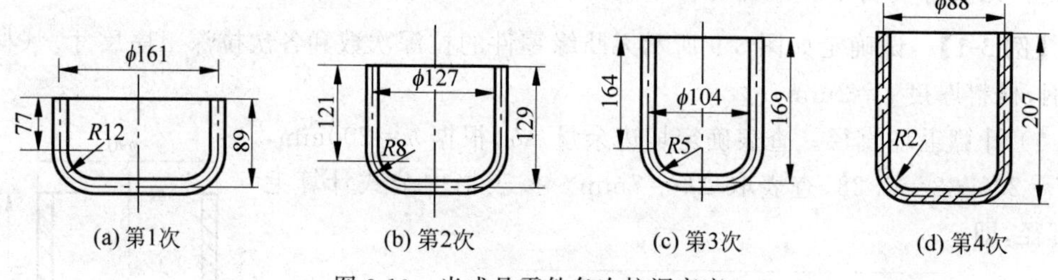

图 3-10　半成品零件各次拉深高度

3.2.5　拉深模工作部分结构参数确定

拉深模工作的结构参数所涉及的尺寸计算包括凸、凹模圆角半径，凸、凹模间隙和凸、凹模工作部分尺寸。以圆筒形件为例进行介绍，如图 3-11 所示。

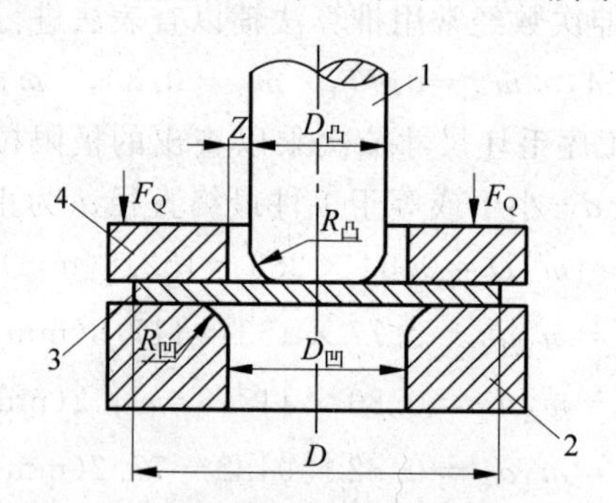

图 3-11　带压边圈拉深模工作部分结构

1—凸模；2—凹模；3—毛坯；4—压边圈

1. 凹模圆角半径 $R_凹$

凹模口部圆角半径的大小对拉深过程有很大的影响。凹模口部圆角半径太小，会使材料拉入凹模的阻力增大，从而导致拉深力增大，致使拉深件产生划痕或裂纹；凹模口部圆角半径过大，会使压边圈下的被压毛坯面积减小，从而使材料悬空段增大，拉深件容易起皱。因此 $R_凹$ 大小要合适。圆筒形件首次拉深时凹模圆角半径由下式确定，即

$$R_{凹1} = 0.8\sqrt{(D - D_凹)t}$$

或

$$R_{凹1}=C_1C_2t$$

式中，C_1 为考虑材料力学性能的系数，对于软钢、硬铝，$C_1=1$；对于纯铜、黄铜、铝，$C_1=0.8$；C_2 为考虑板厚与拉深系数的系数，见表 3-13。

表 3-13 拉深凹模圆角半径系数 C_2

材料厚度 t/mm	拉深件直径 d/mm	拉深系数 m_1		
		0.48～0.55	0.55～0.60	≥0.60
≤0.5	≤50	7.0～9.5	6.0～7.5	5.0～6.0
	50～200	8.5～10.0	7.0～8.5	6.0～7.5
	>200	9.0～10.0	8.0～10.0	7.0～9.0
0.5～1.5	≤50	6.0～8.0	5.0～6.5	4.0～5.5
	50～200	7.0～9.0	6.0～7.5	5.0～6.5
	>200	8.0～10.0	7.0～9.0	6.0～8.0
1.5～3.0	≤50	5.0～6.5	4.5～5.5	4.0～5.0
	50～200	6.0～7.5	5.0～6.5	4.5～5.5
	>200	7.0～8.5	6.0～7.5	5.0～6.5

以后各次拉深时，凹模圆角半径应逐渐减小，其关系为

$$R_{凹n}=(0.6\sim0.8)R_{凹n-1}$$

根据工艺要求，$R_{凹}$ 不应小于材料厚度的两倍。如果零件凸缘法兰处圆角半径太小，则应该在末次拉深后增加一道整形工序，使之达到零件的技术要求。表 3-14 所列的拉深凹模圆角半径值即是根据上面的公式制定的。

表 3-14 拉深凹模圆角半径 $R_{凹}$

$D-d$/mm	t/mm					
	≤1	1.0～1.5	1.5～2.0	2.0～3.0	3.0～4.0	4.0～6.0
≤10	2.5	3.5	4.0	4.5	5.5	6.5
10～20	4.0	4.5	5.5	6.5	7.5	9.0
20～30	4.5	5.5	6.5	8.0	9.0	11.0
30～40	5.5	6.5	7.5	9.0	10.5	12.0
40～50	6.0	7.0	8.0	10.0	11.5	14.0
50～60	6.5	8.0	9.0	11.0	12.5	15.5
60～70	7.0	8.5	10.0	12.0	13.5	16.5
70～80	7.5	9.0	10.5	12.5	14.5	18.0
80～90	8.0	9.5	11.0	13.5	15.5	19.0
90～100	8.0	10.0	11.5	14.0	16.0	20.0
100～110	8.5	10.5	12.0	14.5	17.0	20.5
110～120	9.0	11.0	12.5	15.5	18.0	21.5
120～130	9.5	11.5	13.0	16.0	18.5	22.5
130～140	9.5	11.5	13.5	16.5	19.0	23.5
140～150	10.0	12.0	14.0	17.0	20.0	24.0
150～160	10.0	12.5	14.5	17.5	20.5	25.0

2. 凸模圆角半径 $R_{凸}$

若凸模圆角半径 $R_{凸}$ 太小，在拉深变形过程中危险断面处容易拉断。在多工序拉深时，后续工序压边圈的圆角半径等于前道工序的凸模圆角半径，若凸模圆角半径太小，后续工序毛坯跟压边圈的滑动阻力会增加，对拉深不利。但若 $R_{凸}$ 太大，则会使拉深初始阶段不与模具接触的毛坯宽度增加，因而这部分材料容易起皱(向内皱)。

(1) 首次拉深时，选用凸模圆角半径 $R_{凸}$ 等于或略小于凹模圆角半径 $R_{凹}$，即

$$R_{凸}=(0.7\sim1.0)R_{凹}$$

(2) 末次拉深时，凸模圆角半径 $R_{凸}$ 应等于零件的内圆角半径 R，但必须满足 $R_{凸}\geqslant(2\sim3)t$，否则要增加整形工序。

(3) 中间各次拉深时，对于旋转体零件而言，应尽可能使 $R_{凸n}$ 为

$$R_{凸n}=(d_{n-1}-d_n-2t)/2$$

3. 拉深模凸、凹模间隙

拉深模凸、凹模的单边间隙值 Z 等于凹模直径与凸模直径差值的一半，即 $Z=(D_{凹}-D_{凸})/2$，如图 3-11 所示。间隙值应合理选取，Z 值过小会增加摩擦力，使拉深件容易破裂，并且容易擦伤表面及降低模具寿命；Z 值过大又容易使拉深件起皱，影响工件的精度。

在设计确定拉深模凸、凹模的有关尺寸时，必须先确定其间隙值，并且应根据材质、材料厚度偏差、制件的尺寸精度、表面粗糙度、模具使用寿命以及毛坯在拉深中外缘的变厚现象等条件综合考虑。筒形件拉深间隙值可以按照以下方法确定。

(1) 不用压边圈时，得

$$Z=(1\sim1.1)t_{max}$$

式中，Z 为单边间隙，末次拉深或精密拉深取小值，中间拉深取大值；t_{max} 为材料厚度的上偏差。

(2) 使用压边圈时，间隙值按表 3-15 选取。

表 3-15 有压边圈拉深时单边间隙 Z

总拉深次数	拉深工序	单边间隙 Z	总拉深次数	拉深工序	单边间隙 Z
1	第一次拉深	$(1.0\sim1.1)t$	4	第一、二次拉深	$1.2t$
2	第一次拉深	$1.1t$		第三次拉深	$1.1t$
	第二次拉深	$(1.00\sim1.05)t$		第四次拉深	$(1.00\sim1.05)t$
3	第一次拉深	$1.2t$	5	第一、二、三次拉深	$1.2t$
	第二次拉深	$1.1t$		第四次拉深	$1.1t$
	第三次拉深	$(1.00\sim1.05)t$		第五次拉深	$(1.00\sim1.05)t$

注：① t 为材料厚度，取材料厚度允许偏差的中间值。

② 拉深精密零件时，最末一次拉深间隙取 $Z=t$。

(3) 对于精度要求较高的拉深件，为了减小拉深后的回弹，降低零件表面粗糙度，常采用负间隙拉深，间隙值 $Z=(0.9\sim0.95)t$。

(4) 在多次拉深工序中,除了最后一次拉深外,间隙的取向是没有规定的。对于最后一次拉深:若尺寸标注在外径的拉深件上,以凹模为准,间隙取在凸模上,即减小凸模尺寸得到间隙;若尺寸标注在内径的拉深件上,以凸模为准,间隙取在凹模上,即增大凸模尺寸得到间隙。

4. 凸、凹模工作部分尺寸计算及制造公差

1) 凸、凹模工作部分尺寸计算

拉深凸、凹模工作部分尺寸计算及凸、凹模制造公差的确定仅在最后一道工序考虑,对于中间工序没有必要严格要求,因此模具尺寸可以直接取工序尺寸。最后一道工序拉深模凸、凹模工作部分尺寸及公差应根据工件的要求来确定。确定凸、凹模工作部分尺寸时,还应考虑模具的磨损和拉深件的弹复,如图 3-12 所示。

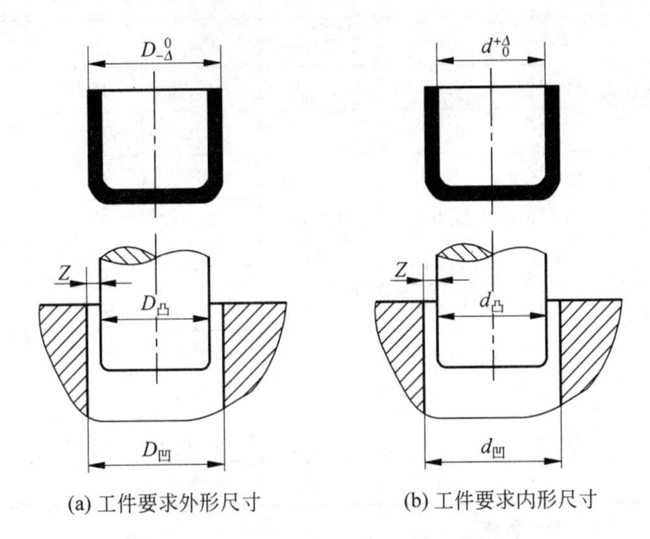

图 3-12 工件尺寸与凸、凹模工作尺寸

(1) 工件要求外形尺寸时[图 3-12(a)],以凹模尺寸为基准进行计算。

凹模尺寸为

$$D_{凹}=(D-0.75\Delta)^{+\delta_{凹}}_{0}$$

凸模尺寸为

$$D_{凸}=(D-0.75\Delta-2Z)^{0}_{-\delta_{凸}}$$

(2) 工件要求内形尺寸时[图 3-12(b)],以凸模尺寸为基准进行计算。

凸模尺寸为

$$d_{凸}=(d+0.4\Delta)^{0}_{-\delta_{凸}}$$

凹模尺寸为

$$d_{凹}=(d+0.4\Delta+2Z)^{+\delta_{凹}}_{0}$$

(3) 中间工序凸、凹模尺寸:取凸、凹模尺寸等于毛坯的过渡尺寸,若以凹模为基准,则凹模尺寸为

$$D_{凹}=D^{+\delta_{凹}}_{0}$$

凸模尺寸为

$$D_{凸}=(D-2Z)^{0}_{-\delta_{凸}}$$

式中，Δ 为工件公差(注意零件公差标注为非标准形式时，必须先转化成标准形式)；$\delta_{凸}$ 为凸模制造公差；$\delta_{凹}$ 为凹模制造公差；Z 为凸、凹模单边间隙。

2) 凸、凹模制造公差

筒形件拉深模凸、凹模制造公差根据工件的材料厚度和工件直径来选定，见表 3-16。

表 3-16 筒形件拉深模凸、凹模制造公差 单位：mm

材料厚度 t	工件直径的基本尺寸							
	≤10		10～50		50～200		200～500	
	$\delta_{凹}$	$\delta_{凸}$	$\delta_{凹}$	$\delta_{凸}$	$\delta_{凹}$	$\delta_{凸}$	$\delta_{凹}$	$\delta_{凸}$
0.25	0.015	0.010	0.020	0.010	0.030	0.015	0.030	0.015
0.35	0.020	0.010	0.030	0.020	0.040	0.020	0.040	0.025
0.50	0.030	0.015	0.040	0.030	0.050	0.030	0.050	0.035
0.80	0.040	0.025	0.060	0.035	0.060	0.040	0.060	0.040
1.00	0.045	0.030	0.070	0.040	0.080	0.050	0.080	0.060
1.20	0.055	0.040	0.080	0.050	0.090	0.060	0.100	0.070
1.50	0.065	0.050	0.090	0.060	0.100	0.070	0.120	0.080
2.00	0.080	0.055	0.110	0.070	0.120	0.080	0.140	0.090
2.50	0.095	0.060	0.130	0.085	0.150	0.100	0.170	0.120
3.50	—	—	0.150	0.100	0.180	0.120	0.200	0.140

注：① 表中数据适用于未精压的薄钢板。

② 如用精压钢板，则凸、凹模制造公差取表中数据的 20%～25%。

③ 如用有色金属，则凸、凹模制造公差取表中数据的 50%。

3) 拉深凸模排气孔尺寸

当凸、凹模间隙较小或制件较深时，为了便于凸模下行时制件封闭的容腔内气体能顺利排出，避免制件变形及黏膜拉裂，通常在凸模上开排气孔，凸模排气孔直径的大小可查表 3-17。

表 3-17 凸模排气孔直径 单位：mm

凸模直径	≤50	50～100	100～200	>200
排气孔直径	5.0	6.5	8.0	9.5

3.2.6 常见拉深模具结构

为了克服拉深过程中不良质量问题，一般拉深模常采用带压边圈结构的形式，在设计拉深模时首先进行拉深次数的确定(确定拉深模具的工序数量),然后进行首次拉深模和以后各次拉深模的设计工作。首次拉深模以落料的坯料进行定位拉深,以后各次拉深模分别利用前道工序的拉深件尺寸进行定位拉深。

1. 带压边圈的拉深模

图 3-13 所示为带压边圈的拉深模具有压边装置的倒装结构首次拉深模,压边圈和凸模安装在下模,凹模安装在上模,该结构是较为广泛应用的典型带压边圈拉深模具。

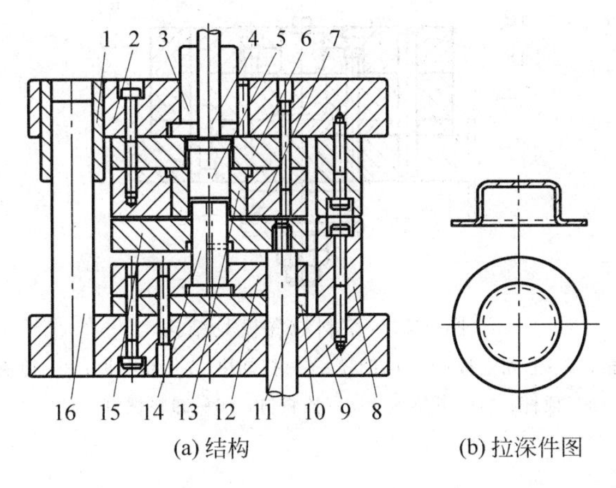

图 3-13 带压边圈的拉深模

1—导套;2—上模板;3—模柄;4—打杆;5—打料凸模;6—上垫板;7—拉深凹模固定板;8—限位柱;9—下模板;10—下垫板;11—支撑杆;12—拉深凸模固定板;13—拉深凹模;14—拉深凸模;15—压边圈;16—导柱

工作时,通过液压机床的油缸推动模具中的零件支撑杆(若干个),使得压边圈向上移动,一般压边圈的上表面高出拉深凸模的上端表面 5～10mm 即可,这样可以保证零件料片在进行拉深之前已由压边圈和拉深凹模压紧。之后将平片的圆形拉深坯料放置在压边圈的上表面(由压边圈上设置定位零件进行坯料的定位),上模下行(拉深凹模),在上模的作用下使压边圈向下运动,拉深凸模做相对向上的运动,从而进行零件的拉深工艺,零件的拉深深度尺寸由限位柱精确控制,拉深结束后,上模带动拉深凹模上行,压边圈回复开始的位置,将拉深零件从拉深凸模上脱出,使拉深零件留在拉深凹模内,最后通过机床上部的横梁推动打杆,再由打杆推动打料凸模将零件从拉深凹模中推出,完成整个零件的拉深工艺过程。

2. 落料拉深模

落料拉深模常常是拉深件的首道工序模具。拉深多采用带压边圈的结构形式,由于拉深工艺零件变形、流动很大,所以带压边圈的拉深件一般需要切边工艺,因此拉深件的落料尺寸的计算要求不精确,在模具结构设计允许的情况下,可以将落料工序与首次拉深工序组合为复合工艺,落料拉深模具结构如图 3-14 所示。图中模架部分导柱、导套没有体现出来。

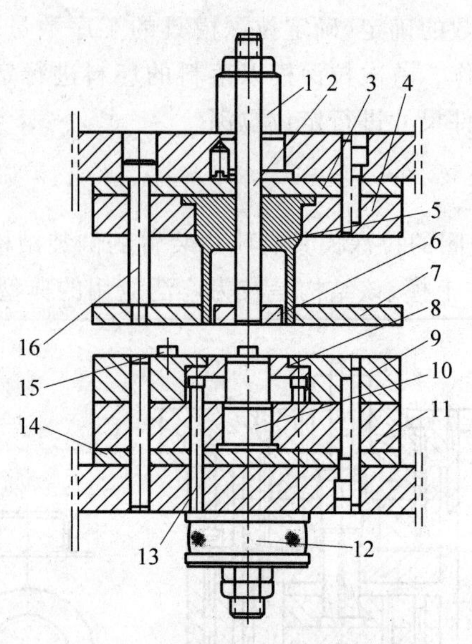

图 3-14　落料拉深模具结构

1—模柄；2—打杆；3—上垫板；4—上固定板；5—凸凹模；6—打件块；7—卸料板；8—顶块；9—凹模；10—拉深凸模；11—下固定板；12—弹顶器；13—顶杆；14—下垫板；15—挡料钉；16—卸料螺钉

3.3 项目实施

3.3.1 成型工艺分析

带压边圈变流漏斗零件工艺图如图 3-15 所示，材料为 S/S 439(不锈钢)，材料厚度 $t=2$mm。由于不锈钢材料的塑性较差，因此不锈钢材料的拉深、变形灯工艺较为困难，容易产生开裂现象。同时由于变流漏斗零件的结构尺寸的特点不能采用管形材成型，因此只能采用板材料进行拉深成型。

根据变流漏斗零件的结构尺寸分析，由于拉深变形的影响，材料边缘的变形非常大，因此变流漏斗零件不能采用带修边余量的方法进行大端口部的拉深，其拉深工艺需要采用压边圈的结构形式，零件小端的结构与尺寸可以采用冲孔、翻孔的工艺达到要求；由于采用了压边圈，因此零件大端很难通过模具一次成型到结构尺寸(由于零件大、小端均为开口结构，因此在拉深成型工艺中两端的成型不能同时进行，是相互矛盾的)，所以变流漏斗的最终结构尺寸还需要通过车削、切割等其他加工手段得以实现(带压边圈工艺的变流漏斗零件如图 3-15 所示)。这样的工艺分析划分对于变流漏斗零件的成本及结构尺寸的保证较为合适。

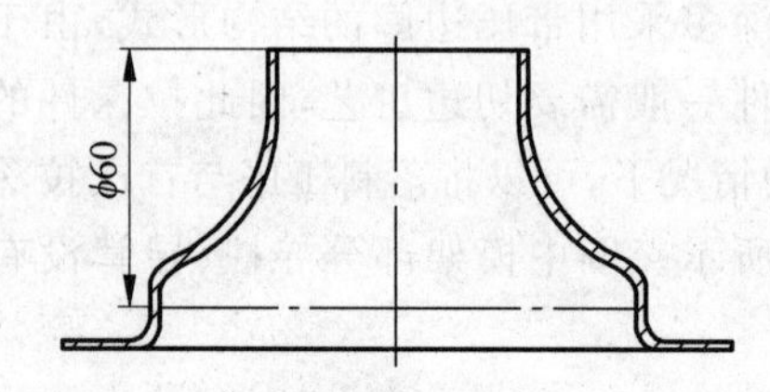

图 3-15　带压边圈变流漏斗零件工艺图

根据无法兰筒形件的极限拉深系数(带压边圈)表及其毛坯相对厚度参数，变流漏斗的大端直径 $\phi115.2$mm 和小端直径 $\phi57.5$mm 分别各进行一次拉深成型即可，由于大小端直径之间有圆弧过渡，有尺寸精度要求，因此需要在大、小端两次拉深之间增加一次过渡拉深成型工艺。

根据上述分析计算，变流漏斗零件的模具成型工序可划分为5道，分别为落料拉深、拉深1、拉深2、小端口部冲孔、小端直径翻孔，各道工序的工序图如图3-16所示。之后去除大端工艺法兰压边圈，达到图纸要求。

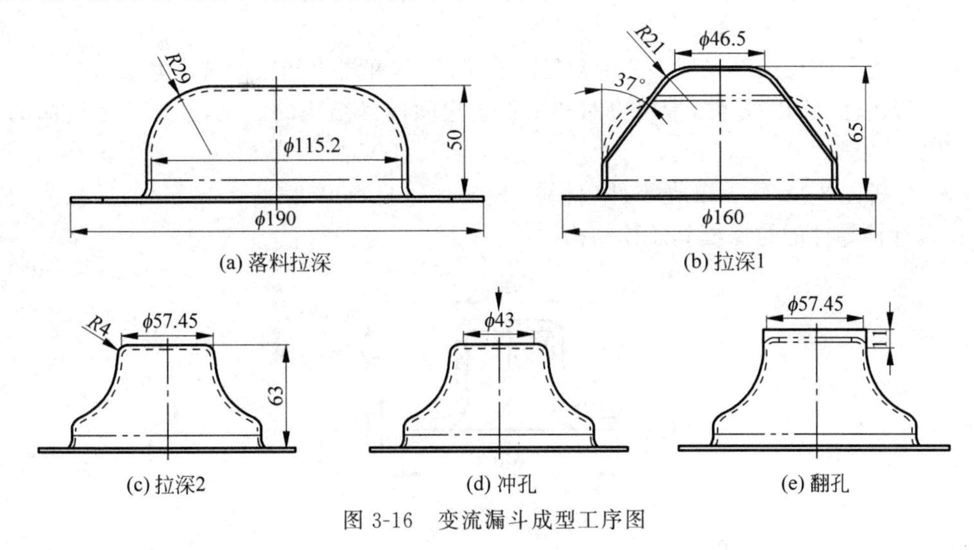

图3-16 变流漏斗成型工序图

3.3.2 模具设计

拉深模具的理论设计结构往往与实际生产状态有较大的差距，在材料的拉深过程中，会发生很复杂的材料流动、变形等不规则的情况，这些流动、变形所产生的结果往往跟理论计算得出的结果有较大的差距。拉深模通常要将理论计算与实际经验进行有效的结合，通过多次试模掌握实际的材料流动、变形参数，以进一步修模使其达到零件要求。变流漏斗拉深模具(工序3)的结构如图3-17所示。

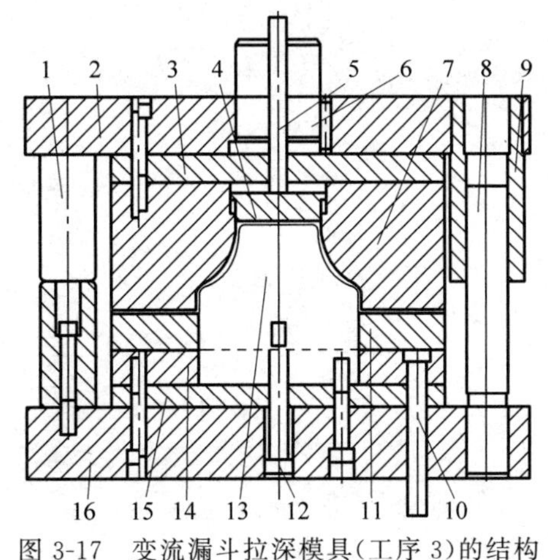

图3-17 变流漏斗拉深模具(工序3)的结构

1—限位柱；2—上模板；3—上垫板；4—顶件块；5—打杆；6—模柄；7—凹模；8—导柱；9—导套；10—顶杆；11—卸料板；12—卸料螺钉；13—凸模；14—凸模固定板；15—下垫板；16—下模板

在前面几道工序成型后，变流漏斗以前道工序成型的形状定位进行第三次拉深，拉深成型之前，通过凹模与卸料板压紧零件的法兰压边圈，拉深结束后，由打杆推动顶件块将零件从凹模孔中推出。

拓展练习

1. 简述零件在拉深成型工艺中常见的质量缺陷，并提出相应的解决办法。

2. 简述针对同一零件，带压边圈和不带压边圈模具结构的区别，并讨论压边圈的主要作用。

3. 分析图 3-18 所示罩壳零件（材料：S/S 306，材料厚度：$t=2\text{mm}$）的冲压成型工艺，试设计该零件的拉深模具总体结构。

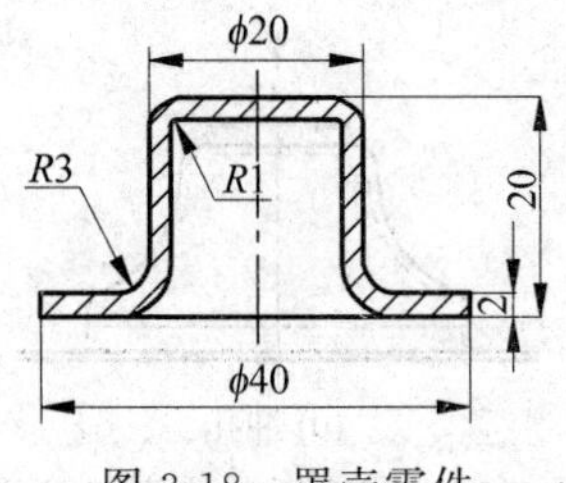

图 3-18 罩壳零件

项目4

端盖零件成型工艺与模具设计

项目目标

1. 了解冲压成型工艺中局部成型、局部胀形的工艺特点。
2. 了解冲压成型工艺中翻边、翻孔的工艺特点。
3. 了解冲压成型工艺中缩口、扩口的工艺特点。
4. 了解冲压成型工艺中整形、旋压等局部成型的工艺特点。
5. 能够分析简单零件的冲压成型工艺中的局部成型工艺。
6. 能够进行翻孔、翻边成型工艺的预孔尺寸计算。
7. 能够分析具有局部成型零件的工序，并设计简单成型工艺的模具结构。

4.1 项目分析

1. 项目介绍

端盖零件是一款汽车零部件产品，其产品如图 4-1 所示，图 4-1(b)为零件的 3D 图。端盖零件材料为 SUH409 耐热钢(日本 JIS 标准耐热钢)，SUH409 耐热钢常用于发动机排气管等动力系统的排气部分，材料厚度 $t=1.5$mm。端盖零件具有较为典型的局部成型的特点，零件周边是一圈深度为 $12_{-0.5}^{\ 0}$mm，带 $R4$ 圆弧边的成型轮廓，在零件的大平面上有一个内径为 $\phi 54.1_{-0.3}^{\ 0}$mm，深度为(8±0.5)mm 的翻孔。

2. 项目基本流程

通过端盖零件冲压成型工艺的分析与模具结构的设计，分析较为复杂零件的成型工艺，划分零件的成型工序；确定零件局部成型的各项工艺参数，计算局部成型中翻孔工艺的相关尺寸；合理设计局部成型的模具零件结构，设计典型冲压成型工艺的模具总体结构。

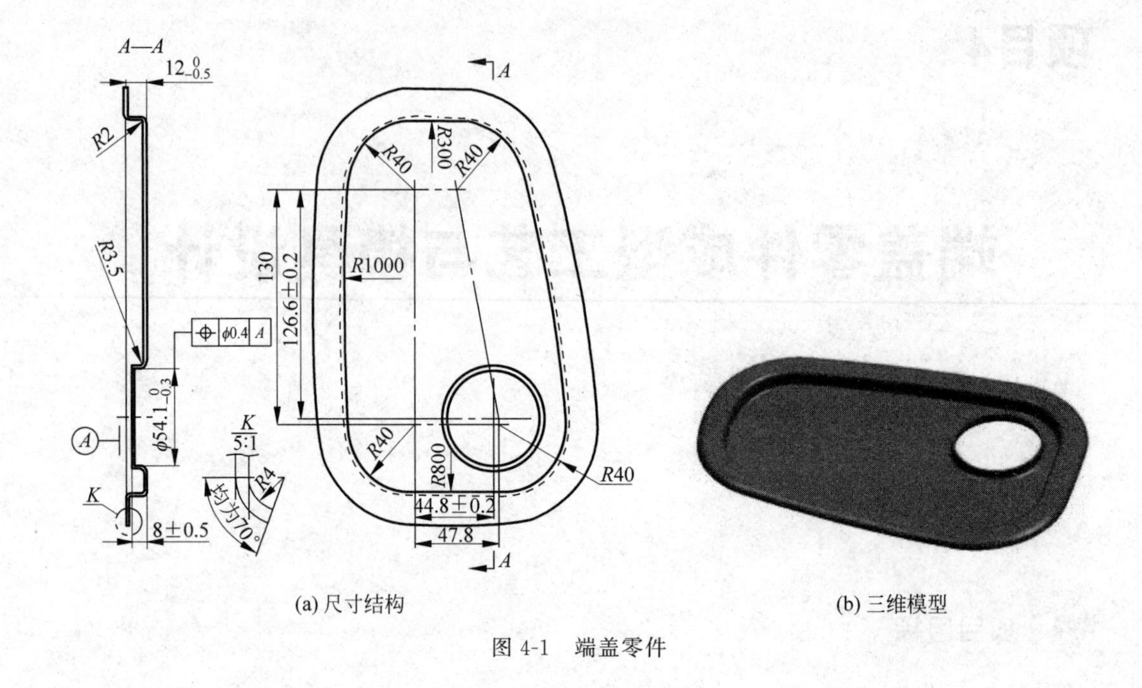

(a) 尺寸结构　　(b) 三维模型

图 4-1　端盖零件

4.2　理论知识

4.2.1　胀形

胀形是利用模具强迫板料厚度变薄和表面积增大以获得所需零件的冲压工艺方法。常用的胀形成型工艺有起伏成型(局部成型)、圆柱空心毛坯胀形等。

1. 起伏成型(局部成型)

起伏成型也称局部成型,是在板料上局部发生胀形而形成凸起或凹进的冲压工艺方法。常见的起伏成型有压加强筋、压凸包、压字等,如图 4-2 所示。经过起伏成型后的冲压件,特别是生产中广泛应用的压筋成型,不仅提高了强度、刚度,而且还美化了零件的外观。

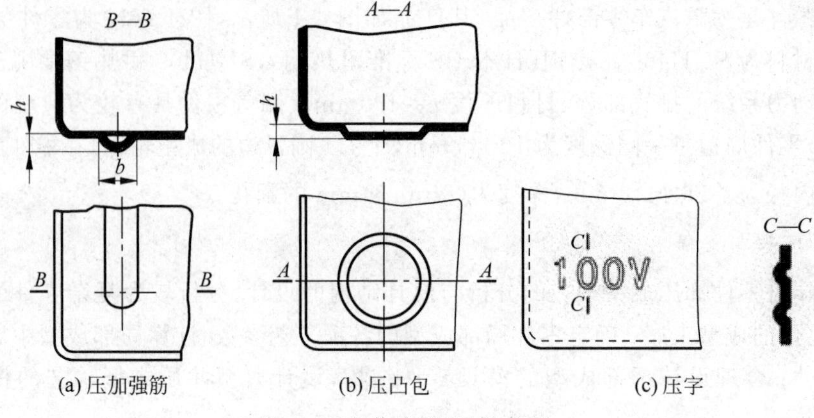

(a) 压加强筋　　(b) 压凸包　　(c) 压字

图 4-2　起伏成型(局部成型)

起伏成型相当于深度不大的局部拉深，主要是靠局部材料的变薄来实现的。起伏成型的极限变形程度常用变形区的伸长率来近似确定(图 4-3)，即

$$\varepsilon=(l-l_0)/l_0\leqslant K\delta$$

式中，ε 为起伏成型的极限变形程度；l_0、l 为起伏成型前、后材料的长度，mm；δ 为材料单向拉伸的伸长率；K 为形状系数，压筋成型取 0.7～0.75。

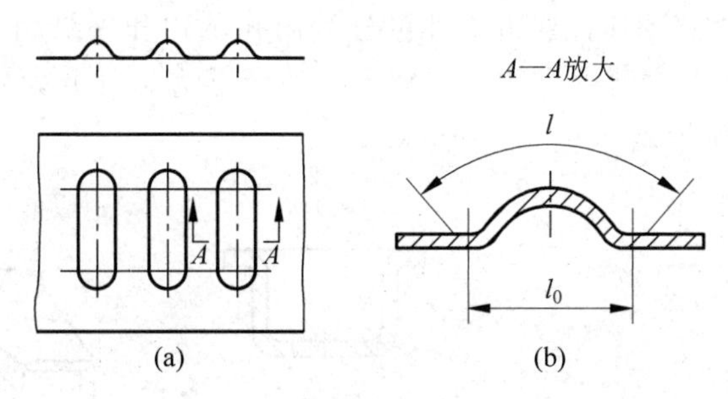

图 4-3 起伏成型前后材料的长度

如果起伏成型零件能满足上述条件，则可采用一次成型。否则需采用两次成型，如图 4-4 所示，第一次用大直径的球形凸模成型，使变形区达到在较大范围内聚料和均匀变形的目的，如图 4-4(a)所示，第二次成型到所要求的尺寸，如图 4-4(b)所示。

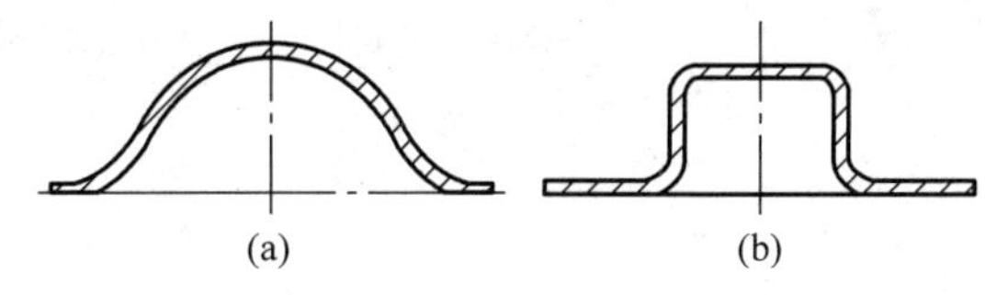

图 4-4 二次成型的加强筋

起伏成型的模具结构较简单，只要凸、凹模根据零件形状加工出相吻合的形状即可，但要求有较高的表面粗糙度精度，否则成型后的零件容易发生破裂或者表面毛糙。

2. 圆柱形空心毛坯胀形

圆柱形空心毛坯胀形是指将空心件或管状坯料沿径向向外扩张，胀出所需凸起曲面的一种冲压加工方法。用这种方法可制造如高压气瓶、波纹管、自行车三通接头以及火箭发动机上的一些异形空心件。

根据所用模具的不同可将圆柱形空心毛坯胀形分成两类：一类是刚性凸模胀形；另一类是软体凸模胀形。

1）刚性凸模胀形

刚性凸模胀形是利用锥形铁芯块将分块凸模向四周胀开，使空心件或管状坯料沿径向向外扩张，胀出所需凸起曲面。分块凸模数目越多，所得到的工件精度越高，但也很难得到很高精度的制件。由于模具结构复杂，制造成本高，胀形变形不均匀，不易胀出形状复杂的空心件，因此在生产中常用软模进行胀形。

2）软体凸模胀形

软体凸模胀形的结构主要有橡胶凸模胀形、倾注液体法胀形、充液橡胶囊法胀形等形式。胀形时，毛坯放在凹模内，利用介质传递压力，使毛坯直径胀大，最后贴靠凹模成型。

软模胀形的优点是传力均匀、工艺过程简单、生产成本低、制件质量好、可加工大型零件。软模胀形使用的介质有橡胶、PVC 塑料、石蜡、高压液体和压缩空气等。

4.2.2 翻边

翻边是指利用模具将工件上的孔边缘或外缘边缘翻成竖立直边的冲压工序。根据工件边缘的形状和应变状态不同，翻边工件可分为内孔翻边和外缘翻边；根据竖边壁厚的变化情况不同，可分为不变薄翻边和变薄翻边。外缘翻边又可分为外凸外缘翻边和内凹外缘翻边。如图 4-5 所示。

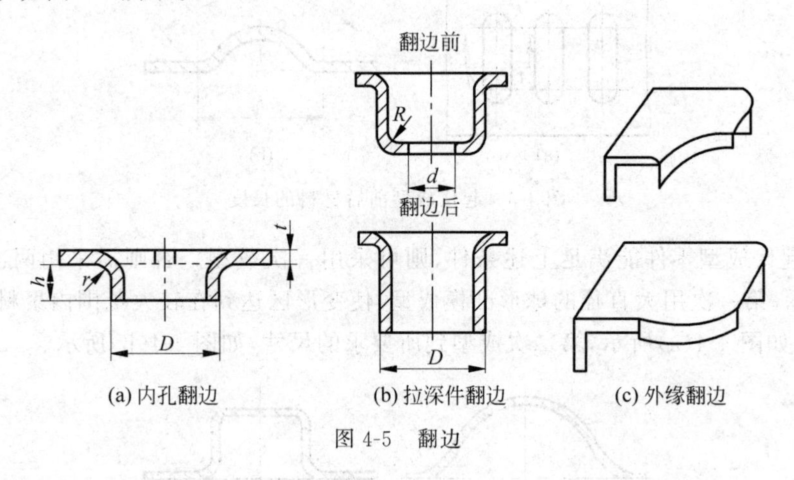

(a) 内孔翻边　(b) 拉深件翻边　(c) 外缘翻边

图 4-5 翻边

1. 内孔翻边

1）内孔翻边的变形特点及变形系数

内孔翻边主要的变形是坯料受切向和径向拉伸，越接近预孔边缘变形越大，因此，内孔翻边的失败往往是边缘拉裂，拉裂与否主要取决于拉伸变形的大小。内孔翻边的变形程度用翻边系数 K_0 表示，即

$$K_0 = d_0 / D$$

即翻边前预孔的直径 d_0 与翻边后的平均直径 D 的比值。K_0 值越小，则变形程度越大。圆孔翻边时孔边不破裂所能达到的最小翻边系数称为极限翻边系数。K_0 可从表 4-1 中查得。

表 4-1 各种材料的翻边系数

经退火的毛坯材料		翻边系数	
		K_0	K_{max}
镀锌钢板(白铁皮)		0.70	0.65
软钢	t=0.25～2.00mm	0.72	0.68
	t=3.0～6.0mm	0.78	0.75
黄铜 t=0.5～6.0mm		0.68	0.62
铝 t=0.5～5.0mm		0.70	0.64
硬铝合金		0.89	0.80

续表

经退火的毛坯材料		翻边系数	
		K_0	K_{max}
钛合金	TA1(冷态)	0.64～0.68	0.55
	TA1(加热 300～400℃)	0.40～0.50	—
	TA5(冷态)	0.85～0.90	0.75
	TA5(加热 500～600℃)	0.70～0.65	0.55
不锈钢、高温合金		0.69～0.65	0.61～0.57

极限翻边系数与许多因素有关,主要有以下几点。

(1) 材料的塑性。塑性好的材料,极限翻边系数小。

(2) 孔的边缘状况。翻边前孔边缘断面质量好、无撕裂、无毛刺,则有利于翻边成型,极限翻边系数就小。

(3) 材料的相对厚度。翻边前预孔的孔径 d_0 与材料厚度 t 的比值 d_0/t 越小,则断裂前材料的绝对伸长可大些,故极限翻边系数相应地小些。

(4) 凸模的形状。球形、抛物面形和锥形的凸模较平底凸模有利,故极限翻边系数相应地小些。

2) 内孔翻边的工艺计算及翻边力计算

在内孔翻边工艺计算中有两方面内容:一是根据翻边零件的尺寸,计算毛坯预孔的尺寸 d_0;二是根据允许的极限翻边系数,校核一次翻边可能达到的翻边高度 H,如图 4-6 所示。

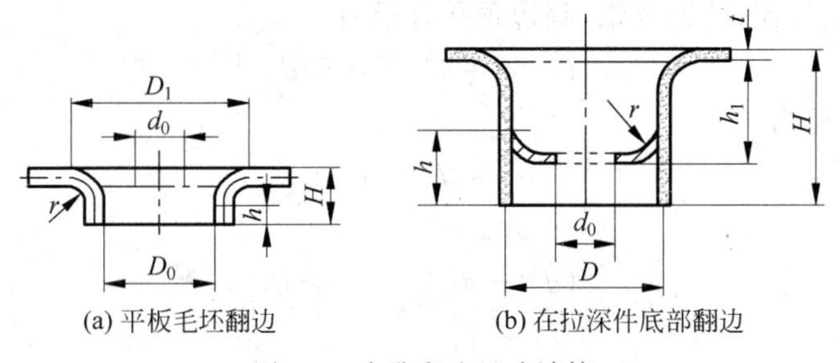

(a) 平板毛坯翻边　　(b) 在拉深件底部翻边

图 4-6 内孔翻边尺寸计算

(1) 平板毛坯内孔翻边时预孔直径及翻边高度。内孔的翻边预孔直径 d_0 可以近似地按弯曲展开计算,即

$$d_0 = D_0 - 2(H - 0.43r - 0.72t)$$

内孔的翻边高度为

$$H = \frac{D_0}{2}\left(1 - \frac{d_0}{D_0}\right) + 0.43r + 0.72t$$

内孔的翻边极限高度为

$$H_{max} = \frac{D_0}{2}(1 - K_{0min}) + 0.43r + 0.72t$$

(2) 在拉深件的底部冲孔翻边。其工艺计算过程：先计算允许的翻边高度 h，然后按零件的要求高度 H 及 h 确定拉深高度 h_1 及预孔直径 d_0。允许的翻边高度为

$$h=\frac{D}{2}(1-K_0)+0.57\left(r+\frac{t}{2}\right)$$

预孔直径 d_0 为

$$d_0=K_0D \quad 或 \quad d_0=D+1.14\left(r+\frac{t}{2}\right)-2h$$

拉深高度为

$$h_1=H-h+r$$

(3) 非圆孔翻边。非圆孔翻边的变形性质比较复杂，它包括有圆孔翻边、弯曲、拉深等变形性质。对于非圆孔翻边的预孔，可以分别按翻边、弯曲、拉深展开，然后用作图法把各展开线光滑连接。在非圆孔翻边中，由于变形性质不相同(应力、应变状态不同)的各部分相邻，对翻边和拉深均有利，因此翻边系数可取圆孔翻边系数的 80%～90%。

(4) 翻边力。翻边力一般不大，可按下式计算，即

$$F=1.1\pi(D-d_0)t\sigma_s$$

式中，σ_s 为材料的屈服强度。其余均与前面公式相同。

3) 螺纹底孔的变薄翻边

材料的竖边变薄，是由拉应力作用使材料自然变薄，是翻边的自然现象。当工件很高时，也可采用减小凸、凹模间隙，强迫材料变薄的方法，以提高生产率和节约材料。螺纹底孔的变薄翻边属于体积成型，凸模的端头做成锥形(或抛物线形)，凸、凹模之间的间隙小于材料厚度，翻边时孔壁材料变薄而高度增加。

对于低碳钢、黄铜、纯铜及铝，翻边预孔直径为

$$d_0=(0.45\sim0.5)d_1$$

翻边孔的外径为

$$d_3=d_1+1.3t$$

翻边高度为

$$h=\frac{t(d_3^2-d_0^2)}{d_3^2-d_1^2}+(0.1\sim0.3)$$

凹模圆角半径一般取 $r=(0.2-0.5)t$，但不小于 0.2mm。

表 4-2 列出了用变薄加工小螺孔底孔的尺寸，表 4-3 列出了小螺孔变薄翻边的凸模尺寸。

表 4-2 在金属板上翻边小螺孔底孔的尺寸

螺孔直径	料厚 t	d_0	d_1	h	d_3
M2	0.8	0.8	1.6	1.6	2.7
	1.0	0.8	1.6	1.8	3.0
M2.5	0.8	1.0	2.1	1.7	3.2
	1.0	1.0	2.1	1.9	3.5

续表

螺孔直径	料厚 t	d_0	d_1	h	d_3
M3	0.8	1.2	2.5	2.0	3.6
	1.0	1.2	2.5	2.1	3.8
	1.2	1.2	2.5	2.2	4.0
	1.5	1.2	2.5	2.4	4.5
M4	1.0	1.6	3.3	2.6	4.7
	1.2	1.6	1.6	2.8	5.0
	1.5	1.6	1.6	3.0	5.4
	2.0	1.6	1.6	3.2	6.0

表 4-3 小螺孔变薄翻边的凸模尺寸

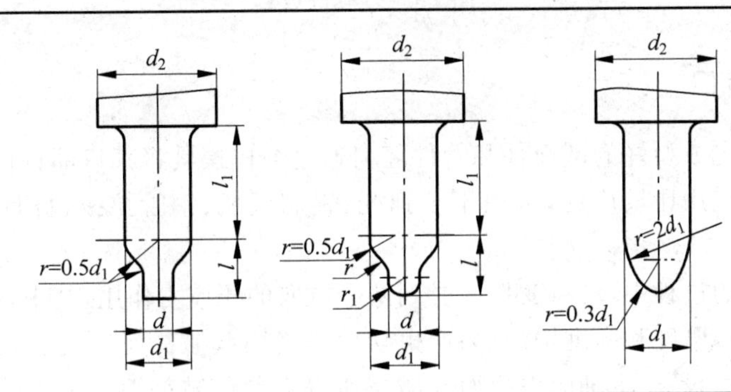

螺孔直径	d_0	d_1	d	l	l_1	r	r_1
M2	0.8	1.6	4.0	1.5	4.5	1.0	0.4
M2.5	1.0	2.1	—	2.0	5.5	—	0.5
M3	1.2	2.5	5.0	2.5	6.0	—	0.7
M4	1.6	3.3	—	3.5	6.5	1.5	0.9

2. 外缘翻边

外凸的外缘翻边，其变形性质、变形区应力状态与不用压边圈的浅拉深一样，如图 4-7(a)所示。变形区主要为切向压应力，变形过程中材料易起皱。内凹的外缘翻边，其特点近似于内孔翻边，如图 4-7(b)所示，变形区主要为切向拉伸变形，变形过程中材料边缘易开裂。从变形性质来看，复杂形状零件的外缘翻边是弯曲、拉深、内孔翻边等的组合。

外凸的外缘翻边变形程度 $E_{凸}$ 的计算式为

$$E_{凸}=\frac{b}{R+b}$$

内凹的外缘翻边变形程度 $E_{凹}$ 的计算式为

$$E_{凹}=\frac{b}{R-b}$$

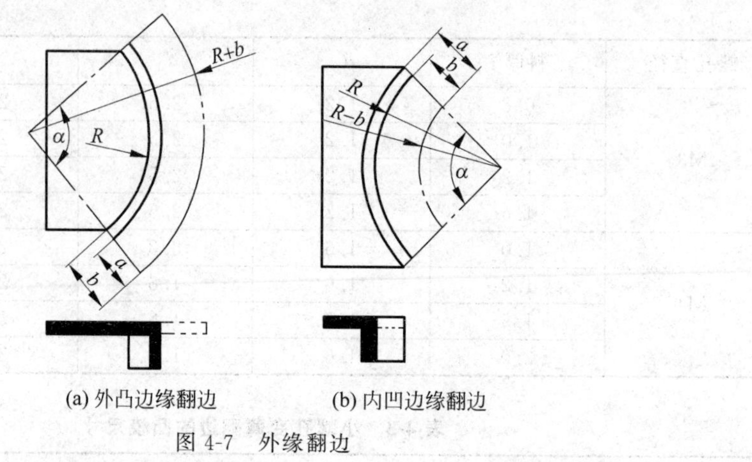

(a) 外凸边缘翻边　　(b) 内凹边缘翻边

图 4-7　外缘翻边

4.2.3　缩口

缩口是将预先成型好的圆筒件和管件坯料通过缩口模具将其口部直径缩小的一种成型方法。缩口的应用比较广泛，可用于子弹壳、钢制气瓶、钢管拉拔、自行车车架管等的加工。

在缩口变形的过程中，坯料变形区受到两个方向的压应力作用，其中切向压应力是主应力，使直径缩小，厚度和高度增加，易产生切向失稳而起皱。而非变形区的筒壁由于受到轴向压应力作用，易产生轴向失稳而起皱。所以失稳起皱是缩口加工的主要障碍。缩口的变形程度可用坯料缩口后的直径与缩口前的直径之比来表示，该比值称为缩口系数。材料塑性越好，厚度越大，所允许的缩口系数越小，当零件缩口系数小于其允许值时，则需采用多次缩口。常见的缩口形式有斜口式、直口式和球面式。缩口模的结构根据支承情况不同，可分为无支承、外支承和内外支承三种。无支承形式的模具结构简单，但缩口过程中坯料稳定性差，允许的缩口系数较大；外支承形式缩口时坯料稳定性较前者好；内外支承形式的结构较前两者复杂，但缩口时坯料稳定性最好，允许的缩口系数为三者中最小。

缩口零件和缩口模具的结构如图 4-8 所示，其中图 4-8(a)是缩口零件，图 4-8(b)是缩口模具的结构。

4.2.4　校平与整形

校平与整形是指利用模具使坯件局部或整体产生不大的塑性变形，以消除平面误差，提高制件形状及尺寸精度的冲压成型方法。

1. 校平与整形的工艺特点

校平与整形允许的变形量很小，因此必须使坯件的形状和尺寸与制件非常接近。校平和整形后制件精度较高，因而对模具成型部分的精度要求也相应地提高。通常校平与整形工艺安排在成型工艺之后，一般为最后一道工序。校平与整形时，应使坯件内的应力、应变状态有利于减少卸载后由于材料的弹性变形而引起制件形状和尺寸的弹性恢复。

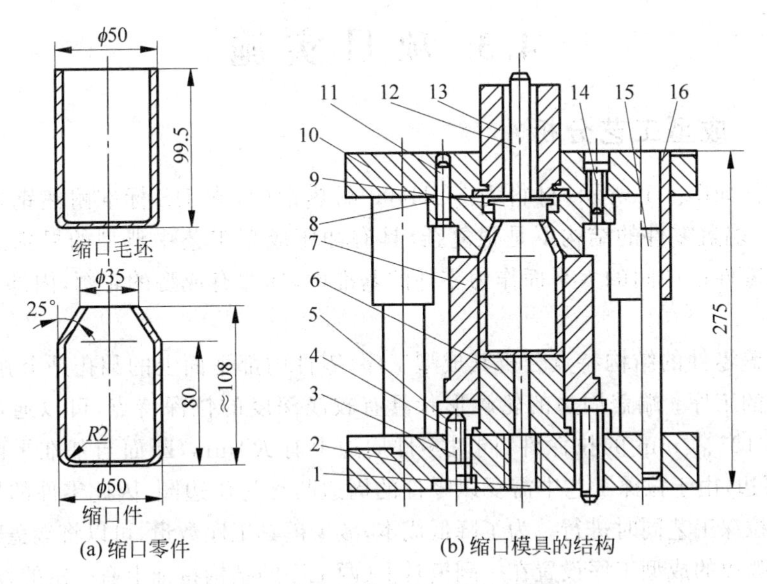

图 4-8 缩口零件和缩口模具的结构

1—顶杆；2—下模板；3、14—螺栓；4、11—销钉；5—下固定板；6—垫板；7—外支承套；8—缩口凹模；9—顶出器；10—上模板；12—打料杆；13—模柄；15—导柱；16—导套

2. 校平

校平多用于冲裁件，以消除冲裁过程中拱弯造成的不平。对薄料和表面不允许有压痕的制件，一般采用光面校平模；对较厚的普通制件，一般采用齿形校平模。

3. 整形

整形一般用在弯曲、拉深成型工序之后。整形模与一般成型模具相似，只是工作部分的定型尺寸精度高，表面粗糙度值要求更低，圆角半径和间隙值都较小。

整形时，必须根据制件形状的特点和精度要求，正确地选定产生塑性变形的部位、变形的大小和恰当的应力、应变状态。弯曲件的镦校所得到的制件尺寸精度高，是目前经常采用的一种校正方法，如图 4-9 所示。但是，对于带有孔的弯曲件或宽度不等的弯曲件，不宜采用镦校，因为镦校时易使孔产生变形。

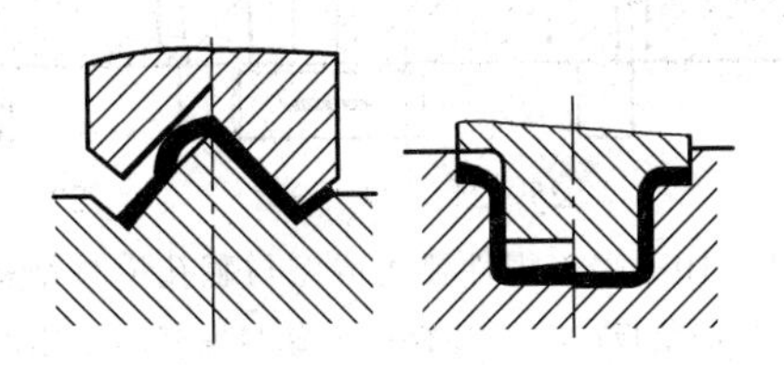

图 4-9 弯曲件的镦校

拉深件的整形采用负间隙拉深整形法，其间隙可取(0.90～0.95)t（t 为料厚）。可把整形工序与最后一道拉深工序结合成一道工序完成。整形模具也常用于复杂零件成型工艺的后道工序，以克服零件局部成型不到位及局部修正的作用。

4.3 项目实施

4.3.1 成型工艺分析

端盖零件如图 4-1 所示，材料为 SUH409 耐热钢（日本 JIS 标准耐热钢），材料厚度 $t=1.5\text{mm}$。端盖零件的结构不是很复杂，具有冲压成型工艺中典型的局部成型的工艺特点。端盖零件以中间的大平面作为零件的基准面，周边有成型的轮廓，内部平面有一个翻孔。

根据端盖零件的结构特点分析其成型工序，零件内部平面上的翻孔是个独立的特征，是一道独立的工序；端盖周边的轮廓形状具有较浅深度的拉深特点，可以通过一次拉深得到深度为 $12_{-0.5}^{\ 0}$ mm 的拉深件，同时零件周边上有 $R4\text{mm}$，断面与基准平面之间有约 70°夹角的弧边，由于拉深工艺中需要以零件的周边凸缘为压边圈，因此零件的周边的弧边特征不能与拉深工艺同时进行。为了降低成本，减少模具工序数量，可以将端盖零件的翻孔工艺与周边弧边的成型工序设置在一副模具上（两工序的结构特征上有一定的设计空间）。

根据上述分析，端盖零件的成型工序可划分为落料、成型（浅拉深）、弧边成型与翻孔。成型（浅拉深）工序在翻孔工序之前，所以翻孔工艺的预孔不能与落料同时进行（不能设计为落料冲孔的复合模具），故翻孔工艺的预孔也设置在边成型与翻孔模上。

4.3.2 模具设计

根据上述成型工艺分析，端盖零件弧边成型与翻孔模具结构如图 4-10 所示。

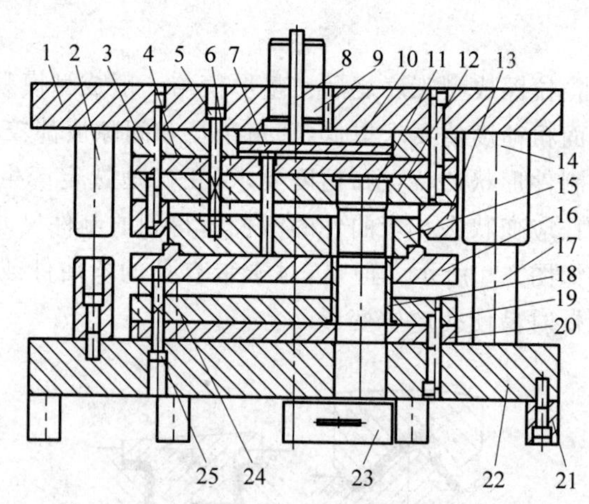

图 4-10 端盖零件弧边成型与翻孔模具结构

1—上模板；2—限位柱；3—空心垫板；4—上垫板；5—卸料螺钉；6—矩形弹簧；7—推杆；8—打杆；9—模柄；10—过桥板；11—冲孔凸模；12—上固定板；13—成型凹模；14—导套；15—压板；16—卸料板；17—导柱；18—凸凹模；19—下固定板；20—下垫板；21—垫块；22—下模板；23—废料盒；24—矩形弹簧；25—卸料螺钉

该道工序的零件成型，由前道拉深成型的零件形状进行定位，由压板和卸料板将端盖零件压紧，先冲翻孔的预孔，后压板与凸凹模进行翻孔成型，成型凹模与卸料板进行零件周边弧边的成型。为防止零件与压板的内孔贴紧而留在上模内，故采用打杆推动过桥板，再推动推杆把零件从上模卸下来。

模具结构中凸凹模零件是个很重要的零件，其内孔作为冲孔凹模，外圆周边作为翻孔凸模的结构，该零件是否具有一定的强度和工艺性，是翻孔预孔的冲裁能否与翻孔设置在一副模具的关键，凸凹模零件结构尺寸如图 4-11 所示。翻孔的预孔（冲孔）尺寸计算根据公式 $d=D-2(H-0.43r-0.72t)$，得

$$d=54.1-2\times(8-0.43\times3.5-0.72\times1.5)=43.27(\text{mm})$$

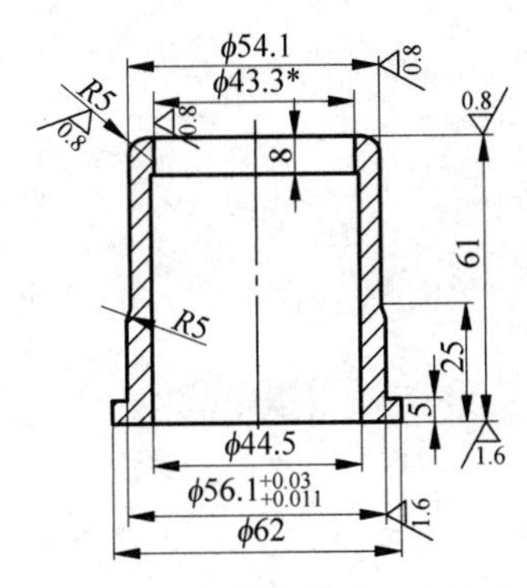

图 4-11　凸凹模零件结构尺寸

圆整为 43.3mm，故翻孔所需冲裁预孔的尺寸为 ϕ43.3mm，该尺寸与冲孔凸模配 0.15～0.18mm 的双面间隙。

拓展练习

1. 简述冲压成型工艺中，零件局部成型的种类及其特点。
2. 简述胀形、缩口、成型、整形等成型工艺的条件及常见的缺陷及原因。
3. 简述翻孔的工艺特点，比较翻孔与弯边工艺各自的成型特点。
4. 简述零件复杂成型工艺和局部成型工艺与冲裁成型工艺之间的关系，以及工序划分的基本特点。
5. 计算如图 4-12 所示翻边零件的预制孔直径及翻边系数，零件材料为 Q235。

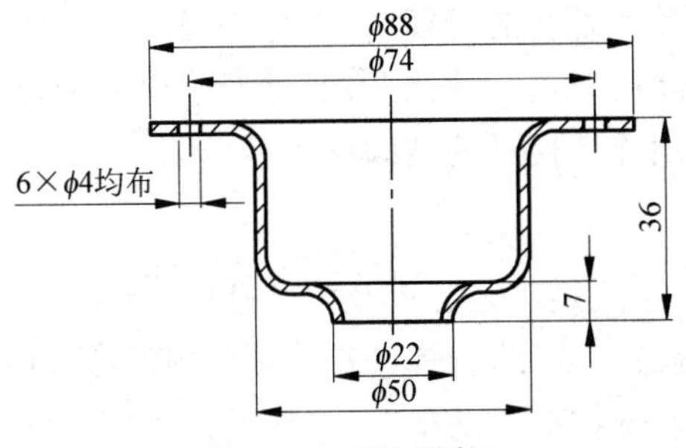

图 4-12　翻边零件

项目5

扣板零件连续成型工艺与模具设计

1. 了解冲压成型工艺中连续冲压成型工艺的基本特点及应用。
2. 了解连续冲压成型工艺零件排样的基本要求及方法。
3. 能够进行简单冲压零件的连续模具的排样设计。
4. 能够确定较少工序连续模具的定距、导料、刃口等部分的合理结构。
5. 能够分析较少工序零件的连续模具排样及工序划分。
6. 能够设计简单结构零件或较少工位的连续模具结构。

5.1 项目分析

1. 项目介绍

扣板零件如图 5-1 所示，材料为 SPHC-P，$t=1.5$mm。零件是较为简单的平面冲裁件，没有弯曲、成型、局部成型等复杂的成型工艺，零件的主要结构与尺寸特点是较为规则的外轮廓周边，以及内部的各种孔的特征，零件为典型的冲裁件，根据零件的结构尺寸特点，零件上的冲裁特征不能同时进行冲裁，需要进行工序的划分，根据零件的生产批量及生产成本等条件，考虑采用连续模具的结构形式。

2. 项目基本流程

通过对扣板零件的连续成型工艺分析及模具设计，学习分析较为简单零件(平面冲裁件)的连续成型工艺，划分成型工序，合理进行连续成型零件排样图的设计，掌握连续模排样设计的基本特点与原则，选择合适的定距、导料等条料的导向与定位、定距结构形式，参照单工序冲裁模具的凸、凹模零件结构设计及刃口尺寸计算，进行连续模刃口零件的结构设计及尺寸计算，了解连续模具生产中常用的自动送料等设备机构。

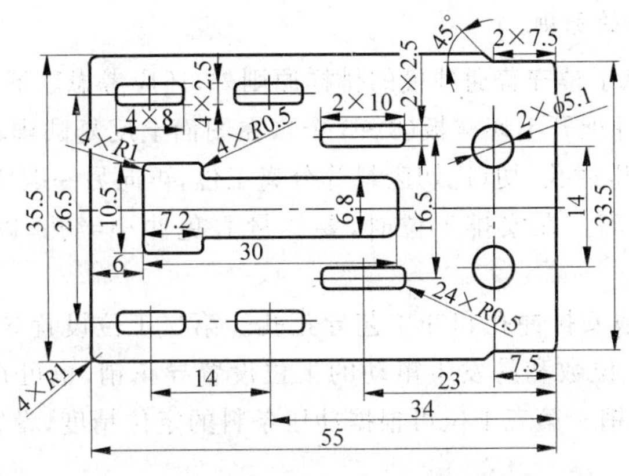

图 5-1　扣板零件

5.2　理论知识

压力机一次行程中，在模具的不同工位上同时完成不同的冲压工序，称这种模具为连续模(也常称为多工位级进模)。在一副连续模上可对形状复杂的冲压件进行冲裁、弯曲、拉深成型等工序，生产率高，便于实现机械化和自动化，而且操作方便安全，适于大批量生产。连续模所完成的冲压工序均分布在坯料的送进方向上。为了控制每一工位的精确送料及稳定生产，连续模必须解决条料的准确定位与送料问题。

按照冲压工序的不同，连续模可分为连续冲裁模、连续弯曲模、连续拉深模和多工序复合的连续模。还有在多工位压力机上的多工位连续模。

5.2.1　连续模的排样设计

排样设计是连续模设计的关键之一。排样图的优化与否，不仅关系材料的利用率、工件的精度、模具制造的难易程度和使用寿命等，而且还关系模具各工位的协调与稳定。

冲压件在带料上的排样必须保证完成各冲压工序，准确送进，实现级进冲压和连续冲压；同时还应便于模具的加工、装配和维修。冲压件的形状是千变万化的，要设计出合理的排样图，必须从大量的参考资料中学习研究，并积累实践经验，才能顺利地完成设计任务。

排样设计是在零件冲压工艺分析的基础之上进行的。确定排样图时，首先要根据冲压件图纸计算出展开尺寸，然后进行各种方式的排样。在确定排样方式时，还必须对工件的冲压方向、变形次数、变形工艺类型、相应的变形程度及模具结构的可能性、模具加工工艺性、企业实际加工能力等进行综合分析判断。同时全面考虑工件精度和能否顺利进行级进冲压生产后，从几种排样方式中选择一种最佳方案。完整的排样图应给出工位的布置、载体结构形式和相关尺寸等。

当带料排样图设计完成后，模具的工位数及各工位的内容；被冲制工件各工序的安排及先后顺序，工件的排列方式；模具的送料步距、条料的宽度和材料的利用率；导料方式，弹顶器的设置和导正销的安排；模具的基本结构等就基本确定。排样设计是连续模设计的重要内容，是模具结构设计的依据之一，是连续模设计优劣的主要因素之一。

1. 排样设计遵循的原则

连续模的排样，除了遵守普通冲模的排样原则外，还应考虑以下几点。

(1) 先制作冲压件展开毛坯样板(3～5 个)，在图面上反复试排，待初步方案确定后，在排样图的开始端安排冲孔、切口、切废料等分离工位，再向另一端依次安排成型工位，最后安排工件和载体分离。在安排工位时，要尽量避免冲小半孔，以防凸模受力不均而折断。

(2) 第一工位一般安排冲孔和冲工艺导正孔。第二工位设置导正销对带料导正，在以后的工位中，视其工位数和易发生窜动的工位设置导正销，也可在以后的工位中每隔2～3 个工位设置导正销。第三工位可根据冲压条料的定位精度，设置送料步距的误差检测装置。

(3) 冲压件上孔的数量较多，且孔的位置太近时，可分布在不同工位上冲出孔，但孔不能因后续成型工序的影响而变形。对有相对位置精度要求的多孔，应考虑同步冲出。因模具强度的限制不能同步冲出时，应有措施保证它们的相对位置精度。复杂的型孔可分解为若干简单形孔分步冲出。典型结构零件的排样图如图 5-2 所示。

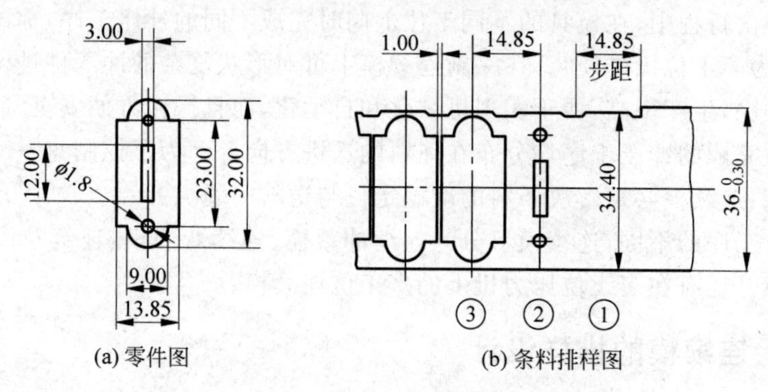

图 5-2　连续冲裁模排样图

(4) 成型方向的选择(向上或向下)要有利于模具的设计和制造，有利于送料的顺畅。若成型方向与冲压方向不同，可采用斜滑块、杠杆和摆块等机构来转换成型方向。

(5) 为提高凹模镶块、卸料板和固定板的强度，保证各成型零件安装位置不发生干涉，可在排样中设置空工位，空工位的数量根据模具结构的要求而定。

(6) 对弯曲和拉深成型件，每一工位的变形程度不宜过大，变形程度较大的冲压件可分几次成型。这样既有利于质量的保证，又有利于模具的调试修整。对精度要求较高的成型件，应设置整形工位。为避免 U 形弯曲件变形区材料的拉伸，应考虑先弯曲 45°，再弯曲 90°。

(7) 在连续模拉深排样中，可应用拉深前切口、切槽等技术，以便材料的流动。

(8) 当局部有压筋时，一般应安排在冲孔前，防止由于压筋造成孔的变形。压突包时，若突包的中央有孔，为有利于材料的流动，可先冲一小孔，压突后再冲到要求的孔径。

2. 载体和搭口的设计

搭边在连续模中有着特殊的作用，它将坯件传递到各工位进行冲裁和成型加工，并且使坯件在动态送料过程中保持稳定准确的定位。因此，在连续模的设计中把搭边称为载体。载体是运送坯件的物体，载体与坯件或坯件和坯件的连接部分称为搭口。

1）载体

（1）单边载体。单边载体主要用于弯曲件。此方法在不参与成型的合适位置留出载体的搭口，采用切废料工艺将搭口留在载体上，最后切断搭口得到制件，它适用于 $t \leqslant 0.4\text{mm}$ 的弯曲件的排样。如图 5-3 所示，在条料的一侧留出一定宽度的材料作为单边载体，并在适当的位置与工件连接。

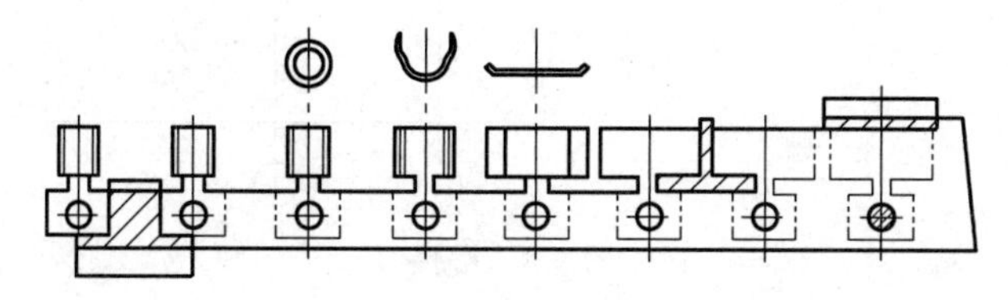

图 5-3　单边载体的应用

（2）双边载体。双边载体实质是一种增大了条料两侧搭边的宽度，以供冲导正工艺孔需要的载体，一般可分为等宽双边载体和不等宽双边载体，如图 5-3 所示。双边载体增加边料可保证送料的刚度和精度，这种载体主要用于薄料和工件精度较高的场合，但材料的利用率有所降低。

（3）中间载体。中间载体常用于一些对称弯曲成型件，利用材料不变形的区域与载体连接，成型结束后切除载体。中载体可分为单中载体和双中载体，如图 5-4(a)、图 5-4(b)所示。中间载体在成型过程中平衡性较好。

（4）载体的其他形式。有时为了下一工序的需要，可在上述载体中采取一些工艺措施。

① 加强载体。加强载体是载体的一种加强形式，在料厚 $t \leqslant 0.1\text{mm}$ 薄料冲压中，载体因刚性较差而变形造成送料失稳，使冲压件几何形状产生误差，为保证冲压精度，对载体局部采取的压筋、翻边等提高载体刚度的加强措施而形成的载体形式。

② 自动送料载体。有时为了自动送料的需要，可在载体的导正孔之间冲出与钩式自动送料装置匹配的长方孔，送料钩钩住该孔，拉动载体送进。

2）搭口

搭口要有一定的强度，并且搭口的位置应便于载体与工件最终分离。在各分段冲裁的连接部位应平直或圆滑，以免出现毛刺、错位、尖角等现象。因此，应考虑分断切除时的搭接方式。常见搭接方式有以下三种。

（1）搭接。利用零件展开后，在其折线的连接处进行分断，分解为若干个形孔分别切除，如图 5-4 所示。搭接量一般大于 $0.5t$（t 为材料厚度），若不受搭接形孔尺寸限制，搭接量可达 $(1.0 \sim 2.5)t$，最小不能小于 $0.4t$。

（2）平接。平接是在零件的直边上先切去一段，然后在另一工位再切去余下的一段，经过两次（或多次）冲切后，形成完整的平直直边，如图 5-5 所示。采用这种连接方式可以提高材料利用率，但模具制造步距精度，凸模和凹模制造精度高，并且在直边的第一次冲切和第二次冲切的两个工位必须设置导正销导正。

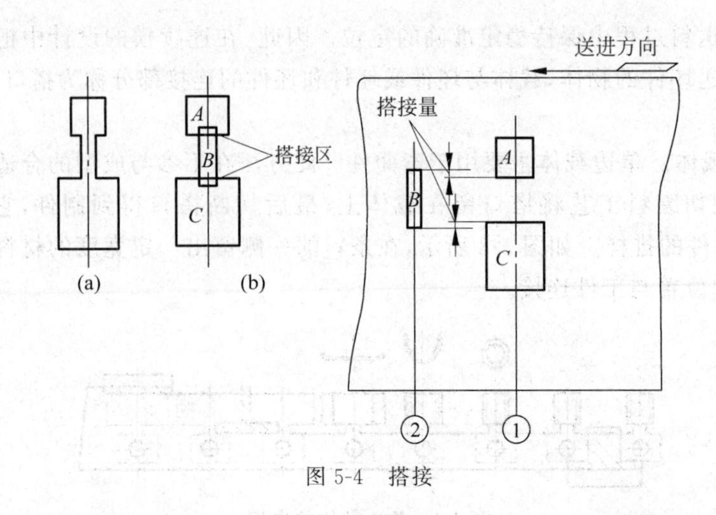

图 5-4　搭接

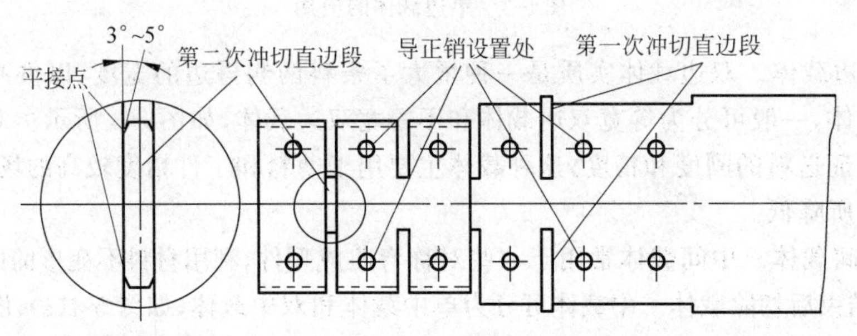

图 5-5　平接

(3) 切接。切接与平接相似，切接是圆弧分段切废，即在前工位先冲切一部分圆弧段，在以后工位再冲切出其余的圆弧部分，要求先后冲切出的圆弧光滑连接，如图 5-6 所示。

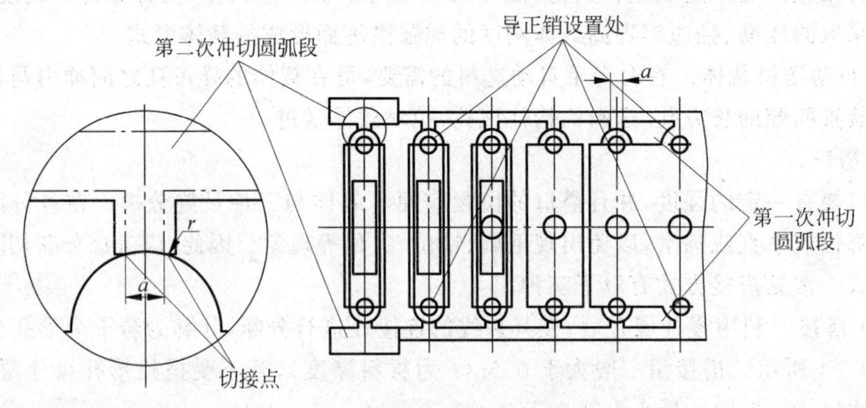

图 5-6　切接

3. 排样图中各冲压工位的设计要点

连续模的冲裁、弯曲和拉深等工序都有自身的成型特点，在多工位级进模的排样设计中其工位的设计必须与成型特点相适应。

1）连续模冲裁工位的设计要点

（1）在连续冲压中，冲裁工序通常安排在前工序和最后工序，前工序主要完成切边（切出制件外形）和冲孔。最后工序完成切断或落料，将载体与工件分离。

（2）对复杂形状的凸模和凹模，为了使凸模、凹模形状简化，便于凸模、凹模的制造和保证凸模、凹模的强度，可将复杂的制件分解成为一些简单的几何形状多增加一些冲裁工位。

（3）对于孔边距很小的工件，为防止落料时引起离工件边缘很近的孔产生变形，可将孔旁的外缘以冲孔方式先于内孔冲出，即冲外缘工位在前，冲内孔工位在后。对有严格相对位置要求的局部外形，还应考虑尽可能在同一工位上冲出，以保证工件的位置精度。

2）连续模弯曲工位的设计要点

（1）冲压弯曲方向在连续模中，如果工件要求向不同方向弯曲，则会给连续加工造成困难。弯曲方向是向上，还是向下，模具结构设计是不同的。如果向上弯曲，则要求在下模中设计有冲压方向转换机构（如滑块、摆块）；若进行多次卷边或弯曲，这时必须考虑在模具上设置足够的空工位，以便给滑动模块留出活动的余地和安装空间。若向下弯曲，虽不存在弯曲方向的转换，但要考虑弯曲后送料顺畅。若有障碍，则必须设置抬料装置。

（2）分解弯曲成型中零件在作弯曲和卷边成型时，可以按工件的形状和精度要求将一个复杂和难以一次弯曲成型的形状分解为几个简单形状的弯曲，最终加工出零件形状。

（3）弯曲时坯料会出现滑移现象，如果对坯料进行弯曲和卷边，应防止成型过程中材料的移位造成零件误差。采取的措施是先对加工材料进行导正定位，当卸料板、材料与凹模三者接触并压紧后，再作弯曲动作。

3）连续模拉深成型工位的设计要点

在进行连续拉深成型时，不像单工序拉深那样以散件形式单个送进坯料，它是通过带料以载体、搭边和坯件连在一起的组件形式连续送进，级进拉深成型。但由于连续拉深时不能进行中间退火，故要求材料应具有较高的塑性。又由于连续拉深过程中工件间的相互制约，因此，每一工位拉深的变形程度不能太大。由于零件间留有较多的工艺废料，材料的利用率有所降低。

要保证连续拉深工位的布置满足成型要求，应根据制件尺寸及拉深所需要的次数等工艺参数，用简易临时模具试拉深，根据试拉深的工艺情况和成型过程的稳定性来进行工位数量和工艺参数的修正，插入中间工位或增加空工位等，反复试制到加工稳定为止。在结构设计上，还可根据成型过程的要求、工位的数量、模具的制造组来设置。连续拉深按材料变形区与条料分离情况可分为无工艺切口和有工艺切口两种工艺方法。

无切口的连续拉深，即是在整体带料上拉深。由于相邻两个拉深工序件之间相互约束，材料在纵向流动较困难、变形程度大时就容易拉裂。因此，每道工序的变形程度不可能大，因而工位数较多。这种方法的优点是节省材料。

有切口的连续拉深是在零件的相邻处切开一切口或切缝，如图 5-7 所示。相邻两工序件相互影响和约束较小，此时的拉深与单个毛坯的拉深相似。因此，每道工序的拉深系数可小些，即拉深次数可以少些，且模具较简单。但毛坯材料消耗较多。这种拉深一般用于拉深较困难，即零件的相对厚度较小，凸缘相对直径较大和相对高度较大的拉深件。

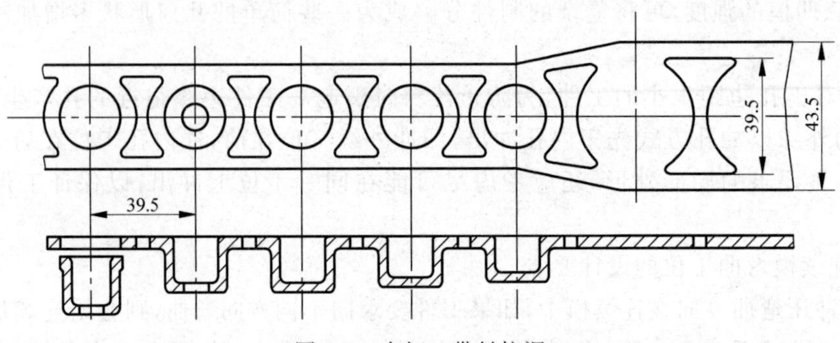

图 5-7　有切口带料拉深

4）排样设计的检查

排样设计后必须认真检查，以改进设计，纠正错误。不同工件的排样其检查重点和内容也不相同，一般的检查项目可归纳为以下几点。

（1）材料利用率。检查是否为最佳利用率方案。

（2）模具结构的适应性。级进模结构多为整体式、分段式或子模组拼式等，模具结构确定后应检查排样是否适应其要求。

（3）有无不必要的空位。在满足凹模强度和装配位置要求的条件下，应尽量减少空工位。

（4）工件尺寸精度能否保证。由于条料送料精度、定位精度和模具精度都会影响制件关联尺寸的偏差，对于工件精度高的关联尺寸，应在同一工位上成型，否则应考虑保证工件精度的其他措施。如对工件平整度和垂直度有要求时，除在模具结构上要注意外，还应增加必要的工序（如整形、校平等）来保证。

（5）弯曲、拉深等成型工序成型时，由于材料的流动会引起材料流动区的孔和外形产生变形，因此材料流动区的孔和外形的加工应安排在成型工序之后。

（6）还应从载体强度是否可靠，工件已成型部位对送料有无影响，毛刺方向是否有利于弯曲变形，弯曲件的弯曲线与材料纤维方向是否合理等方面进行分析检查。

排样设计经检查无误后，应正式绘制排样图，并标注必要的尺寸和工位序号，进行必要的说明。

5.2.2　连续模常用定距方式

1. 步距

步距是连续模中条料逐次送进时每次应向前移动的距离。连续模工位间公差（称为步距公差）直接影响冲压件的精度。步距公差小，冲压件精度高，但模具制造困难。应根据零件精度、复杂程度、材质、料厚、模具工位数、送料及定位方式适当确定级进模的步距公差。

2. 挡料销及导正销定距

连续模生产时，一般条料送进时应先由临时挡料销定位，压力机完成一个行程（一个工序）后，临时挡料销自动复位，条料继续向前送进一个步距，先由固定挡料销初步定位，再由导正销导正保证条料的准确定位。固定挡料销及导正销定距方法如图 5-8 所示。

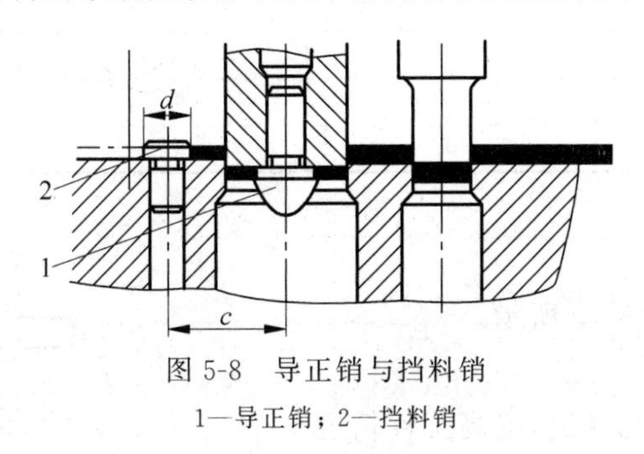

图 5-8 导正销与挡料销

1—导正销；2—挡料销

挡料销的结构与单工序冲裁中的固定挡料销相同。

条料的导正定位常使用导正销与侧刃配合定位，侧刃作定距和初定位，导正销作精定位。而条料的定位与送料进距的控制则靠导料板、导正销和送料机构来实现。在工位的安排上，一般导正孔在第一工位冲出，导正销设在第二工位，检测条料送进步距的误差检测凸模可设在第三工位。图 5-9 所示为凸模式导正销结构形式。

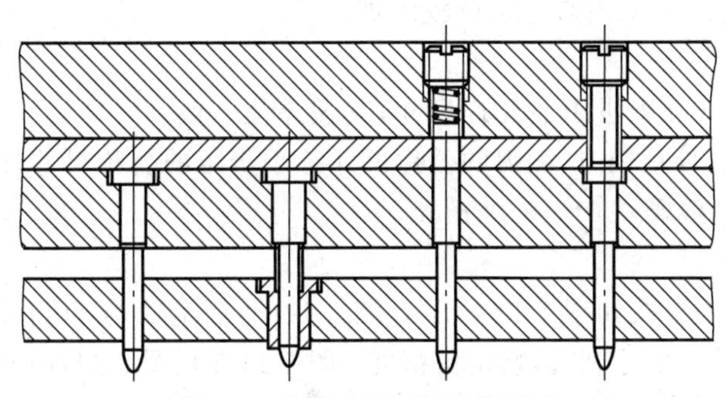

图 5-9 凸模式导正销结构形式

导正销工作段部分伸出卸料板压料面的长度不宜过长，以防止上模部分回程时条料带上去或由于条料窜动而卡在导正销上，影响正常送料。

导正销直径为

$$D = d - 2a$$

式中，d 为凸模直径，mm；$2a$ 为导正销与导正孔的双边间隙，mm，可查表 5-1。

表 5-1 导正销与导正孔双边间隙 2*a* 单位：mm

材料厚度 t	工件直径 d						
	1.5～6.0	6.0～10.0	10.0～16.0	16.0～24.0	24.0～32.0	32.0～42.0	42.0～50.0
≤1.5	0.04	0.06	0.06	0.08	0.09	0.10	0.12
1.5～3	0.05	0.07	0.08	0.10	0.12	0.14	0.16
3～5	0.06	0.08	0.10	0.12	0.16	0.18	0.20

导正销圆柱部分的高度 h 按材料厚度和冲孔直径确定，见表 5-2。

表 5-2 导正销圆柱部分的高度 h 单位：mm

材料厚度 t	工件直径		
	1.5～6.0	10.0～25.0	25.0～50.0
≤1.5	1	1.2	1.5
1.5～3.0	0.6t	0.8t	t
3.0～5.0	0.5t	0.6t	0.8t

3. 侧刃定距

侧刃定距方法如图 5-10 所示。

1) 侧刃的用途

(1) 保证条料的精确送进，提高工件精度。

(2) 用于成批大量生产，提高生产率。

(3) 在冲压 0.5mm 以下的薄料时，用导正销定位易把孔缘折弯，且工件的对称度和同轴度要求高时，则较多采用侧刃定距。

(4) 成型工件的冲裁，需要切割条料的一边或两边时。

(5) 送进步距较小，采用其他定位较困难时。

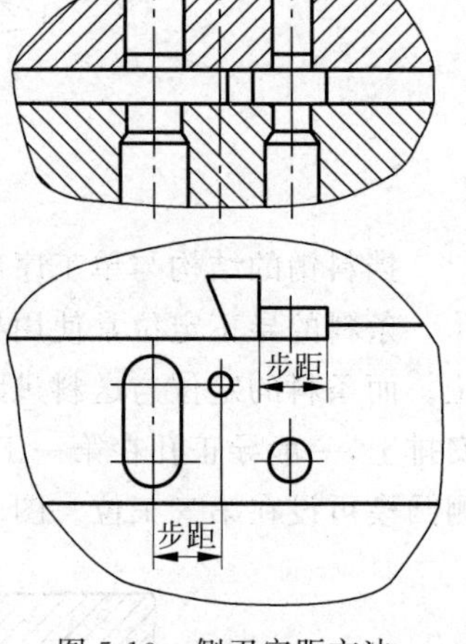

图 5-10 侧刃定距方法

2) 侧刃尺寸

侧刃的公称尺寸等于步距的公称尺寸，其偏差值一般为±0.01mm。在有导正销时，侧刃的公称尺寸等于步距的公称尺寸加 0.05～0.10mm，制造偏差取负值，一般取 0.01～0.02mm。

3) 侧刃的形式

侧刃工作部分的形式如图 5-11 所示。图 5-11(a)制造简单，由于制造误差和侧刃变钝，在冲料接缝处易产生毛刺，影响定位精度；图 5-11(b)、图 5-11(c)的侧刃虽制造困难，条料宽度增加，但可以避免上述缺点，定位准确；图 5-11(d)为成型侧刃，主要根据工件要求决定。侧刃的固定形式与冲裁部分的凸模结构固定形式相同。

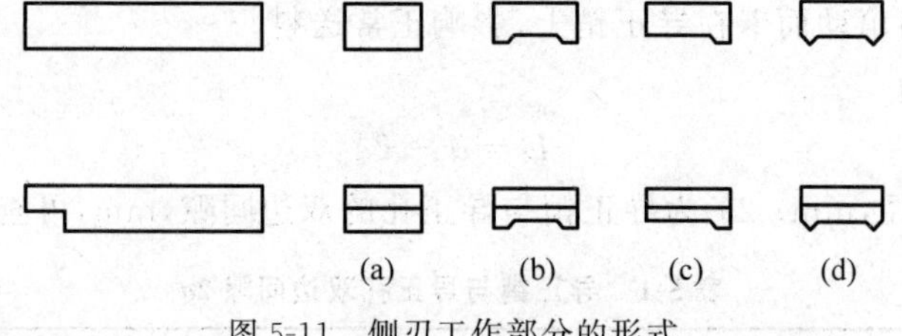

图 5-11 侧刃工作部分的形式

5.2.3 导料装置

由于带料经过冲裁、弯曲、拉深等变形后，在条料厚度方向上会有不同高度的弯曲和凸起，为了顺利送进带料，必须将已经成型的带料托起，使凸起和弯曲部位离开凹模壁并略高于凹模工作表面。以上这项工作由导料系统来完成。完整的导料系统包括导料板、浮顶器(或浮动导料销)、承料板、侧压装置、除尘装置以及安全检测装置等。

1. 带台阶导料板与浮顶器配合使用的导料装置

此种导料装置如图 5-12 所示。浮顶器有销式、套式和块式三种。其中,套式浮顶器可使导正销得到保护。浮顶器的数量一般应设置为偶数且左右对称布置,在送料方向上间距不宜过大;当条料较宽时,应在条料中间适当位置增加浮顶器。

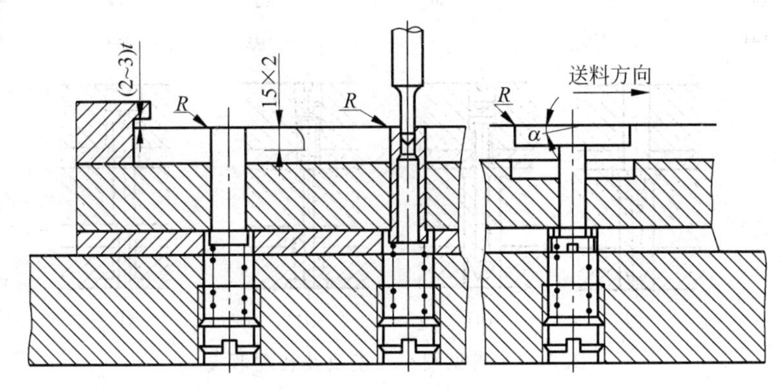

图 5-12　浮动顶料装置

2. 带浮动导轨的导料装置

在实际生产中较常采用浮动导轨式导料装置,如图 5-13 所示。

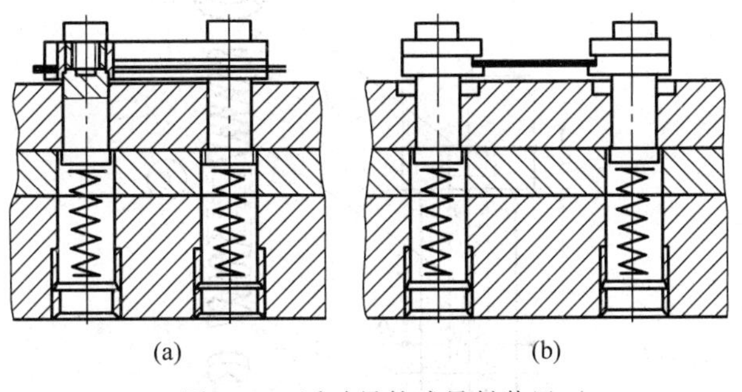

图 5-13　浮动导轨式导料装置

5.2.4　凸、凹模设计

在连续模中,凸模和凹模的基本结构形式与单工序冲裁模类似,但是在连续模中凸模和凹模的种类一般比较多,截面形状也是多种多样,功能主要有冲裁和成型,凸模的大小和长短各异,且很多是细小的凸模,其中有些凸模和凹模的结构形式也是连续模中特有的结构形式。

1. 细小凸模

对细小凸模应进行保护,且使其容易拆装。图 5-14 所示为常见细小凸模及其装配形式。

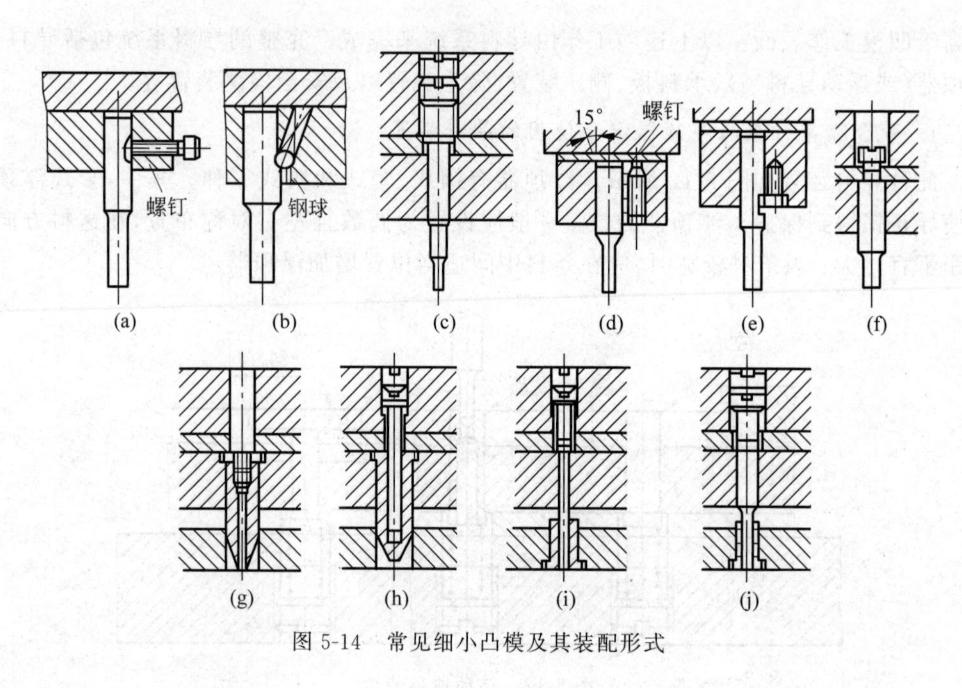

图 5-14　常见细小凸模及其装配形式

2. 带顶出销的凸模结构

带顶出销的凸模结构如图 5-15 所示。利用内装顶料销的凸模可防止制件或废料回升。

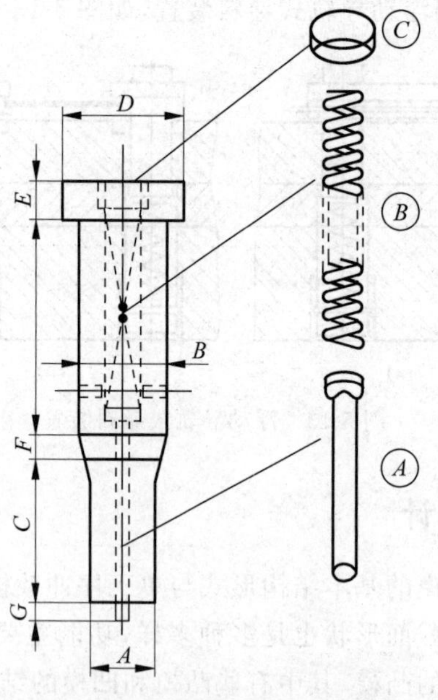

图 5-15　带顶出销的凸模结构

连续模中凸模的固定方式等结构与单工序冲裁模中的凸模基本一致。

3. 凹模

连续模中除了工步较少或精度要求不高采用整体式的结构以外，一般凹模均采用镶拼式的结构,凹模镶拼的原则与普通冲裁凹模基本相同,如图 5-16～图 5-18 所示。

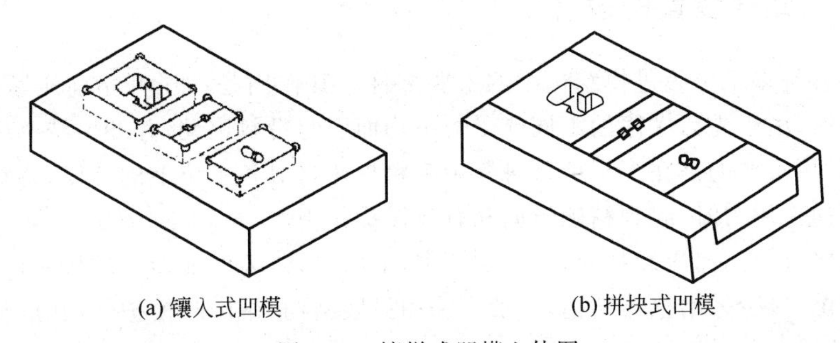

图 5-16 镶拼式凹模立体图

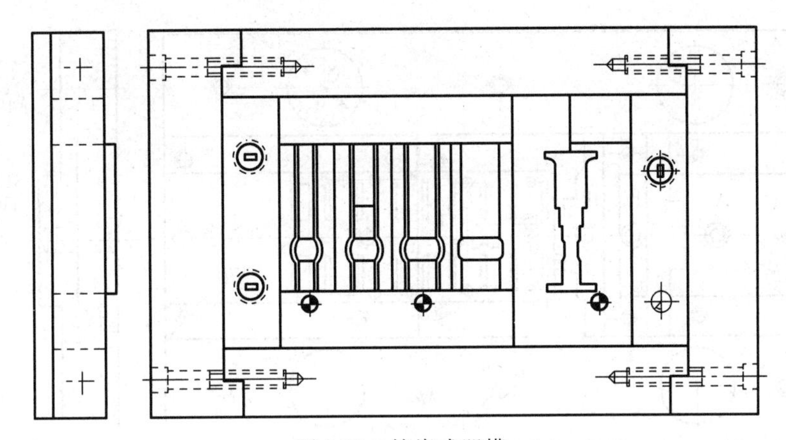

图 5-17 镶嵌式凹模

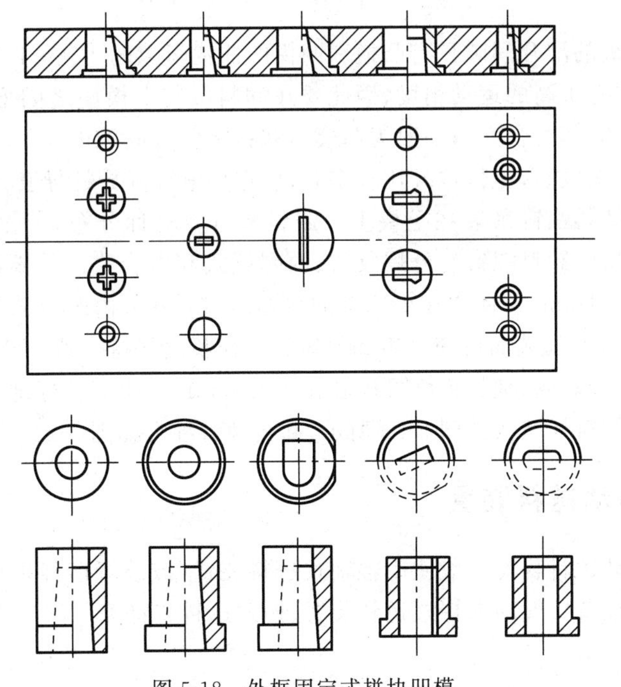

图 5-18 外框固定式拼块凹模

5.2.5 卸料装置的设计

卸料装置是多工位级进模结构中的重要部件。其作用是冲压开始前压紧带料，防止各凸模冲压时，由于先后次序的不同或受力不均而引起带料窜动，并冲压结束后起到平稳卸料的作用，更重要的是在多工位级进模中卸料板还将对各工位上的凸模，特别是细小凸模在受到侧向作用力时，起到精确导向和有效保护作用。

多工位级进模的弹压卸料板，由于型孔多，形状复杂，为保证型孔的尺寸精度、位置精度和配合间隙，极少采用整体结构，一般多采用拼装结构，镶嵌凸模护套，其拼装原则与凹模相同，拼块组合式弹压卸料板如图 5-19 所示。

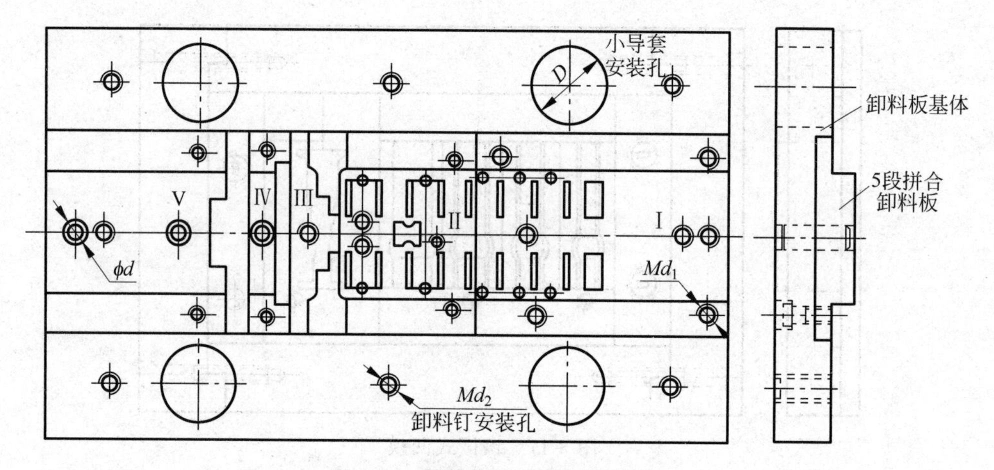

图 5-19　拼块组合式弹压卸料板

凸模与卸料板的配合间隙只有凸模和凹模的冲裁间隙的 1/4～1/3，卸料板有保护小凸模的作用，需要有很高的运动精度，因此要在卸料板与上模座之间增设辅助导向机构，即小导柱和小导套，其配合间隙一般为凸模与卸料板配合间隙的 1/2，当冲压的材料比较薄，模具的精度要求较高，工位数又比较多时，应选用滚珠式导柱导套。

卸料板采用卸料螺钉吊装在上模上。卸料螺钉应对称分布，工作长度要严格一致。多工位级进模使用的卸料螺钉有外螺纹式、内螺纹式和组合式。外螺纹式卸料螺钉轴长精度可控制在±0.1mm，常使用在少工位的普通级进模中；内螺纹式卸料螺钉轴长精度在±0.02mm，通过磨削端面可使一组卸料螺钉工作长度保持一致；组合式卸料螺钉由套管、螺栓和垫圈组合而成，轴长精度可控制在±0.01mm。能够较好地保证卸料板安装后的平行度要求。卸料板结构如图 5-20 所示，卸料螺钉种类如图 5-21 所示。

5.2.6 自动送料装置

连续模的自动送料装置一般使用辊轴式送料装置（该装置已经形成了一种标准化的冲压自动化周边设备）、气动夹持式送料装置、钩式送料装置等。

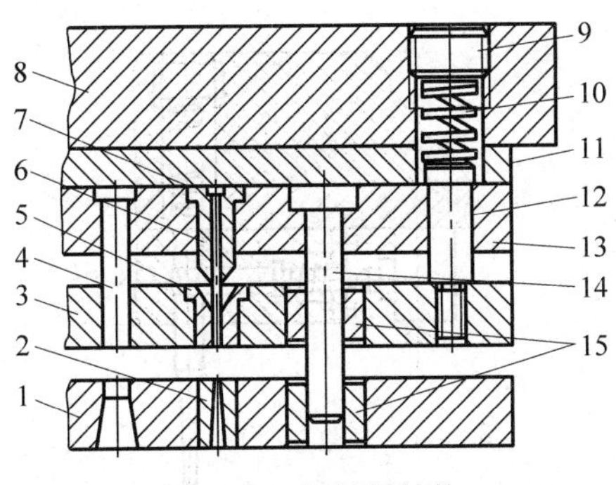

图 5-20　卸料板结构

1—凹模；2—凹模镶件；3—卸料板；4—凸模；5—凸模护套；6—小凸模；7—凸模加强套；8—上模座；9—螺塞；10—强力弹簧；11—垫板；12—卸料螺钉；13—凸模固定板；14—卸料板导柱；15—卸料板导套

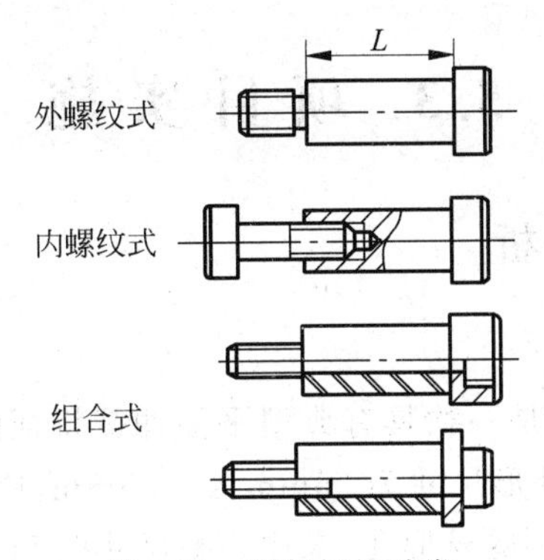

图 5-21　卸料螺钉种类

1. 辊轴式送料装置

辊轴式送料装置适用于条料、卷料的自动送进，通用性强，结构种类多，可供多种压力机使用。利用辊轴单向周期性旋转及辊轴与卷料之间的摩擦力，以推式或拉式实现材料的送进。辊轴的间歇旋转通常是由压力机滑块的往复运动或曲轴的回转运动带动各种机械传动机构来实现的。

2. 气动夹持式送料装置

气动夹持式送料装置以压缩空气为动力，当压力机滑块下降时，由在滑块上同定的撞块撞击送料装置的导气阀，气动送料装置的主汽缸推动送料夹紧机构的汽缸和固定夹紧机构的汽缸，使它们完成送料和定位工作。

5.2.7　安全检测装置

安全检测装置设置的目的在于防止失误，以保护模具和压力机床免受损坏。安全检测装置的位置既可设置在模具内，也可设置在模具外。图 5-22 所示为利用浮动导正销检测条料误送的导正销检测机构。当导正销因送料失误不能进入条料的导正孔时，便随上模的下行被条料推动向上移动，同时推动接触销使微动开关闭合，而微动开关同压力机床的电磁离合器同步工作，因此电磁离合器脱开，压力机床的滑块即停止运动。

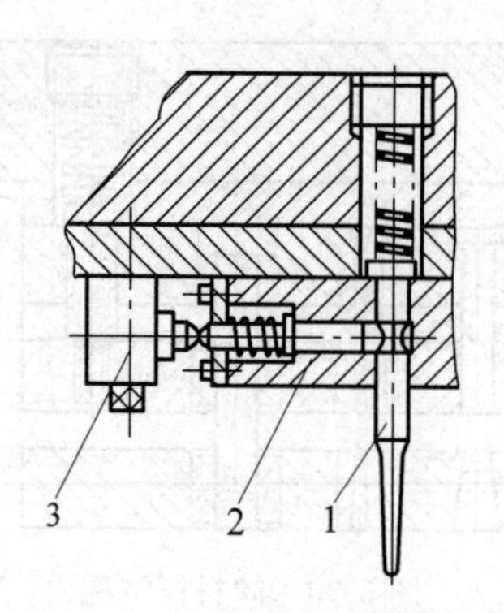

图 5-22 导正销检测机构

1—浮动检测销(导正销)；2—接触销；3—微动开关

5.3 项目实施

5.3.1 成型工艺分析

1. 零件工艺性分析

扣板零件如图 5-1 所示，是一款具有典型平面冲裁特征的产品。零件的外形轮廓是较为规则的结构形状，最大外形尺寸为 55mm×35.5mm，中间有多种形状尺寸的孔，有规则的圆孔、方孔，以及不规则的异形孔，未注公差尺寸按 IT14 级设置。

根据扣板零件的结构及尺寸特点分析，零件主要为冲裁成型工艺的特征，如果采用单工序模具结构形式，该零件的成型工序大致可划分为落料、冲孔(多道工序的冲孔工艺)，由于扣板中间的孔间距较小，无法进行一次冲孔，因此需要进行多次冲孔，根据上述分析，口板零件的工序划分所对应的模具数量为 3～4 副模具。针对批量较大的扣板零件的生产，显然单工序模具不适合，故需要考虑连续冲压成型工艺及模具结构，连续模具生产效率高，操作安全，且能达到零件精度的要求。

2. 排样

根据单工序模具划分的工艺分析，扣板零件连续成型工艺的排样图如图 5-23 所示，连续冲裁工艺共设置 7 个工步。为满足生产需要及提高效率，扣板零件连续模排样采用双排的结构形式，为了提高材料利用率，两排的零件相互颠倒并排设置；每个步距(58.5mm)采用两个导正销，连续成型工艺中第 1 道工序为冲单侧侧刃、冲导正销的半圆孔(为了减少条料的浪费，导正销的孔采用半圆的结构形式)，第 2、3 道工序为冲孔(扣板零件中间的孔)，第 4 道工序为落料(一侧排样的零件落料)，第 5 道工序为空步(由于采用了双排的结构，不设空工位会使得模具中的刃口间距太小、结构不合理、强度不够等因素)，第 6 道工序为落料(另一侧排样的零件落料)，第 7 道工序为废料切断(便于废料处理)。

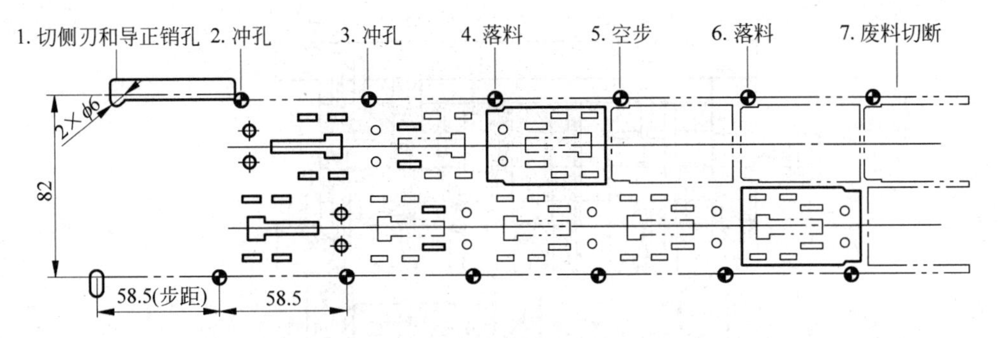

图 5-23 扣板零件连续成型工艺的排样图

3. 冲压力计算

根据排样结构，模具采用弹性卸料、浮动导料的结构形式。模具冲裁刃口总长度约为927.66mm(包括侧刃、冲孔、落料所有刃口尺寸)，冲裁力的相关计算如下：

冲裁力　　$F=KtL\tau=1.3\times1.5\times939.66\times471=863.03(\text{kN})$

卸料力　　$F_{卸}=K_1F=0.06\times863.03=51.78(\text{kN})$

在上述计算中，冲裁力的计算公式中的 L 值为所有刃口周长的总和；卸料力系数取的偏大值，以确保具有足够的卸料力和推件力使模具正常工作。

4. 压力中心的确定

扣板零件虽然比较规则，但是由于采用的是连续成型工艺，因此其连续模具结构比较复杂，其模具尺寸较大，通常选择以模具的几何中心(或排样图中的刃口中心)作为压力中心。

5. 零件刃口尺寸计算

由于配合加工的制造方法，易于保证冲裁的刃口间隙，降低制造成本，简化模装配工作，因此模具的工作零件刃口尺寸按照配合加工方法进行计算。以 $\phi5.1$ 冲孔刃口尺寸为例，未注公差按 IT14 级设置，公差为 0.3mm，冲孔凸模刃口尺寸计算如下：

$\phi5.1$ 对应凸模的尺寸为

$$d_{p}=(d_{\min}+x\Delta)_{-\delta}^{\ 0}=\phi(5.1+0.5\times0.3)_{-0.02}^{\ 0}=\phi5.25_{-0.02}^{\ 0}(\text{mm})$$

式中，x 取 0.5；Δ 为公差 0.3mm，制造偏差按项目 1 中的表选取，模具冲孔凹模刃口与凸模配间隙为 0.12～0.18mm 的双面间隙。

落料凹模的尺寸(以 55mm 为例)计算如下：

$$(55-0.5\times0.74)_{\ 0}^{+0.03}=54.63_{\ 0}^{+0.03}(\text{mm})$$

落料凸模刃口与凹模配双面间隙为 0.12～0.18mm。

5.3.2 模具设计

根据上述工艺分析，扣板零件连续模具结构总图如图 5-24 所示。模具采用四种间导柱非标滚动模架，闭合高度为 380mm，选用设备是冲床 200T/SH=380。

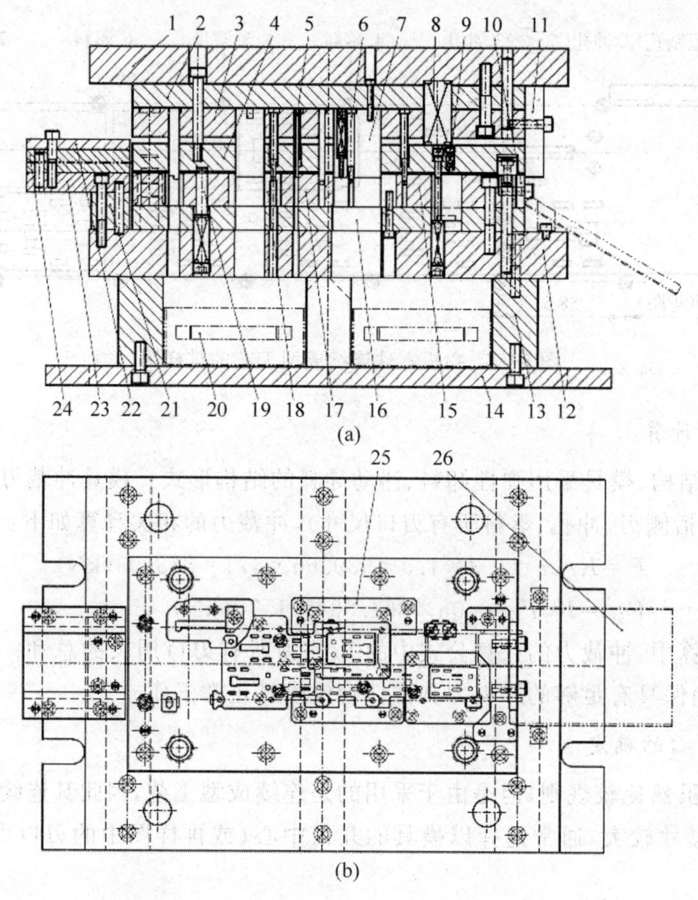

图 5-24 扣板零件连续模具结构总图

1—上模板；2—上垫板；3—上固定板；4—卸料板；5—冲孔凸模；6—导正销；7—落料凸模；8—矩形弹簧；9—卸料钉；10—废料下切刀；11—废料上切刀；12—下模板；13—垫脚；14—安装板；15—顶块；16—下垫板；17—下固定板；18—凹模镶套；19—浮动导料销；20—收集盒；21—垫块；22—盖板；23—托板；24—导料板；25—导向块；26—废料滑槽

拓展练习

1. 简述单工序成型工艺与连续成型工艺的特点，并比较两者的应用特点。

2. 分析冲压连续成型工艺中排样的基本方式及作用。

3. 简述连续模具结构中的导料、定距等装条料导向定位装置的基本结构形式。

4. 分析图 5-25 所示垫片零件的冲压成型工艺，试设计连续成型工艺的排样图，并设计连续模具的结构图。

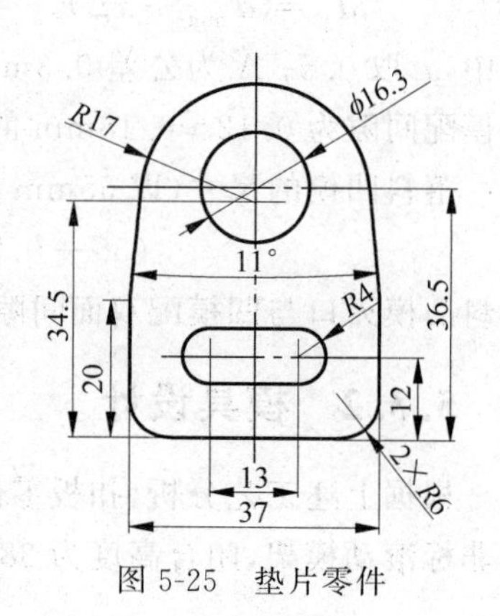

图 5-25 垫片零件

第2篇

注塑成型工艺与模具设计

项目6

GMC汽车标志注塑成型工艺与模具设计

项目目标

1. 了解常用塑料材料的基本特性和应用。
2. 了解注塑成型的工艺原理与工艺特性。
3. 能够分析简单注塑件的注塑成型工艺，并确定分型面及浇口位置。
4. 能够设计简单注塑件的浇注系统、成型零件、脱模机构等结构。
5. 能够计算注塑模成型零部件的型腔、型芯尺寸等参数。
6. 能够合理选用注塑机并校核相关尺寸参数。
7. 能够设计简单注塑零件的模具结构。

6.1 项目分析

1. 项目介绍

GMC 汽车标志是一款较为典型的外观件产品，如图 6-1 所示。GMC 汽车标志零件材料为 ABS，零件的结构不是很复杂，但是具有较高的外观要求。汽车标志是一种外观要求较高的塑料零件，其外表面不允许有任何缺陷及注塑工艺的痕迹（包括浇口的痕迹），同时 GMC 汽车标志零件需要进行后续的电镀工艺处理，所以需要在工艺分析及模具结构设计时充分考虑零件生产工艺的全过程。

图 6-1　GMC 汽车标志零件

2. 项目基本流程

以 GMC 汽车标志零件为载体，了解注塑件常用塑料材料的基本特性及其主要应用的产品，了解注塑成型工艺的基本原理，分析注塑成型工艺。合理设置注塑件的型腔数量及位置，确定合理的浇口位置，设计浇注系统、成型零件结构、排气系统、脱模机构等模具主要的结构部分，并进行模具型腔、型芯等成型尺寸的计算，校核选用的注塑机相关参数，并合理选用注塑机，设计 GMC 汽车标志零件的注塑模具结构。

6.2 理论知识

注塑模具用于塑料制品的注塑成型，或称为注塑模。注塑模主要用于热塑性塑料制品的成型，也可用于热固性塑料制品的成型，通常所说的注塑模一般是指热塑性塑料的注塑成型模具。因材料或塑料件结构以及成型过程不同，一般还有热固性塑料注塑模、结构泡沫注塑模、反应成型注塑模以及气辅注塑模等。

6.2.1 塑料的组成与工艺特性及常用塑料简介

1. 塑料的组成

塑料是以高分子合成树脂为主要成分，加入适量的添加剂组成的。塑料的组成成分及其作用如下。高分子为大分子长链型结构，如图 6-2 所示，分子量通常可达 $10\sim10^6$，形态有长链型、支链型及网状。

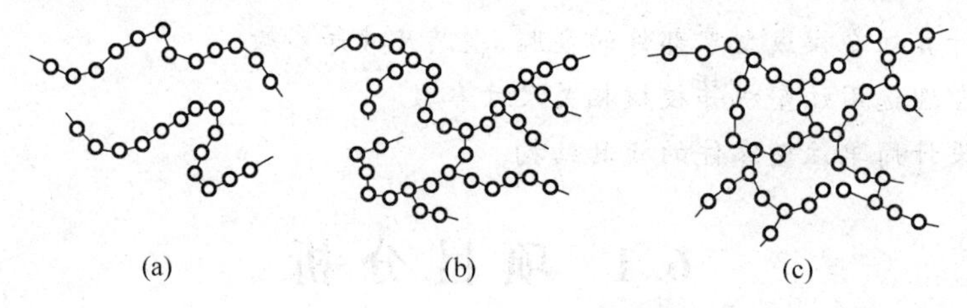

图 6-2 高分子链结构示意图

1）合成树脂

合成树脂是低分子化合物经聚合反应所获得的高分子化合物，如聚乙烯、聚氯乙烯、酚醛树脂等。树脂受热软化后，可将塑料的其他组分加以粘合，并决定塑料的主要性能，如物理性能、化学性能、力学性能及电性能等。一般塑料中的树脂含量为 40%～100%。

2）添加剂

添加剂包括填充剂、增塑剂、稳定剂、润滑剂、着色剂和固化剂等。

（1）填充剂（填料）。填充剂的作用是调整塑料的物理化学性能，提高材料强度，扩大使用范围，以及减少合成树脂的用量，降低塑料的成本。常用的填充剂有木粉、纸、棉屑、硅石、硅藻土、云母、石棉、石墨、金属粉、玻璃纤维和碳纤维等。加入不同的填充剂，可以制成不同性能的塑料。塑料中的填充剂含量一般为 20%～50%，这也是塑料制件品种多、性能各异的主要原因之一。

(2) 增塑剂。增塑剂用来提高塑料的可塑性和柔软性。常用的增塑剂是一些不易挥发的高沸点的液体有机化合物或低熔点的固体有机化合物。理想的增塑剂必须在一定范围内能与合成树脂很好地相溶，并具有良好的耐热、耐光、不燃及无毒的性能。增塑剂的加入会降低塑料的稳定性、介电性能和机械强度，因此在塑料中应尽可能减少增塑剂的含量。

(3) 稳定剂。为了抑制和防止塑料在加工和使用过程中因受热、光照及氧化等作用而分解变质，使加工顺利并保证塑件具有一定的使用寿命，常在塑件中加入稳定剂。对稳定剂的要求是，除对聚合物的稳定效果好外，还应能耐水、耐油、耐化学药品，并能与树脂相溶，在成型过程中不分解、挥发小，同时应无色。常用的稳定剂有硬脂酸盐、铅的化合物及环氧化合物等。稳定剂用量一般为塑料的0.3%～0.5%。

(4) 润滑剂。润滑剂对塑料表面起润滑作用，防止塑料在成型加工过程中粘附在模具上。此外，添加润滑剂还可以提高塑料的流动性，便于成型加工，并使塑料表面光滑。常用的润滑剂为硬脂酸及其盐类，其加入量通常小于1%。

(5) 着色剂。着色剂又称色母。为满足塑件使用上的美观要求，常加入着色剂。一般用有机颜料、无机颜料和染料作着色剂。着色剂应具有着色力强、色泽鲜艳、分散性好的特点，不易与其他组分起化学变化，且具有耐热、耐光等性能。着色剂的用量一般为塑料的0.01%～0.02%。

(6) 固化剂。固化剂又称硬化剂，它的作用是促使合成树脂进行交联反应而形成体型网状结构，或加快交联反应速度。固化剂一般多用在热固性塑料中。

2. 塑料的分类

1) 按塑料中合成树脂的分子结构及热性能分类

(1) 热塑性塑料。热塑性塑料是由可以多次反复加热而仍具有可塑性的合成树脂制得的塑料。这类塑料的合成树脂分子结构呈线型或支链型，通常互相缠绕但并不连接在一起，受热后能软化或熔融，从而可以进行成型加工，冷却后固化。如再加热，又可变软，可如此反复进行多次。常见的热塑性塑料有聚乙烯、聚丙烯、聚苯乙烯、聚氯乙烯、有机玻璃、聚酰胺、聚甲醛、ABS、聚碳酸酯、聚苯醚、聚砜和聚四氟乙烯等。

(2) 热固性塑料。热固性塑料是由加热硬化的合成树脂制得的塑料，这类塑料的合成树脂分子结构的支链呈网状。在开始受热时其分子结构为线型或支链型，因此，可以软化或熔融，但受热后这些分子逐渐结合成网状结构(称之为交联反应)，成为既不熔化又不溶解的物质，称为体型聚合物。此时，即使加热到接近分解的温度也无法软化，而且不会溶解在溶剂中，因此不能反复使用。常用的热固性塑料有酚醛塑料、氨基塑料、环氧树脂、脲醛塑料、三聚氰胺甲醛和不饱和聚酯等。

2) 按塑料的用途分类

(1) 通用塑料。通用塑料是一种非结构用塑料，它的产量大、价格低、性能一般。这类塑料有聚乙烯、聚丙烯、聚苯乙烯、聚氯乙烯等。它们可作为日常生活用品、包装材料以及一般小型机械零件等。

(2) 工程塑料。工程塑料可作为结构材料。与通用塑料相比，其产量较小、价格较高，但具有优异的力学性能、电性能、化学性能以及耐热性、耐弯性和稳定性等。常见的工程塑料有聚甲醛、聚酰胺、聚碳酸酯、聚苯醚、聚砜、聚四囊乙烯、有机玻璃和环氧树脂等。这类材料常用在汽车、机械、化工和工程结构等零部件中。

(3) 特殊塑料。特殊塑料是指具有某些特殊性能的塑料。这类塑料具有高的耐热性或高的电绝缘性及耐腐蚀性等,如氟塑料、聚酰亚胺塑料、有机硅等。特殊塑料还包括为某些专门用途而改性特制的塑料。

3. 塑料成型的工艺特性

塑料原料在加工成为产品的过程中会表现出一系列特性,这些特性与塑料的品种、成型方法、成型工艺条件和模具结构等密切相关,掌握这些特性有利于合理地选择成型工艺条件和设计模具结构,达到控制产品质量的目的。塑料的工艺特性主要表现在以下几个方面。

1) 收缩性

塑料制品通常采用模具作为成型工艺过程装备来获得各种形状和尺寸的制品。塑料制品从模具中取出冷却后一般都会出现尺寸缩小的现象,这种塑料制品冷却凝固及从模具中取出冷却至室温的整个过程中尺寸发生缩小变化的特性称为收缩性。收缩性用收缩率来表示。收缩率定义为

$$S=\frac{L_M-L}{L}$$

式中,S 为收缩率,%;L_M 为模具成型型腔尺寸,mm;L 为收缩后塑料制品上与模具相应部位的尺寸,mm。

应该指出,如果所测得的 L_M 是模具在工作温度下的成型型腔尺寸,则上述收缩率公式表示的是实际收缩率,若 L_M 在室温下测得,则上述收缩率公式表示的是计算收缩率。由于在绝大多数情况下,人们都是测量模具室温时的成型型腔尺寸,且设计模具时也是根据塑料制品图样中的尺寸来计算室温下模具成型型腔尺寸,故只有计算收缩率才具有工程上的实用意义,进而在模具设计和塑件生产中普遍采用。

影响收缩率的因素有很多,如塑料品种、成型特征、成型条件及模具结构等。首先,不同种类的塑料,收缩率也不同,同一种塑料,由于塑料的型号不同,收缩率也会发生变化。其次,收缩率与所成型塑件的形状、内部结构的复杂程度、是否有嵌件等都有很大关系。再者,模具的结构对收缩率也有影响,模具的分型面、浇口的形式及尺寸等因素均会直接影响塑料流动方向、密度分布、保压补缩作用及成型时间。采用直接浇口或大截面的浇口可减小收缩;反之,当浇口的厚度较小时,浇口部分会过早凝结硬化,型腔内的塑料收缩后得不到及时补充,收缩较大。最后,成型工艺条件也会影响塑件的收缩率,例如,成型时如果塑料温度过高,则塑件的收缩率会增大,成型压力增大,塑件的收缩率减小。总之,影响塑料的成型收缩性的因素很复杂,要想改善塑料的成型收缩性,不仅在选择原材料时需要慎重,而且在模具设计、成型工艺的确定等多方面因素都需要认真考虑,这样才能使生产出的产品质量更高、性能更好。

2) 流动性

所有塑料都是在熔融塑化状态下加工成型的,流动性是塑料材料加工为制品的过程中所应具备的基本特性,它标志着塑料在成型条件下充满模腔的能力。流动性好的塑料容易充满复杂的模腔,获得精确的形状。热塑性塑料的流动性是用熔体流动速率指数,简

称熔融指数(MFI)来表示的,熔融指数测定仪如图 6-3 所示。热塑性塑料流动性的一般分类见表 6-1。

表 6-1 热塑性塑料流动性的一般分类

流动性	塑 料 名 称
好	尼龙(PA)、聚乙烯(PE)、聚苯乙烯(PS)、聚丙烯(PP)、醋酸纤维素
一般	聚甲基丙烯酸甲酯(PMMA)、ABS、聚甲醛(POM)、聚氯醚
差	聚碳酸酯(PC)、硬聚氯乙烯(HPVC)、聚苯醚(PPO)、聚砜(PSU)、氟塑料

熔融指数数值越大,材料流动性越好。由于材料的流动性与树脂的相对分子质量有关,相对分子质量越大,流动性越小。因此,熔融指数用于定性地表示相对分子质量的大小,成为热塑性塑料规定品级的重要数据。同一品种的塑料材料,规定出各种不同的熔融指数范围,以满足不同成型工艺的要求。由于熔融指数不仅与相对分子质量有关,还与相对分子质量的分散性有关,平均相对分子质量相同,但相对分子质量分散性不同的树脂,熔融指数也不相同,因此,熔融指数与材料工艺性能并无严格的对应关系,螺旋流动试验模具流道如图 6-4 所示。

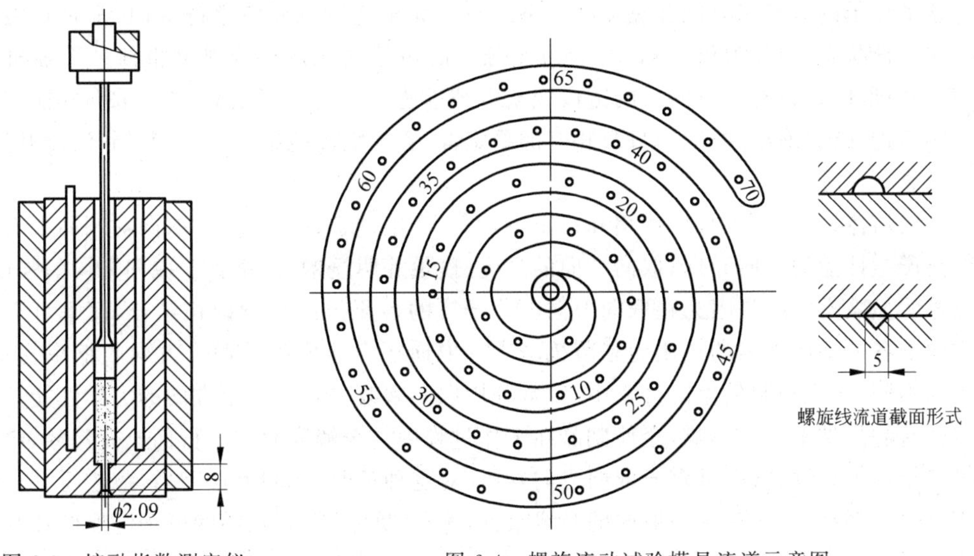

图 6-3 熔融指数测定仪　　图 6-4 螺旋流动试验模具流道示意图

热固性塑料的流动性表示方法与热塑性塑料类似,但又不完全相同,常用的表示方法有两种:一种是拉西格流动性,另一种是螺旋流动长度。

3) 结晶性

一种树脂是否能够结晶取决于分子链结构的规整性,只有具有充分规整结构的树脂才能形成结晶结构。因此,作为塑料应用,只有具有高度规整结构的线型或带轻微支链结构的热塑性树脂才能够结晶。热固性树脂由于具有三维网状结构,因此根本不可能结晶。热塑性树脂中,分子链上含有侧基但侧基在空间以不规则方式排列,或分子链上含有大量支链,或者分子链由两种单体共聚生成,而两单体又以随机方式排列的,都可大大减小结

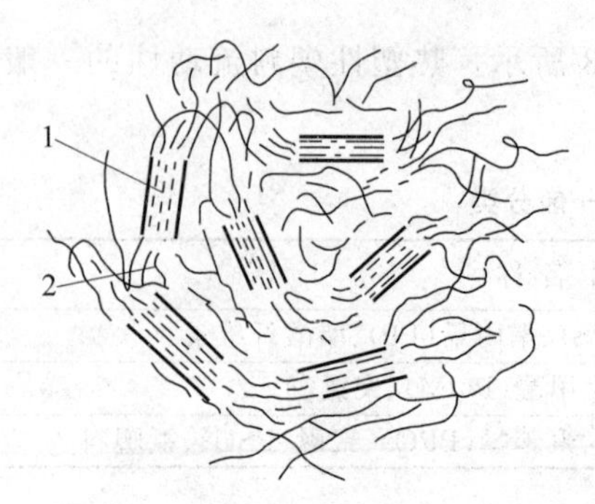

图 6-5　聚合物的结晶示意图
1—晶区；2—非晶区

晶的可能性，或使材料根本不能结晶。结晶型聚合物由"晶区"和"非晶区"组成，如图 6-5 所示。

在常用的塑料中，聚乙烯、聚丙烯、聚甲醛、各种尼龙等都是比较典型的结晶型塑料，可达到较大的结晶度；PBTP、PETP、氯化聚醚、聚醚醚酮等是具有一定结晶度的塑料；通用聚苯乙烯、苯乙烯系共聚物、丙烯酸类塑料都是典型的无定形塑料。

4）取向性

链状大分子具有很大的长径比，可以达到数百、数千、数万甚至数十万，这样的分子在外力作用下，分子链会沿外力作用方向呈某种方式和某种程度的平行排列，称为取向。材料在一个方向上受外力作用产生单轴取向，所有取向的分子都沿一个方向排列。若材料受互相垂直的两个方向外力作用，则会产生双轴取向，一部分分子链沿一个方向平行排列，另一部分分子链沿同一平面内的另一方向平行排列，即所有取向的分子链都沿着两个力所组成的平面平行排列，但在平面内各分子链排列可能仍然是无序的。

整个分子链的取向只能在黏流状态下进行。无论链段取向或整链取向，都是热力学上的非平衡状态，当外力解除后，都会由于分子的热运动使链段或整链重新处于随机状态，称为解取向。只有当取向后的链段或整链被迅速冷却到玻璃化温度时，取向才能被保留下来。这种被"冻结"的取向只有相对的稳定性，会很缓慢地解取向。随材料温度升高，解取向会迅速进行。

塑料熔体加工过程中，如注塑和挤出中，都会产生分子链的取向。取向对制品带来的影响是产生性能的各向异性，取向方向的强度、模量等明显增大，垂直于取向方向的强度、模量等明显减小。这是因为在取向方向上分子链的各原子以化学键相结合，而垂直于取向方向上各分子链之间的作用力是范德华力。取向还会造成制品两个方向收缩率、折射率等的不同，在注塑制品生产过程中，常常利用取向来改善制品某个方向的力学性能。取向也会对制品带来不利影响，会使制品在工作过程中由于解取向的进行而改变尺寸，产生变形甚至产生裂纹等（在垂直于取向方向）。针对这种情况，在制品成型后，应进行必要的处理，创造出使已取向分子解取向的必要条件，避免"冻结"在制品中的分子链取向在制品工作中所带来的上述弊病。塑件的结构形态、尺寸和溶体在模具型腔内流动的情况不同，取向结构可以是单轴的，如图 6-6(a)所示；也可以是多轴的，如图 6-6(b)、图 6-6(c)所示。

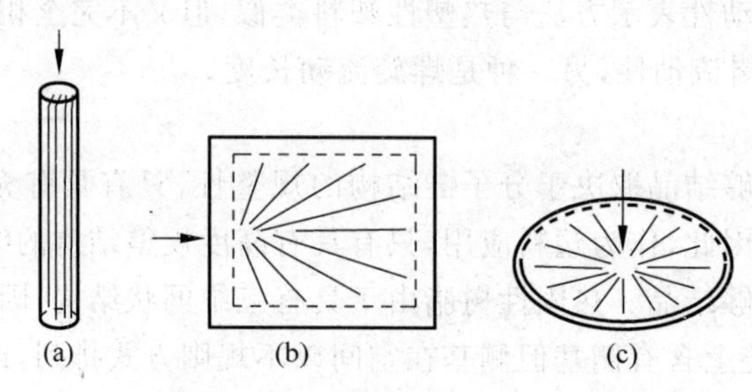

图 6-6　聚合物成型时的流动取向

溶体中部所受摩擦力最小，切应力也不大，所以大分子一般只能轻度取向，比较明显的是在中部溶体与薄壳附近溶体之间的过渡区，大分子取向程度中等，介于前面两种取向程度之间，如图 6-7 所示。

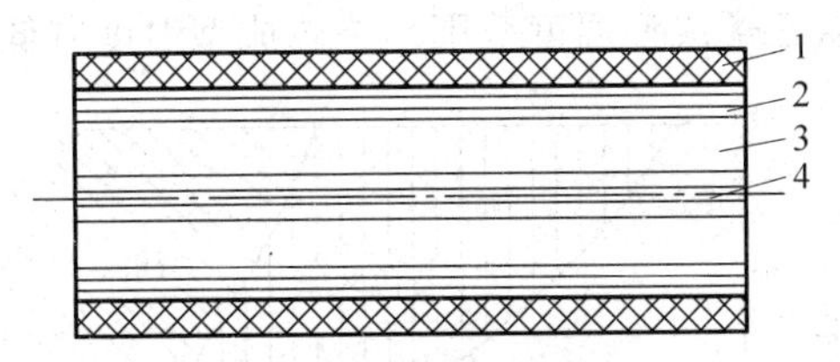

图 6-7 聚合物的取向

1—未取向区；2—高度取向区；3—中等取向区；4—轻度取向区

5）吸湿性

吸湿性是指塑料材料从空气中吸收水分的倾向。某些塑料由于树脂分子链含有亲水基团，具有明显的吸湿倾向，例如聚酰胺、酚醛塑料等。凡树脂分子链中含有极性基团的塑料，都会使材料产生吸湿性。塑料材料中的增强剂、填料等助剂若含有亲水基团、极性基团等，也会增大材料的吸湿性。长期贮存的塑料供料很容易达到吸湿平衡，含有较多水分，成型前必须进行充分干燥，否则会在制品成型时出现表面银丝、内部气泡等弊病，对某些塑料还会产生水解降解等，引起力学性能下降。

塑料制品吸湿对制品性能也会带来影响，吸入制品内部的水分往往起增塑剂作用，使材料模量明显减小，力学性能下降。吸湿明显的塑料对塑件尺寸也有影响。吸湿后的制品电性能会明显降低。用于电绝缘和介电方面的塑料制品，应选用吸湿性小的塑料。

应该对塑料的吸湿性和吸水性两术语加以区别。吸水性是指将塑料在规定条件下浸泡到水中后对水的吸收能力的大小用吸水率来表示。塑料的吸水性与在空气中的吸湿性基于同样原因，吸水率大的塑料吸湿性也大，从吸水性试验数据可直接判断出塑料的吸湿性。

6）相容性

塑料的相容性又称为塑料的共混性，这主要是针对高聚物共混体系而言的。不同的塑料进行共混后，可以得到单一塑料所无法拥有的性质。这种塑料的共混材料通常称为塑料合金。相容性是指两种或两种以上的塑料共混合得到的塑料合金中，在熔融状态下，各种参与共混的塑料组分之间不产生分离现象的能力。如果它们的相容性好，则可能形成均相体系，如果相容性不好，塑料共混体系可能会形成多相结构，当然，在一定条件下也可能形成均匀的分散体系。因此，相容性对塑料合金的结构影响很大，判断共混体系的相容性是研究高分子合金的一个非常重要的问题。

7）降解

聚合物成型塑件通常是在高温和应力作用下进行的。由于聚合物大分子受热和应力的作用，或由于在高温下受微量水分、酸、碱等杂质及空气中氧的作用，聚合物会发生相对分子量降低或大分子结构改变等化学变化，通常把相对分子质量降低的这种现象称为降解或裂解。聚合物降解会产生塑件强度下降、变色、变脆、发黏、气泡、流纹等不良现象。在成型过程中，热降解是主要的，而由应力、氧、水和其他酸碱等杂质引起的降解是次要的。为避免降解，通常采用如下措施：严格控制原材料的技术指标和使用合格的原材料；进行严格的干燥(烘干)，使用前通常应使水分含量降低0.01%～0.05%；制定合理的加工工艺和加工条件；使用附加剂，如抗氧化剂、稳定剂等以加强聚合物对降解的抵抗能力。图6-8所示为硬聚氯乙烯成型温度范围。一般成型温度应低于聚合物的分解温度。

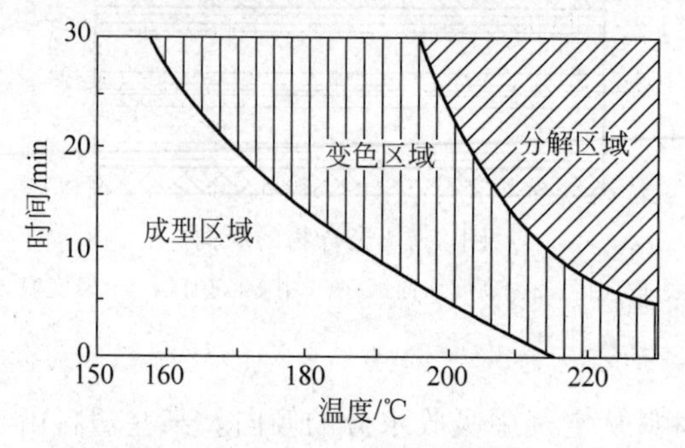

图6-8 硬聚氯乙烯成型温度范围

8) 硬化特性

热塑性塑料制品的生产是在熔融流动状态下借助一定的模腔，在外压力作用下获得要求的形状和尺寸，再经冷却变硬(定型)使已获得的形状和尺寸永久保持，成为制品。在冷却定型过程中，材料经历了聚集态改变或相变。无定形聚合物从黏流态变为高弹态，再变为玻璃态，结晶型聚合物从黏流态变为晶态等过程。不同塑料具有不同的硬化特性。热塑性塑料硬化时的聚集态或相变过程中，体积缩小，熔融剪切流动中(充模时)取向的分子链会产生松弛。

热固性塑料则是在充满模腔后进一步受热产生交链反应，使之固化变硬定型成为制品。我们统称塑料制品的定型过程为硬化。热固性塑料成型时要求在最佳的塑化流动状态下充模，充模后又能以最快的速度交链固化。同样，不同热固性塑料的硬化特性也有较大差别，主要表现在固化反应速度的不同。

4. 常用塑料简介

1) 热塑性塑料

(1) 聚乙烯(PE)。

① 基本特性。聚乙烯塑料是塑料工业中产量最大的品种。按聚合时采用的压力不同可分为高压、中压和低压三种。

聚乙烯无毒、无味，呈乳白色，密度为0.91～0.96g/cm^3，为结晶型塑料。聚乙烯有一定的机械强度，但与其他塑料相比其机械强度低，表面硬度低。聚乙烯的绝缘性能优异，常温下聚乙烯不溶于任何一种已知的溶剂，并耐稀硫酸、稀硝酸和任何浓度的其他酸以及各种浓度的碱、盐溶液；聚乙烯有高度的耐水性，长期接触水时性能可保持不变。聚乙烯透水性能较差，而透氧气和二氧化碳以及许多有机物质蒸气的性能好。聚乙烯在热、光、氧气的作用下会老化和变脆。聚乙烯耐寒性较好，在－60℃时仍有较好的力学性能，－70℃时仍有一定的柔软性。

② 主要用途。低压聚乙烯可用于制造塑料管、塑料板、塑料绳以及承载力不高的零

件，如齿轮、轴承等；高压聚乙烯常用于制作塑料薄膜，生活用保鲜膜、保鲜袋、食品盒、塑料瓶以及电气工业的绝缘零件和包覆电缆等。

③ 成型特点。聚乙烯成型时，在流动方向与垂直方向上的收缩差异较大。注射方向的收缩率大于垂直方向的收缩率，易产生变形，并使塑件浇口周围部位的脆性增加；聚乙烯收缩率的绝对值较大，成型收缩率也较大，易产生缩孔；冷却速度慢，必须充分冷却，且冷却速度要均匀；质软易脱模，塑件有浅的侧凹时可强行脱模。

(2) 聚丙烯(PP)。

① 基本特性。聚丙烯无味、无色、无毒。外观似聚乙烯，但比聚乙烯更透明、更轻。密度仅为0.90～0.91g/cm^3。它不吸水、光泽好、易着色。聚丙烯的屈服强度、抗拉强度、抗压强度和硬度及弹性比聚乙烯好。聚丙烯的熔点为164～170℃，其耐热性好，能在100℃以上的温度下进行消毒灭菌。聚丙烯耐低温的使用温度可达－15℃，在低于－35℃时会发生脆裂。聚丙烯的高频绝缘性能好，而且由于其不吸水，绝缘性能不受湿度的影响，聚丙烯在氧、热、光的作用下极易解聚、老化，因此必须加入防老化剂。

② 主要用途。聚丙烯可用于制作各种机械零件，如法兰、接头、泵叶轮、汽车零件等；可作水、蒸汽、各种酸碱等的输送管道，化工容器和其他设备的衬里、表面涂层，各种绝缘零件，可用于医药工业。

③ 成型特点。聚丙烯成型收缩范围大，易发生缩孔、凹痕及变形；聚丙烯热容量大，注射成型模具必须设计能充分进行冷却的冷却回路。

(3) 聚氯乙烯(PVC)。

① 基本特性。聚氯乙烯是世界上产量最大的塑料品种之一。其价格便宜，应用广泛。聚氯乙烯树脂为白色或浅黄色粉末。根据不同的用途可以加入不同的添加剂，聚氯乙烯塑件可呈现不同的物理性能和力学性能，在聚氯乙烯树脂中加入适量的增塑剂，可制成多种硬质、软质和透明制品。纯聚氯乙烯的密度为1.4g/cm^3，加入了增塑剂和填料等的聚氯乙烯塑件的密度范围一般为1.15～2.00g/cm^3。聚氯乙烯有较好的电气绝缘性能，可以用作低频绝缘材料，其化学稳定性也较好。由于聚氯乙烯的热稳定性较差，长时间加热会导致分解，放出氯化氢或氯的有毒气体，使聚氯乙烯变色，因此其应用范围较窄，使用温度范围一般为－15～55℃。

② 主要用途。由于聚氯乙烯的化学稳定性高，因此可用于制作防腐管道、管件、输油管、离心泵和鼓风机等。聚氯乙烯的硬板广泛用于化学工业上制作各种贮槽的衬里，建筑物的瓦楞板、门窗结构、墙壁装饰物等。由于其电气绝缘性能优良，可在工业中用于制造插座、插头、开关和电缆。在日常生活中，聚氯乙烯常用于制造凉鞋、雨衣、玩具和人造革等。

③ 成型特点。聚氯乙烯在成型温度下容易分解放出氯化氢或氯。因此，在成型时，必须加入稳定剂和润滑剂，并严格控制温度及熔料的滞留时间。一般不能用柱塞式注射成型机成型聚氯乙烯塑料，因为聚氯乙烯耐热性和导热性不好，而用柱塞式注塑机需将料筒内的物料温度加热到166～193℃，这会引起聚氯乙烯分解。因此，应采用带预塑化装置的螺杆式注塑机注射成型，模具浇注系统也应粗短，进料口截面宜大，模具应有冷却装置。

(4) 丙烯腈-丁二烯-苯乙烯共聚物(ABS)。

① 基本特性。ABS是由丙烯腈、丁二烯、苯乙烯共聚而成的。这三种组分各自的特性使ABS具有良好的综合力学性能。

ABS无毒、无味,呈微黄色,成型的塑件有较好的光泽。密度为1.02～1.05g/cm^3。ABS有极好的抗冲击强度,且在低温下也不迅速下降;ABS有良好的机械强度和一定的耐磨性、耐寒性、耐油性、耐水性、化学稳定性和电气性能。水、无机盐、碱和酸类对ABS几乎无影响,但在酮、醛、酯、氯代烃中会溶解或形成乳浊液。ABS不溶于大部分醇类及烃类溶剂,但与烃长期接触会软化溶胀。ABS有一定的硬度和尺寸稳定性,易于成型加工,经过调色可配成任何颜色。ABS的缺点是耐热性不高,连续工作温度为70℃左右,热变形温度为93℃左右,且耐气候性差,在紫外线作用下易变硬发脆。

② 主要用途。ABS在机械工业领域常用来制造齿轮、泵叶轮、轴承、把手、管道、电动机外壳、仪表壳、仪表盘、水箱外壳、蓄电池槽、冷藏库和冰箱衬里等。在汽车工业领域,用ABS制造汽车挡泥板、扶手、加热器、保险杠等,还可用来制作水表壳、纺织器材、电器零件、文教体育用品、玩具、电子琴及收录机壳体、食品包装容器、农药喷雾器及家具等。

③ 成型特点。ABS在升温时黏度增高,成型压力较大,故塑件上的脱模斜度宜稍大;ABS易吸水,成型加工前应进行干燥处理;ABS易产生熔接痕,模具设计时应注意尽量减少浇注系统对料流的阻力;在正常的成型条件下,壁厚、熔料温度对收缩率影响极小,在要求塑件精度高时,模具温度可控制在50～60℃,而在强调塑件光泽和耐热时,模具温度应控制在60～80℃。

(5) 聚甲基丙烯酸甲酯(有机玻璃,PMMA)。

① 基本特性。聚甲基丙烯酸甲酯俗称有机玻璃,是一种透光性塑料,透光率可达92%,优于普通硅玻璃。有机玻璃产品有模塑成型料和型材两种。模塑成型料中性能较好的是改性有机玻璃372#、373#塑料。有机玻璃密度约为1.18g/cm^3,比普通硅玻璃轻一半,其机械强度为普通硅玻璃的10倍以上。有机玻璃轻而坚韧,容易着色,有较好的电气绝缘性能,有机玻璃的化学性能也很稳定,能耐一般的化学腐蚀,但能溶于芳烃、氯代烃等有机溶剂,在一般条件下,有机玻璃的尺寸较稳定,有机玻璃的最大缺点是表面硬度低,容易被硬物擦伤拉毛。

② 主要用途。有机玻璃可用于制造要求具有一定透明度和强度的防震、防爆和适于观察等方面的零件,如飞机和汽车的窗玻璃、飞机罩盖、油杯、光学镜片、透明模型、透明管道、车灯灯罩、游标及各种仪器零件,也可用作绝缘材料和广告铭牌等。

③ 成型特点。原料在成型前要很好地干燥,以防塑件产生气泡、浑浊、银丝和发黄等缺陷,影响塑件质量;为了得到良好的外观质量,防止塑件表面出现流动痕迹、熔接线痕和气泡等不良现象,一般采用尽可能低的注射速度;模具浇注系统对料流的阻力应尽可能小,并应制出足够的脱模斜度。

(6) 聚碳酸酯(PC)。

① 基本特性。聚碳酸酯是一种性能优良的热塑性工程塑料,密度为1.2g/cm^3。聚碳酸酯本色微黄,如加点淡蓝色,可得到无色透明塑料,可见光的透光率接近90%。聚碳酸酯韧而刚,抗冲击性在热塑性塑料中名列前茅,用其成型零件可达到很好的尺寸精度并

能在很宽的温度变化范围内保持尺寸的稳定性，即成型收缩率可恒定在0.5%～0.8%。聚碳酸酯抗蠕变、耐磨、耐热和耐寒性均较好，其脆化温度在－100℃以下，长期工作温度达120℃。聚碳酸酯吸水率较低，能在较宽的温度范围内保持较好的电性能。聚碳酸酯可耐室温下的水、稀酸、氧化剂、还原剂、盐、油、脂肪烃，但不耐碱、胺、酮、脂、芳香烃。聚碳酸酯具有良好的耐气候性，其最大的缺点是塑件易开裂，耐疲劳强度较差。用玻璃纤维增强聚碳酸酯可克服上述缺点，使聚碳酸酯具有更好的力学性能、更好的尺寸稳定性、更小的成型收缩率，并可提高暑热性和耐药性，从而降低成本。

② 主要用途。在机械方面，聚碳酸酯主要用于制作各种齿轮、蜗轮、蜗杆、齿条、凸轮、芯轴、轴承、滑轮、铰链、螺母、垫圈、泵叶轮、灯罩、节流阀、润滑油输油管、各种外壳、盖板、容器和冷却装置零件等；在电气方面，主要用于制作电动机零件、电话交换器零件、信号用继电器、拨号盘、仪表壳、接线板等。聚碳酸酯可制作照明灯、高温透镜、视孔镜、防护玻璃等光学零件；也常用于生活中的饮水杯(俗称太空杯)。

③ 成型特点。聚碳酸酯虽然吸水性小，但高温时对水比较敏感，所以加工前必须干燥处理，否则会出现银丝、气泡及强度下降现象；聚碳酸酯熔融温度高，熔融黏度大，流动性差，成型时要求有较高的温变和压力；聚碳酸酯熔融黏度对温度比较敏感，所以一般用提高温度的办法来增加熔融塑料的流动性。

(7) 聚酰胺(尼龙，PA)。

① 基本特性。聚酰胺通称尼龙，由二元胺和二元酸通过缩聚反应制取或以一种内酰胺的分子通过自聚而成。尼龙常见的品种有尼龙1010、尼龙610、尼龙66.尼龙6.尼龙9、尼龙11等。

尼龙的力学性能优良，抗拉、抗压、耐磨；尼龙抗冲击强度比一般塑料有显著提高，其中尼龙6更优。作为机械零件的制造材料，尼龙具有很好的消声效果和自润滑性能。尼龙耐碱、弱酸，但强酸和氧化剂能侵蚀尼龙；尼龙本身无毒、无味、不霉烂，但其吸水性强、收缩率大，常因吸水而引起尺寸变化，尼龙的稳定性较差，一般只能在80～100℃使用。为了进一步改善尼龙的性能，常在尼龙中加入减摩剂、稳定剂、润滑剂、玻璃纤维填料等，以克服尼龙存在的缺点，提高其机械强度。

② 主要用途。尼龙有较好的力学性能，广泛应用于制作各种机械、化学和电气零件，如轴承、齿轮、滚子、辊轴、滑轮、泵叶轮、风扇叶片、蜗轮、高压密封扣圈、垫片、阀座、输油管、储油容器、绳索、传动带、电池箱和电器线圈等零件。

③ 成型特点。聚酰胺熔融黏度低、流动性良好，容易产生飞边，成型加工前必须进行干燥处理；易吸潮，塑件尺寸变化较大；因为壁厚和浇口厚度对成型收缩率影响很大，所以塑件壁厚要均匀，防止产生缩孔，一模多件时，应注意使浇口厚度均匀；成型时排除的热量多，模具上应设计冷却均匀的冷却回路；熔融状态的尼龙热稳定性较差，易发生降解使塑件性能下降。

(8) 聚苯乙烯(PS)。

① 基本特征。聚苯乙烯是仅次于聚氯乙烯和聚乙烯的第三大塑料品种。聚苯乙烯无色透明、无毒无味，落地时发出清脆的类似金属的声音，密度为1.054g/cm^3。聚苯乙烯有优良的电性能(尤其是高频绝缘性能)和一定的化学稳定性。聚苯乙烯耐热性低，热变

形温度一般在70～98℃,所以只能在不高的温度下使用。聚苯乙烯质地硬而脆,有较高的热膨胀系数,因此,限制了它在工程上的应用。

② 主要用途。聚苯乙烯在工业上用于制作仪表外壳、灯罩、化学仪器零件、透明模型等;在电气方面用于制作良好的绝缘材料,如接线盒和电池盒等;在日用品方面广泛用于包装材料、各种容器和玩具等。

③ 成型特点。由于聚苯乙烯的流动性和成型性优良,故成品率高,但易出现裂纹,因此成型塑件的脱模斜度不宜过小,且推出要均匀。由于聚苯乙烯的热膨胀系数高,塑件中不宜有嵌件,否则会因两者的热膨胀系数相差太大而导致开裂,且应注意塑件壁厚应均匀。聚苯乙烯宜用高料温、高模温、低注射压力成型并延长注射时间,以防止缩孔及变形,降低应力。如果料温过高,容易出现银丝。其流动性好,模具设计中大多采用点浇口形式。

(9) 聚甲醛(POM)。

① 基本特性。聚甲醛是继尼龙之后发展起来的一种性能优良的热塑性工程塑料,其性能不亚于尼龙,而价格却比尼龙低廉。聚甲醛表面硬且滑,呈淡黄或白色,薄壁部分呈半透明状。聚甲醛有较高的机械强度及抗拉、抗压性能和突出的耐疲劳强度,特别适合作长时间反复承受外力的齿轮材料。聚甲醛尺寸稳定、吸水率小,具有良好的减摩、耐磨性能。聚甲醛耐扭变,有突出的回弹能力,可用于制造塑料弹簧制品。聚甲醛常温下一般不溶于有机溶剂,耐醛、酯、醚、烃及弱酸、弱碱,但不耐强酸,耐汽油及润滑油性能也很好,有较高的电气绝缘性能。聚甲醛的缺点是成型收缩率大,在成型温度下的热稳定性较差。

② 主要用途。聚甲醛特别适合于制作轴承、凸轮、滚轮、辊子、齿轮等耐磨、传动零件,还可用于制造汽车仪表板、汽化器、各种仪器外壳、罩盖、箱体、化工容器、泵叶轮、鼓风机叶片、配电盘、线圈座、各种输油管和塑料弹簧等。

③ 成型特点。聚甲醛成型收缩率大,熔点范围为153～160℃。聚甲醛熔体黏度低,黏度随温度变化不大。在熔点附近聚甲醛的熔融或凝固十分迅速,所以,注射速度要快,注射压力不宜过高。聚甲醛摩擦系数低、弹性高,所以浅侧凹槽可采用强制脱出,塑件表面可带有皱纹花样。聚甲醛热稳定性差、加工温度范围窄,所以要严格控制成型温度,以免因温度过高或在允许温度下长时间受热而引起分解。冷却凝固时排除热量多,所以模具上应设计均匀冷却的冷却回路。

2) 热固性塑料

(1) 酚醛塑料(PF)。

① 基本特性。酚醛塑料是热固性塑料的一个品种,它是以酚醛树脂为基础而制得的。酚醛通常由酚类化合物和醛类化合物缩聚而成。酚醛树脂本身很脆,呈琥珀玻璃态,所以必须加入各种纤维或粉末状填料后才能获得满足一定性能要求的酚醛塑料。酚醛塑料大致可分为四类:层压塑料、压塑料、纤维状压塑料、碎屑状压塑料。酚醛塑料与一般热塑性塑料相比,具有刚性好,变形小,耐热、耐磨等特点,能在150～200℃的温度范围内长期使用。在水润滑条件下,酚醛塑料的摩擦系数极低,其电绝缘性能优良。酚醛塑料的缺点是质脆,冲击强度差。

② 主要用途。酚醛层压塑料用浸渍过酚醛树脂溶液的片状填料制成,可制成各种型

材和板材。根据所用填料不同，有纸质、布质、木质、石棉和玻璃布等各种层压塑料。布质及玻璃布酚醛层压塑料具有优良的力学性能、耐油性能和一定的介电性能，可用于制造齿轮、轴瓦、导向轮、无声齿轮和轴承及用于电工结构材料和电气绝缘材料；木质层压塑料适用于水润滑冷却下的轴承及齿轮等；石棉布层压塑料主要用于高温下工作的零件。酚醛纤维状压塑料可以加热模压成各种复杂的机械零件和电器零件，具有优良的电气绝缘性能，耐热、耐水、耐磨，可制作各种线圈架、接线板、电动工具外壳、风扇叶子、耐酸泵叶轮、齿轮和凸轮等。

③ 成型特点。酚醛塑料成型性能好，特别适用于压缩成型；模温对流动性影响较大，一般当温度超过 160℃时流动性迅速下降；硬化时放出大量热，厚壁大型塑件内部温度过高时，会发生硬化不匀及过热现象。

(2) 氨基塑料。

氨基塑料是由氨基化合物与醛类(主要是甲醛)经缩聚反应制成的塑料，主要包括脲-甲醛、三聚氰胺-甲醛等。

① 基本特性和主要用途。脲-甲醛塑料是脲-甲醛树脂和漂白纸浆等制成的压塑粉。脲-甲醛塑料可染成各种鲜艳的色彩，外观光亮，部分透明，表面硬度较高，耐电弧性能好，耐矿物油、耐霉菌。脲-甲醛塑料耐水性较差，在水中长期浸泡后电气绝缘性能下降；脲-甲醛塑料大量用于压制日用品及电气照明用设备的零件，电话机、收录机、钟表外壳，开关插座及电气绝缘零件。三聚氰胺-甲醛塑料(MF)由三聚氰胺-甲醛树脂与石棉滑石粉等制成，也称为密胺塑料。三聚氰胺-甲醛塑料可染成各种色彩，制成耐光、耐电弧、无毒的塑件，其在－20～100℃的温变范围内性能变化小，能耐沸水且耐茶、咖啡等污染性强的物质。三聚氰胺-甲醛塑料能像陶瓷一样方便地去掉茶渍一类的污染物，且有质量轻、不易碎的特点。密胺塑料主要用于制作餐具、航空茶杯及电器开关、灭弧罩及防爆电器的配件。

② 成型特点。氨基塑料常用压缩、压注成型。密胺塑料在压注成型时收缩率大，含水分及挥发物多，所以使用前需预热干燥。由于密胺塑料在成型时有弱酸性分解及水分析出，故模具应镀铬防腐，并注意排气。由于流动性好，硬化速度快，因此，密胺塑料在预热及成型时温度要适当，装料、合模及加工速度要快。带嵌件的密胺塑料塑件易产生应力集中，故尺寸稳定性差。

(3) 环氧树脂(EP)。

① 基本特性。环氧树脂是含有环氧基的高分子化合物，在其未固化之前，是线型的热塑性树脂，只有在加入固化剂(如胺类和酸酐等)之后交联成不熔的体型结构的高聚物，才有作为塑料的实用价值。环氧树脂种类繁多，应用广泛，有许多优良的性能。环氧树脂最突出的特点是黏结能力强，是人们熟悉的“万能胶”的主要成分。此外，环氧树脂还耐化学药品，耐热，电气绝缘性能良好，收缩率小，比酚醛树脂有更好的力学性能。环氧树脂的缺点是耐气候性差，耐冲击性低，质地脆。

② 主要用途。环氧树脂可用作金属和非金属材料的黏合剂，用于封装各种电子元件。环氧树脂配以石英粉等可用来浇注各种模具，还可以作为各种产品的防腐涂料。

③ 成型特点。环氧树脂的流动性好，硬化速度快；用于浇注时，浇注前应加脱模剂，环

氧树脂热刚性差，硬化收缩小，难于脱模；硬化时不析出任何副产物，成型时不需要排气。

6.2.2 注塑成型原理与注塑件的工艺特性

塑料的种类很多，其成型方法也很多，有注塑成型、压缩成型、压注成型、挤出成型、气动成型、泡沫成型等，前四种方法比较常用，其中注塑成型最为普遍。

1. 注塑成型原理及成型工艺

1）注塑成型原理

螺杆式注塑机工作原理如图 6-9 所示。将塑料的原料加入料斗中，螺杆在电动机的带动下在料筒内原地转动，颗粒状或粉状的塑料被送至外侧安装电加热器的料筒中进行塑化。每次注射结束后，被加热预塑的塑料在转动着的螺杆作用下通过其螺旋槽输送至料筒前端的喷嘴附近，螺杆的转动使塑料进一步塑化，料温在剪切摩擦热的作用下进一步提高并得以均匀化。当料筒前端的熔料堆积造成对螺杆产生一定的压力时（称为螺杆的背压），螺杆就在转动中后退，直至与调整好的行程开关接触，具有模具一次注射量的塑料预塑和储料（料筒前部熔融塑料的储量）结束。接着注射液压缸开始工作，与液压缸活塞相连接的螺杆以一定的速度和压力将熔料通过料筒前端的喷嘴注入温度较低的闭合模具型腔内，保压一定时间，熔融塑料冷却固化即可保持模具型腔所赋予的形状和尺寸。开合模机构将模具打开，在推出机构的作用下，即可取出注塑成型的塑料制件，一个塑件的注

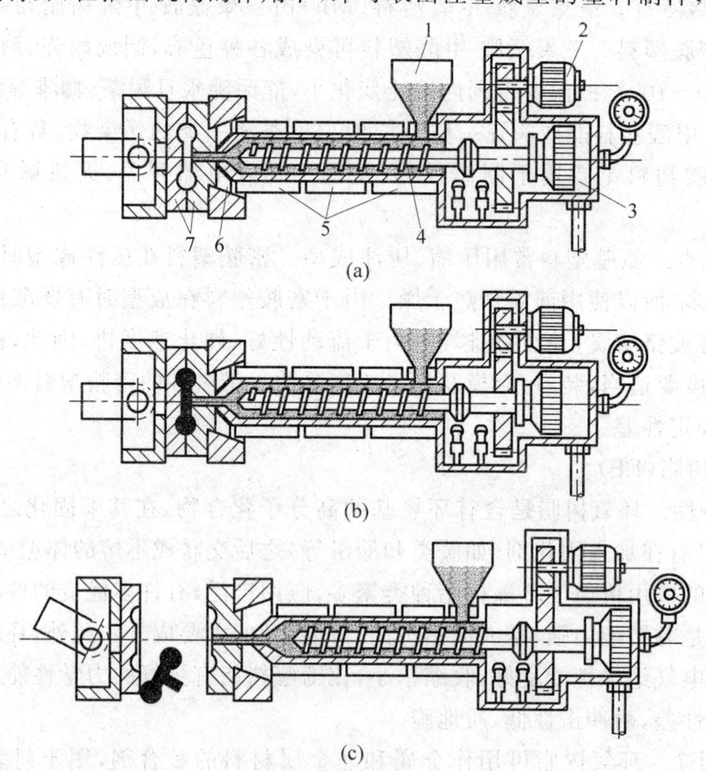

图 6-9 螺杆式注塑机工作原理

1—料斗；2—电动机；3—注射液压缸；4—螺杆；5—加热器；6—喷嘴；7—模具

塑过程即完成，这一过程称为一个成型周期。如此重复上述过程，进行下一个塑件的注塑成型。注塑成型是热塑性塑料成型的一种重要方法，它具有成型周期短、能一次成型、形状复杂、尺寸精确、带有金属或非金属嵌件的塑料制件。注塑成型的生产率高，易实现自动化生产。到目前为止，除氟塑料以外，几乎所有的热塑性塑料都可以用注塑成型的方法成型，因此，注塑成型广泛应用于各种塑料制件的生产。注塑成型的缺点是所用的注塑设备价格较高，注塑模具的结构复杂，生产成本高，生产周期长，不适合于单件、小批量的塑件生产。除了热塑性塑料外，一些流动性好的热固性塑料也可用注射方法成型，其原因是这种方法的生产效率高，产品质量稳定。

2）注塑成型工艺

注塑成型工艺包括成型前的准备、注塑过程和塑件的后处理等。

（1）成型前的准备。为了保证注塑成型的正常进行和保证塑件质量，在注塑成型前应做一定的准备工作，如对塑料原料进行外观检验，即检查原料的色泽、细度及均匀度等，必要时还应对塑料的工艺性能进行测试。对于吸湿性强的塑料，如尼龙、聚碳酸酯等，成型前应进行充分的预热干燥，除去物料中过多的水分和挥发物，以防成型后塑件出现气泡和银丝等缺陷。生产中，如需要改变塑料品种、调换颜色，或发现成型过程中出现了热分解或降解反应，则应对注塑机料筒进行清洗。通常，柱塞式注塑机料筒存量大，必须将料筒拆卸清洗。对于螺杆式料筒，可采用对空注射法清洗。对于有嵌件的塑料制件，由于金属与塑料的收缩率不同，嵌件周围的塑料容易出现收缩应力和裂纹，因此，成型前可对嵌件进行预热，减小它在成型时与塑料熔体的温差，避免或抑制嵌件周围的塑料容易出现的收缩应力和裂纹。为了使塑料制件容易从模具内脱出，有的模具型腔或模具型芯还需要涂上脱膜剂，常用的脱模剂有硬脂酸锌、液体石蜡和硅油等。在成型前，有时还需要对模具进行预热。

（2）注塑过程。完整的注塑过程一般包括加料、塑化、充模、保压、倒流、冷却和脱模等几个阶段。

① 加料。将粒状或粉状塑料加入注塑机料斗，由柱塞或螺杆带入料筒进行加热。

② 塑化。塑料在注塑机料筒内经过加热、压实以及混料等作用以后，由松散的粉状颗粒或粒状的固态转变成连续的均化熔体的过程。

③ 充模。塑化好的塑料熔体在注塑机柱塞或螺杆的推进作用下，以一定的压力和速度经过喷嘴和模具的浇注系统进入并充满模具型腔，这一过程称为充模。

④ 保压。充模结束后，在注塑机柱塞或螺杆推动下，熔体仍然保持压力进行补料，使料筒中的熔料继续进入型腔，以补充型腔中塑料的收缩需要。保压时间应适当，过长的保压时间容易使塑料件产生内应力，引起塑件翘曲、变形或开裂。

⑤ 倒流。保压结束后，柱塞或螺杆后退，型腔中的熔料压力解除，这时，型腔中的熔料压力将比浇口前方的压力高。如果此时浇口尚未冻结，就会发生型腔中熔料通过浇注系统倒流的现象，使塑料制件产生收缩、变形及质地疏松等缺陷。如果撤除注射压力时，浇口已经冻结，则倒流现象就不会存在。由此可见，倒流是否发生或倒流的程度如何，均与保压时间有关。

⑥ 冷却。塑件在模内的冷却过程是指从浇口处的塑料熔体完全冻结时起到塑件将

从模腔内推出为止的全部过程。在此阶段，补缩或倒流均不再继续进行，型腔内的塑料继续冷却、硬化和定型；因此可退回柱塞或螺杆，卸除料筒内塑料的压力，并加入新料，同时通入冷却水、油或空气等冷却介质，对模具进行进一步的冷却。

⑦ 脱模。塑件冷却后即可开模，在推出机构的作用下，将塑料制件推出模外。

(3) 塑件的后处理。由于塑化不均匀或塑料在型腔内的结晶、取向、冷却不均匀及金属嵌件的影响等，塑料件内部不可避免的存在一些应力，从而导致塑件在使用过程中产生变形或开裂。为了解决这些问题，可对塑件进行一些适当的后处理。常用的后处理方法主要有退火和调湿两种。

① 退火处理。退火是将塑件放在定温的加热介质(如热水、热油、热空气和液体石蜡等)中保温一段时间的热处理过程。利用退火时的热量，能加速塑料中大分子松弛，从而消除塑件成型后的残余应力。退火温度一般在塑件使用温度以上 10～20℃至热变形温度以下 10～20℃进行选择和控制。保温时间与塑料品种和塑件的厚度有关，一般可按每毫米约半小时计算。冷却退火时，冷却速度不应过快，否则会产生内应力。

② 调湿处理。调湿处理是一种调整塑件含水量的后处理工序，主要用于吸湿性很强且又容易氧化的聚酰胺等塑料制件。调湿处理除了能在加热条件下消除残余应力外，还能使塑件在加热介质中达到吸湿平衡，以防在使用过程中发生尺寸变化。

3) 注塑成型工艺参数

正确的注塑成型工艺可以保证塑料熔体良好塑化，顺利充模、冷却与定型，从而生产出合格的塑料制件。温度、压力和时间是影响注塑成型工艺的重要参数。

(1) 温度。注塑成型过程需要控制的温度有料筒温度、喷嘴温度和模具温度等，其中前两种温度主要影响塑料的塑化和流动；后一种温度主要影响塑料的流动和冷却定型。

料筒温度的选择与诸多因素有关，料筒温度的分布一般应遵循前高后低的原则，即料筒的后端温度最低，喷嘴处的前端温度最高。料筒后段温度应比中段、前段温度低 5～10℃。

喷嘴温度一般略低于料筒的最高温度，目的是防止熔料在喷嘴处产生流涎现象。喷嘴温度也不能太低，否则会使熔体产生早凝，堵塞喷嘴孔，或将冷料充入模具型腔，最终导致成品缺陷。

模具温度直接影响熔体的充模流动能力、塑件的冷却速度和成型后的塑件性能等。模具温度的高低取决于塑料是否结晶和结晶程度、塑件的结构和尺寸、性能要求和其他工艺条件(熔料温度、注射速度、注射压力和模塑周期等)。模具温度通常是由通入定温的冷却介质来控制的，也有靠熔料注入模具自然升温和自然散热达到平衡的方式来保持一定温度的。在特殊情况下，也可用电阻加热丝和电阻加热棒对模具加热来保持模具的定温。但不管采用什么方法对模具保持定温，对塑料熔体来说，都是冷却的过程，其保持的定温都低于塑料的玻璃化温度或工业上常用的热变形温度，这样才能使塑料成型和脱模。

(2) 压力。注射模塑过程中的压力包括塑化压力和注射压力两种，它们直接影响塑料的塑化和塑件质量。

塑化压力又称背压，是指采用螺杆式注塑机时，螺杆头部熔料在螺杆转动后退时所受到的压力。这种压力的大小是可以通过液压系统中的溢流阀来调整的。

注塑机的注射压力是指柱塞或螺杆头部轴向移动时其头部对塑料熔体所施加的压力。在注塑机上常用表压表示注射压力的大小，一般在40～130MPa，压力的大小可通过注塑机的控制系统来调整。注射压力的作用是克服塑料熔体从料筒流向型腔的流动阻力，给熔体一定的充型速率以及对熔体进行压实等。注射压力的大小取决于注塑机的类型、塑料的品种、模具浇注系统的结构、尺寸与表面粗糙度、模具温度、塑件的壁厚及流程的大小等因素，其关系十分复杂，目前仍难以做出具有定量关系的结论。

(3) 时间(成型周期)。完成一次注塑成型过程所需的时间称为成型周期，成型周期直接影响劳动生产率和注塑机使用率，因此，生产中在保证质量的前提下应尽量缩短成型周期中各个阶段的有关时间。在整个成型周期中，以注射时间和冷却时间最重要，它们对塑件的质量均有决定性影响。常用塑料的注塑成型工艺参数可参考相关的注塑工艺手册。

2. 注塑件的工艺特性

要得到合格的塑料制件，除合理选用塑件的原材料和正确的注塑工艺外，还必须考虑塑件的结构工艺性，即塑料制件的产品设计。这样，不仅可使成型工艺得以顺利进行，还能满足塑件和模具的经济性要求，即以最低的成本生产出合格的产品。

塑料制件结构工艺性设计的主要内容包括尺寸和精度、表面粗糙度、塑件形状、脱模斜度、壁厚、加强肋、支承面、圆角、孔、螺纹、花纹、嵌件、文字、标记与符号等。

1) 尺寸和精度

塑件尺寸的大小取决于塑料的流动性。对于流动性差的塑料(如玻璃纤维增强塑料、布基塑料等)或薄壁塑件，在进行注塑成型和压注成型时，塑件的尺寸不可过大，以免不能充满型腔或形成熔接痕，从而影响塑件的外观和强度。注塑成型的塑件尺寸会受到注塑机注射量、锁模力和模板尺寸及脱模距离等的限制。塑件的尺寸精度不仅与模具制造精度及其使用磨损有关，而且还与塑料收缩率的波动、成型工艺条件的变化、塑件成型后的时效变化和模具的结构形状有关。可见，塑件的尺寸精度一般不高，因此，在保证使用要求的前提下尽可能选用低精度等级。

目前我国已颁布了《工程塑料硬质塑料板材及塑料件耐冲击性能试验方法落球法》(GB/T 14486—1993)，见表6-2。塑件尺寸公差的代号为MT，公差等级分为7级，每一级又可分为A、B两部分，其中A为不受模具活动部分影响尺寸的公差，B为受模具活动部分影响尺寸的公差(如由于受水平分型面溢边厚薄的影响，压缩件高度方向的尺寸)；该标准只规定标准公差值，上、下偏差可根据塑件的配合性质来分配。塑件公差等级的选用与塑料品种有关，塑料精度等级选用见表6-3。

对孔类尺寸可取表中数值冠以“+”号作为上偏差，下偏差为零；对轴类尺寸可取表中数值冠以“−”号作为下偏差，上偏差为零；对中心距尺寸可取表中数值之半冠以“±”号。

2) 表面粗糙度

塑料制件的表面粗糙度是决定其表面质量的主要因素。塑件的表面粗糙度主要与模具型腔表面的粗糙度有关。一般来说，模具表面的粗糙度数值要比塑件低1～2级。塑件的表面粗糙度 Ra 一般为0.8～0.2μm。模具在使用过程中，由于型腔磨损而使表面粗糙

表 6-2　塑件公差数值表(GB/T 14486—1993)

公差等级	公差种类	基本尺寸																								
		0～3	3～6	6～10	10～14	14～18	18～24	24～30	30～40	40～50	50～65	65～80	80～100	100～120	120～140	140～160	160～180	180～200	200～225	225～250	250～280	280～315	315～355	355～400	400～450	450～500
标注公差的尺寸公差值																										
MT1	A	0.07	0.08	0.09	0.10	0.11	0.12	0.14	0.16	0.18	0.20	0.23	0.26	0.29	0.32	0.36	0.40	0.44	0.48	0.52	0.56	0.60	0.64	0.70	0.78	0.86
	B	0.14	0.16	0.18	0.20	0.21	0.22	0.24	0.26	0.28	0.30	0.33	0.36	0.39	0.42	0.46	0.50	0.54	0.58	0.62	0.66	0.70	0.74	0.80	0.88	0.96
MT2	A	0.10	0.12	0.14	0.16	0.18	0.20	0.22	0.24	0.26	0.30	0.34	0.38	0.42	0.46	0.50	0.54	0.60	0.66	0.72	0.76	0.84	0.92	1.00	1.10	1.20
	B	0.20	0.22	0.24	0.26	0.28	0.30	0.32	0.34	0.36	0.40	0.44	0.48	0.52	0.56	0.60	0.64	0.70	0.76	0.82	0.86	0.94	1.02	1.10	1.20	1.30
MT3	A	0.12	0.14	0.16	0.18	0.20	0.24	0.28	0.32	0.36	0.40	0.46	0.52	0.58	0.64	0.70	0.78	0.86	0.92	1.00	1.10	1.20	1.30	1.44	1.60	1.7
	B	0.32	0.34	0.36	0.38	0.40	0.44	0.48	0.52	0.56	0.60	0.66	0.72	0.78	0.84	0.90	0.98	1.06	1.12	1.20	1.30	1.40	1.50	1.64	1.80	1.94
MT4	A	0.16	0.18	0.20	0.24	0.28	0.32	0.36	0.42	0.48	0.56	0.64	0.72	0.82	0.92	1.02	1.12	1.24	1.36	1.48	1.62	1.80	2.00	2.20	2.40	2.60
	B	0.36	0.38	0.40	0.44	0.48	0.52	0.56	0.62	0.68	0.76	0.84	0.92	1.02	1.12	1.22	1.32	1.44	1.56	1.68	1.82	2.00	2.20	2.40	2.60	2.80
MT5	A	0.20	0.24	0.28	0.32	0.38	0.44	0.50	0.56	0.64	0.74	0.86	1.00	1.14	1.28	1.44	1.60	1.76	1.92	2.10	2.30	2.50	2.80	3.10	3.50	3.90
	B	0.40	0.44	0.48	0.52	0.58	0.64	0.70	0.76	0.84	0.94	1.06	1.20	1.34	1.48	1.64	1.80	1.96	2.12	2.30	2.50	2.70	3.00	3.30	3.70	4.10
MT6	A	0.26	0.32	0.38	0.46	0.54	0.62	0.70	0.80	0.94	1.10	1.28	1.48	1.72	2.00	2.20	2.40	2.60	2.90	3.20	3.50	3.80	4.30	4.70	5.30	6.00
	B	0.46	0.52	0.58	0.68	0.74	0.82	0.90	1.00	1.14	1.30	1.48	1.68	1.92	2.20	2.40	2.60	2.80	3.10	3.40	3.70	4.00	4.50	4.90	5.50	6.20
MT7	A	0.38	0.48	0.58	0.68	0.78	0.88	1.00	1.14	1.32	1.54	1.80	2.10	2.40	2.70	3.00	3.30	3.70	4.10	4.50	4.90	5.40	6.00	6.70	7.40	8.20
	B	0.58	0.68	0.78	0.88	0.98	1.08	1.20	1.34	1.52	1.74	2.00	2.30	2.60	3.10	3.20	3.50	3.90	4.30	4.70	5.10	5.60	6.20	6.90	7.60	8.40
未注公差的尺寸允许偏差																										
MT5	A	±0.10	±0.12	±0.14	±0.16	±0.19	±0.22	±0.25	±0.28	±0.32	±0.37	±0.43	±0.50	±0.57	±0.64	±0.72	±0.80	±0.88	±0.96	±1.05	±1.15	±1.25	±1.40	±1.55	±1.75	±1.95
	B	±0.20	±0.22	±0.24	±0.26	±0.29	±0.32	±0.35	±0.38	±0.42	±0.47	±0.53	±0.60	±0.67	±0.74	±0.82	±0.90	±0.98	±1.06	±1.15	±1.25	±1.35	±1.50	±1.65	±1.85	±2.05
MT6	A	±0.13	±0.16	±0.19	±0.23	±0.27	±0.31	±0.35	±0.40	±0.47	±0.55	±0.64	±0.74	±0.86	±1.00	±1.10	±1.20	±1.30	±1.45	±1.60	±1.75	±1.90	±2.15	±2.35	±2.65	±3.00
	B	±0.23	±0.26	±0.29	±0.33	±0.37	±0.41	±0.45	±0.50	±0.57	±0.65	±0.74	±0.84	±0.96	±1.10	±1.20	±1.30	±1.40	±1.55	±1.70	±1.85	±2.00	±2.25	±2.45	±2.75	±3.10
MT7	A	±0.19	±0.24	±0.29	±0.34	±0.39	±0.44	±0.50	±0.57	±0.66	±0.77	±0.90	±1.05	±1.20	±1.35	±1.50	±1.65	±1.85	±2.05	±2.25	±2.45	±2.70	±3.00	±3.35	±3.70	±4.10
	B	±0.29	±0.34	±0.39	±0.44	±0.49	±0.54	±0.60	±0.67	±0.76	±0.87	±1.00	±1.15	±1.30	±1.45	±1.60	±1.75	±1.95	±2.15	±2.35	±2.55	±2.80	±3.10	±3.45	±3.80	±4.20

表 6-3 精度等级的选用

类别	塑料品种	公差等级		
		标注公差尺寸		未注公差尺寸
		高精度	一般精度	
1	聚苯乙烯(PS) 聚丙烯(PP、无机填料填充) ABS 丙烯腈-苯乙烯共聚物(AS) 聚甲基丙烯酸甲酯(PMMA) 聚碳酸酯(PC) 聚醚砜(PESU) 聚砜(PSU) 聚苯醚(PPO) 聚苯硫醚(PPS) 聚氯乙烯(硬)(RPVC) 尼龙(PA、玻璃纤维填充) 聚对苯二甲酸丁二醇酯(PBTP、玻璃纤维填充) 聚邻苯二甲酸二丙烯酯(PDAP) 聚对苯二甲酸乙二醇酯(PETP、玻璃纤维填充) 环氧树脂(EP) 酚醛塑料(PF、无机填料填充) 氨基塑料和氨基酚醛塑料(VF/MF 无机填料填充)	MT2	MT3	MT5
2	醋酸纤维素塑料(CA) 尼龙(PA、无填料填充) 聚甲醛(≤150mm POM) 聚对苯二甲酸丁二醇酯(PBTP、无填料填充) 聚对苯二甲酸乙二醇酯(PETP、无填料填充) 聚丙烯(PP、无填料填充) 氨基塑料和氨基酚醛塑料(VF/MF 有机填料填充) 酚醛塑料(PF、有机填料填充)	MT3	MT4	MT6
3	聚甲醛(>150mm POM)	MT4	MT5	MT7
4	聚氯乙烯(软)(SPVC) 聚乙烯(PE)	MT5	MT6	MT7

度值不断加大，所以应随时给予抛光复原。透明塑件要求型腔和型芯的表面粗糙度相同，而不透明塑件则根据使用情况来决定它们的表面粗糙度。

3）塑件形状

塑件内外表面的形状设计在满足使用性能的前提下，应尽量使其有利于成型，尽量不采用侧向抽芯机构。因此，塑件设计时应尽可能避免侧向凹凸或侧孔，某些塑件只要适当地改变其形状，即能避免使用侧向抽芯机构，使模具设计简化。塑件内侧凹陷或凸起较浅并允许有圆角时，可以采用整体式凸模并采取强制脱模的方法，如图 6-10 所示。这种方法要求塑件在脱模温度下应该具有足够的弹性，以保证塑件在强制脱模时不会变形。例如聚甲醛、聚乙烯、聚丙烯等塑料允许模具型芯有5%的凹陷或凸起时采取强制脱模。

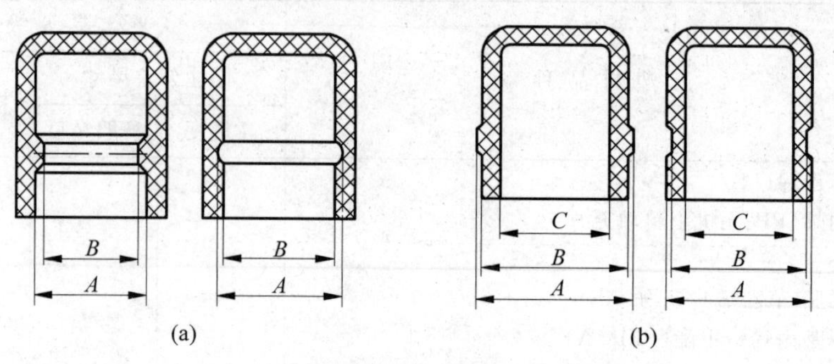

图 6-10 可强制脱模的侧向凹陷或凸起

4）脱模斜度

由于塑件在冷却过程中产生收缩，因此在脱模前会紧紧地包住凸模（型芯）或模腔中的其他凸起部分。为了便于脱模，防止塑件表面在脱模时划伤、擦毛等，在设计时应考虑与脱模方向平行的塑件内外表面具有一定的脱模斜度，如图6-11所示。

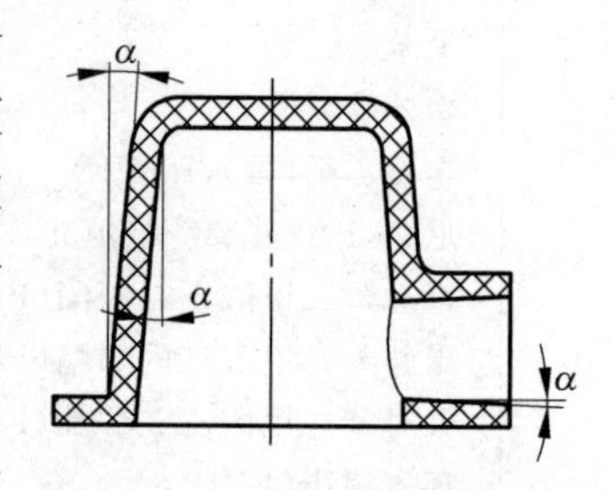

图 6-11 塑件的脱模斜度

塑件上脱模斜度的大小，与塑件的性质、收缩率大小、摩擦系数大小、塑件壁厚和几何形状有关。硬质塑料比软质塑料脱模斜度大；形状复杂或成型孔较多的塑件取较大的脱模斜度；塑件高度较高、孔较深，则取较小的脱模斜度；壁厚增加，内孔包住型芯，脱模斜度也应增大。一般情况下，脱模斜度不包括在塑件公差范围内，否则在图样上应予以注明。在塑件图上标注时，内孔以小端为基准，斜度沿扩大的方向取得；外形以大端为基准，斜度沿缩小的方向取得。常用塑件的脱模斜度见表6-4。

表 6-4 常用塑件的脱模斜度

塑料名称	脱模斜度	
	型腔	型芯
聚乙烯（PE）、聚丙烯（PP）、软聚氯乙烯（LPVC）、聚酰胺（PA）、氯化聚醚（CPT）	25′～45′	20′～45′
硬聚氯乙烯（HPVC）、聚碳酸酯（PC）、聚砜（PSL）	35′～40′	30′～50′
聚苯乙烯（PS）、有机玻璃（PMMA）、ABS、聚甲醛（POM）	35′～1°30′	30′～40′
热固性塑料	25′～40′	20′～50′

5）壁厚

塑件应有一定的壁厚，这不仅是为了保证塑件在使用中有足够的强度和刚度，也为了塑料在成型时能够保持良好的流动状态。有时塑件在使用时所需的强度虽然很小，但是为了承受脱模推出力，仍需要有适当的厚度。同一塑件的壁厚应尽可能一致，否则会因冷却或固化速度不同产生应力，使塑件产生变形、缩孔及凹陷等缺陷。当然，要求塑件各处壁厚完全一致也是不可能的，因此，为了使壁厚尽量一致，在可能的情况下常常是将厚的部分挖空。在结构上要求具有不同的壁厚时，不同壁厚的比例不应超过 1∶3，且不同壁厚应采用适当的修饰半径使厚薄部分缓慢过渡。

热塑性塑件的壁厚一般为 1～4mm，若壁厚过大，则易产生气泡和凹陷，同时不易冷却。热固性塑件的壁厚一般为 1～6mm，若壁厚过大，则需要增加压缩时间，同时塑件内不易压实。而壁厚过薄则刚度差、易变形。典型结构塑件壁厚设计见表 6-5。

表 6-5　典型结构塑件壁厚设计

序号	不　良	良
1	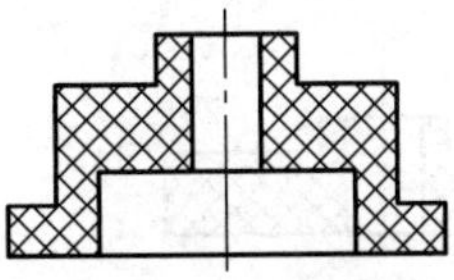	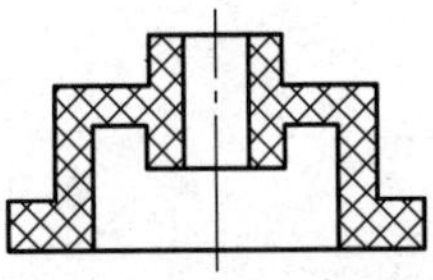
2	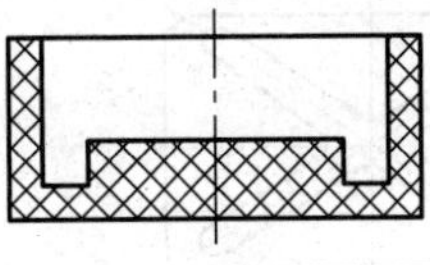	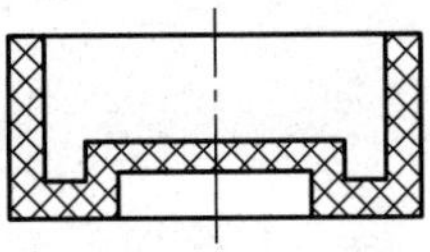
3	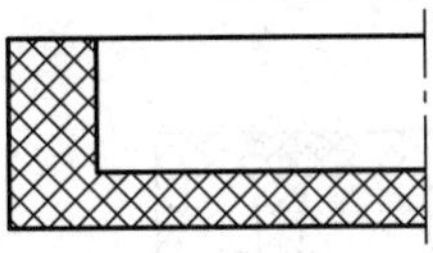	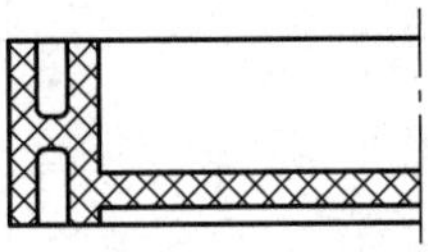
4	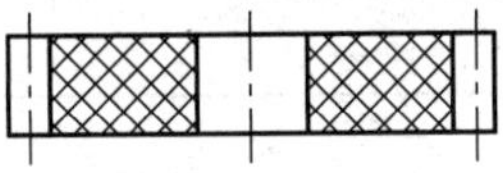	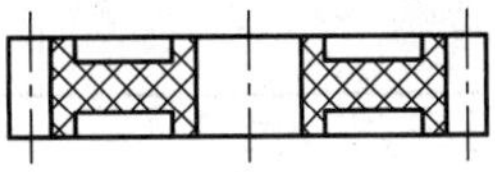
5	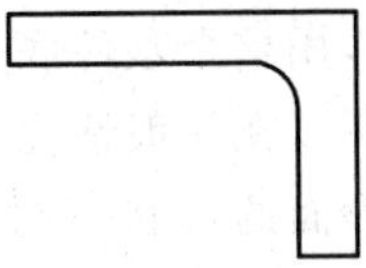	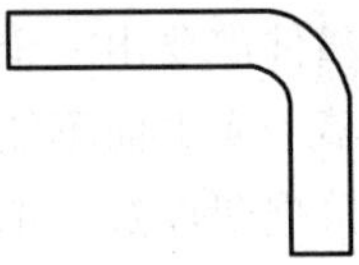

6）加强肋

在塑件上设置加强肋，不需要增加壁厚就可使其强度与刚性得到改善，能够有效地克服翘曲与变形现象；能避免因壁厚不均而产生的缩孔、气泡、凹陷等现象，同时塑件的重量也会有所减轻。就传递成型件与注塑件来说，加强肋还可起到辅助浇道的作用，改善熔料流动与充模状态，有利于塑件成型。

一般情况下，加强肋可设置在塑件的任何部位，因而又起到装饰作用，故有装饰肋之称。通常在塑件上互成角度的两壁需用加强肋连接，构成角撑，成为塑件结构设计不可缺少的部分。增设加强肋后，可能在其背面引起凹陷。但只要尺寸设计得当，就可有效避免，如图 6-12 所示。表 6-6 为塑件加强肋相关尺寸设计示例。

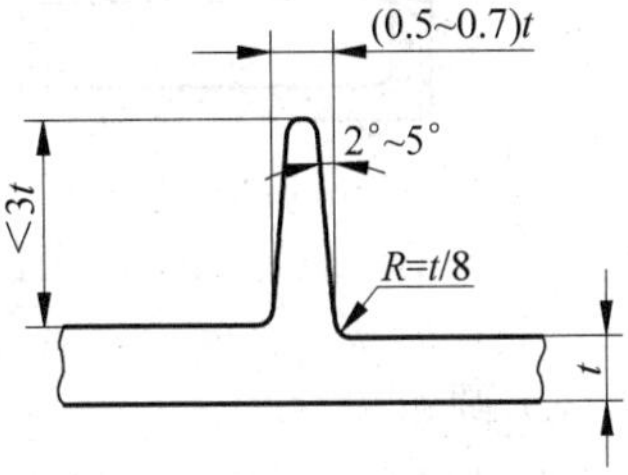

图 6-12　加强肋相关尺寸设计

表 6-6　塑件加强肋相关尺寸设计示例

序号	不　良	良
1		
2		
3		
4		≥0.5

7）支承面

当塑件需要由一个表面做支承面时，用整个塑件底平面来做支承面是不合理的，因为实际上整个底平面不能达到绝对平直，所以在一般情况下采用底脚、凸边等来做塑件的支承面。根据塑件及支承底脚、凸边所在表面的形状不同，底脚可取三个或四个，凸边可为方形、圆形、长条形等，如图 6-13 所示。

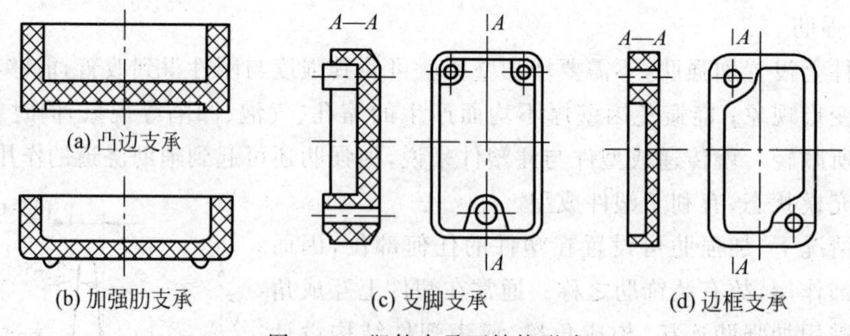

(a) 凸边支承　(b) 加强肋支承　(c) 支脚支承　(d) 边框支承

图 6-13　塑件支承面结构形式

8）圆角

为了避免应力集中，提高塑件的强度，改善熔体的流动情况和便于脱模，在塑件各内、外表面的连接处，均应采用过渡圆弧。此外，圆弧还可使塑件变得美观，并且模具型腔在淬火或使用时也不致因应力集中而开裂。图 6-14 中表示了内圆角 R、壁厚 t 与应力集中系数之间的关系。对于塑件的某些部位，当成型必须处于分型面、型芯与型腔配合处等位置时，则不便制成圆角，而可采用尖角。

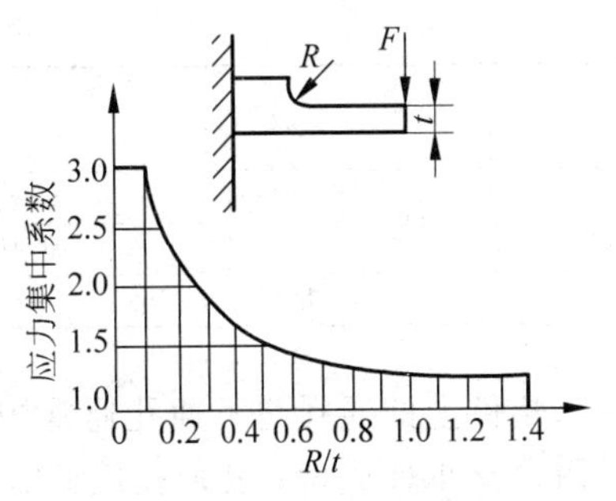

图 6-14　R/t 与应力集中系数的关系
F—外加载荷；R—圆角半径；t—塑料壁厚

9）孔

基于各种各样的功能要求，塑件上常常需要设置各种各样的孔眼。塑件上常见的孔有通孔、盲孔、阶梯孔、异形孔、直孔、斜孔和螺纹孔等。根据视孔所在位置不同，分为竖向孔和侧向孔等。设计孔时要满足塑件的使用要求，使孔的形状、位置有利于塑件成型，同时要保证塑件有足够的使用强度。塑件上的光孔及螺纹孔，无论是通孔还是不通孔一般都应当直接成型，尽量不要依靠后加工去完成。塑件上许可成型孔的深度与成型塑件上该孔型芯的机械强度及对塑件的使用要求有关。型芯的机械强度又与孔的形状、大小、型芯在模具中的安装方式(一端固定或两端固定)、受力状况等有关。例如，型芯是平行于压制方向、料流方向，还是垂直于压制方向、料流方向，以及塑料的成型压力均会影响型芯机械强度。

为确保塑件有合适的使用强度，应使孔间、孔与边缘间、孔端与塑件表面间有足够的塑料层厚度。这就构成了塑件孔的极限尺寸，孔的极限尺寸推荐值见表 6-7，孔径与孔深的关系见表 6-8。

表 6-7　孔的极限尺寸推荐值　　单位：mm

<table>
<tr><th rowspan="2">成型方法</th><th rowspan="2">塑料名称</th><th rowspan="2">孔的最小直径 d</th><th colspan="2">最大孔</th><th rowspan="2">孔边最小厚度 b</th></tr>
<tr><th>不通孔</th><th>通孔</th></tr>
<tr><td rowspan="3">压塑成型与传递成型</td><td>压塑粉</td><td>3.00</td><td rowspan="3">压塑成型 $2d$
传递成型 $4d$</td><td rowspan="3">压塑成型 $4d$
传递成型 $8d$</td><td rowspan="3">$1d$</td></tr>
<tr><td>纤维塑料</td><td>3.50</td></tr>
<tr><td>碎布塑料</td><td>4.00</td></tr>
<tr><td rowspan="11">注塑成型</td><td>尼龙</td><td rowspan="3">2.00</td><td rowspan="3">$4d$</td><td rowspan="3">$10d$</td><td>$2d$</td></tr>
<tr><td>聚乙烯</td><td rowspan="2">$2.5d$</td></tr>
<tr><td>软聚氯乙烯</td></tr>
<tr><td>有机玻璃</td><td>0.25</td><td rowspan="6">$3d$</td><td rowspan="8">$8d$</td><td>$2.5d$</td></tr>
<tr><td>氯化聚醚</td><td rowspan="3">0.30</td><td rowspan="5">$2d$</td></tr>
<tr><td>聚甲醛</td></tr>
<tr><td>聚苯醚</td></tr>
<tr><td>硬聚氯乙烯</td><td>0.25</td></tr>
<tr><td>改性聚苯乙烯</td><td>0.30</td></tr>
<tr><td>聚碳酸酯</td><td rowspan="2">0.35</td><td rowspan="2">$2d$</td><td>$2.5d$</td></tr>
<tr><td>聚砜</td><td>$2d$</td></tr>
</table>

表 6-8 孔径与孔深的关系

成型方式		孔的深度	
		通孔	不通孔
压塑	横孔	2.5d	<1.5d
	竖孔	5.0d	<2.5d
挤塑或注塑		10.0d	4d～5d

塑件上的通孔与不通孔通常用单独型芯或分段型芯成型；对于易弯曲的细长型芯，需附设支承柱成型；复杂孔成型需要采用拼接等形式。

10）螺纹

用于塑件的螺纹，通常有普通米制螺纹、梯形螺纹、矩形螺纹、锯齿形螺纹、圆弧（瓶口）螺纹等。设计这些螺纹塑件时，主要有两方面要求：一是保证塑件及螺纹的强度；二是保证塑件螺纹顺利脱模。

塑料螺纹强度为钢制螺纹强度的1/10～1/5，其螺牙的精度较差。如果两个互相配合的螺纹塑件的材料、成型方法相同，则一般问题不大。如果是塑料螺纹与钢制螺纹配合，则螺纹的配合长度应不大于螺纹直径的1.5倍。螺纹配合长度长、螺距方向的收缩量大，就有影响螺纹塑件使用的危险。

塑件螺纹设计如图6-15所示，图6-15(a)为内螺纹，在螺纹入口处设计一个无螺纹的沉孔，孔径大于螺纹大径，高度大于0.5mm，这可以防止塑件上螺纹孔的第一扣螺纹崩裂，同时对螺纹件的配合起引导作用，在螺纹的末端也设有大于0.5mm的一段无螺纹的光孔，其作用是保证螺纹型芯的第一扣螺纹在使用中不被损坏；图6-15(b)为外螺纹，也有类似的要求。螺纹的始末尺寸也必须加以规定，借以保证螺纹始末的强度。螺纹始末端尺寸的数值见表6-9。塑件螺纹孔到边缘的距离应大于螺纹外径的1.5倍，同时应大于螺纹孔所在塑件壁厚的1/2。螺纹孔间距离应大于螺纹外径的0.75倍，同时应大于塑件壁厚的1/2。

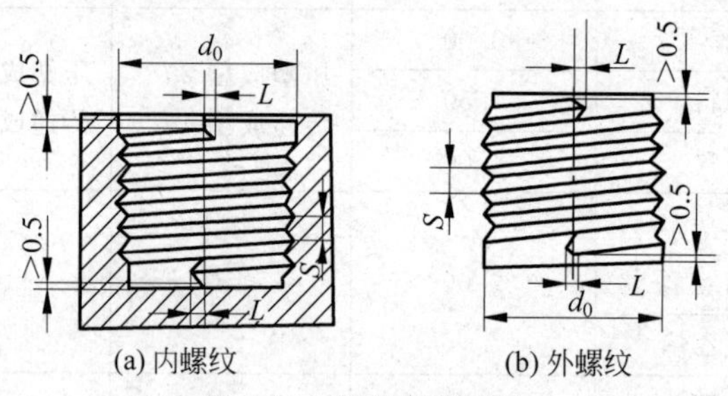

图 6-15 塑件螺纹设计

表 6-9 螺纹始末端尺寸 单位：mm

螺纹直径	螺距 P		
	<0.5	0.5～1.0	>1.0
	始末端尺寸 l		
≤10	1	2	3
10～20	2	3	4
20～34	2	4	6
34～52	3	6	8
52	3	8	10

11）花纹

为了改善塑件表面质量，使塑件的外形美观，以及增加使用过程中的防滑作用等，常对塑件表面加以装饰。在塑件表面上做出凹槽纹、皮革纹、橘皮纹、图案、木纹等装饰花纹，可遮掩成型过程中在塑件表面上形成的疵点、丝痕、波纹等缺陷。大平面的塑件表面要想达到很高的表面质量是十分困难的。对此，可采用这种装饰的办法改善塑件表面的外观状况。有时候采用流线或圆柱表面，能有效地防止塑件变形。

在手柄、旋钮等塑件的表面上，设置花纹或其他凸凹纹，是为了增大摩擦力，便于工作时施力。在带有螺纹的瓶盖类塑件外表面上做成花纹，便于装卸。有时为了增加黏接表面积及黏接可靠性，也可在塑件表面上做出花纹，也有用于装饰的花纹。花纹截面形状有圆形、三角形及梯形等。圆形截面较好，采用较普遍。塑件上花纹设计应遵循如下工艺原则。

（1）花纹不得影响塑件脱模，即花纹的开放方向一定要与塑件的脱模方向一致。

（2）花纹不仅要顺着脱模方向，而且沿脱模方向应有斜度。条纹高度不小于 0.3mm，高度不超过其宽度。花纹不得太细太深，否则加工、成型与清理模具都困难。

（3）在塑料制件平面上的花纹，可以是平行的直线花纹，也可以是网状花纹，网状花纹条纹线的交角为 60°～90°。交角太小会在制品表面形成凸起的尖角，影响塑件及模具的使用强度。

（4）对用照相腐蚀的方法，在塑料制件的侧壁上得到装饰性花纹，如果花纹深度不大于 0.1mm，脱模斜度 $\alpha>4°$，则制品成型后可直接强制脱模。

（5）根据花纹功能及塑件的使用情况，花纹可均匀分布于塑件表面上，也可分组集中布置。但不管什么表面上的何种花纹，都要求模具便于加工制造。

12）嵌件

塑件中镶入嵌件的目的是提高塑件局部的强度、硬度、耐磨性、导电性、导磁性等，或者是增加塑件的尺寸和形状的稳定性，或者是降低塑料的消耗。嵌件的材料有金属、玻璃、木材和已成型的塑料等，其中金属嵌件的使用广泛，嵌件的类型主要有圆筒形嵌件，带台阶圆柱形嵌件、片状嵌件、细杆状贯穿嵌件等。金属嵌件的设计原则如下。

（1）嵌件应牢固地固定在塑件中。为了防止嵌件受力时在塑件内转动或脱出，嵌件表面必须设计有适当的凸凹状。图 6-16(a)所示为常用的菱形滚花，其抗拉和抗扭强度都较大；图 6-16(b)所示为直纹滚花，这种滚花在嵌件较长时允许塑件沿轴向少许伸长，以降低这一方向的应力。但在这种嵌件上必须开有环形沟槽，以免在受力时被拔出；图 6-16(c)所示为六角形嵌件，因其尖角处易产生应力集中，故较少采用；图 6-16(d)所示为用孔眼、切口或局部折弯来固定片状嵌件；薄壁管状嵌件也可用边缘折弯法固定，如图 6-16(e)所示；针状嵌件可采用将其中一段砸扁或折弯的方法固定，如图 6-16(f)所示。

（2）模具内嵌件应定位可靠、配合准确。模具中的嵌件在成型时受到高压熔体流的冲击，可能发生位移和变形，同时熔料可能挤入嵌件预制的孔或螺纹线中，影响嵌件使用，因此嵌件必须可靠定位，并要求嵌件的高度不超过其定位部分直径的 2 倍。图 6-17 和图 6-18 所示分别为外螺纹嵌件和内螺纹嵌件在模内的固定。一般情况下，注塑成型时，嵌件与模板安装孔的配合为 H8/f8；压缩成型时，嵌件与模板安装孔的配合为 H9/f9。

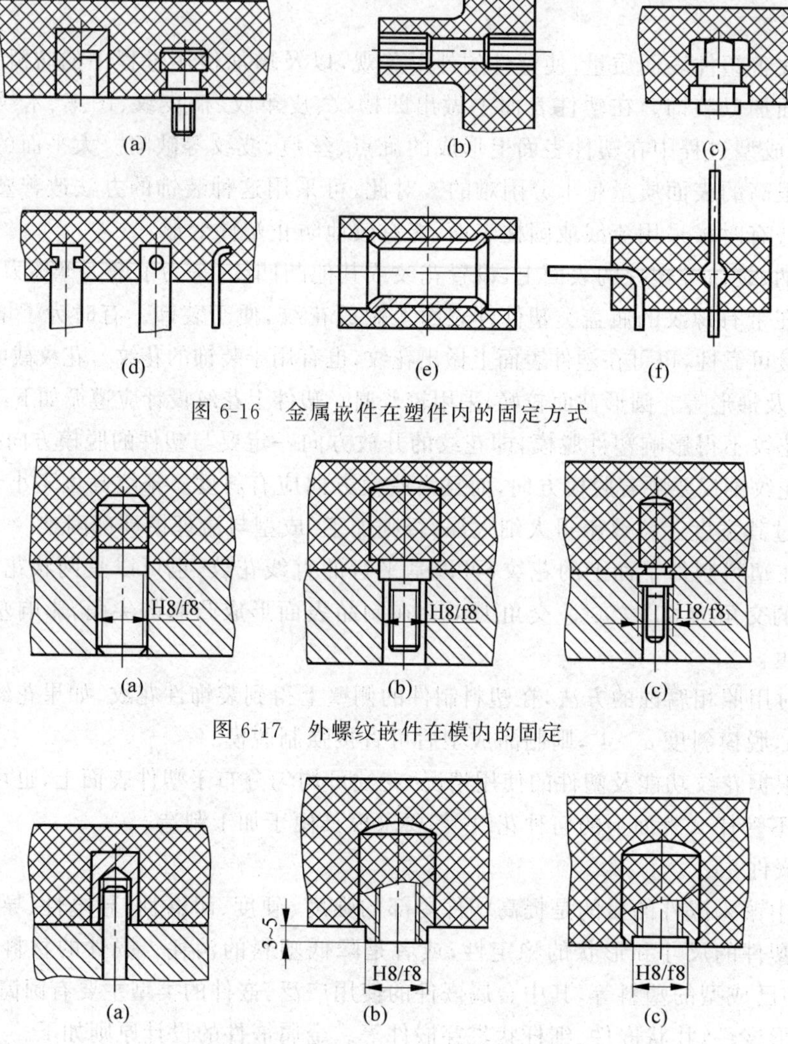

图 6-16 金属嵌件在塑件内的固定方式

图 6-17 外螺纹嵌件在模内的固定

图 6-18 内螺纹嵌件在模内的固定

(3) 嵌件周围的壁厚应足够大。由于金属嵌件与塑件的收缩率相差较大,因此嵌件周围的塑料存在很大的应力,如果设计不当,会造成塑件的开裂,保持嵌件周围适当的塑料层厚度可以减小塑件的开裂倾向。嵌件不应带有尖角,以减小应力集中。热塑性塑料注塑成型时,应将大型嵌件预热到接近物料温度。对于应力难以消除的塑料,可在嵌件周围覆盖一层高聚物弹性体或在成型后进行退火。嵌件的顶部也应有足够的塑料层厚度,否则会出现鼓泡或裂纹。成型带嵌件的塑件会降低生产效率,使生产不易实现自动化。

13) 文字、标记与符号

由于装潢或某些使用及特殊要求,需要在塑件上做出文字、符号等标记。在塑件上做出文字、标记符号的一般方法,是在成型塑件的过程中直接成型出来。用这种方法做出的文字、标记或符号坚固耐用、轮廓清晰、美观。一般情况下,这些文字、标记与符号应做在塑件的平面上,且多平行于分型面,以便模具加工。常见塑件上文字、标记与符号的设计方法见表 6-10。

表 6-10　常见塑件上文字、标记与符号的设计方法

设计方法	简　图	说　明
凸出塑件表面		模具为凹形，加工制造方便。但塑件上凸出的文字、标记与符号在使用中易损坏。塑件上凸出的文字等高度，一般在 0.2～1.4mm 选取（多用 0.4～0.8mm）。线条宽度小于 0.3mm，且其高度小于宽度，脱模斜度大于 10°
凹入塑件表面		模具上的文字等为凸形，多用电火花、电铸、冷挤压或镶嵌等新工艺制成
凹坑凸字		将成型文字等部分的模具进行整体镶嵌，使模具加工简化，且易于更换文字、标记等图案
异色标记	ПУСК　ПУСК	先制出由薄肋连接的单个字母或数字，然后将其固定于模腔内，经压塑或注塑后，即可获得与塑件颜色不同的文字等标记。必须采用比塑件材料软化点高的塑料制作字母及薄肋

6.2.3　型腔布局与分型面设计

塑料注塑成型所用的模具称为注塑成型模具（简称注塑模），也常称为注射模。注塑模通常由动模和定模两大部分组成。注塑模一般由成型零部件、浇注系统、导向与定位机构、脱模机构、侧向分型与抽芯机构、排气系统和温度调节系统等部分组成。

注塑模的结构通常按注塑模总体结构分类，根据塑料件制品的复杂程度以及浇注系统的不同，主要有七种注塑模结构：①单分型面注塑模；②双分型面注塑模；③带活动镶件注塑模；④带侧向分型与抽芯的注塑模；⑤带脱螺纹的注塑模；⑥定模设脱模机构的注塑模；⑦热流道浇注系统注塑模。

1. 注塑模的设计步骤

1）前期准备工作

注塑模具的设计者应以对应的任务书为依据设计模具，任务书记录着对塑件制品的各项要求和限定（通常配有产品图纸），是模具设计的工作准绳，也是以后模具设计审核的依据。任务书中通常有如下内容：经过审签的正规制品图样（产品图），同时可提供样品；塑料制品说明书及技术要求；塑料制品的生产数量及所使用的注塑机；注塑模主要结构要求、交货期限及价格等。

2）注塑模设计的一般步骤

注塑模设计的一般步骤如下。

（1）确定型腔的数目（根据生产量确定一模具腔）。

（2）选定分型面（根据塑件制品及模具的结构）。

（3）确定型腔和型芯的结构和固定方式（成型零部件设计）。

（4）型腔的配置（模具总体结构及模架）。

（5）确定浇注系统（浇注系统设计）。

（6）确定排气方式（排气系统设计）。

（7）确定脱模方式（脱模机构设计）。

（8）冷却系统设计。

（9）绘制模具的结构草图。

（10）校核模具与注塑机有关尺寸（初选注塑机）。

（11）校核模具主要零件的刚度与强度。

（12）绘制模具总装图与零件图。

（13）编写设计说明书及相关工艺文件。

（14）校对与审核。

2. 型腔布局

1）型腔数目的确定

一次注射只能生产一件塑料产品的模具称为单型腔模具。如果一副模具一次注射能生产两件或两件以上的塑料产品，则称为多型腔模具（一模多腔）。单型腔模具具有塑料制件的形状和尺寸一致性好、成型的工艺条件容易控制、模具结构简单紧凑、模具制造成本低、制造周期短等特点。但是，在大批量生产的情况下，一般使用多型腔模具，它可以提高生产效率，降低塑件的整体成本。一模多腔时需要确定最经济的型腔数目 n，影响 n 的因素有技术参数和经济指标。技术参数包括锁模力、最小和最大注射量、制品尺寸精度等；经济指标主要是指 n 对应制品数量的成本。一般可按以下几点对型腔的数目进行确定。

（1）根据注塑机的额定锁模力确定型腔数目 n，即

$$n \leqslant \frac{F - pB}{A}$$

式中，F 为注塑机的额定锁模力，N；p 为塑料熔体在型腔内的成型压力，MPa；B 为浇注

系统在分型面上的投影面积，mm^2；A 为单个塑件制品在分型面上的投影面积，mm^2。

浇注系统在分型面上的投影面积 B 在模具设计前是未知值，根据对多型腔模具的统计分析，一般 $B\approx(0.2\sim0.5)A$，通常可取 $B=0.35A$。型腔内的平均压力主要取决于注射压力，一般在 25～40MPa。

(2) 按注塑机的最大注射量确定型腔数目 n，即

$$n \leqslant \frac{Km_{\mathrm{p}} - m_1}{m}$$

式中，K 为注塑机最大注射量的利用系数，一般取 0.8；m_{p} 为注塑机最大注射量，g；m_1 为浇注系统凝料质量，g；m 为单个塑件的质量，g。

式中的 m_{p}、m_1、m 也可为注塑机最大注射体积(cm^3)、浇注系统凝料体积(cm^3)、单个塑件的体积(cm^3)。

(3) 按塑件制品精度要求确定型腔数目 n。根据经验，在模具中每增加一个型腔，塑件制品尺寸精度就要降低 4%。所以成型高精度塑件制品时，型腔不宜过多，因为多型腔难以使各型腔的成型条件一致。

(4) 根据生产经济性确定型腔数目 n。假定在一副模具中的型腔数目为 n，计划生产塑件制品的总量为 N，该模具的费用为($C+C_1$)元，其中 C_1 为制造每一个型腔所需费用，C 为模具费用中与型腔数目无关的部分，注塑机每小时的生产费用(包括设备折旧、人工费、能耗等)为 Y 元，注塑成型周期为 t(s)，若忽略准备时间和试模时的原料费用，则总的成型加工费用为

$$X = N\left(\frac{Yt}{3600n}\right) + C + nC_1$$

若使总的成型加工费用 X 为最小，即令 $\frac{\mathrm{d}X}{\mathrm{d}n}=0$，有

$$n = \sqrt{\frac{NYt}{3600C_1}}$$

从以上讨论可以看到，模具的型腔数目必须取其中的最小者。n 可供参考，当型腔数目接近 n 时，表明可以取得最佳的经济效果。此外，还应注意模板尺寸、脱模结构、浇注系统、冷却系统等方面的限制。

2) 多型腔的排布

一模多腔时，型腔在模板上通常采用圆形排列、H 形排列、直线形排列以及复合排列等。设计时应注意以下几点。

(1) 尽可能采用平衡式排列，以便构成平衡式浇注系统，保证塑件制品质量的均一和稳定。

(2) 型腔布置和浇口开设部位应力求对称，以防止模具承受偏载而产生溢料现象。

(3) 尽可能使型腔排列紧凑，以便减小模具的外形尺寸。

(4) 型腔的圆形排列所占的模板尺寸大，虽有利于浇注系统的平衡，但加工困难。除圆形制品和一些高精度制品外，在一般情况下，常用直线形排列和 H 形排列，从平衡的角度来看，应尽量选择 H 形排列。图 6-19 所示为几种结构模具的多型腔排布。

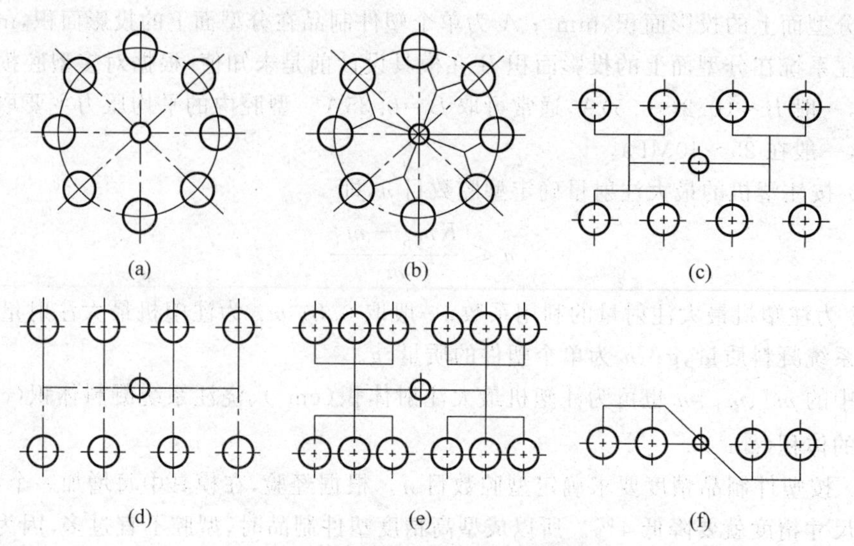

图 6-19　几种结构模具的多型腔排布

3）分型面设计

模具上用以取出制品和（或）浇注系统凝料的，可分离的接触面称为分型面。在塑件制品设计阶段，应考虑成型时分型面的形状和位置，然后才能选择模具的结构。分型面设计是否合理，对制品质量、工艺操作难易程度和模具的设计制造都有很大的影响。

（1）分型面的类型。分型面的形状应尽可能简单，以便制品成型和模具制造。分型面的形状可以是平面、阶梯或曲面，如图 6-20 所示。一般情况下，只需要采用一个与注塑机开模方向相垂直的分型面，而且尽可能采用简单的平面作为分型面，在特殊情况下可采用较多的分型面。在模具装配图上，分型面一般可用平行于分型面的短线及字母符号标示，如有多个分型面应按模具开模分型的先后次序，标出 A、B、C 等。

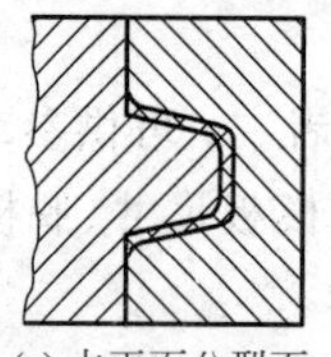

(a) 水平面分型面

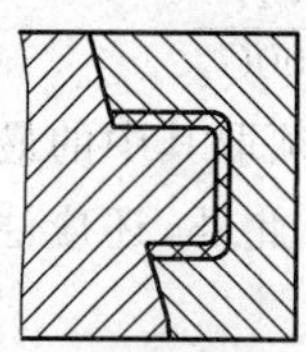

(b) 斜面分型面

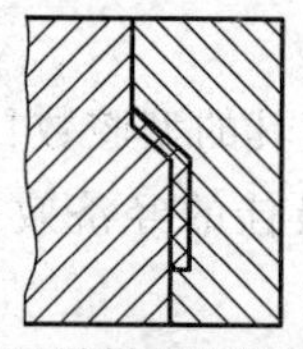

(c) 阶梯面分型面

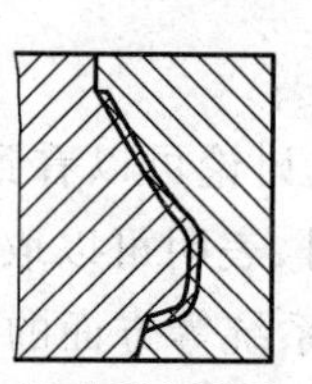

(d) 曲面分型面

图 6-20　分型面的形状

（2）选择分型面的原则。塑件制品在选择分型面时应遵循以下原则。

① 分型面应选择在塑件制品的最大投影面截面处，如图 6-21 中箭头所指的位置截面，否则塑件制品无法脱模。在选择分型面时，这是首要原则。

② 尽可能使制品留在动模一侧。因为注塑机的推出液压缸设在动模一侧，塑件制品留在动模一侧有利于模具脱模机构的设置，简化模具结构。通常将型芯设在动模一侧，依靠塑件制品对型芯足够的包紧力，使制品留在动模一侧。对于无型芯的型腔，应将模具型腔设在动模一侧，以便于塑件制品脱模。

③ 有利于保证制品的尺寸精度。图 6-22(a)所示为保证双联齿轮的齿廓与孔的同轴

度，齿轮型腔与型芯都设在动模一侧。若型腔与型芯分设在动模与定模两侧，因导向机构的配合误差，便无法保证齿廓与孔的同轴度，如图 6-22(b)所示。为了保证制品两台阶间距尺寸 L 的精度，应将两台阶面置于模具同一侧，如图 6-23(a)所示。否则，尺寸 L 精度受到分至面制造精度和锁模力的影响，会产生较大误差，如图 6-23(b)所示。

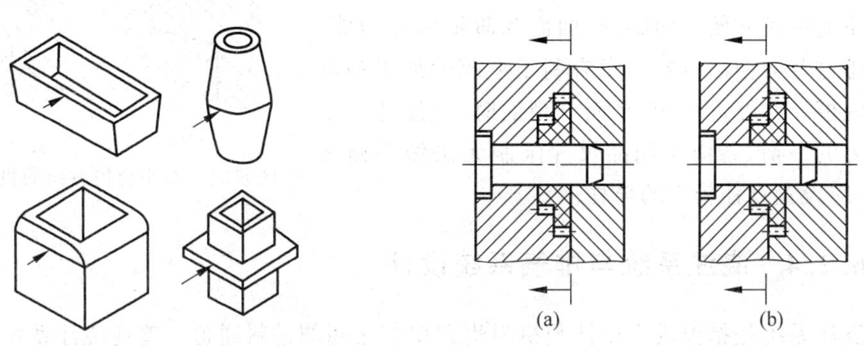

图 6-21　分型面设在塑件制品最大投影面截面处　　图 6-22　保证制品同轴度

④ 有利于保证制品的外观质量。动、定模相配合的分型面上稍有间隙，塑料熔体就会在间隙处溢料，使得塑件制品上产生飞边，影响制品的外观质量。因此在制品光滑平整的表面或圆弧曲面上，应尽量避免设置分型面。图 6-24(a)所示为正确选择的分型面，图 6-24(b)的选择则不妥。

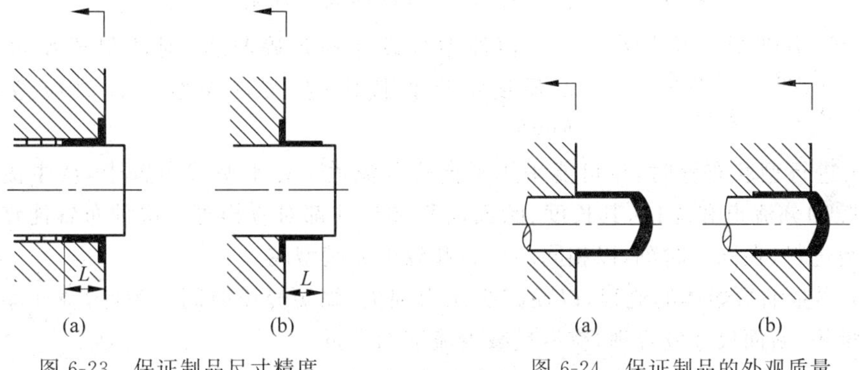

图 6-23　保证制品尺寸精度　　图 6-24　保证制品的外观质量

⑤ 尽可能满足制品的使用要求。在注塑成型过程中，制品上会产生一些很难避免的工艺缺陷，如脱模斜度、飞边及推杆与浇口的痕迹等。在设计分型面时，应从使用角度避免这些工艺缺陷影响制品的使用功能。

⑥ 尽量减小制品在合模方向上的投影面积，以减小所需锁模力。如图 6-25 所示的弯板制品中，图 6-25(a)的分型面选择比图 6-25(b)好。

⑦ 长型芯应置于开模方向。当制品在相互垂直的两个方向都需要设置型芯时，应将较短的型芯设置为侧抽芯方向，这样有利于减小抽拔距。

⑧ 有利于排气。熔体充模流动的末端应设置在分型面上，以便型腔的气体能从分型面上的空隙逸出。特别是型腔内的死角的气体，若其无法排出，则无法生产出合格的制品。

⑨ 有利于简化模具结构。当设计制品在型腔中的结构时，应尽可能避免侧向分型或抽芯，特别应避免在定模一侧抽芯。

⑩ 在选择非平面分型面时，应有利于型腔加工和制品的脱模方便。如斜面、曲面和阶梯面分型面，在安排这些分型面时要注意有利于型腔的加工和制品的脱模。此外，设计非平面分型面时，应注意分型面上力的平衡，若由于制品尺寸限制无法做平衡设计时，应设置直径较大的导柱。

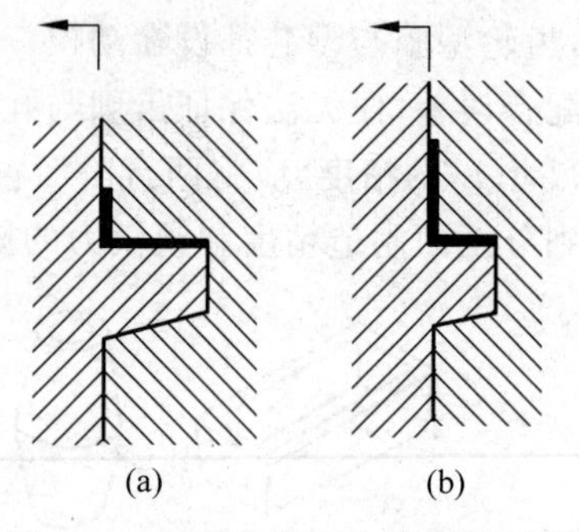

图 6-25 减小合模方向的投影面积

6.2.4 浇注系统与排气系统设计

浇注系统是指模具中由注塑机喷嘴到型腔之间的进料通道。普通浇注系统一般由主流道、分流道、浇口和冷料穴四部分组成，如图 6-26 所示。浇注系统的设计是模具设计的一个重要环节，设计合理与否对塑件的性能、尺寸、内外部质量及模具的结构、塑料的利用率等有较大影响。它的设计合理与否，直接影响模具整体结构及其工艺操作的难易。

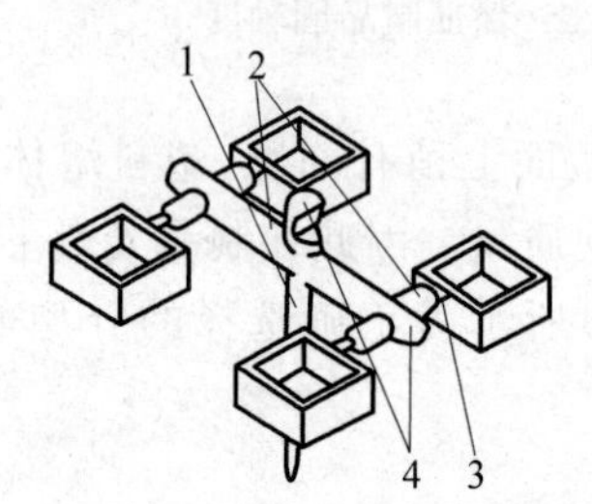

图 6-26 普通浇注系统组成
1—主流道；2—分流道；
3—浇口；4—冷料穴

1. 浇注系统的设计原则

浇注系统设计的正确与否，对注射成型过程和制品质量均有直接影响，浇注系统设计时应遵循如下原则。

(1) 进行型腔布置时，尽可能采用平衡式分流道。在平衡式布置中，从主流道末端到各型腔的分流道和浇口，其长度、断面面积和尺寸都对应相等。这种布置能使塑料熔体均衡地进料，在同一时刻，以相同的压力和温度充满型腔。

(2) 尽量缩短熔体的流程，以便减少压力损失、缩短充模时间。为此，浇注系统的长度应尽量短、断面尺寸应合理，应尽量减少流道的弯折。

(3) 浇口尺寸、位置和数量的选择十分关键，应有利于熔体流动、避免产生湍流、涡流、喷射和蛇形流动，并有利于排气和补缩。

(4) 避免高压熔体对模具型芯和嵌件产生冲击，防止变形和位移的产生。

(5) 浇注系统凝料脱出应方便可靠，凝料应易于与制品分离或者易于切除和修整。

(6) 熔接痕部位与浇口尺寸、数量及位置有直接关系，设计浇注系统时要预先考虑熔接痕的部位、形态，以及对制品质量的影响。

(7) 尽量减少因开设浇注系统造成的塑料凝料用量。

(8) 浇注系统的模具工作表面应达到所需的硬度、精度和表面粗糙度，其中浇口应有 IT8 以上的精度要求。

(9) 设计浇注系统时应考虑储存冷料的措施。

(10) 应尽可能使主流道中心与模板中心重合，若无法重合也应使二者的偏离距离尽可能缩短。

2. 普通浇注系统设计

无论用于何种类型注塑机的模具，其浇注系统一般由主流道、冷料穴、分流道和浇口四部分组成。

1) 主流道

主流道是指使注塑机喷嘴与型腔(单型腔模)或与分流道连接的一段进料通道。主流道是塑料熔体首先经过的通道，与注塑机喷嘴处于同一轴线，熔体在主流道中不改变流动方向。主流道的形状一般为圆锥形，以便熔体的流动和开模时主流道凝料的顺利拔出。

主流道的尺寸直接影响熔体的流动速度和充模时间。由于主流道要与高温塑料熔体及注塑机喷嘴反复接触，因此在注塑模中主流道部分常设计成可拆卸更换的浇口套，如图 6-27 所示。为了使凝料顺利拔出，主流道的小端直径 D(单位：mm)应稍大于注塑机喷嘴直径 d(单位：mm)，通常为

$$D=d+(0.5\sim1)$$

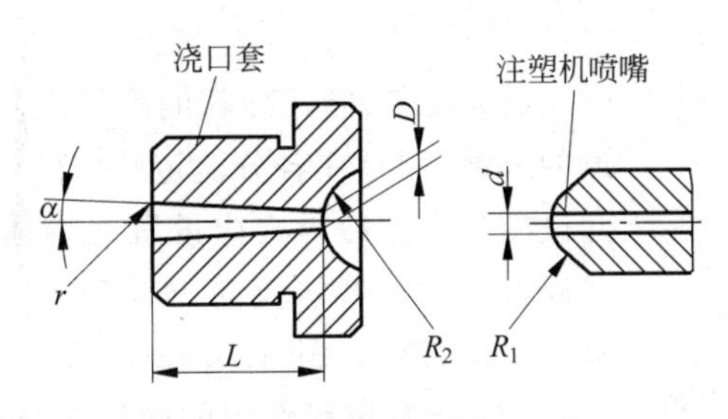

图 6-27 浇口套与注塑机喷

主流道入口的凹坑球面半径 R_2(单位：mm)也应大于注塑机喷嘴球头半径 R_1(单位：mm)，通常为

$$R_2=R_1+(1\sim2)$$

主流道的半锥角 α 通常为 1°～2°。过大的锥角会产生湍流或涡流，卷入空气。过小的锥角会使凝料脱模困难，还会使充模时熔体的流动阻力过大。主流道内壁的表面粗糙度应在 $Ra0.8\mu m$ 以下，抛光时沿轴向进行。主流道的长度 L 一般按模板厚度确定。为了减少熔体充模时的压力损失和物料损耗以及避免过早的冷凝，应尽可能缩短主流道的长度，一般控制在 60mm 以内。主流道过长时，可在浇口套上挖出深凹坑，让喷嘴伸入模具内。主流道的出口端应有较大的圆角，其半径 r 约为 $1/8D$。

浇口套常用碳素工具钢 T8 或 T10 等材料制作，热处理淬火硬度为 50～55HRC。浇口套的形式如图 6-28 所示。图 6-28(a)为将浇口套和定位圈做成一体，仅用于小型模具。图 6-28(b)和 6-28(c)是常用结构。图 6-28(b)采用螺钉将定位圈和定模座板连接，以防浇口套因受到熔体的反压力而脱出。图 6-28(c)将定位圈的周边凸出使其紧压在注塑机的固定板下。当浇口套端面尺寸很小时，仅靠注塑机喷嘴的推力就能使浇口套压紧，此时

可不用螺钉连接。图 6-28(d)是在浇口套中挖出凹坑,以减小主流道的长度。

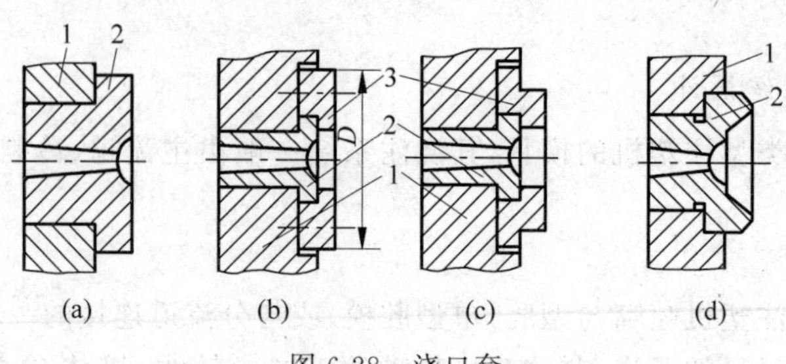

图 6-28 浇口套

1—定模座板；2—浇口套；3—定位圈

在以上几种形式中,浇口套与注塑机喷嘴均属于球面接触。球面接触能自动调整注塑机喷嘴孔与浇口套孔因不同轴而造成的偏差,因此在国内得到了广泛的应用。

2）冷料穴

冷料穴是指直接对着主流道的孔或槽,主要用以储存熔体前锋的冷料,防止冷料进入模具型腔而影响制品质量。冷料穴位于主流道正对面的动模板上,或者处于分流道的末端。冷料穴分两种：一种专门用于收集、储存冷料；另一种除储存冷料外还兼有拉出流道凝料的功用。

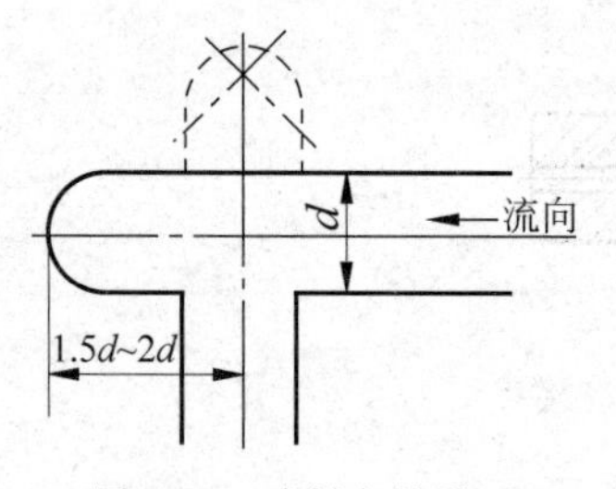

图 6-29 冷料穴的设置

(1) 收集、储存冷料的冷料穴。根据需要,不但在主流道的末端,而且在各分流道转向的位置,甚至在型腔的末端开设冷料穴。冷料穴应设置在熔体流动方向的转折位置,并迎着上游的熔体流向,如图 6-29 所示,冷料穴的长度通常为流道直径 d 的 1.5～2.0 倍。

(2) 兼有拉料作用的冷料穴。在圆柱形的冷料穴底部装有一根 Z 字形头的拉料杆,称为 Z 字形拉料杆,这是最常用的一种冷料穴与拉料杆的形式。

如图 6-30(a)所示,Z 字形拉料杆固定在动模一侧的推板上,拉料杆头部的侧凹能将主流道凝料钩住。开模时,主流道凝料将从定模中拉出。在其后的脱模过程中,再将凝料从动模中推出。开模后,稍将制品做侧向移动,即可将制品连同凝料一道从拉料杆上取下。在采用 Z 字形拉料杆时应特别注意手工定向取出凝料的可操作性。例如,当制品在取出时若受到型芯或型芯杆限制,则凝料将无法取出。

同类型的还有倒锥形和圆环槽形的冷料穴,如图 6-30(b)、图 6-30(c)所示。在开模时靠冷料穴的倒锥或侧凹起拉料作用,使主流道凝料脱出浇口套并滞留在动模一侧,然后通过脱模机构强制推出凝料。这两种形式宜用于韧性较好的塑料制品。由于在取出凝料时无须做侧向移动,故采用倒锥和圆环槽形冷料穴易实现自动化操作。

Z 字形拉料杆仅适用于依靠推杆脱模的模具。对于依靠推件板脱模的模具,常用如图 6-30(d)所示的球头拉料杆。当前锋冷料进入冷料穴后,紧包在拉料杆的球头上,开模时便可将凝料从主流道中拉出。球头拉料杆固定在动模一侧的型芯固定板上,并不随脱模机构移动,所以当推件板从型芯上脱出制品时,也就将主流道凝料从球头拉料杆上硬刮下来。图 6-30(e)、图 6-30(f)所示的圆锥头拉料杆是球头拉料杆的变异形式。通常,圆锥头拉料杆无储存冷料的作用,它依靠塑料冷却收缩的包紧力将主流道凝料拉出,其可靠性较差,但圆锥的分流作用好,常用于成型带有中心孔的制品。如果成型的制品较大,也可在圆锥顶部挖出球坑用作冷料穴。

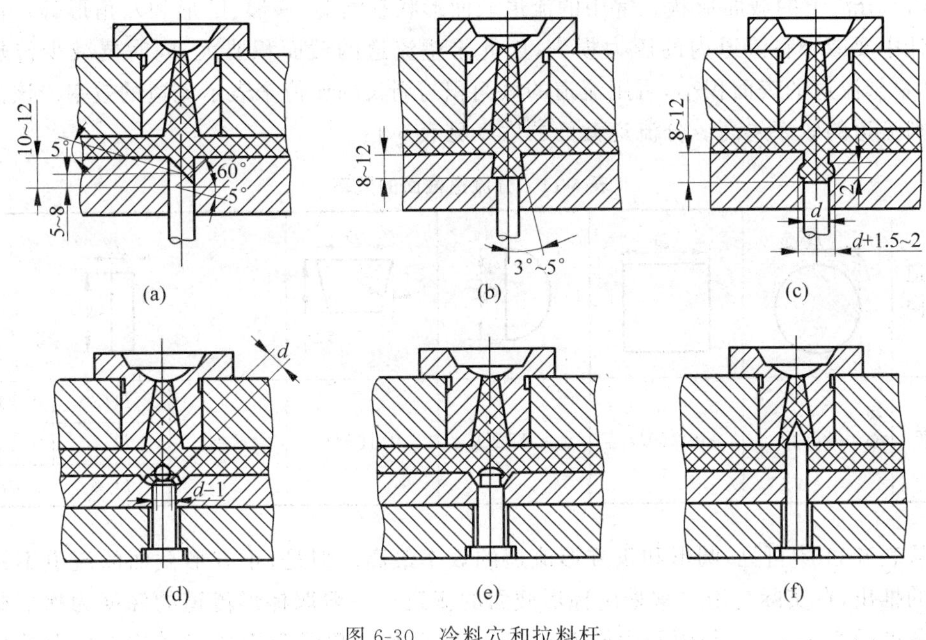

图 6-30 冷料穴和拉料杆

图 6-31 所示是侧凹拉料冷料穴。与开模方向成一定倾角的凹坑中的冷料可产生所需要的拉力,用以拉出主流道凝料或拉断点浇口。图 6-31(a)中,在主流道末端的动模上开有锥形凹坑冷料穴。这种结构必须用 S 形的挠性分流道相匹配,以便能将冷料头从不通孔中顺利拔出。图 6-31(b)是在定模板的分流道末端开有斜孔冷料穴,通常称为侧凹。开模时由于斜孔中冷料的限制,先将点浇口凝料在浇口处拉断,然后在拉出主流道凝料的同时,将分流道与冷料头一起拉出,最后将制品推出,并自动坠落。

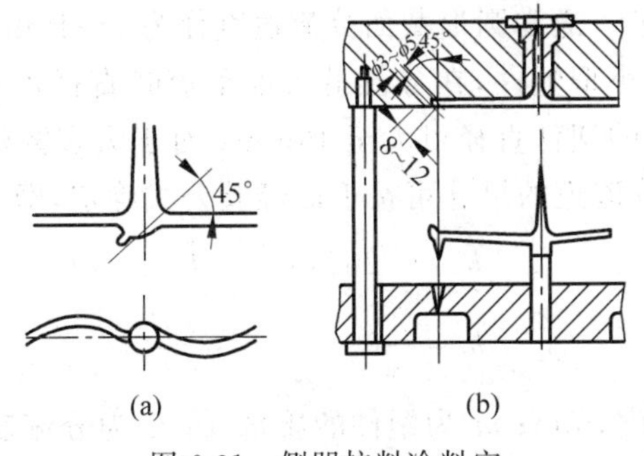

图 6-31 侧凹拉料冷料穴

3) 分流道

分流道是指连接主流道和浇口的进料通道。在多型腔注射模中分流道通常由一级分流道和二级分流道，甚至多级分流道组成。分流道通常开设在模具的分型面上，其断面形状有多种形式，由动模和定模两侧的沟槽组合而成。分流道有时也可单独开设在定模或动模一侧。在分流道设计时应考虑尽量减少在流道内的压力损失和尽可能避免熔体温度的降低，同时要考虑减小流道的容积。

(1) 分流道的截面形状。常用的流道截面形状有圆形、梯形、U 形和六角形等。在流道设计中要减小在流道内的压力损失，因此希望流道的截面积要大，同时要减少传热损失，又希望流道的表面积小，可用流道的截面积与周长的比值来表示流道的效率。该比值越大则流道的效率越高。分流道截面的效率见表 6-11。

表 6-11　分流道截面的效率

分流道截面图	D	D	D	D，5°，$\frac{2}{3}D$	d，D		
效率	$0.250D$	$0.250D$	$0.153D$	$0.195D$	$d=$	$D/2$	$0.166D$
						$D/4$	$0.100D$
						$D/6$	$0.071D$

从表 6-11 中可见，圆形和正方形流道的效率最高。但是，正方形截面的流道不易于凝料的推出，在实际应用中常采用梯形截面的流道。一般取梯形流道的深度为梯形截面上端宽度的 2/3～3/4，脱模斜度取 5°～10°。U 形和六角形截面的流道均是梯形截面流道的变异形式。六角形截面的流道实质上是一种双梯形截面的流道。一般当分型面为平面时，通常采用圆形截面的流道。当分型面不为平面时，考虑加工的困难，常采用梯形或半圆形截面的流道。

塑料熔体在流道中流动时，会在流道管壁形成凝固层。该凝固层起绝热的作用，使熔体能在流道中心部畅通。因此，分流道的中心最好能与浇口的中心位于同一直线上。

(2) 分流道的尺寸。

① 分流道截面尺寸。分流道截面尺寸根据塑料品种、塑件尺寸、成型工艺条件以及流道的长度等因素来确定。通常圆形截面分流道直径为 3～10mm。流动性较好的尼龙、聚乙烯、聚丙烯等塑料的小型塑件，在分流道长度很短时直径可小到 2mm；流动性较差的聚碳酸酯、聚砜等塑料的塑件直径可大至 16mm；对于大多数塑料，分流道截面直径常取 5～8mm。梯形截面分流道的尺寸可按下面经验公式确定，即

$$b = 0.2654\sqrt{m}\sqrt[4]{L}$$

$$h = \frac{2}{3}b$$

式中，b 为梯形大底边宽度，mm；m 为塑件的质量，g；L 为分流道的长度，mm；h 为梯形的高度，mm。

梯形的侧面斜角 α 常取 5°～10°，底部以圆角相连。上述公式的适用范围为塑件壁厚在 3.2mm 以下、塑件质量小于 200g，且计算结果 b 应为 3.2～9.5mm 才合理。按照经

验，根据成型条件不同，b 也可在 5～10mm 选取。U 形截面分流道的宽度 b 也可在 5～10mm 选取，半径 $R=0.5b$，深度 $h=1.25R$，斜角 $\alpha=5°\sim10°$。

② 分流道的长度。根据型腔在分型面上的排布情况，分流道可分为一次分流道、二次分流道甚至三次分流道。分流道的长度要尽可能短，且弯折少，以便减少压力损失和热量损失，节约塑料的原材料和降低能耗。图 6-32 所示为分流道长度的设计参数尺寸，其中 $L_1=6\sim10$mm，$L_2=3\sim6$mm，$L_3=6\sim10$mm，L 根据型腔的多少和型腔的大小而定。

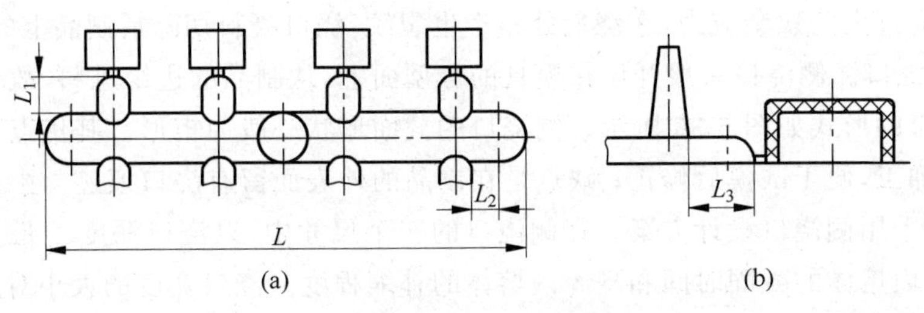

图 6-32　分流道长度的设计参数尺寸

③ 分流道的表面粗糙度。由于分流道中与模具接触的外层塑料迅速冷却，只有内部的熔体流动状态比较理想，因此分流道表面粗糙度要求不能太低，一般 Ra 取 1.6μm 左右，这可增加对外层塑料熔体的流动阻力，使外层塑料冷却皮层固定，形成绝热层。

④ 分流道在分型面上的布置形式。分流道在分型面上的布置形式与型腔在分型面上的布置形式密切相关。如果型腔呈圆形分布，则分流道呈辐射状布置；如果型腔呈矩形分布，则分流道一般采用“非”字形布置。虽然分流道有多种不同的布置形式，但应遵循两个原则：一个是排列应尽量紧凑，缩小模板尺寸；另一个是流程尽量短，对称布置，使胀模力的中心与注塑机锁模力的中心一致。分流道常用的布置形式有平衡式和非平衡式两种，这与多型腔的平衡式与非平衡式的布置是一致的。

4）浇口

浇口是指连接分流道和型腔的一段细短的进料通道。它是浇注系统的关键部分，主要起调节熔体流速、控制压实和保压的作用。常用的断面形状为圆形和矩形。浇口的形状、位置和尺寸对制品的质量影响很大。浇口的主要作用有以下几点。

① 熔体充模后，先在浇口处凝固，当注塑机螺杆抽回时可防止熔体向流道回流。

② 熔体在流经狭窄的浇口时会产生摩擦热，使熔体升温，有助于充模。

③ 易于切除浇口尾料。

④ 对于多型腔模具，浇口能用来平衡进料。对于多浇口的单型腔模具，浇口除了能用来平衡进料外，还能用来控制熔接痕在制品中的位置。

浇口的理想尺寸很难准确计算，具体浇口截面尺寸应根据不同的浇口类型来确定。在实际中浇口往往先取较小的尺寸值，以便有足够的余量在试模时逐步加以修正。

通常浇口可分为大浇口和小浇口两类。前者又称为非限制性浇口，是指直接浇口；后者又称为限制性浇口，常用的有侧浇口、点浇口等。下面介绍几种常见浇口。

（1）直接浇口。如图 6-33 所示，这种浇口由主流道直接进料，故熔体的压力损失小，

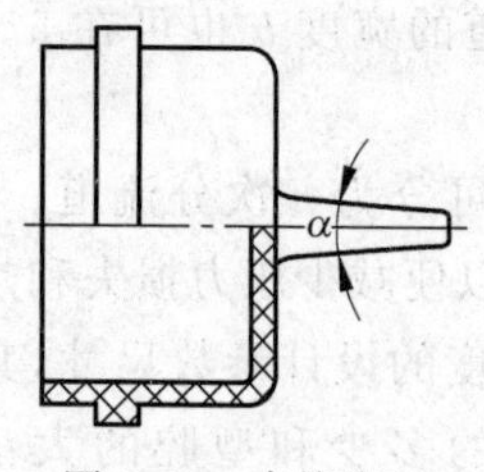

图 6-33 直接浇口

成型容易，且有利于补缩和排气。因此，直接浇口适用范围广，常用于成型大型、厚壁、长流程以及一些高黏度的制品。直接浇口与制品连接处的直径约为制品厚度的 2 倍，主流道锥角 $\alpha=2°\sim4°$。若此处直径不够大，则会使熔体流动摩擦剧增，产生暗斑和暗纹；若直径过大，则冷却时间加长，流道凝料增多，易产生缩孔。

直接浇口的缺点是，由于浇口处熔体固化慢，容易造成成型周期长，产生过大的残余应力，在浇口处易产生裂纹，浇口凝料切除后制品上的疤痕较大。

（2）侧浇口。侧浇口一般开设在模具的分型面上，从制品的边缘进料，故也称为边缘浇口，侧浇口的形式如图 6-36 所示。侧浇口的截面形状一般为矩形。其优点是截面形状简单，易于加工，便于试模后修正；缺点是在制品的外表面留有浇口痕迹。中小型制品的多型腔模常采用侧浇口设计方案。在侧浇口的三个尺寸中，以浇口深度 h 最为重要。它控制着浇口内熔体的凝固时间和型腔内熔体的补缩程度。浇口宽度的大小对熔体的体积流量有直接影响。确定侧浇口深度和宽度的经验公式如下：

$$h=nt$$

$$W=\frac{n\sqrt{A}}{30}$$

式中，h 为侧浇口深度，mm，中小型制品常用 $h=0.5\sim2$mm，为制品最大壁厚的 1/3～2/3；t 为制品壁厚，mm；n 为塑料材料系数，见表 6-12；W 为浇口宽度，mm；A 为型腔表面积，即制品外表面面积，mm。

表 6-12 塑料材料系数 n

材料名称	材料系数 n	材料名称	材料系数 n
PE、PS	0.6	CA、PMMA、PA	0.8
POM、PC、PP	0.7	PVC	0.9

若计算所得的 W 大于分流道直径，则可采用扇形浇口。

侧向进料的侧浇口如图 6-34(a)所示，对于中小型塑件，一般厚度 $t=0.5\sim2.0$mm（或取塑件壁厚的 1/3～2/3），宽度 $b=1.5\sim5.0$mm，浇口的长度 $l=0.7\sim2.0$mm；端面

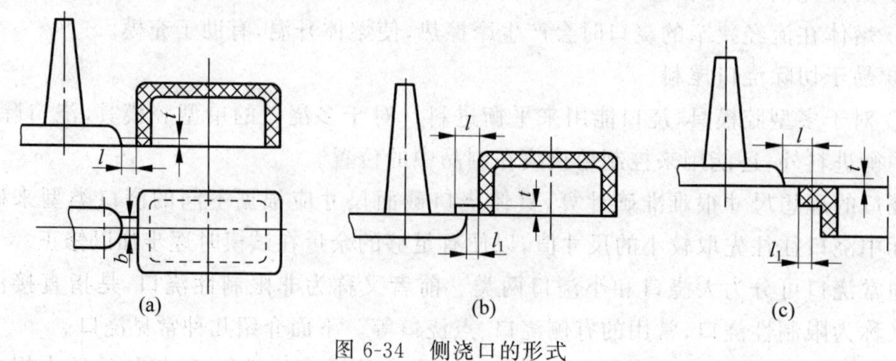

图 6-34 侧浇口的形式

进料的搭接式侧浇口，如图 6-34(b)所示，搭接部分的长度 $l_1=(0.6\sim0.9)+\frac{b}{2}$(mm)，浇口长度 l 可适当加长，取 $l=2.0\sim3.0$mm；侧面进料的搭接式浇口，如图 6-34(c)所示，其浇口长度选择可参考端面进料的搭接式侧浇口。

(3) 扇形浇口。扇形浇口是一种沿浇口方向宽度逐渐增加、厚度逐渐减小的呈扇形的侧浇口，如图 6-35 所示，常用于扁平而较薄的塑件，如盖板、标卡和托盘类等。通常在与型腔接合处形成长 $l=1.0\sim1.3$mm、厚 $l=0.25\sim1.00$mm 的进料口，进料口的宽度 b 视塑件的大小而定，一般取浇口处型腔宽度的 1/4，整个扇形的长度 L 可取 6mm 左右，塑料熔体通过它进入型腔。采用扇形浇口，使塑料熔体在宽度方向上的流动得到更均匀的分配，塑件的应力因之较小，还可避免流纹及定向效应所带来的不良影响，减少带入空气的可能性，但浇口痕迹较明显。

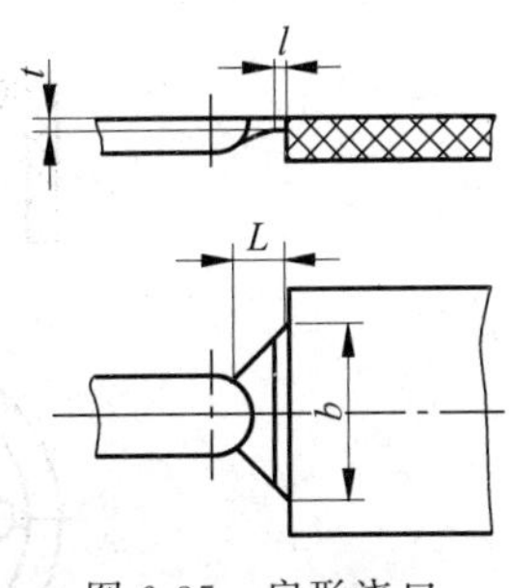

图 6-35 扇形浇口

(4) 圆环形浇口。对型腔充填采用圆环形进料形式的浇口称为圆环形浇口，如图 6-36 所示。圆环形浇口的特点是进料均匀，圆周上各处流速大致相等，熔体流动状态好，型腔中的空气容易排出，熔接痕可基本避免。

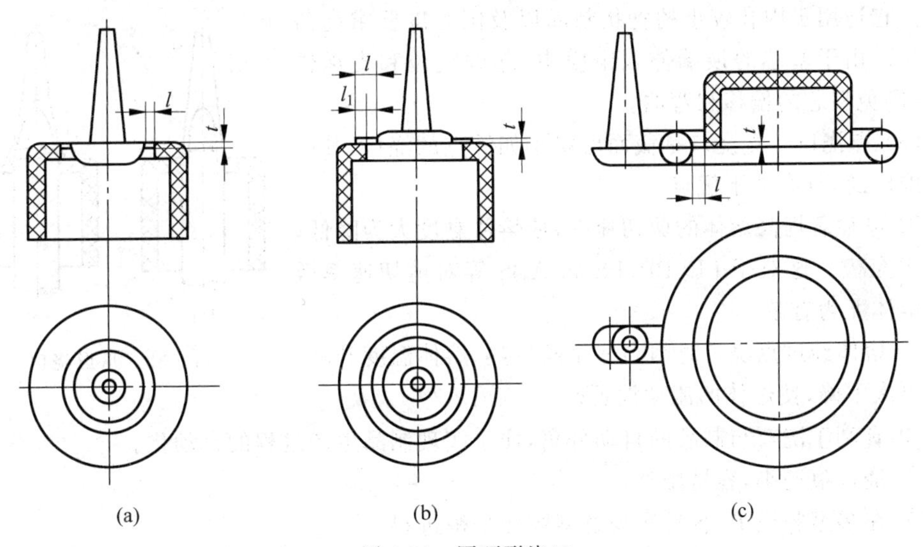

图 6-36 圆环形浇口

图 6-36(a)所示为内侧进料的环形浇口，浇口设计在型芯上，浇口的厚度 $t=0.25\sim1.60$mm，长度 $l=0.8\sim1.8$mm；图 6-36(b)所示为端面进料的搭接式环形浇口，搭接长度 $l_1=0.8\sim1.2$mm，总长 l 可取 2～3mm；图 6-36(c)所示为外侧进料的环形浇口，其浇口尺寸可参考内侧进料的环形浇口。实际上，前述的中心浇口也是一种端面进料的环形浇口。环形浇口主要用于成型圆筒形无底塑件，但浇注系统耗料较多，浇口去除较难，浇口痕迹明显。

(5) 轮辐浇口和爪形浇口。轮辐浇口适用范围与圆环形浇口类似，但它将整圆改成几段小圆弧进料，如图 6-37 所示。轮辐浇口的优点是浇口切除方便、凝料减少，而且由于型芯上部得以定位,增加了型芯的稳定性。缺点是制品上会产生若干条熔接痕,影响制品的强度和外观质量。

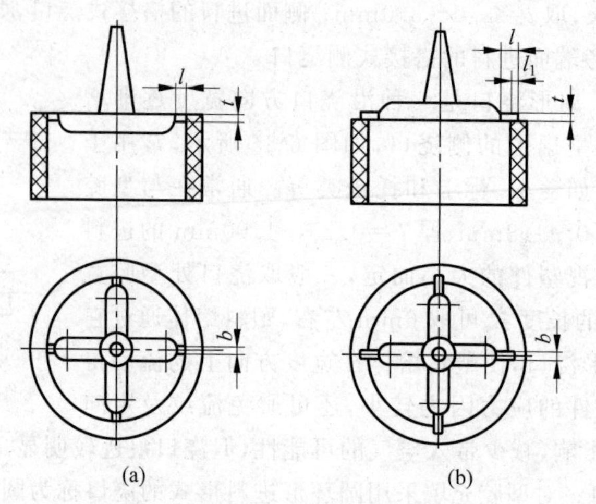

图 6-37 轮辐浇口

爪形浇口是轮辐浇口的一种变异形式。如图 6-38 所示,其分流道和浇口不在同一平面内。它适用于内孔较小的管状制品以及同心度要求高刍匀制品。由于型芯的顶端伸入定模中,起到定位和支承作用,可避免型芯的偏移和弯曲。

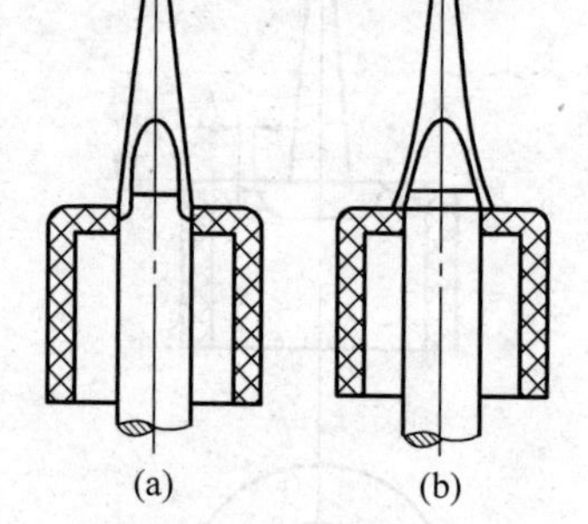

图 6-38 爪形浇口

(6) 点浇口。点浇口是截面形状小如针点的浇口,其应用范围广泛,具有如下优点。

① 可显著提高熔体的剪切速率,使熔体黏度大为降低,有利于充模。这对于 PE、PP、PS 和 ABS 等对剪切速率敏感的熔体尤为有效。

② 熔体经过点浇口时因高速摩擦生热,熔体温度升高,黏度再次下降,使熔体的流动性更好。

③ 有利于浇口与制品的自动分离,便于实现制品生产过程的自动化。

④ 浇口痕迹小,容易修整。

⑤ 在多型腔模中,容易实现各型腔的平衡进料。

⑥ 对于投影面积大的制品或者易于变形的制品,采用多个点浇口能够提高制品的成型质量。

⑦ 能够较自由地选择浇口位置。

点浇口的缺点如下。

① 采用点浇口时,为了能取出流道凝料,必须使用双分型面的结构形式或者单分型面热流道结构,花费较高。

② 不适合黏度高和对剪切速率不敏感的塑料熔体。

③ 不适合厚壁或壁厚不均匀的制品成型。

④ 要求采用较高的注射压力。

点浇口按使用位置关系可分两种：一种是与主流道直接相通，如图 6-39(a)所示；另一种是经分流道的多点进料的点浇口，如图 6-39(b)所示。点浇口的圆柱孔长 $L=0.50\sim0.75$mm。直径 d 常为 0.50～1.8mm，也可用如下公式计算：

$$d = nC\sqrt[4]{A}$$

式中，d 为点浇口直径，mm；A 为型腔的表面积，mm；C 为塑件制品壁厚的函数值，见表 6-13；n 为塑料材料系数，见表 6-12。

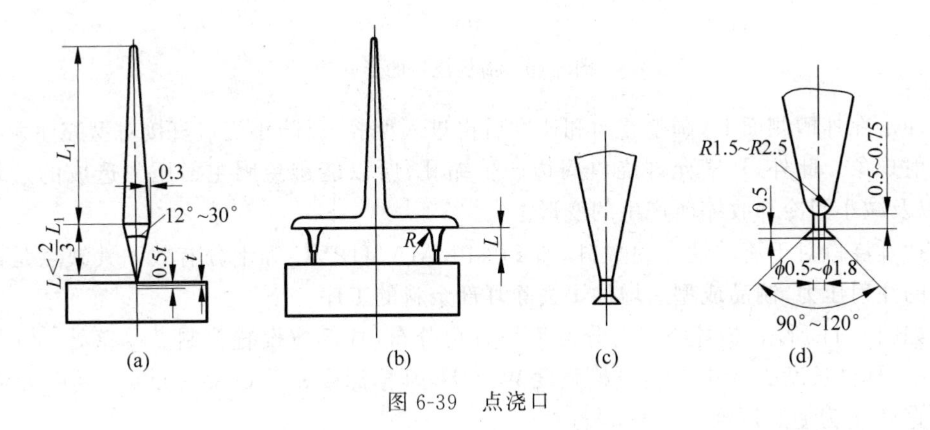

图 6-39 点浇口

表 6-13 塑件制品壁厚的函数值 C

制品壁厚 t/mm	0.75	1.00	1.25	1.75	2.00	2.25	2.50
C	0.178	0.200	0.230	0.242	0.294	0.309	0.326

点浇口的引导圆锥孔有两种形式：图 6-39(c)是直锥孔。它的阻力小，适用于含玻璃纤维的塑料熔体。图 6-39(d)是带球形底的锥孔，它可延长浇口冻结时间，有利于补缩。点浇口引导部分长度一般为 15～25mm，锥角为 12°～30°，与分流道间用圆弧相连。在点浇口与制品表面连接处有 90°～120°锥度、高 0.5mm 的倒锥，使点浇口在拉断时不会损伤制品。点浇口附近充模时剪切速率高，固化后残余应力大，为防止薄壁制品开裂，可将浇口对面的壁厚在局部上适当增加，如图 6-39(a)所示。

(7) 潜伏浇口。潜伏浇口又称剪切浇口，由点浇口变异而来。这种浇口的分流道位于模具的分型面上，而浇口却斜向开设在模具的隐蔽处。塑料熔体通过型腔的侧面或推杆的端部注入型腔，因而塑件外表面不受损伤，不致因浇口痕迹而影响塑件的表面质量与美观效果。潜伏浇口的形式如图 6-40 所示。图 6-40(a)所示为浇口开设在定模部分的形式；图 6-40(b)所示为浇口开设在动模部分的形式；图 6-40(c)所示为潜伏浇口开设在推杆的上部而进料口在推杆上端的形式。

潜伏浇口一般是圆形截面，其尺寸设计可参考点浇口。潜伏浇口的锥角 β 取 10°～20°，倾斜角 α 为 45°～60°，推杆上进料口宽度为 0.8～2.0mm，具体数值应视塑件大小而定。浇口与型腔相连时有一定角度，形成能切断浇口的刃口，这一刃口在脱模或分型时形成的剪切力可将浇口自动切断，不过对于较强韧的塑料不宜采用。

(8) 护耳浇口。护耳浇口的结构如图 6-41 所示。它在型腔侧面开设耳槽，熔体通过

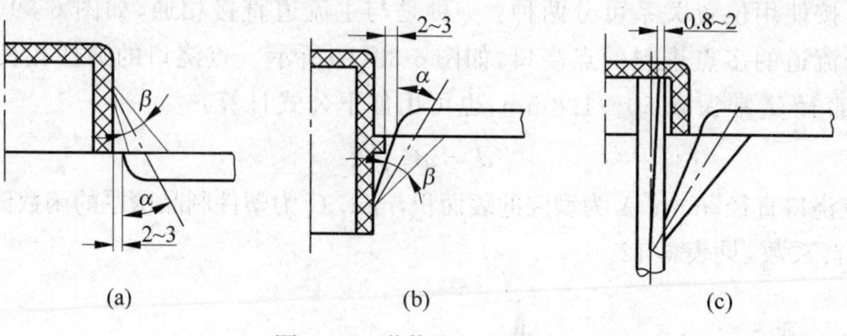

图 6-40 潜伏浇口的形式

浇口冲击在耳槽侧面上，调整方向和速度后再进入型腔，以防小浇口直接对型腔注射时产生喷射现象。此外，耳槽允许浇口周边产生缩孔，所以能避免因主射压力造成的过量填充，以及减小因冷却收缩所产生的变形。

护耳浇口对于流动性差的塑料，如 PC、PMMA、HPVC 等十分有效。其缺点是需要较高的注射压力，制品成型后增加了去除耳部余料的工序。

如图 6-41 所示，护耳浇口与分流道呈直角分布，耳部应设置在制品厚壁处。在护耳浇口中，耳槽长度 $L_t=1.5D$，耳槽宽度 $W_t=D$，耳槽深度 $h_t=0.8t\sim0.9t$。其中 D 为分流道直径，t 为型腔厚度。

5）浇口位置选择与浇注系统平衡

（1）浇口位置的选择。浇口位置与数量对制品质量影响很大。选择浇口位置时应遵循以下原则。

① 避免引起熔体破裂。如果小浇口正对着宽度和厚度都较大的型腔空间，则高速的塑料熔体从浇口注入型腔时，因受到很高的剪切力，将产生喷射和蛇形流等熔体破裂现象。喷射不仅会造成制品内部和表面的缺陷，还会使型腔内空气难以顺序排出，在熔体内产生封闭气囊。

克服喷射现象的方法是，加大浇口断面尺寸，降低熔体流速，避免喷射的产生，或者采用冲击型浇口。图 6-42 所示为重叠式浇口改善熔体流道。

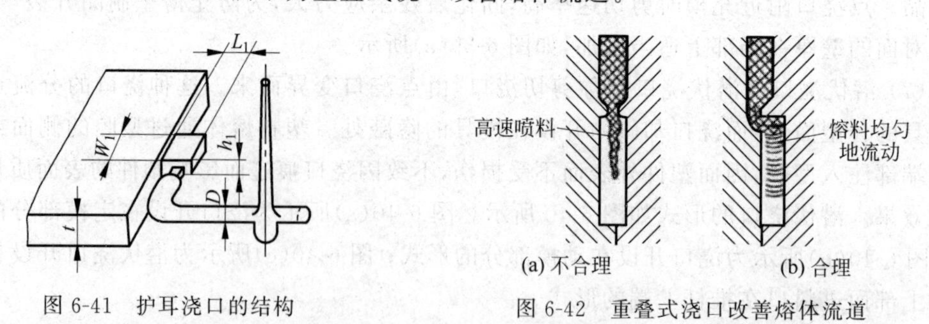

图 6-41 护耳浇口的结构

图 6-42 重叠式浇口改善熔体流道

② 浇口应开设在制品截面最厚处。当制品壁厚相差较大时，在避免喷射的前提下，浇口应开设在制品截面最厚处，以利于熔体流动、排气和补料，避免制品产生缩孔或表面凹陷。

③ 有利于塑料熔体流动。当制品上有加强肋时，可利用加强肋作为改善熔体流动的

通道。浇口位置的选择应使熔体能沿着加强肋的方向流动。

④ 有利于型腔排气。在浇口位置确定后,应在型腔最后充满处或远离浇口的部位,开设排气槽或利用分型面、推杆间隙等模内活动部分的间隙排气。如图 6-45 所示的盖形制品,四周壁较厚,顶部壁较薄,若采用侧浇口,因熔体沿厚壁的流速大于沿薄壁的流速,则顶部最后填满,形成封闭气囊,A 为熔接痕。如图 6-43(a)所示,制品的顶部会留下明显的熔接痕或焦痕。改进的办法如图 6-43(b)和(c)所示。图 6-43(b)虽然还是采用侧浇口,但增加了制品顶部的壁厚。图 6-43(c)不改变制品壁厚,而是将侧浇口改为中心点浇口。

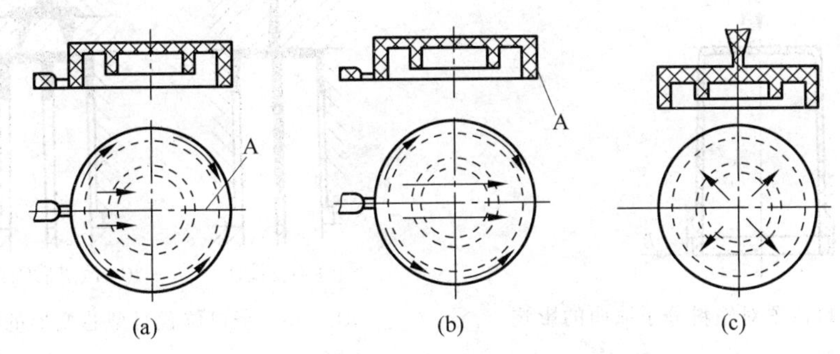

图 6-43 浇口位置对排气的影响

⑤ 考虑制品的受力状况。制品浇口附近残余应力大、强度差,通常浇口位置不能设置在制品承受弯曲载荷或受冲击力的部位。

⑥ 减少熔接痕的影响。塑料熔体在型腔内的汇合处常会形成熔接痕,导致该处强度降低。浇口位置和数量是产生熔接痕的主要因素。浇口数量越多,熔接痕也会越多。当熔体的流程不长时,不必开设多个浇口。浇口类型也会对熔接痕有影响。例如,若将轮辐浇口改为盘形浇口,则可消除熔接痕。为了增加熔接痕处制品的强度,可以在熔接痕处的外侧开设冷料穴,使前锋冷料溢出。

⑦ 减小制品翘曲变形。对于大型平板形制品,只采用一个中心浇口或一个侧浇口,都会造成制品翘曲变形,若改用多个点浇口或薄片浇口,则可有效地克服这种翘曲变形。平板形制品翘曲变形的原因在于垂直和平行于流动方向上的收缩率不同。多个点浇口有利于减小制品翘曲变形。

通常,制品翘曲变形程度与浇口类型、位量和数量选择正确与否密切相关,需要综合考虑,下面五点建议可供参考。

a. 对于盒盖类壳体、圆筒形制品,采用中心直接浇口、圆环形浇口或轮辐浇口及爪形浇口较为适宜。

b. 对于较大圆盘形壳体,可采用多点浇口。可以制品重心为中心均布多个点浇口。

c. 对于较大矩形箱体制品,取对角线位置上的四个点浇口,以减小翘曲变形。

d. 对于矩形薄片制品,采用薄片浇口;对于圆形薄片制品,采用扇形浇口。

e. 对于如图 6-44 所示的一端带有内螺纹金属嵌件的罩类制品,若浇口开设在壳顶 A 处,由于熔体在型腔内流动时会造成聚合物大分子沿制品轴线方向取向,制品与嵌件不能有效包紧黏合。浇口若开设在 B 处,由于聚合物大分子沿制品径向取向,则较大的收缩应力使制品与嵌件有较高的连接强度，还可避免制品的应力开裂。

⑧ 防止型芯变形。在流动充模时，高压熔体会使细长型芯变形和偏移，这与浇口位置选择不当有关。如图 6-45(a)所示，当直接浇口对准两个型芯间隔进料时，熔体会对两个型芯产生向外的侧推力。偏斜的型芯会使制品脱模困难，并使制品中间隔板增厚、两侧壁厚减薄。若改为如图 6-45(b)所示的多点浇口进料，能使三路熔体均匀充模，防止细长型芯的变形。

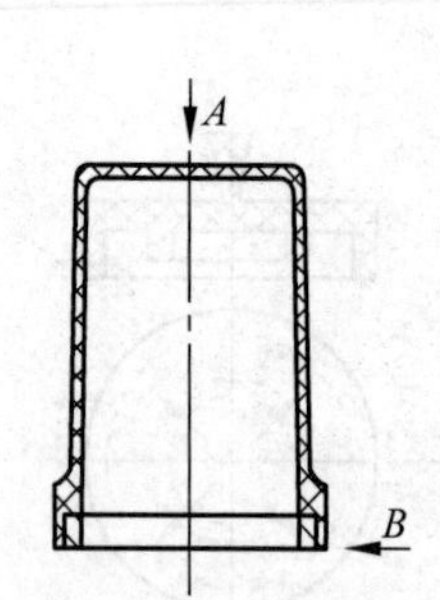

图 6-44 浇口位置对塑料分子取向的影响

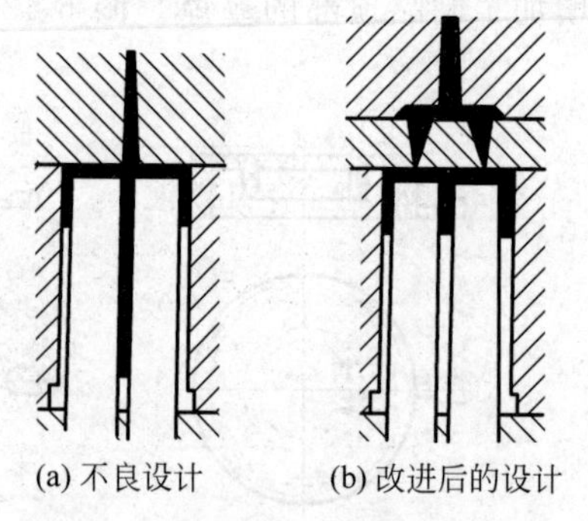

图 6-45 浇口位置对型芯变形的影响

(2) 浇注系统的平衡。为了提高生产效率，降低成本，很多注塑模具往往采取一模多腔的结构形式。在这种结构形式中，浇注系统的设计应使所有的型腔能同时得到塑料熔体均匀的充填。也就是说，应尽量采用从主流道到各个型腔分流道的形状及截面尺寸相同的设计，即型腔平衡式布置的形式。若根据某种需要浇注系统被设计成型腔非平衡式布置的形式，则需要通过调节浇口尺寸，使各浇口的流量及成型工艺条件达到一致，这就是浇注系统的平衡，也称浇口的平衡。

浇口平衡计算的思路是通过计算多型腔模具各个浇口的 BGV 值来判断或计算的。浇口平衡时，BGV 值应符合下述要求：相同塑件的多型腔，各浇口计算出的 BGV 值必须相等；不同塑件的多型腔，各浇口计算出的 BGV 值必须与其塑件型腔的充填量呈正比关系。相同塑件多型腔成型的 BGV 值可用下式表示：

$$\mathrm{BGV}=\frac{A_g}{\sqrt{L_r}\,L_g}$$

式中，A_g 为浇口的截面积，mm^2；L_r 为从主流道中心至浇口流动通道的长度，mm；L_g 为浇口的长度，mm。

不同塑件多型腔成型的 BGV 值可用下式表示：

$$\frac{W_a}{W_b}=\frac{\mathrm{BGV}_a}{\mathrm{BGV}_b}=\frac{A_{ga}\sqrt{L_{rb}}\,L_{gb}}{A_{gb}\sqrt{L_{ra}}\,L_{ga}}$$

式中，W_a、W_b 分别为型腔 a、b 的充填量(熔体质量或体积)；A_{ga}、A_{gb} 分别为型腔 a、b 的浇口截面积，mm^2；L_{ra}、L_{rb} 分别为从主流道中心到型腔 a、b 的流动通道的长度，mm；L_{ga}、L_{gb} 分别为型腔 a、b 的浇口长度，mm。

在一般多型腔注射模浇注系统设计中，浇口截面通常采用矩形或圆形点浇口，浇口截

面积 A_g 与分流道截面积 A_r 的比值应取为

$$A_g : A_r = 0.07 \sim 0.09$$

矩形浇口的截面宽度 b 为其厚度 t 的 3 倍，即 $b=3t$，各浇口的长度相等。在上述前提下，进行浇口的平衡计算。

【例 6-1】 图 6-46 所示为相同塑件 10 个型腔的模具流道分布简图，各浇口为矩形窄浇口，各段分流道直径相等，分流道 $d_r=6\text{mm}$，各浇口的长度 $L_g=1.25\text{mm}$，试确定浇口截面的尺寸，以保证浇口平衡进料。

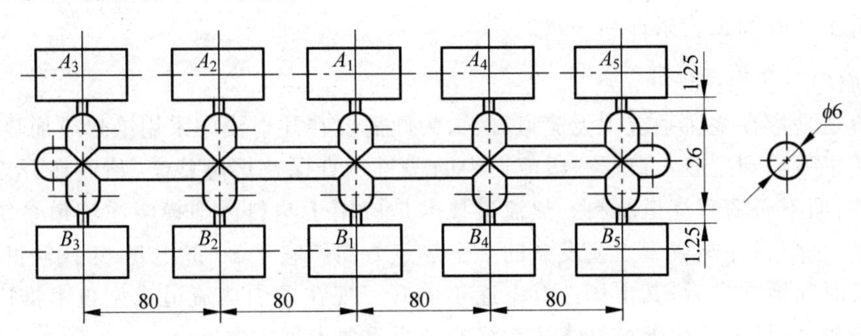

图 6-46 相同塑件 10 个型腔的模具流通分布简图

解：从图 6-46 中的型腔排布可以看出 A_2、B_2、A_4、B_4 的型腔对称布置，流道长度相同；A_3、B_3 与 A_5、B_5 的对称性相同；A_1、B_1 与对称性相同。为了避免两端浇口和中间浇口的截面相差过大，可以 A_2、B_2、A_4、B_4 为基准，先求出这两组浇口的截面尺寸，再求另外三组浇口的截面尺寸。

① 分流道截面尺寸 A_r

$$A_r = \frac{d_r^2}{4}\pi = \frac{6^2}{4}\pi = 28.27(\text{mm}^2)$$

② 基准浇口 A_2、B_2、A_4、B_4 的截面尺寸

取 $A_g=0.07A_r$，由

$$A_{g2,4} = 0.07A_r = 3t_{2,4}^2 = 0.07 \times 28.27 = 1.98(\text{mm}^2)$$

求得

$$t_{2,4} = 0.81\text{mm},\quad b_{2,4} = 3t_{2,4} = 2.43(\text{mm})$$

③ 其他两组浇口的截面尺寸

根据 BGV 值相等的原则，有

$$\text{BGV} = \frac{A_{g1}}{\sqrt{\frac{26}{2}} \times 1.25} = \frac{A_{g3,5}}{\sqrt{80 \times 2 + \frac{26}{2}} \times 1.25} = \frac{1.98}{\sqrt{80 + \frac{26}{2}} \times 1.25} = 0.16$$

得

$$A_{g1} = 3t^2 = 0.72(\text{mm}^2),\quad \text{则 } t_1 = 0.49\text{mm},\quad b_1 = 3t_1 = 1.47(\text{mm})$$

$$A_{g3,5} = 3t_{3,5}^2 = 2.63(\text{mm}^2),\quad \text{则 } t_{3,5} = 0.94\text{mm},\quad b_{3,5} = 3t_{3,5} = 2.82(\text{mm})$$

在实际的注塑模具设计与生产中，可以采用试模的方法达到浇口的平衡。

a. 先将各浇口的长度、宽度和厚度加工成对应相等的尺寸。

b. 试模后检验每个型腔的塑件质量，特别要检查晚充满的型腔的塑件是否出现因补缩不足产生的缺陷。

c. 将晚充满塑件有补缩不足缺陷型腔的浇口宽度略微修大。尽可能不改变浇口厚度，因为浇口厚度改变对压力损失较为敏感，浇口冷却固化的时间也会前后不一致。

d. 用同样的工艺方法重复上述步骤直至塑件质量满意。

在上述试模的整个过程中，注射压力、熔体温度、模具温度、保压压力等成型工艺应与正式批量生产时的工艺条件相一致。

3. 热流道浇注系统

热流道是指在浇注系统中无流道凝料，为此需要在注射模中采用绝热或加热的方法，使从注塑机喷嘴到型腔入口这一段流道中的塑料一直保持熔融状态，从而在开模时只需取出塑件，而不必清理浇道凝料。热流道技术是应用于塑料注塑模浇注流道系统的一种先进技术，是塑料注塑成型工艺发展的一个热点方向。它于20世纪50年代问世，经历了一段较长时间地推广后，其市场占有率逐年上升。现在国内热流道成型技术推广应用的程度越来越高，是今后注塑模具浇注系统的一个重要发展方向。

1）热流道成型的优点

(1) 基本可实现无废料加工，节约原料。

(2) 节约了去除浇注系统凝料、修整塑件、破碎回收料等工序，因而节省人力，简化了设备，缩短了成型周期，提高了生产率，降低了成本。

(3) 对于针点浇口模具，可以避免采用三板式模具，避免采用顺序分型脱模机构，操作简化，有利于实现生产过程自动化。

(4) 浇注系统的熔料在生产过程中始终处于熔融状态，浇注系统畅通，压力损失小，可以实现多点浇口、一模多腔和大型模具的低压注塑；还有利于压力传递，从而克服因补缩不足导致的制作缩孔、凹陷等缺陷，改善应力集中产生的翘曲变形，提高塑件质量。

(5) 由于没有浇注系统的凝料，因此缩短了模具的开模行程，增强了设备对深腔塑件的适应能力。

2）热流道成型的缺点

(1) 模具的设计和维护较难，若没有高水平的模具和维护管理，生产中模具易产生各种故障。

(2) 成型准备时间长，模具费用高，小批量生产时效果不大。

(3) 对制件形状和使用的塑料有较高要求。

(4) 对于多型腔模具，采用热流道成型技术难度较高。

3）热流道成型模具的设计原则

(1) 用于热流道成型的塑料应具有以下性质。

① 热稳定性好，适宜成型加工的温度范围宽，黏度随温度改变变化很小，在较低的温度下具有较好的流动性，在高温下不易热分解。

② 对压力敏感，不加注射压力时熔料不流动，但施以很低的注射压力即可流动。这

样可以在内浇口加弹簧针形阀(单向阀)控制熔料在停止注射时不流延。

③ 固化温度和热变形温度高,制件在比较高的温度下可快速固化顶出,以缩短成型周期。

④ 比热容小既能快速冷凝,又能快速熔融。

⑤ 导热性能好,能把树脂所带的热量快速传递给模具,从加速固化原理上讲,只要模具设计与塑料性能相符合,几乎所有的热塑性塑料都可采用热流道注射成型。

(2) 流道和模体必须实行热隔离,在保证可靠的前提下应尽量减小模具零件与流道的接触面积,隔离的方式可视情况选用空气绝热和绝热材料(或熔体本身)绝热,也可二者兼用。

(3) 热流道板材料最好选用稳定性好、膨胀系数小的。

(4) 合理选用加热元件,加热元件要通过计算确定,热流道板加热功率要足够。

(5) 在需要的部位配备温度控制系统,以便根据工艺要求,监测和调节工作状况,保证热流道工作在理想状态。

(6) 热流道模具增加了加热元件和温度控制装置,模具结构复杂,发生故障的概率相应增大,因此在设计时应考虑装拆检修方便。

4) 热流道浇注系统的分类

(1) 绝热流道。绝热流道注射模的主流道和分流道做得相当粗大,这样可以利用塑料比金属导热差的特性,让靠近流道表壁的塑料熔体因温度低而迅速冷凝成一个固化层,它起着绝热作用,而流道中心部位的塑料仍然保持熔融状态,熔融的塑料通过固化层顺利填充模具型腔,满足连续注射的要求。

① 单型腔绝热流道。单型腔绝热流道是最简单的绝热流道,也称井式喷嘴或者绝热主流道。这种形式的绝热流道在注塑机喷嘴与模具入口之间装有一个主流道杯,杯外采用空气间隙绝热。杯内有截面较大的贮料井(为塑件体积的1/3 ~1/2)。在注射过程中,与杯壁接触的熔体很快固化成一个绝热层,使得中心部位的熔体保持良好的流动状态通过点浇口填充模具型腔。井式喷嘴的结构形式和主流道杯的主要尺寸如图 6-47 所示。主流道杯的推荐尺寸见表 6-14。

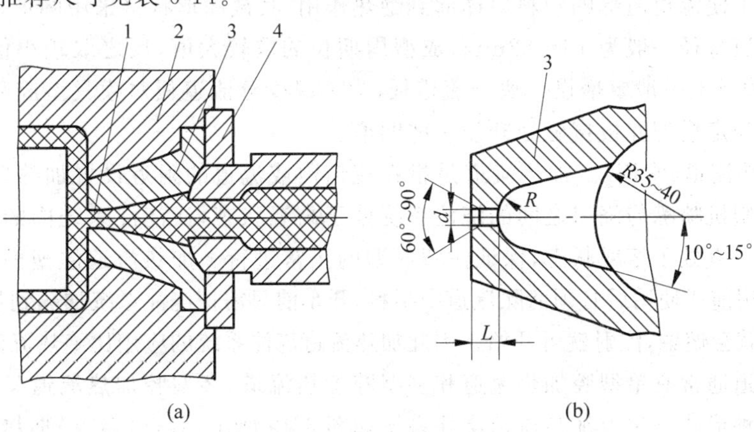

图 6-47 井式喷嘴的结构形式和主流道杯的主要尺寸

1—点浇口;2—定模;3—主流道杯;4—定位圈

表 6-14 主流道杯的推荐尺寸

塑件质量/g	成型周期/s	d/mm	R/mm	L/mm
3～6	6.0～7.5	0.8～1.0	3.5	0.5
6～15	9～10	1.0～1.2	4.0	0.6
15～40	12～15	1.2～1.6	4.5	0.7
40～150	20～30	1.5～2.5	5.5	0.8

改进的井式喷嘴形式如图 6-48 所示。图 6-48(a)是一种浮动式井式喷嘴，每次注射完毕喷嘴后退时，主流道杯在弹簧力的作用下随喷嘴后退，这样可以避免因二者脱离而引起贮料井内塑料固化；图 6-48(b)是一种注塑机喷嘴伸入主流道杯的形式，增加对主流道杯传导热量；图 6-48(c)是一种将注塑机喷嘴伸入主流道的部分制成反锥度的形式，这种形式除具有图 6-48(b)所示形式的作用外，停车后还可以使主流道杯内凝料随注塑机喷嘴一起拉出模外，便于清理流道。

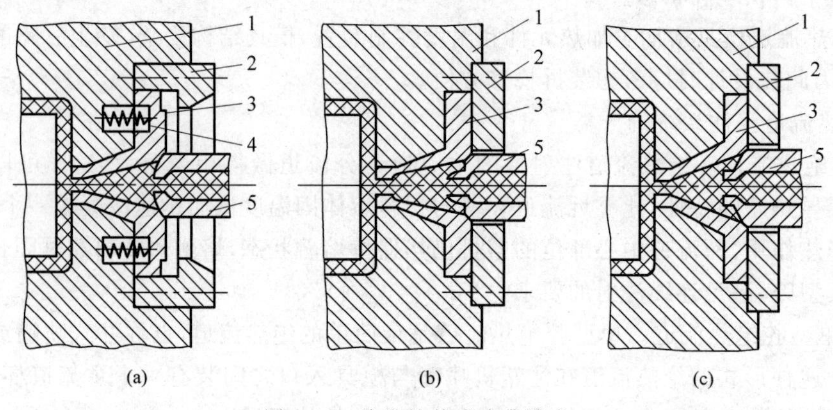

图 6-48 改进的井式喷嘴形式

1—定模；2—定位圈；3—主流道杯；4—弹簧；5—注塑机喷嘴

② 多型腔绝热流道。多型腔绝热流道又称绝热分流道，有直接浇口式和点浇口式两种类型。为了使流道内部的塑料熔体起到绝热作用，其截面形状多采用圆形，且设计得相当大。分流道直径一般为 16～32mm，成型周期长的取较大值，反之取较小值，最大可达 70mm。在模具上一般要增设一块分流道板，为了减少分流道板对模具型腔部分的传热，在分流道板与定模型腔板接触处开设一些凹槽。

(2) 加热流道(常用)。加热流道是指在流道内或流道的附近设置加热器，利用加热的方法使注塑机喷嘴与浇口之间的浇注系统处于高温状态，让浇注系统内的塑料在成型生产过程中一直处于熔融状态，保证注塑成型的正常进行。加热流道注塑模不像绝热流道那样在使用前或使用后必须清除流道中凝料，开车前只需把浇注系统加热到规定温度，流道中的凝料就会熔融，注射就可开始。因此加热流道浇注系统的应用比绝热流道广泛。

加热流道通常有单型腔加热流道和多型腔加热流道，多型腔加热流道又分为内加热和外加热两种形式。单点加热流道浇注系统如图 6-49 所示，双点(多点)加热流道浇注系统如图 6-50 所示。

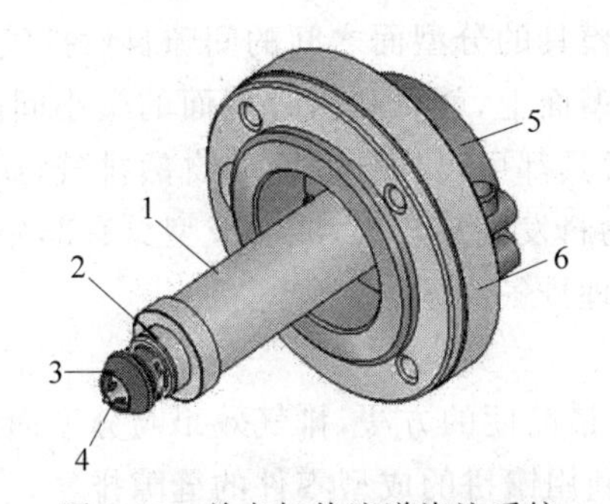

图 6-49 单点加热流道浇注系统

1—喷嘴加热器；2—喷嘴管；3—喷嘴绝缘层；4—喷嘴；5—加热器；6—定位圈

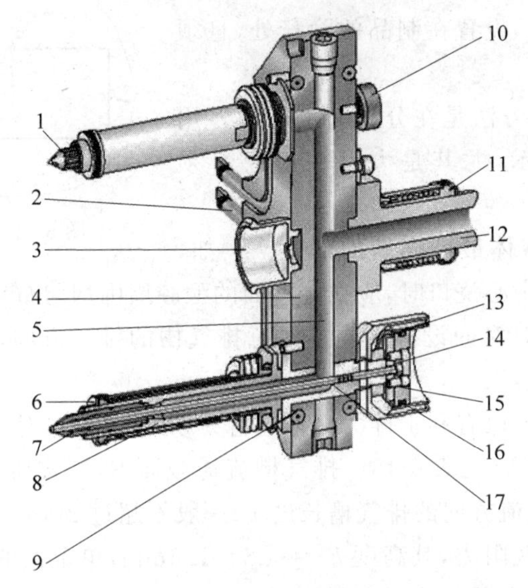

图 6-50 双点(多点)加热流道浇注系统

1—硬质合金喷嘴头；2、9—型腔加热器；3—中心绝缘体；4—型腔；5—熔体通道；6—喷嘴加热器；7—喷嘴；8—喷嘴腔；10—背面绝缘层；11—浇道加热器；12—浇道衬套；13—活塞垫片；14—阀杆；15—活塞；16—活塞密封圈；17—型腔套管

4. 排气系统设计

排气系统设计中排气槽是关键，它是使模具型腔内的气体排出模具外面在模具上开设的气流通槽或孔。

1) 排气槽的作用

塑料熔体在注入型腔的同时，必须置换出型腔内的空气和从熔体中逸出的挥发性气体，作为注塑模组成部分的排气槽如果设计不合理，将会产生以下弊端。

(1) 增加熔体充模流动的阻力，使型腔无法被充满，导致制品棱边不清晰。

(2) 在制品上呈现明显可见的流动痕和熔接痕，使制品的力学性能降低。

(3) 滞留气体使制品产生银纹、气孔、剥层等表面质量缺陷。

(4) 型腔内气体受到压缩后产生瞬时局部高温，使熔体分解变色，甚至炭化烧焦。

(5) 由于排气不良，降低了熔体的充模速度，延长了注塑成型周期。

在多数情况下，可利用模具的分型面之间的间隙自然排气。例如，小型制品的排气量不大，如果排气点正好在分型面上，就可利用分型面的微小间隙排气，而不必再开设专门的排气槽。正因为大多数模具都可以从分型面处自然排气，所以排气问题往往被模具设计人员忽视。当制品所用物料发气量较大，或者成型具有部分薄壁的制品，以及采用快速注射工艺时，必须妥善地处理排气问题。

2）排气槽的设计方法

（1）利用分型面排气是最简便的方法，排气效果与分型面的接触精度有关。

（2）对于大型模具，可利用镶拼的成型零件的缝隙排气。

（3）利用推杆与孔的配合间隙排气，必要时应改进推杆的结构以便排气。

（4）利用球状合金颗粒烧结块渗导排气，烧结块应有足够的承压能力，设置在制品的隐蔽处，且须开设排气通道。

（5）可靠而有效的方法是在分型面上开设专用排气槽，如图 6-51 所示，尤其是大型注射模必须如此。

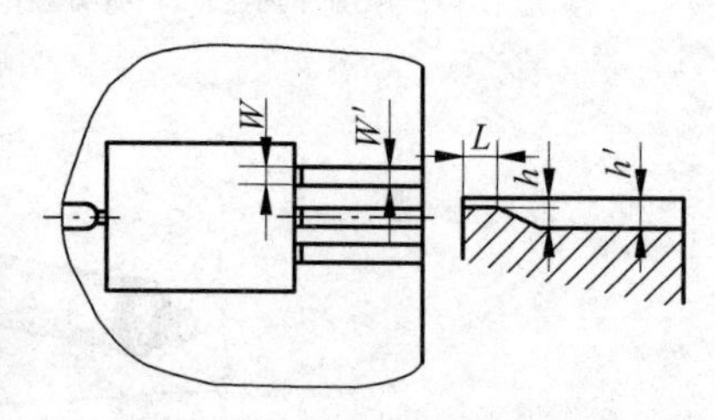

图 6-51　排气槽和导气沟

排气槽应开设在熔体最后充满的部位。例如，对于圆筒形制品，采用中心浇口时，应在分型面的型腔周围均匀布置排气槽；采用单个侧浇口的型腔时，可在浇口对面设排气槽。注意排气槽的排气方向，不要朝工人的操作方向，以防在成型时漏料伤人。

排气槽的截面尺寸，以有利于排气又不溢料为原则。因此，对于黏度较小的塑料熔体应有较小的排气槽深度 h，见表 6-15。排气槽流通截面 S，应按所需排气量确定，然后计算得到排气槽宽度。气流方向的排气槽长度 L 一般不超过 2mm。排气槽后续的导气沟应适当增大，以减小排气阻力，其高度 $h'=0.8\sim1.6$mm，单个沟的宽度 $W'\geqslant W=3.2\sim5$mm。排气槽表面应沿气流方向进行抛光。

表 6-15　常用的排气槽深度　　单位：mm

塑料名称	排气槽深度 h	塑料名称	排气槽深度 h
聚酰胺类塑料	≤0.015	PS、ABS、AS、SAN、POM、PBT、PET、增强聚酰胺	≤0.030
聚烯烃塑料	≤0.020	PC、PSU、PVC、PPO、丙烯酸类塑料	≤0.040

6.2.5　成型零件设计

注射模具的成型零件是指构成型腔的模具零件，包括凹模型腔、型芯等。凹模型腔用以形成制品的外表面，型芯用以形成制品的内表面，成型杆用以形成制品的局部细节。模具成型型腔作为高压容器，其内部尺寸、强度、刚度、所用材料和热处理以及加工工艺性是影响模具质量和寿命的重要因素。

1. 成型零件结构设计

1）凹模型腔结构设计

凹模型腔是成型制品外表面的成型零件，按凹模型腔结构的不同可将其分为整体式、整体嵌入式、组合式和镶拼式四种形式，其结构形式与冲压模具基本相同。

（1）整体式凹模型腔。整体式凹模型腔由整块材料加工制成。整体式凹模型腔的特点是强度和刚度高，不会使制品产生拼接缝痕迹。但加工较困难，需要用电火花机床和立式铣床加工，热处理也不方便，仅适用于形状简单的中、小型制品。

（2）整体嵌入式凹模型腔。整体嵌入式凹模型腔适用于小型制品的多型腔模具。通常将多个整体凹模型腔嵌入固定板中，整体凹模型腔的外形多采用带台阶的圆柱体，从下部嵌入凹模型腔固定板中，同时需要用销钉式螺钉定位。凹模型腔和固定板之间采用过渡紧配合甚至过盈配合，以便使凹模型腔固定牢靠。

（3）组合式凹模型腔。对于形状复杂的凹模型腔，最常用的方法是将凹模型腔做成通孔，再镶以垫板，这种形式的凹模型腔称为组合式凹模型腔。组合式凹模型腔的强度和刚度较差，在高压熔体作用下易造成垫板变形。通孔凹模型腔在刀具切削、线切割、磨削、抛走及热处理时较为方便。通孔凹模的结构形式如图 6-52 所示。

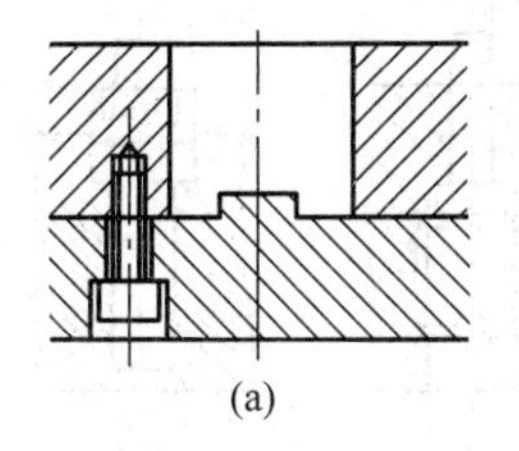
(a)

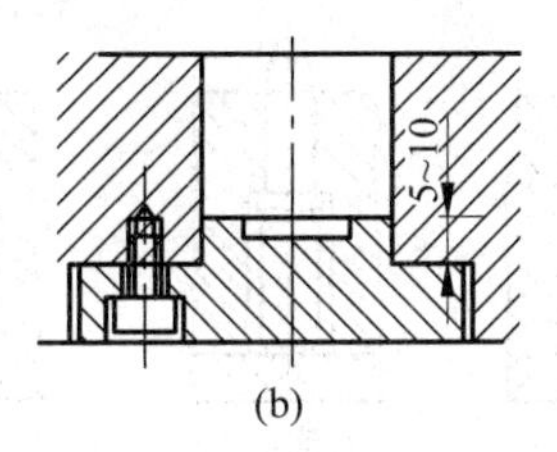

(b)

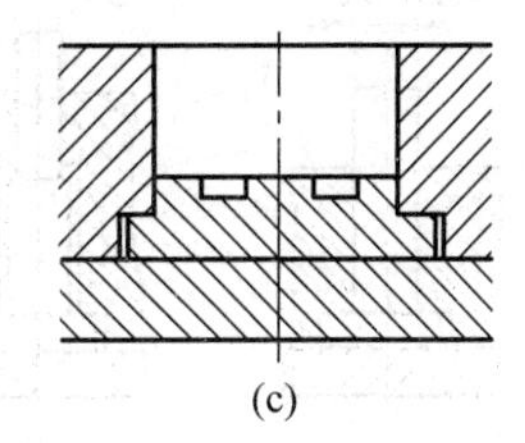
(c)

图 6-52　通孔凹模的结构形式

（4）镶拼式凹模型腔。各种结构的凹模都可用镶件或拼块组成凹模的局部型腔。镶拼式凹模型腔在设计时要注意合理地选择拼缝位置和各个拼块的准确定位、紧固。在凹模型腔的结构设计中，采用镶拼结构有以下好处。

① 简化凹模型腔的加工，可将复杂的凹模型腔内形体的加工变为镶件的外形加工，降低加工难度。

② 镶件可用高碳钢或高碳合金钢淬火，可用专用磨床研磨曲面形状。凹模中使用镶件的局部型腔有较高的精度和耐磨性，并可方便地更换镶件。

③ 可节省优质塑料模具钢，对于大型模具可大大降低模具的造价。

④ 有利于排气系统的设计，采用镶块结构的模具设计应注意以下几方面。

a. 由于凹模型腔的强度和刚度有所削弱，故模框板应有足够的强度和刚度。

b. 镶件之间应采用凹凸槽相互扣锁并准确定位。镶件与模框之间应设计可靠的紧固装置。

c. 镶拼接缝必须配合紧密，转角和曲面处不能设置拼缝。拼缝线方向应与脱模方向一致。

d. 镶拼件的结构应有利于加工、装配和调换。镶拼件的形状和尺寸精度应有利于凹模总体精度，能保证动模和定模准确对中。

2）型芯结构设计

成型塑件内表面的零件称为凸模或型芯，主要有主型芯、小型芯、异形型芯、螺纹型芯和螺纹型环等。对于结构简单的容器、壳、罩、盖之类的塑件，成型其主体部分内表面的零件称为主型芯或凸模，而成型其他小孔的型芯称为小型芯或成型杆。

（1）主型芯结构设计。主型芯按结构不同，可分为整体式和组合式两种。

① 整体式结构。其结构牢固，但不便加工，主要用于工艺试验或小型模具上形状简单的型芯。

② 组合式结构。为了便于加工，形状复杂型芯往往采用镶拼组合式结构，通常是将型芯单独加工后再镶入模板中。

镶拼组合式型芯的优缺点和组合式凹模的优缺点基本相同。设计和制造这类型芯时，必须注意结构合理，应保证型芯和镶块的强度，防止热处理时变形且应避免尖角与壁厚突变。同时在设计型芯结构时，应注意塑料的溢料飞边不应该影响脱模取件。

（2）小型芯结构设计。小型芯是用来成型塑件上的小孔或槽。小型芯单独制造后，再嵌入模板中。常见小型芯的固定形式如图 6-53 所示。

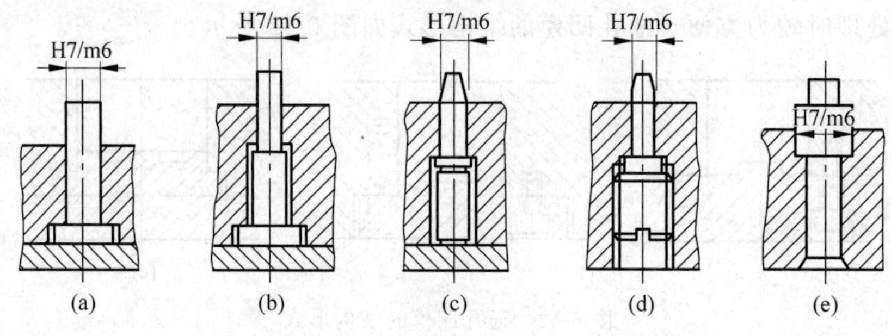

图 6-53 常见小型芯的固定形式

（3）异形型芯结构。非圆的异形型芯在固定时大都采用反嵌法，如图 6-54(a)所示。在模板上加工出相配合的异形孔，但支承和轴肩部分均为圆柱体，以便加工和装配。径向尺寸较小的异形型芯也可采用正嵌法结构，如图 6-54(b)所示。异形型芯的下部做成圆柱形螺栓，用螺母和弹簧垫圈拉紧。

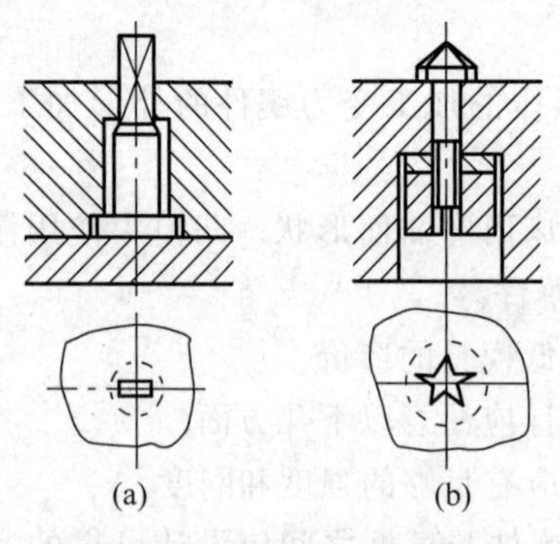

图 6-54 异形型芯的结构

（4）螺纹型芯和螺纹型环结构设计

螺纹型芯用于成型制品上的内螺纹，螺纹型环用于成型制品上的外螺纹。螺纹制品的卸除根据在模具上拆卸方式的不同分为自动卸除和手动卸除两种。

① 螺纹型芯。螺纹型芯结构设计时，首先应考虑螺纹型芯在模具内的定位和紧固。螺纹型芯按用途不同，可分为直接成型塑件制品上螺纹孔和固定螺母嵌件两种，这两种螺纹型芯在结构方面没有原则上的区别。用来成型塑件制品上螺纹孔的螺纹型芯在设计时必须考虑塑料收缩率，其表面粗糙度要小（$Ra<0.4\mu m$），一般应有 0.5°的脱模斜度，螺纹始端和末端按塑料螺纹结构要求设计，以防从塑件上拧下时拉毛塑料螺纹；固定螺母的螺纹型芯在设计时

不必考虑收缩率，按普通螺纹制造即可。螺纹型芯安装在模具上，成型时要可靠定位，不能因合模振动或料流冲击而移动，开模时应能与塑件一道取出且便于装卸。螺纹型芯与模板内安装孔的配合公差为 H8/f8。螺纹型芯在模具内安装的形式如图 6-55 所示。

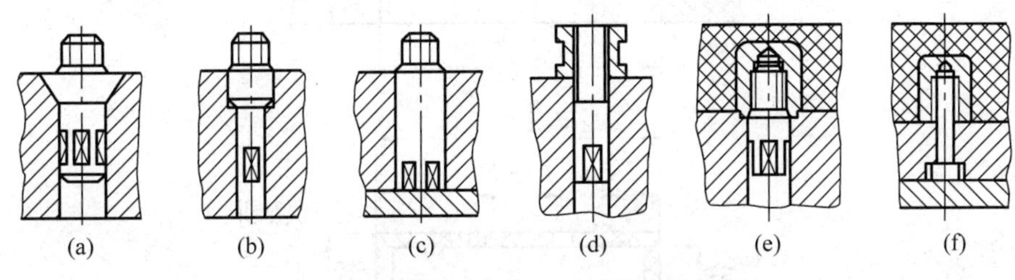

图 6-55 螺纹型芯在模具内安装的形式

② 螺纹型环。螺纹型环在模具闭合前装入型腔内，成型后随制品一起脱模，并在模外从制品上卸下。常见的螺纹型环有两种结构：一种是整体式螺纹型环；另一种是剖分式螺纹型环。整体式螺纹型环外部有扳手平面，用来将型环从制品上旋出。剖分式螺纹型环外部有楔形槽，用来撬开两半型环。剖分式螺纹型环的优点是拆卸螺纹型环迅速，但会在接缝处留下难以修整的溢边痕迹，因此仅适用于精度要求不高的粗牙螺纹成型。

2. 成型零件工作尺寸计算

1）工作尺寸分类和规定

成型零件中与塑料熔体接触并决定制品几何形状的尺寸称为工作尺寸。准确计算成型零件的工作尺寸是注射模设计的一项十分重要的工作。

塑料制品的几何尺寸分别称为凹模尺寸、型芯尺寸和中心距尺寸。其中，凹模尺寸可分为深度尺寸和径向尺寸；型芯尺寸可分为高度尺寸和径向尺寸。显然，凹模尺寸属于包容尺寸，当凹模与塑料熔体或制品之间产生摩擦磨损后，该类尺寸具有增大的趋势。型芯尺寸属于被包容尺寸，当型芯与塑料熔体或制品之间产生摩擦磨损后，该类尺寸具有缩小的趋势。中心距尺寸一般指成型零件上某些对称结构之间的距离，如孔间距、型芯间距、凹槽间距和凸块间距等，这类尺寸通常不受摩擦磨损的影响，因此可视为不变的尺寸。

对于上述凹模、型芯和中心距三大类尺寸，可分别采用三种不同的方法进行设计计算。在计算之前，有必要对它们的标注形式及偏差分布做一些规定。如图 6-56 所示，对塑件制品和成型零件尺寸所做的规定如下。

（1）制品的外形尺寸采用单向负偏差，名义尺寸为最大值；与制品外形尺寸相对应的凹模尺寸采用单向正偏差，名义尺寸为最小值。

（2）制品的内形尺寸采用单向正偏差，名义尺寸为最小值；与制品内形尺寸相对应的型芯尺寸采用单向负偏差，名义尺寸为最大值。

（3）制品和模具上的中心距尺寸均采用双向等值正、负偏差，它们的基本尺寸均为平均值。塑料制品图上凡不符合以上规定的尺寸和偏差，均应按极限尺寸不变原则进行改造换算。对于未标注偏差的自由尺寸，应按技术条件取低精度的公差值，按上述规定标注偏差。

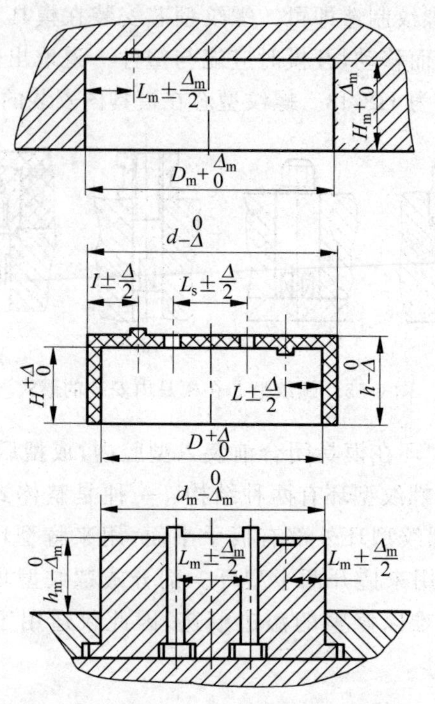

图 6-56 塑件制器与成型零件的尺寸关系

除了上述凹模、型芯和中心距三大类尺寸，设计成型零件时，还会遇到型芯、凸块和孔槽等一些局部成型结构的中心线到某一成型面的距离。原则上讲，对于这些特殊的尺寸，均可对照上述三类尺寸进行设计计算。

2）影响制品尺寸误差的因素及其控制

制品成型后所获得的实际尺寸与名义尺寸之间的误差称为制品的尺寸偏差。制品产生尺寸偏差的原因很多，但制品尺寸可能出现的误差 δ 主要是以下五个方面因素综合作用的结果，即

$$\delta=\delta'_s+\delta_s+\delta_z+\delta_c+\delta_j$$

式中，δ'_s 为因采用的成型收缩率不准确引起的制品尺寸误差；δ_s 为因制品的成型收缩波动引起的制品尺寸误差；δ_z 为模具成型零件的制造偏差；δ_c 为成型零件的磨损引起的制品尺寸误差；δ_j 为模具活动零件的配合间隙变大引起的制品尺寸误差。

(1) 塑件制品的收缩率波动。成型收缩引起制品产生尺寸误差的原因有两方面：一方面是设计所采用的成型收缩率与制品生产时的实际收缩率之间的误差(δ'_s)；另一方面是成型过程中，成型收缩率受注射工艺条件的影响，可能在其最大值和最小值之间波动而产生的误差(δ_s)。塑料收缩率波动误差 δ_s 为

$$\delta_s=(S_{max}-S_{min})L_s$$

式中，S_{max} 为塑料的最大成型收缩率；S_{min} 为塑料的最小成型收缩率；L_s 为制品尺寸，mm。

表 6-16 列出了常用塑料的成型收缩率。这些数据往往是在一定试验条件下以标准试样实测获得的，或者是带有一定规律性的统计数值，有些甚至是某些工厂的经验数据。

制品在成型生产过程中产生的实际收缩率不一定就正好与表6-16中的数值相符，所以常称表6-16中的成型收缩率为计算成型收缩率。实际生产中，一般要求δ_s'不大于制品尺寸公差Δ的1/6；要求δ_s不大于制品尺寸公差Δ的1/3。

表6-16 常用塑料的成型收缩率 单位：%

塑料名称	收缩率	塑料名称	收缩率
聚乙烯(低密度)	1.5～3.5	聚砜	0.5～0.7
聚乙烯(高密度)	1.5～3.0	聚砜(玻璃纤维增强)	0.4～0.7
聚丙烯	1.0～2.5	聚苯醚	0.7～1.0
聚丙烯(玻璃纤维增强)	0.4～0.8	氯化聚醚	0.4～0.8
聚氯乙烯(硬质)	0.6～1.5	尼龙6	0.8～2.5
聚氯乙烯(软质)	1.5～3.0	尼龙6(30%玻璃纤维)	0.35～0.45
聚苯乙烯(通用)	0.6～0.8	尼龙66	1.5～2.2
聚苯乙烯(耐热)	0.2～0.8	尼龙66(30%玻璃纤维)	0.40～0.55
聚苯乙烯(增韧)	0.3～0.6	尼龙610	1.2～2.0
ABS(抗冲)	0.3～0.8	尼龙610(30%玻璃纤维)	0.35～0.45
ABS(耐热)	0.3～0.8	尼龙1010	0.5～4.0
ABS(30%玻璃纤维增强)	0.3～0.6	醋酸纤维素	1.0～1.5
聚甲醛	1.2～3.0	丙酸纤维素	0.2～0.5
聚碳酸酯	0.5～0.8	聚丙烯酸酯类塑料(通用)	0.2～0.9

因收缩率的波动引起的塑件尺寸误差会随塑件尺寸的增大而增大。生产大型塑件时，由于收缩率波动对塑件尺寸公差影响较大，仅仅依靠提高模具制造精度等级来提高塑件精度是困难和不经济的，因此应稳定成型工艺条件和选择收缩率波动较小的塑料；生产小型塑件时，模具制造公差和成型零件的磨损是影响塑件尺寸精度的主要因素，因此，应提高模具制造精度等级和减少磨损。

计算模具成型零件的基本公式为

$$L_m = L_s(1+S)$$

式中，L_m为模具成型零件在常温下的实际尺寸；L_s为塑件在常温下的实际尺寸；S为塑料的计算收缩率。

上述公式仅考虑塑料收缩率时计算模具成型零件工作尺寸，若考虑其他因素，则模具成型工作尺寸的计算公式会有不同形式。通常用平均收缩率、平均磨损量和平均制造公差为基准的计算方法。根据塑料的最大收缩率S_{max}和最小收缩率S_{min}，可得平均收缩率为

$$\bar{S} = \frac{S_{max} - S_{min}}{2} \times 100\%$$

在以下的计算中，塑料的收缩率均为平均收缩率。

(2) 成型零件的制造偏差。成型零件的制造偏差包括加工偏差和装配偏差。加工偏差与成型零件尺寸的大小、加工方法及设备有关；装配偏差主要由镶拼结构装配尺寸不精确引起。因此，在设计模具成型零件时，一定要根据制品的尺寸精度要求，选择比较合

理的成型零件结构及相应的加工制造方法，使由制造偏差引起的制品尺寸偏差保持在尽可能小的程度。在实际生产中，一般要求 δ_s 不大于制品尺寸公差 Δ 的 1/3。模具成型零件工作尺寸的公差 Δ_m 由模具精度等级和尺寸段决定。工作尺寸越大，实际制造偏差越大，其相应的制品公差 Δ_m 也越大。模具制造公差 Δ_m 与制品公差 Δ 的关系见表 6-17。

表 6-17　模具制造公差 Δ_m 与制品公差 Δ 的关系

塑件基本尺寸 L/mm	Δ_m/Δ	塑件基本尺寸 L/mm	Δ_m/Δ
0～50	1/3～1/4	250～355	1/6～1/7
50～140	1/4～1/5	355～500	1/7～1/8
140～250	1/5～1/6		

(3) 成型零件的磨损。模具成型零件的磨损主要来自熔体的冲刷和制品脱模时的刮磨，其中被刮磨的型芯径向表面的磨损最大。因成型零件的磨损引起的制品尺寸误差 δ_c 与制品尺寸大小无关，而与尺寸类型、塑料和钢材的物理性能有关。当塑料中带有玻璃纤维等硬质填料、成型表面粗糙度较大、表面硬度不高、使用时间较长及结构形状复杂时，成型零件的表面会在成型过程中产生较大的磨损。在实际生产中，一般要求 δ_c 不大于制品尺寸公差的 1/6。这对于低精度、大尺寸的制品来说，由于 Δ 值较大容易达到要求，对于高精度、小尺寸的制品则难以保证，此时必须采用镜面钢等耐磨钢种才能达到要求。根据经验，生产中实际注射 25 万次，型芯径向尺寸磨损量为 0.02～0.04mm。

(4) 模具活动零件配合间隙的影响。δ_j 为模具活动零件的动配合表面间隙变大而引起的制品尺寸误差。模具在使用中导柱与导套之间的间隙会逐渐变大，这会引起制品径向尺寸误差的增大。模具分型面间隙的波动也会引起制品深度尺寸误差的变化。

在计算模具成型零件工作尺寸时，必须保证制品总的尺寸误差 δ 不大于制品尺寸允许的公差 Δ，即 $\delta<\Delta$。

3) 成型零件尺寸计算公式

(1) 凹模型腔径向尺寸。假设制品的成型收缩率和凹模径向工作尺寸的制造偏差及磨损量均为其平均值，制品的尺寸偏差也正好为其平均值，则由前述尺寸标注规定可得

$$D_m=[(1+S_{cp})d-x\Delta]_{0}^{+\Delta_m}$$

式中，d 为制品的名义尺寸(最大尺寸)；Δ 为制品公差(负偏差)；S_{cp} 为所采用的塑料平均成型收缩率；x 为成型零件工作尺寸的修正系数，其取值大小与制品尺寸及精度有关。

当制品尺寸很大且精度不高时，影响制品尺寸误差的主要因素是成型收缩率的波动，制造偏差 δ_z 和磨损量 δ_z 可忽略不计，可取 $x=1/2$；当制品尺寸小且有一定精度要求时，δ_z 和 δ_z 对制品尺寸误差影响不能忽略，若取 $\delta_z=\Delta/3$，$\delta_c=\Delta/6$，则可取 $x=3/4$，可见，x 的取值范围一般为 1/2～3/4。

(2) 型芯径向尺寸。类比凹模情况，型芯的径向名义尺寸为

$$d_m=[(1+S_{cp})D+x\Delta]_{-\Delta_m}^{0}$$

式中，D 为制品的名义尺寸(最小尺寸)；Δ 为制品公差(正偏差)；Δ_m 为模具制造公差；x 为修正系数，$x=1/2$～3/4。

(3) 凹模型腔深度尺寸。由于计算凹模型腔深度和型芯高度的基准平面与脱模方向

垂直,因此在计算这两种工作尺寸时可不考虑磨损引起的尺寸误差,凹模型腔深度尺寸的计算公式为

$$H_m = [(1+S_{cp})h_s - x\Delta]^{+\Delta_m}_{0}$$

式中,h_s 为制品高度名义尺寸(最大尺寸); x 为修正系数,$x=1/2\sim3/4$。

(4) 型芯高度尺寸。

$$h_m = [(1+S_{cp})h + x\Delta]^{0}_{-\Delta_m}$$

式中,h 为制品孔深名义尺寸(最小尺寸); x 为修正系数,$x=1/2\sim3/4$。

(5) 中心距尺寸。根据中心距尺寸上、下偏差对称分布的规定,中心距尺寸计算公式如下:

$$L_m = [(1+S_{cp})L] \pm \frac{\Delta_m}{2}$$

式中,L 为制品中心距名义尺寸。

上述计算公式中,在凹模型腔和型芯的径向尺寸计算时,$\Delta_m=\Delta/9\sim\Delta/3$,$\delta_c=\Delta/10\sim\Delta/6$,因此 $x=1/2\sim3/4$。在凹模型腔深度和型芯高度尺寸计算时,$\Delta_m=\Delta/9\sim\Delta/3$,$\delta_c=0$,所以 $x=1/2\sim2/3$。

3. 成型零件常用钢材

1) 碳素钢

注塑模具成型零件的毛坯如凹模和主型芯等,常以板材和模块的形式供料,常用 50 或 55 调质钢,易于切削加工,旧模修复时的焊接性能较好,但抛光性和耐磨性较差。

2) 合金钢

小型芯和镶件常以棒材的形式供料,采用淬火变形小、淬透性好的高碳合金钢,经热处理后在磨床上直接研磨至镜面。常用 9CrWMn、Cr12MoV 和 3Cr2W8V 等钢种。淬火后回火,硬度大于或等于 55HRC,有良好的耐磨性。也有采用高速钢基体的 65Nb (65Cr4W3Mo2VNb)新钢种。价廉但淬火性能差的 T8A、T10A 有时也可采用。

3) 塑料模具钢

20 世纪 80 年代,我国开始引进国外生产钢种来制造注塑模成型零件。主要是美国 P 系列的塑料模具钢种和 H 系列的热锻模钢种,如 P20、H13. P20S、H13S 等。P20 钢是一种低合金铬钼预硬钢。所谓预硬钢,是指那些经机械加工、精密硬磨后不需要再进行热处理即可使用的预先已进行过热处理,并具有适当硬度的钢材。它还可以进行表面渗碳处理,已广泛应用于塑料成型模具中。H13 钢也是一种广泛用于塑料模具(铬的质量分数为 5%)的高合金钢,它具有优良的耐磨性和韧性,易抛光,热处理时变形小。

我国现已能生产专用的塑料模具钢,其主要品种如下。

(1) 预硬钢。国产 P20(3Cr2Mo)钢材,将模板预硬化后以硬度 36～38HRC 供应,其抗拉强度为 133MPa。模具制造中不必热处理。能保证加工后获得较高的形状和尺寸精度,也易于抛光,适用于中小型注射模的成型零件。

在预硬钢中加入硫,能改善切削性能,适合大型模具制造。国产 SM1(55CrNiMnMoVS)和 5NiSCa(5CrNiMItMoVSCa)预硬后硬度为 35～45HRC,切削性能类似于中碳调质钢。

(2) 镜面钢。镜面钢多数属于析出硬化钢，又称为时效硬化钢，它用真空熔炼方法生产。国产 PMS 供货硬度为 30HRC，易于切削加工，耐磨性好且变形小，由于材质纯净，可做镜面抛光，并能光腐蚀精细图案，有较好的电加工及抗锈蚀性能。

另外两种镜面钢也各具特点：一种是高强度的 8CrMn(8Cr5MnWMoVs)，硬度可达 33～35HRC，易于切削。淬火时空冷，硬度可达 42～60HRC，抗拉强度达 3000MPa，可用于大型注射模以减小模具体积。另一种是可渗氮的高硬度钢 25CrNi3MoAl，调质后硬度为 23～25HRC，时效后硬度为 38～42HRC，渗氮处理后表层硬度在 70HRC 以上，适用于玻璃纤维增强塑料的注塑模。

(3) 耐腐蚀钢。国产 PCR(6Cr16Ni4Cu3Nb)属于不锈钢类钢种。它比一般不锈钢有更高强度，更好的切削性和抛光性，热处理变形小，适用于含氯和阻燃剂的腐蚀性塑料的注塑模。

选用钢种时应按塑件制品生产批量、物料品种及制品精度与表面质量要求确定，选用时可参考相关模具材料手册。

6.2.6 结构零部件设计

1. 标准模架

1) 标准模架类型

模架是设计、制造塑料注射模的基础部件。为适应大规模成批量生产塑料成型模具，提高模具精度和降低模具成本，模具的标准化工作是十分重要的。注射模具的基本结构有很多共同点，所以模具标准化的工作现在已经基本形成。市场上有大量的标准件出售，这为制造注射模具提供了便利条件。目前注塑模具的模架标准化程度较高，应用也很广泛。

国家技术监督局发布实施了《塑料注射模中小型模架》(GB/T 12556.1—1990)模架国家标准。国标中模架的形式由其品种、系列、规格以及导柱导套的安装形式等项内容决定。模架的品种是指模架的基本构成型式，每一模架型号代表一个品种。模架型号以模具所采用的浇口形式、制件脱模方法和动定模板组成数目，分为基本型 4 种(图 6-57)和派生型 9 种(图 6-58)两类共 13 种。按动、定模板的宽度与长度不同，共有 61 个系列。而同品种、同系列的模架按模板厚度不同又有 64 种规格。

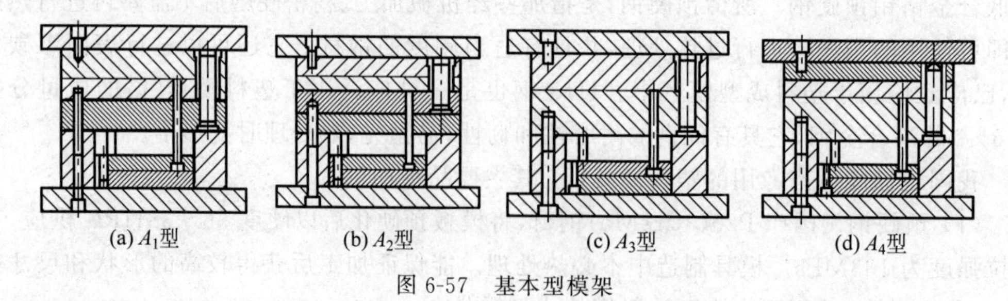

图 6-57 基本型模架

标准中规定，中、小型模架的周界尺寸需≤560mm×900mm，大型模架的周界尺寸范围为 630mm×630mm～1250mm×2000mm。

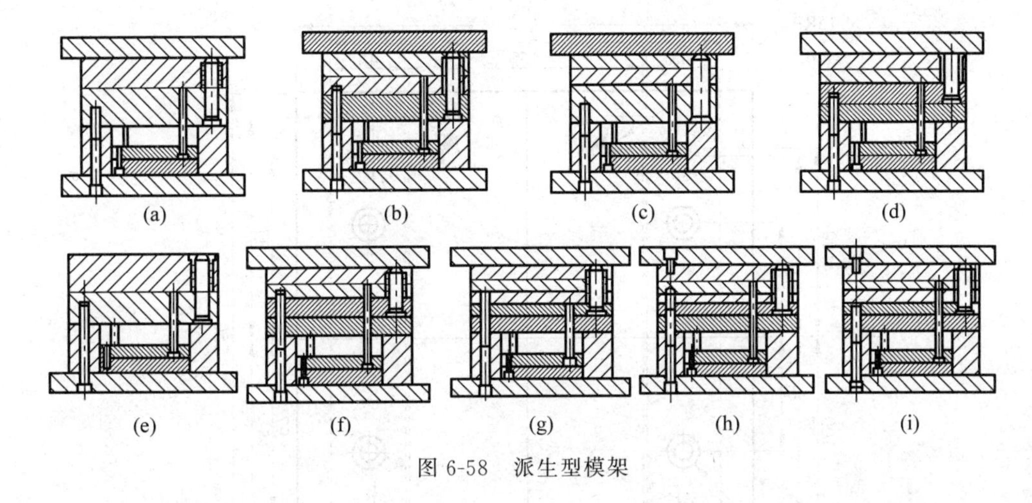

图 6-58　派生型模架

模架作为标准件，为模具的设计与制造节约了大量的时间和成本，随着模具标准化工作的进展，模具的制造周期还将进一步缩短。目前大量的标准模架已经是经过粗加工后的半成品，模具企业只要进行合理选用与型腔、型芯等相关设计制造即可。图 6-59 所示为龙记 2525 型标准模架，模架布局投影图如图 6-60 所示。

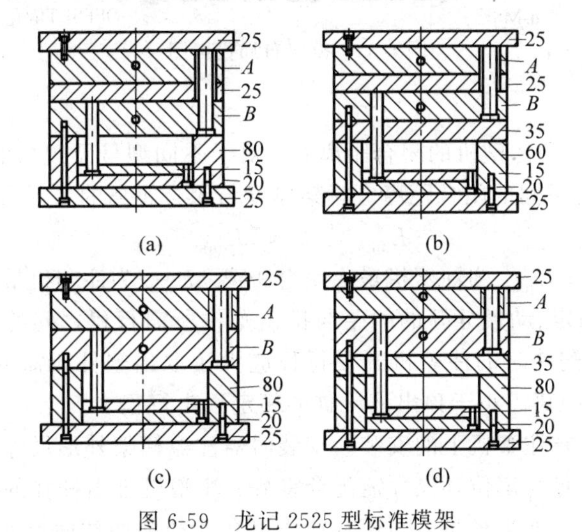

图 6-59　龙记 2525 型标准模架

图 6-59 中，模架面板最大宽度尺寸 PW 分为直身模和工字模两种类型。A、B 板的厚度尺寸分别有 40、50、60、70、80、90、100、110、120、130、140、150；吊环孔有 M12、M24 两种型号。

2）标准模架的选用要点

在模具设计时，应根据塑件图样及技术要求，分析、计算、确定塑件形状类型、尺寸范围(型腔投影面积的周界尺寸)、壁厚、孔形及孔位、尺寸精度及表面性能要求以及材料性能等，以制定塑件成型工艺，确定进料口位置、塑件质量以及每模塑件数(型腔数)，并选定注塑机的型号及规格。选定的注塑机须满足塑件注射量以及成型压力等要求。为保证塑件质量，还必正确选用标准模架，以节约设计和制造时间保证模具质量。选用标准模架的

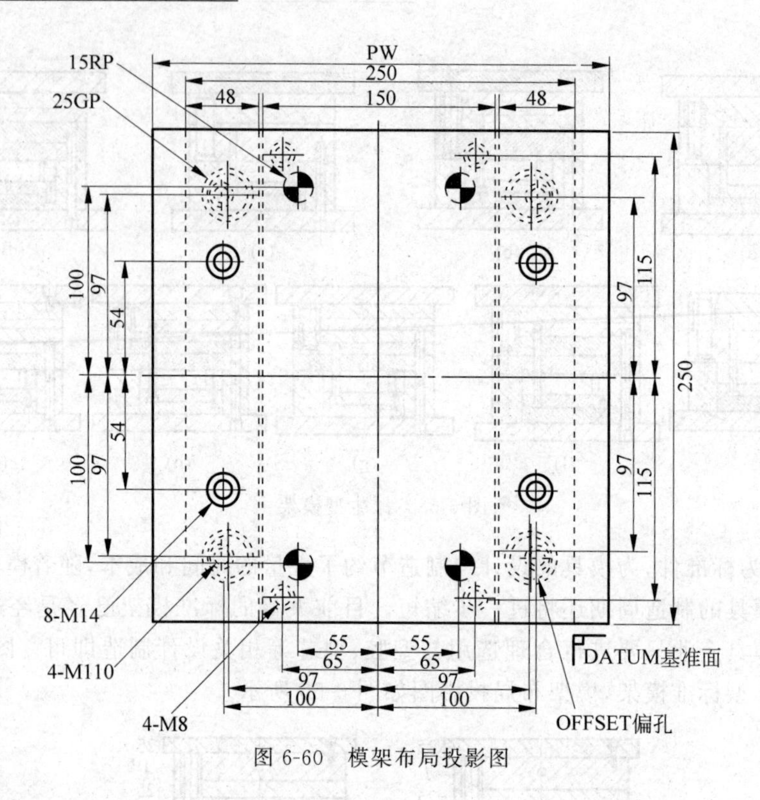

图 6-60 模架布局投影图

程序及要点如下。

(1) 模架厚度 H 和注塑机的闭合距离 L。对于不同型号及规格的注塑机,不同结构形式的锁模机构具有不同的闭合距离。模架厚度与闭合距离的关系为

$$L_{\min} \leqslant H \leqslant L_{\max}$$

式中,H 为模架厚度; $L_{\max}$ 为注塑机最大闭合距离; $L_{\min}$ 为注塑机最小闭合距离。

(2) 开模行程与定、动模分开的间距与推出塑件所需行程之间的尺寸关系。设计时需计算确定,在取出塑件时的注塑机开模行程应大于取出塑件所需的定、动模分开的间距,而模具推出塑件距离需小于顶出液压缸的额定顶出行程。

(3) 选用的模架在注塑机上的安装。安装时需注意模架外形尺寸不应受注塑机拉杆间距的影响; 定位孔径与定位环尺寸需配合良好; 注塑机推出杆孔的位置和顶出行程是否合适; 喷嘴孔径和球面半径是否与模具的浇口套孔径和凹球面尺寸相配合; 模架安装孔的位置和孔径与注塑机的移动模板及固定模板上的相应螺孔相配。

(4) 选用模架应符合塑件及其成型工艺的技术要求。为保证塑件质量和模具的使用性能及可靠性,需对模架组合零件的力学性能,特别是对它们的强度和刚度进行准确地校核及计算,以确定动、定模板及支承板的长、宽、厚度尺寸,从而正确地选定模架的规格。

2. 导向机构设计

注塑模的导向机构用于动、定模之间的开合模导向和脱模机构的运动导向。

1) 导向机构的作用

在注塑模中,引导动模和定模之间按一定方向闭合或开启的装置,称为导向机构。此外,用于卧式注塑机的注射模,其脱模机构也需设置导向机构。导向机构由导柱和导套组

成，分别安装在动、定模两边。导向机构的功能有以下几点。

(1) 导向作用。在动模与定模闭合的过程中，导向机构应先接触，引导动、定模准确配合，避免型芯与凹模发生碰撞。为此，导柱应比型芯端面高出 6～8mm，如图 6-61 所示。

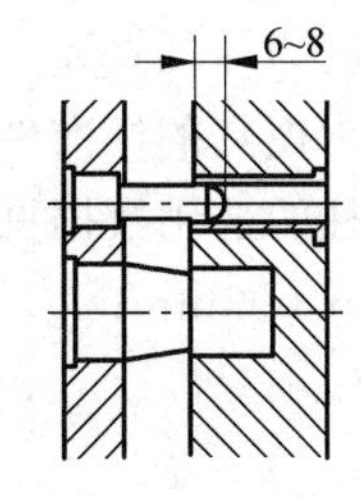

图 6-61 导柱的导向作用

(2) 定位作用。保证动、定模按一定的方位合模，避免模具在装配时，因方向错误而损坏成型零件，合模后保证型腔的正确形状。

(3) 承受一定侧压力。高压塑料熔体在充模过程中会产生单向侧压力，须由导向机构承担。当单向侧压力过大时，除导向机构承担外，还需增设锥面定位机构来承担。

(4) 承载作用。当采用推件板脱模或双分型面模具结构时，导柱有承受推件板和型腔板重量的作用。

(5) 保持机构运动平稳。对于大、中型模具的脱模机构，导向机构有使机构运动灵活平稳的作用。

2) 导柱、导套设计

(1) 导柱设计。导柱是与安装在另一半模上的导套相配合，用以确定动、定模的相对位置，保证模具运动导向精度的圆柱形零件。

导柱的基本结构形式有两种：一种是带有轴向定位台阶，固定段与导向段具有同一公称尺寸、不同公差带的导柱，称为带头导柱，如图 6-62 所示。另一种是带有轴向定位台阶，固定段公称尺寸大于导向段的导柱，称为带肩导柱，如图 6-63 所示。带肩导柱又分Ⅰ型和Ⅱ型。有的导柱开设油槽，内存润滑剂，以减小导柱导向的摩擦。

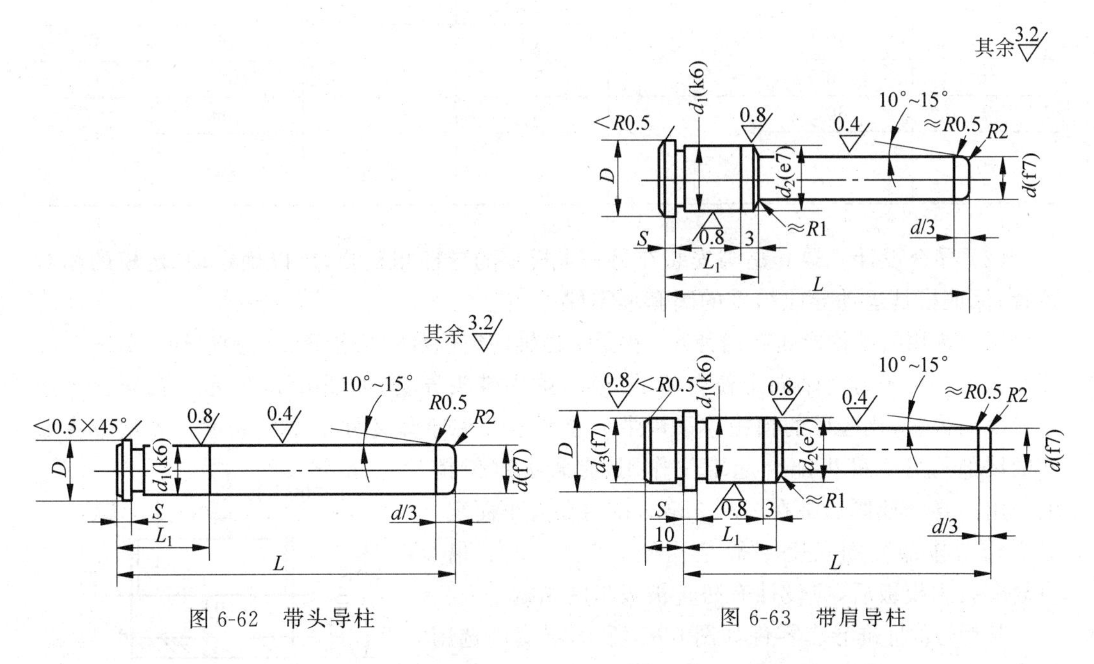

图 6-62 带头导柱

图 6-63 带肩导柱

带头导柱用于生产批量不大的模具，可以不用导套。带肩导柱用于采用导套的大批量生产并用于高精度导向的模具。中、小型模具导柱直径约为模板两直角边之和的 1/35～

1/20，大型模具导柱直径为模板两直角边之和的 1/40～1/30。导柱头部为截锥形，截锥长度为导柱直径的 1/3，半锥角为 10°～15°，其具体尺寸可查有关国家标准。现在导柱已作为模具的标准件进行使用，带头导柱(同时开设油槽)的标准导柱零件如图 6-64 所示，导柱的选用数据见表 6-18。导柱的圆柱度在 $L \leqslant 50$ 时，取 0.002mm；L 在 51～100 时，取 0.003mm；$L>100$ 时，取 0.004mm。

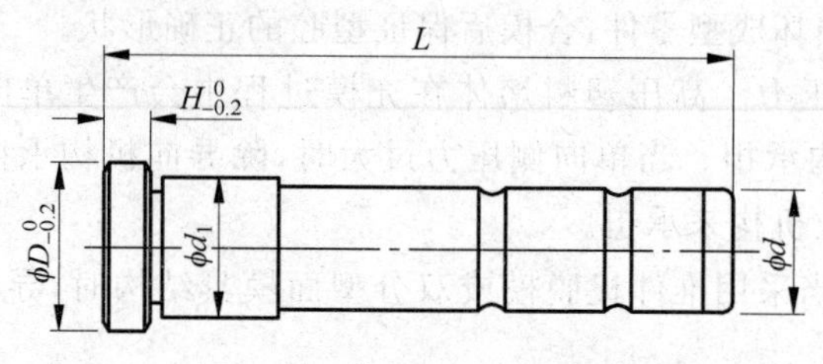

图 6-64　带头导柱(带油槽)

表 6-18　导柱的选用数据

型号	d		d_1		D	H
	直径	公差	直径	公差		
16	16	−0.015 −0.027	16	+0.020 +0.010	21	6
20	20	−0.020 −0.033	20	+0.025 +0.015	25	
25	25		25		30	8
30	30		30		35	
35	35	−0.025 −0.040	35		40	
40	40		40	+0.030 +0.020	45	10
50	50		50		55	12
60	60	−0.030 −0.049	60		66	15
70	70		70	+0.035 +0.020	76	

(2) 导套设计。导套是与安装在另一半模上的导柱相配合，用以确定动、定模的相对位置，保证模具运动导向精度的圆套形零件。

导套常用的结构形式有两种：一种是不带轴向定位台阶的导套，称为直导套，如图 6-65 所示。另一种是带有轴向定位台阶的导套，称为带头导套，如图 6-66 所示。直导套多用于较薄的模板，比较厚的模板应采用带头导套。带头导套又分Ⅰ型和Ⅱ型。Ⅱ型带头导套的尾部与另一模板配合起定位作用，有省去定位销的作用。导套壁厚通常在 3～10mm，视内孔大小而定。导套孔工作部分的长度一般是孔径的 1.0～1.5 倍。直导套装入模板后，应设计有防止被拔出的结构。

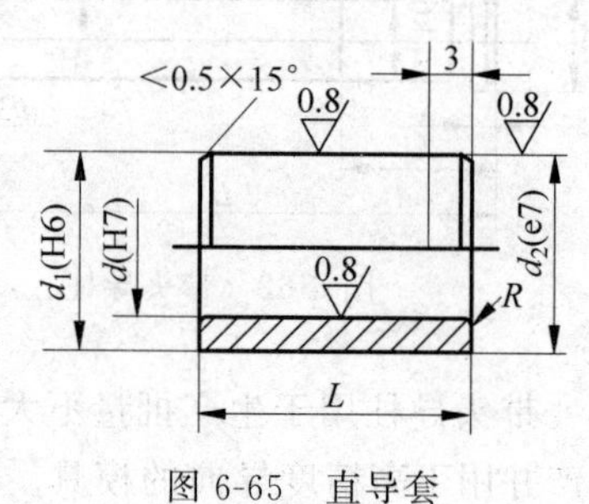

图 6-65　直导套

某型号的标准导套零件如图 6-67 所示，导套的选用数据见表 6-19。导套的圆柱度在 $L \leqslant 30$ 时，取 0.003mm；L 在 31～50 时，取 0.0035mm；$L>50$ 时，取 0.004mm。

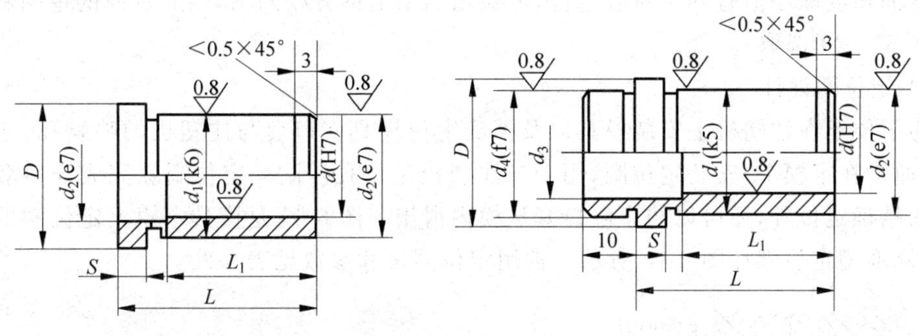

图 6-66 带头导套

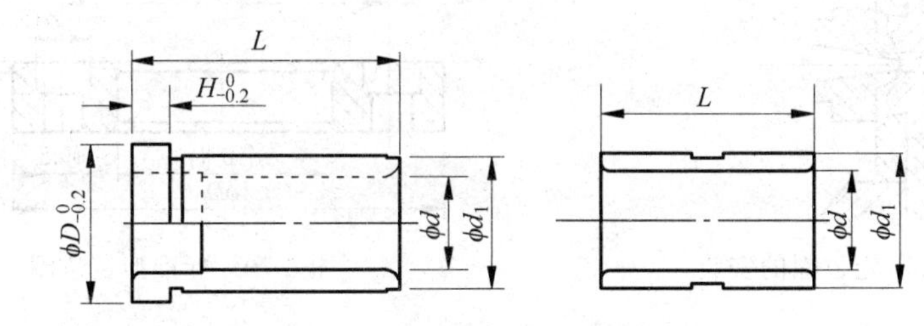

图 6-67 某型号的标准导套零件

表 6-19 导套的选用数据

<table>
<tr><th rowspan="2">型号</th><th colspan="2">d</th><th colspan="2">d_1</th><th rowspan="2">D</th><th rowspan="2">H</th></tr>
<tr><th>直径</th><th>公差</th><th>直径</th><th>公差</th></tr>
<tr><td>16</td><td>16</td><td>+0.018
+0.007</td><td>25</td><td rowspan="2">+0.020
+0.009</td><td>30</td><td rowspan="2">6</td></tr>
<tr><td>20</td><td>20</td><td rowspan="3">+0.020
+0.008</td><td>30</td><td>35</td></tr>
<tr><td>25</td><td>25</td><td>35</td><td rowspan="2">+0.025
+0.010</td><td>40</td><td rowspan="2">8</td></tr>
<tr><td>30</td><td>30</td><td>42</td><td>47</td></tr>
<tr><td>35</td><td>35</td><td rowspan="3">+0.025
+0.008</td><td>48</td><td rowspan="5">+0.035
+0.015</td><td>54</td><td rowspan="2">10</td></tr>
<tr><td>40</td><td>40</td><td>55</td><td>61</td></tr>
<tr><td>50</td><td>50</td><td>70</td><td>76</td><td>12</td></tr>
<tr><td>60</td><td>60</td><td rowspan="2">+0.035
+0.015</td><td>80</td><td>86</td><td rowspan="2">15</td></tr>
<tr><td>70</td><td>70</td><td>90</td><td>96</td></tr>
</table>

3）锥面定位机构的设计

导柱导套配合导向，由于导柱与导套有配合间隙，导向精度不可能很高。当要求对合精度很高或侧压力很大时，必须采用锥面导向定位的方法。

当模具较小时，可以采用锥形导柱导套定位，如图 6-68 所示。对于尺寸较大的模具，必须采用动、定模板各自带锥面的导向定位机构与导柱导套联合使

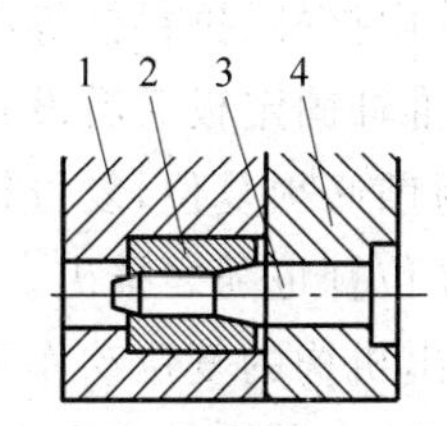

图 6-68 锥形导柱导套定位

1—动模板；2、3—锥形导套；4—定模板

用。锥面角度取小值有利于对合定位，但会增大所需的开模阻力，因此锥面的单面斜度一般可在 5°～20°选取。

4）定位圈设计

为了便于在注塑机上安装模具以及精确定位模具浇口套与注塑机的喷嘴孔，应在模具上(通常在定模上)安装定位圈，用于与注塑机定位孔匹配。定位圈除完成浇口套与喷嘴孔的精确定位外，还可以防止浇口套从模内滑出。图 6-69 是模具定模上定位圈的安装情况，标准型定位圈如图 6-70 所示。常用定位圈尺寸参数见表 6-20。

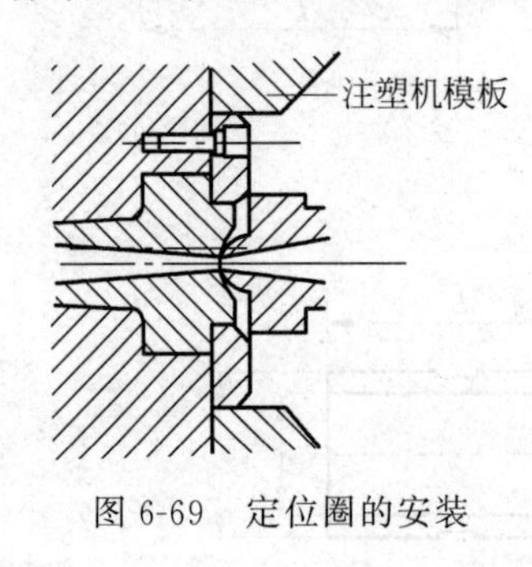

图 6-69　定位圈的安装

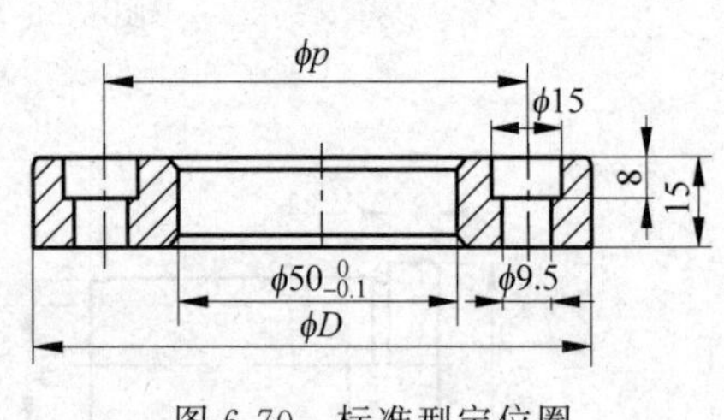

图 6-70　标准型定位圈

表 6-20　常用定位圈尺寸参数

公称尺寸	D		p	公称尺寸	D		p
	尺寸	公差			尺寸	公差	
90	90	$^{-0.2}_{-0.4}$	70	125	125	$^{-0.2}_{-0.4}$	90
100	100		75	127	127		90
110	110		75	150	150		120
120	120		90	175	175		120

6.2.7　脱模机构设计

注塑成型的每一个循环中，塑料制品必须准确无误地从模具的凹模中或型芯上脱出，完成脱出制品的装置称为脱模机构，也常称为推出机构。

1. 结构组成与设计原则及分类

1）脱模机构的组成

脱模机构一般由推出、复位和导向三大部件组成。在如图 6-71 所示的推出机构中，推出部件由推杆、拉料杆等组成，它们固定在推杆固定板上。为了在推出时使推杆有效地工作，在推杆固定板后需设置推板，两者之间用螺钉连接。推出机构进行推出动作后，在下次注射前必须复位，复位杆就是为此而设置的。复位杆固定在推杆固定板上，推出机构工作时复位杆也随之推出。合模时，动模部分向前移动，当复位杆伸出的端部与定模板接触时，推出机构的复位动作开始。为了保证推出机构的推出和复位动作能平稳、灵活地进行，对于中、大型模具或推杆很多的模具，通常要设置推出机构的导向装置，即图 6-71 中的推板导柱和推板导套。对于批量生产不太大的模具，也可采用推板导柱与推杆固定板直接导向。有的模具还设有支承钉(图 6-71 中的复位杆),小型模具需要 4 只,中、小型模具需要 6～8 只。支承钉使推板与动模座板间形成间隙,以保证平面度,并有利于废料、杂物的去除,另外还可以通过支承钉厚度的调节功能来调整推杆工作端的装配位置。

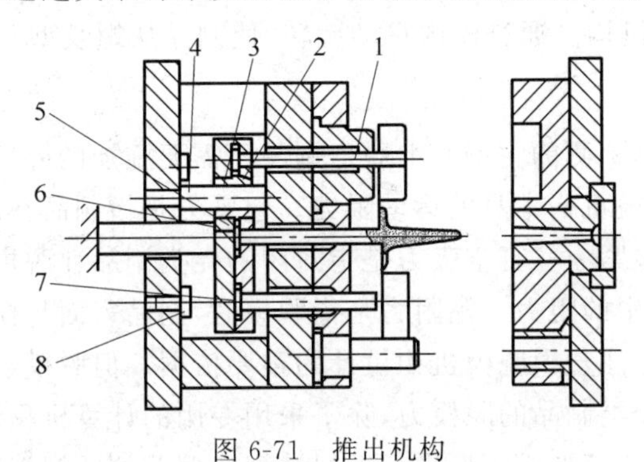

图 6-71 推出机构

1—推杆；2—推杆固定板；3—导套；4—导柱；5—推板；6—拉料杆；7—复位杆；8—支承钉

2) 脱模机构的设计原则

脱模机构设计一般应遵循如下原则。

(1) 尽可能使制品滞留在动模一侧,以便借助于开模力驱动脱模装置,完成脱模动作。

(2) 防止制品变形或损坏,正确分析制品对型腔的黏附力大小及其所在部位,有针对性地选择合适的脱模机构,使推出重心与脱模阻力中心相重合。由于制品在收缩时会包紧型芯,因此推出力的作用点应尽量靠近型芯,同时推出力应施于制品刚度和强度最大的部位,推顶面积也应尽可能大一些,以防制品变形或损坏。

(3) 力求良好的制品外观,在选择推出位置时,应尽量选择制品的内部或对制品外观影响不大的部位。

(4) 结构合理可靠,运动灵活,制造方便,更换容易,推杆应具有足够的强度和刚度。

3) 脱模机构的分类

(1) 按动力来源分类

① 手工脱模。当模具分型后,用手工脱模。该方式仅用于试生产或者产量很少的小型塑料制品。

② 机动脱模。机动脱模是依靠注塑机的开模动作,用固定的顶柱相配合,驱使动模一侧的脱模机构从模内推出制品。

③ 液压脱模。液压脱模是用注塑机上的液压缸,或者专门在模具上设置的液压缸,由液压控制系统驱动脱模机构。液压脱模动力大,传动平稳,因此,在大型模具上广泛使用。

④ 气动脱模。气动脱模是利用压缩空气将制品从模内脱出。

(2) 按结构分类

① 简单脱模机构。简单脱模机构又称为一次脱模机构,包括常见的推杆、推管和推件板等脱模装置。

② 二级脱模机构。一些形状特殊的制品,如采用一次脱模,易使其变形、损坏,甚至不能从模内脱出,在这种情况下,须对制品进行第二次推顶。

③ 双脱模机构。动模和定模两边均设置有简单脱模机构。

④ 顺序脱模机构。对于成型形状复杂制品的模具,一般会有多个分型面,此时应采用顺序分型,才能使制品从模内顺利脱出。

⑤ 螺纹制品脱模机构。通过模内自动旋转,使制品从螺纹型芯或型环上脱出。

2. 脱模力的计算

脱模力是指从动模一侧的主型芯上脱出制品所需要施加的外力,它包括型芯包紧力、真空吸力、黏附力和脱模机构本身的运动阻力。包紧力是指制品在冷却固化中,因体积收缩而产生的对型芯的包紧力。真空吸力是指封闭的壳类制品在脱模时与型芯之间形成真空,与大气压的压差产生的阻力。黏附力是指脱模时,制品表面与模具钢材表面之间所产生的吸附力。脱模力是注塑模脱模机构设计的重要依据。但脱模力的计算与测量十分复杂。对于任意形状的壳类制品的脱模力,除了采用专用的计算机程序外,很难用手工计算出来,只能将其简化为圆筒形或矩形进行近似计算。型芯的成型端部,一般要设计脱模斜度。塑件刚开始脱模时,所需要的脱模力最大。

图 6-72 所示为塑件制品在脱模时型芯的受力分析情况。由于脱模力 F_t 的作用,使塑件对型芯的总压力(由塑件收缩引起)降低了 $F_t\sin\alpha$,因此,推出时的摩擦力 F_m 为

$$F_m=(F_b-F_t\sin\alpha)\mu$$

式中,F_m 为脱模时型芯受到的摩擦阻力;F_b 为塑件对型芯的包紧力;F_t 为脱模力(推出力);α 为脱模斜度;μ 为塑件对钢的摩擦系数,取 0.1～0.3。

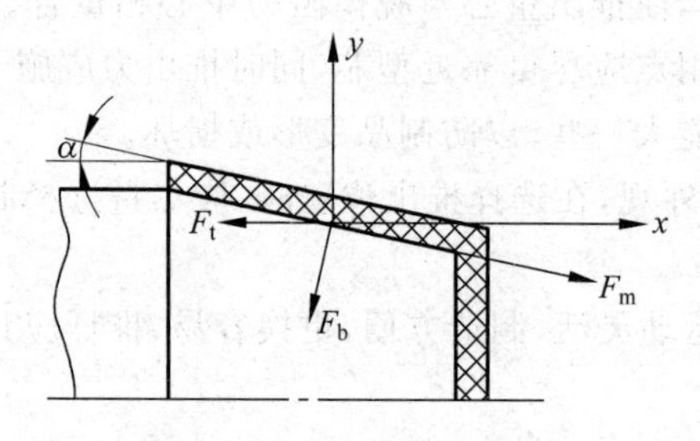

图 6-72 型芯受力分析

实际上,摩擦系数 μ 较小,根据力平衡的原理,脱模力计算公式可简化为

$$F_t=Ap(\mu\cos\alpha-\sin\alpha)$$

式中,A 为塑件包络型芯的面积;p 为塑件对型芯单位面积上的包紧力。一般情况下,模外冷却的塑件,p 取 2.4×10^7～3.9×10^7 Pa;模内冷却的塑件,p 取 0.8×10^7～1.2×10^7 Pa。

从式脱模力的计算公式可以看出,脱模力(推出力)的大小随着塑件包络型芯的面积增加而增大,随着脱模斜度的增大而减小,同时也和塑料与钢(型芯材料)之间的摩擦系数有关。实际上,影响脱模力的因素有很多,型芯的表面粗糙度、成型的工艺条件、大气压力及推出机构本身在推出运动时的摩擦阻力等都会影响脱模力的大小。另外,同一模腔中在几个凸起(如型芯)或几个凹坑之间,由于相对位置引起塑料收缩应力造成的脱模力及塑件与模具型腔之间的黏附力在脱模力计算过程中有时也不可忽略。

3. 一次脱模机构

一次脱模机构又称简单脱模机构，凡在动模一侧施加一次推出力，就可实现制品脱模的机构称为简单脱模机构。推杆脱模机构、推管脱模机构、推件板脱模机构、多元件联合脱模机构和气动脱模机构均属于一次脱模机构。

1）推杆脱模机构

（1）推杆的结构形式。由于设置推杆的自由度较大，而且推杆截面大部分为圆形，制造、修配方便，容易达到推杆与模板或型芯上推杆孔的配合精度，推杆推出时运动阻力小，推出动作灵活可靠，推杆损坏后也便于更换，因此，推杆推出机构是推出机构中最简单、最常见的形式。常用推杆的形状如图6-73所示。

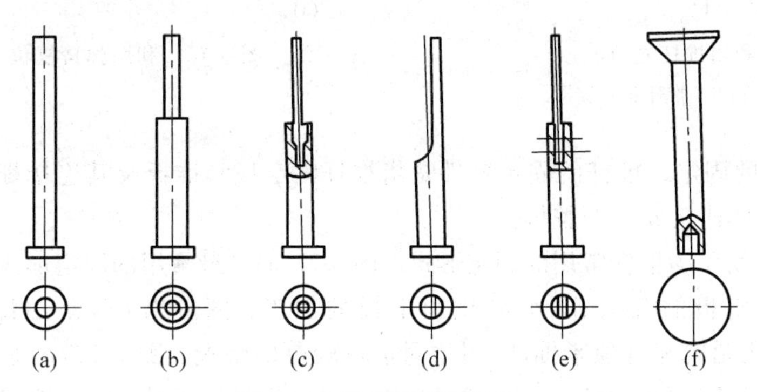

图6-73 常用推杆的形状

图6-73(a)为圆柱头推杆，应用最广。这种推杆已作为标准件，系列直径为6～32mm，长度为100～630mm。图6-73(b)为带肩推杆。图6-73(c)为嵌入式带肩推杆，用于要求推杆直径较小的情况。图6-73(d)为整体式异形推杆，图示形状为半圆形，有时又称为D形推杆，这种形式的推杆用来推顶薄壁制品的边缘，以增大推顶面积，但模板上的D形推杆孔难以加工，在使用中常采用镶拼结构得到D形孔，即在型芯固定板上先加工出对应推杆的圆形孔，然后再开出凹孔，装入型芯后便形成D形推杆孔。图6-73(e)为扁推杆，主要用来推顶一般推杆难以推出的细长部分，如制品的加强肋等。图6-73(f)为盘形推杆，当无法采用边缘推杆和推件板时，可采用这种大直径的推件，以增加推顶面积使制品变形的可能性减小。

（2）复位零件。复位零件的作用是借助于模具的闭合动作，使脱模机构恢复到原始位置。目前常用的复位形式有如下三种。

① 利用复位杆复位。如图6-74所示，复位杆的端面与分型面平齐。图6-74(a)在复位杆与分型面接触处装有淬火镶块，图6-74(b)在该处须直接淬火。

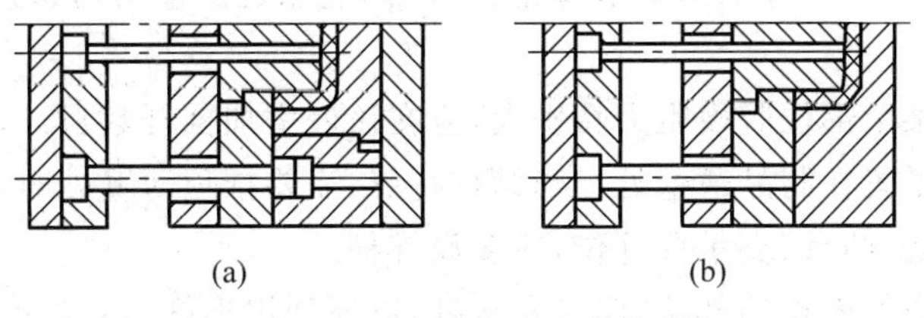

图6-74 利用复位杆复位

② 利用推杆复位。在制品几何形状和模具结构允许的情况下,可将推杆兼做复位杆使用,如图 6-75 所示。此时凹模周边须淬硬。

③ 利用弹簧复位。可利用弹簧的弹力使脱模机构复位,如图 6-76 所示。

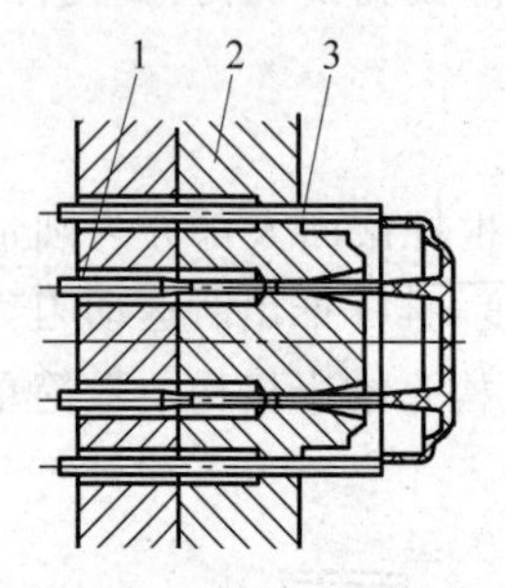

图 6-75 利用推杆复位

1—推杆;2—动模;3—推杆兼复位杆

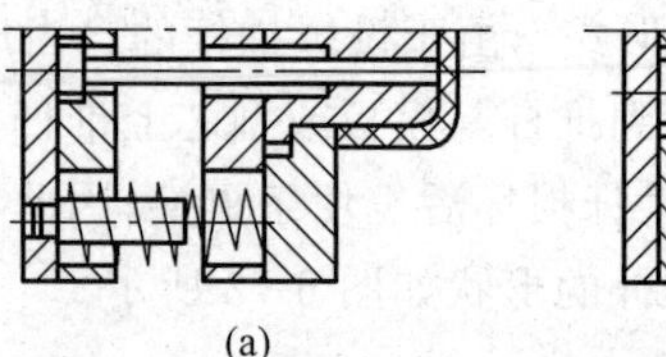

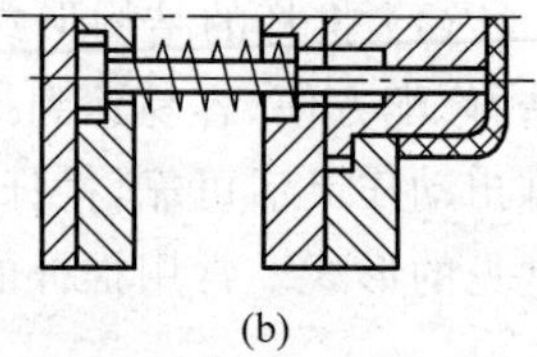

图 6-76 利用弹簧复位

(3) 推杆的固定。推杆的固定零件是指推杆固定板和推板及其连接螺钉等。它们将脱模机构各零件连接成一个整体。

如图 6-77 所示为推杆常用的固定形式。图 6-77(a)是最常用的固定形式;图 6-77(b)是用垫圈代替固定板的沉头孔,可简化固定板的加工;图 6-77(c)是用螺母拉紧推杆;图 6-77(d)是用紧定螺钉顶紧推杆,用于固定板较厚的情况;图 6-77(e)是用螺钉紧固的形式,适合于直径较大的推杆;图 6-77(f)是适合于推杆直径小、数量较多且间距较小的场合。

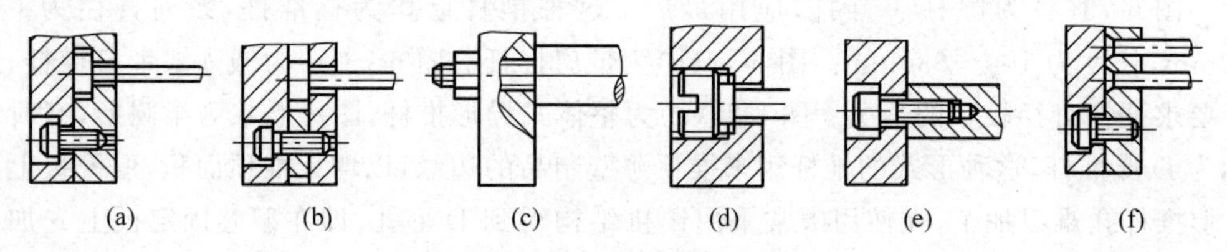

图 6-77 推杆常用的固定形式

(4) 推杆导向零件。推杆导向零件主要由推杆导套和推杆导柱组成,它保证脱模机构运动平稳灵活,避免发生倾斜、卡死现象。这对于大型模具或推杆较多且较细长的脱模机构十分重要。在大型模具中,推板上的导柱还兼有支承动模板、增加模具刚性的作用。脱模机构导向装置的形式如图 6-78 所示。

(5) 推杆脱模机构的设计要点。

① 推杆位置应设置在脱模阻力大的部位。盖类与箱类制品,侧面阻力最大,应尽量在其端面均匀设置推杆。推杆设置在型芯内部时,应靠近侧壁均匀布置,但推杆边缘须距侧面 3mm 以上。

② 若制品的某个部位脱模阻力特别大,应在该处增加推杆数目。

③ 推杆不宜设置在制品薄壁处。当结构特殊,需要推顶薄壁处时,可采用盘形推杆。

④ 在制品的肋、凸台、支承等部位,应多设推杆。

⑤ 在型腔内排气困难的部位,应设置推杆,以便利用推杆与孔的配合间隙排气。

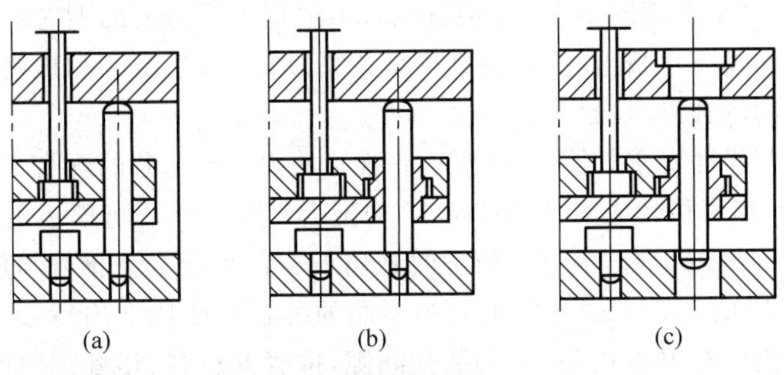
(a) (b) (c)

图 6-78 脱模机构导向装置的形式

⑥ 推杆端面应以尽可能大的面积与制品接触。直径小于 3mm 时，应采用阶梯式推杆。

⑦ 对于薄壁壳体类制品，以采用 D 形推杆推顶制品端面为宜。

⑧ 为防止熔体的渗漏，推杆的工作段应有配合要求，常用 H8/f7 或 H7/f7，配合长度一般为直径的 1.5～2.0 倍，但至少应大于 15mm，对于非圆推杆则需大于 20mm。

⑨ 推杆的非工作段与孔均要有 0.5～1.0mm 的双边间隙，以减小摩擦，而且使推杆相对于固定板在径向是浮动的，以便自动调整推杆的径向位置。

⑩ 在注射状态，应确保推杆端面与型腔平齐或伸入制品内 0.15～0.10mm。

⑪ 若制品上不允许有推杆痕迹，可在制品外侧设置冷料穴，推杆推顶冷料穴内凝料以脱出制品。

⑫ 有时为了将制品滞留在动模一侧，将推杆端部做成钩形。此时推杆兼做拉料杆用，但拉钩的方向必须一致，所以推杆固定端应有止转设施。

2）推管脱模机构

推管是一种空心的推杆，它适用于环形、筒形塑件或部分带孔塑件的推出。由于推管整个周边接触塑件，故推出塑件的力量均匀，塑件不易变形，也不会留下明显的推出痕迹。

推管推出机构有三种主要的结构形式。图 6-79(a)是最简单、最常用的结构形式。型芯固定于动模座板上，细小的型芯应在动模座板后面局部开盲孔加垫板固定。这种结构形式的特点是型芯较长，但结构可靠，适用于推出距离不大的场合。图 6-79(b)是用方销将型芯固定在支承板上的形式(也可以固定在动模板上)，推管在方销的位置沿轴向开有长槽。推出时让开方销，长槽在方销以下的长度应大于推出距离，推管与方销的配合采用

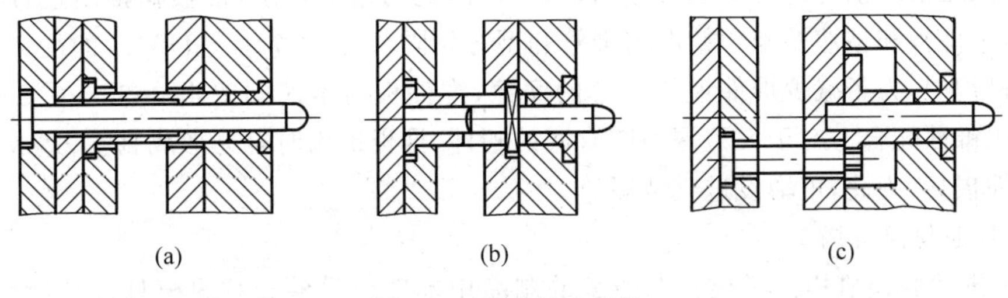
(a) (b) (c)

图 6-79 推管推出机构

H8/f7～H8/f8。由于方销固定型芯强度较弱，不适用于受力大的型芯。图 6-79(c)是型芯用螺钉固定在动模支承板上、推管在动模板内滑动的形式，型芯和推管都较短，适用于动模板厚度较大的场合。

推管的配合与尺寸要求如图 6-80 所示。推管的内径与型芯的配合，当直径较小时选用 H8/f7 的配合，当直径较大时选用 H7/f7 的配合；推管外径与模板上孔的配合，当直径较小时采用 H8/f8 的配合，当直径较大时选用 H8/f7 的配合。推管与模板的配合长度一般取推管外径 D 的 1.5～2.0 倍，推管与型芯的配合长度比推出行程大 3～5mm。推管固定端外径与模板有单边 0.5mm 的装配间隙，推管的材料、热处理硬度及配合部分的表面粗糙度要求与推杆相同。

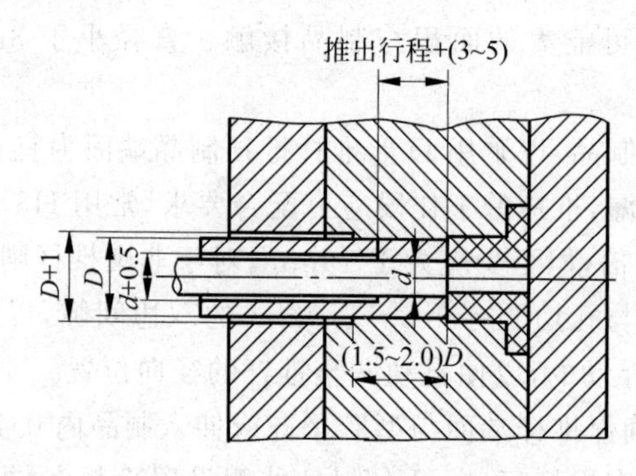

图 6-80　推管的配合与尺寸

3) 推件板脱模机构

推件板脱模机构是由一块与凸模按一定配合精度相配合的模板和推杆(也可起复位杆作用)所组成，随着脱模机构开始工作，推杆推动推件板，推件板从塑料制件的端面将其从型芯上推出，因此，推出力的作用面积大而均匀，推出平稳，塑件上没有推出的痕迹，图 6-81 为推件板脱模机构的几种结构。图 6-81(a)为推杆与推件板用螺纹相连接的形式，在推出过程中，可以防止推件板从导柱上脱落下来；图 6-81(b)为推杆与推件板无固定连接的形式，为了防止推件板从导柱上脱落下来，固定在动模部分的导柱要足够长，并且要控制好推出行程；图 6-81(c)为注塑机上的推杆直接作用在推件板上的形式，模具结构与图 6-81(a)相似，只是适当增加了推件板的长度，以便让注塑机上的顶杆与之接触，因此，仅适用于两侧有顶杆的注塑机；图 6-81(d)为推件板镶入动模板内的形式，推杆端部用螺纹与推件板相连接，并且与动模板作导向配合，推出机构工作时，推件板除了与型芯作配合外，还依靠推杆进行支承与导向，这种推出机构结构紧凑，推板在推出过程中也不会掉下，推件板和型芯的配合精度与推管和型芯相同，即为 H7/f7～H8/f7 的配合在推件板推出机构中，为了减少推件板与型芯的摩擦，推件板与型芯间留出 0.20～0.25mm 的间隙并用锥面配合。对于大型深型腔有底的塑件，推板推出时容易形成真空，造成脱模困难或塑件损坏，为此，可增设进气装置。

4) 其他脱模机构

(1) 推块脱模机构。平板状态凸缘的制品用推件板脱模会黏附模具，此时可采用推块脱模机构。推块脱模机构可看成是推件板脱模机构的变异形式，推块与制品接触面积

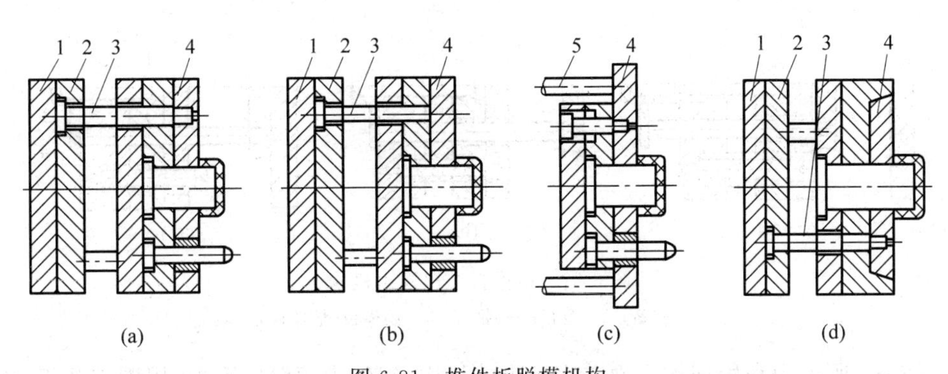

图 6-81 推件板脱模机构

1—推板；2—推杆固定板；3—推杆；4—推件板；5—注塑机顶杆

较大，应有较高的硬度和较小的表面粗糙度。推块与型芯或凹模板之间配合间隙以不溢料为准，并要滑动灵活。

(2) 成型零件脱模机构。成型零件脱模机构利用成型零件脱模，如镶块、凹模等，在推杆的作用下带出制品的装置。

(3) 多元件联合脱模机构。对于深腔壳体、薄壁、有局部管状、凸肋、凸台及金属嵌件等复杂制品，可采用两种或两种以上的简单脱模机构联合推顶，以防止制品脱模时变形。

(4) 气动脱模机构。气动脱模机构是指通过装在模具内的气阀把压缩空气引入制品和模具之间使制品脱模的一种装置。它特别适用于深腔薄壁类容器的脱模，但多作为其他脱模形式的辅助手段。其特点是模具结构简化，可以在开模过程任意位置推出制品。压缩空气的压力通常为 0.5～0.6MPa。

4. 二级脱模机构

一般塑件制品的脱模多采用一次推出机构一次完成。但若塑件的形状特殊，在一次推出动作后塑件仍难以取出或不能自动落下时，需增加一次推出动作；此外，有些塑件对型芯的包紧力很大，若一次推出，会使塑件变形或破裂，也须采用二次推出。这种能实现先后两次推出的机构称为二级脱模机构，也常称为二次推出机构。

1) 单推板二次推出机构

单推板二次推出机构中只有一套推板和推杆固定板。首次推出动作是靠弹簧、拉杆、摆杆、滑块等特殊零件实现，二次推出塑件动作由简单推出机构完成。

图 6-82 的机构利用弹簧实现第一次推出动作，推杆完成第二次推出动作。图 6-82(a)为合模状态，开模时，靠弹簧的弹力推动动模板(又作为推件板)，使塑件脱离型芯，如图 6-82(b)所示，第一次推出距离由定距螺钉控制。二次推出是由推杆将塑件从动模板中强行推出，如图 6-82(c)所示，这种机构简单、紧凑，但限于弹簧的弹力，只适用于推出距离不大，包紧力较小的场合。也可以采用摆杆、滑块等机构实现二次推出。

2) 双推板二次推出机构

双推板二次推出机构有两组推板，首先由一些特殊零件将其连接在一起完成第一次推出动作，然后分开由其中一组完成第二次推出动作。

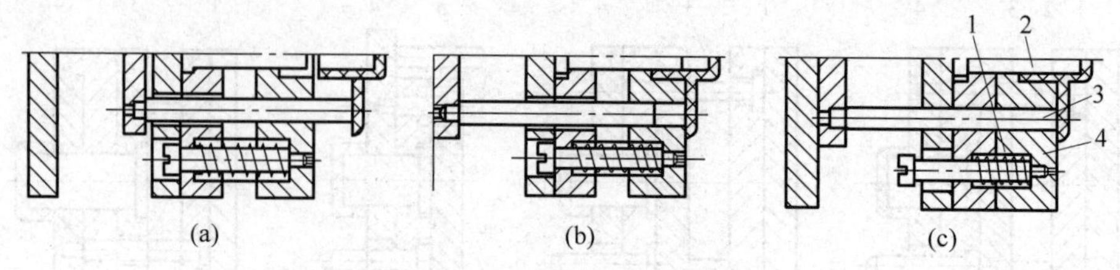

图 6-82　单推板二次推出机构

1—弹簧；2—型芯；3—推杆；4—动模板(推件板)

图 6-83 所示为利用摆钩实现二次推出的机构，塑件为薄壁罩形件，周围带凸缘，内腔有凸筋，为避免一次推出导致塑件变形，所以采用二次推出。图 6-83(a)为已分型但塑件未脱模。由于摆钩钩住二次推板，当注塑机顶杆推动推板时，二次推板与一次推板同时移动，推件板在推杆的推动下与锥形推杆一起将塑件脱出型芯，如图 6-83(b)所示，完成第一次推出动作。接着摆钩的斜面在支承板的斜面压迫下与二次推板脱开，此时一次推板、推杆、推件板停止移动。而锥形推杆继续移动，将塑件推出凹模(推件板)，如图 6-83(c)所示，完成第二次推出动作。图中尺寸应满足 $l_1 > h_1$，$l_2 > h$，$L \geqslant l_1 + h_2$。图 6-84 也是一种摆钩式双推板二次推出机构，也可以采用摆杆、滑块等机构实现二次推出。

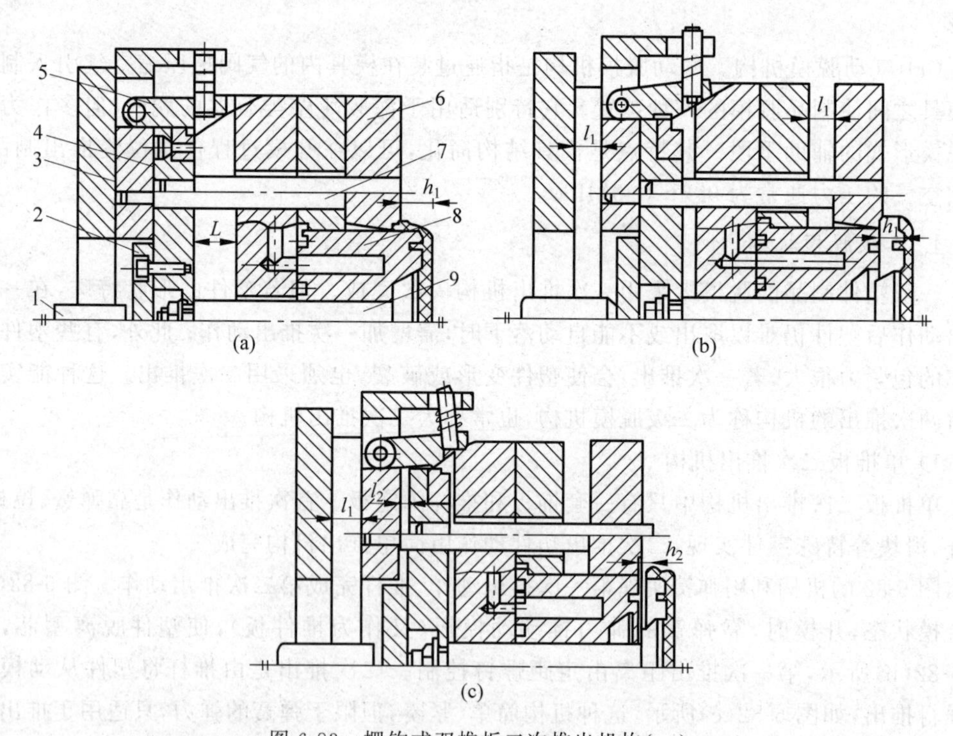

图 6-83　摆钩式双推板二次推出机构(一)

1—注塑机顶杆；2—推板；3——次推板；4—二次推板；5—摆钩；6—推件板(凹模板)；7—推杆；8—型芯；9—锥形推杆

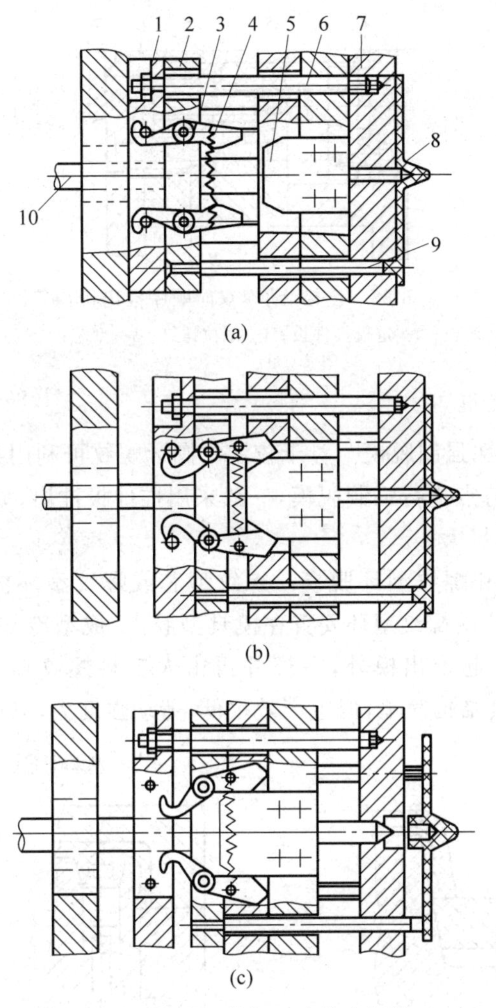

图 6-84　摆钩式双推板二次推出机构(二)

1—一次推板；2—二次推板；3—摆钩；4—弹簧；5—锲块；6、9—推杆；7—动模型芯板；8—型芯；10—注塑机推杆

5．定模、动模双向顺序推出机构

在实际生产过程中，有些塑件因为其特殊的形状特点，开模后既有可能留在动模一侧，也有可能留在定模一侧，甚至也有可能塑件对定模的包紧力明显大于对动模的包紧力而会留在定模。在这种情况下，可以采用定模、动模双向顺序推出机构，即在定模部分增加一个分型面，在开模时确保该分型面首先定距打开，让塑件先从定模型芯上脱模，确保塑件能可靠地留在动模部分，在主分型面分型时，再由动模推出机构将塑件推出。

定模、动模双向顺序推出机构如图 6-85 所示，开模时，弹簧始终定模推件板，使定模 A 分型面首先分型，从而使塑件从定模型芯上脱出而留在动模板内，直至限位螺钉端部与定模板接触，定模分型结束。动模继续后退，主分型面 B 分型，在推出机构工作时，推管将塑件从动模型腔内推出。定模、动模双向顺序推出也可以采用摆钩或滑块结构实现。

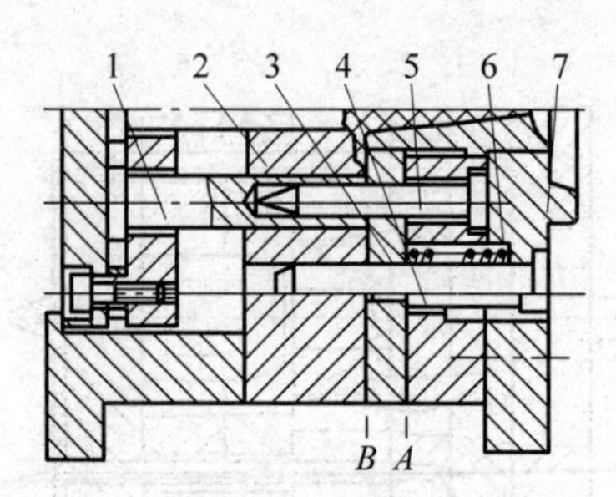

图 6-85　定模、动模双向顺序推出机构

1—推管；2—动模板；3—定模推件板；4—限位螺钉；5—型芯；6—弹簧；7—定模板

6. 带螺纹塑件的脱模

(1) 利用塑件的弹性强制脱模。对于较浅的圆牙螺纹可利用某些塑料(聚乙烯、聚丙烯等)具有较好弹性的特点进行强制脱模,一般采用推件板推出,如图 6-86 所示。但推件板与塑件的接触面应尽量大。

(2) 活动螺纹型芯和螺纹型环脱模。螺纹型芯或螺纹型环被制成模具上的活动镶件。成型前,将螺纹型芯或螺纹型环安置在模具型腔内,成型冷却后开模,将活动螺纹型芯或螺纹型环随塑件一起推出模外,在模外再由人工将螺纹型芯或螺纹型环旋下,如图 6-87 所示。此类模具结构简单,但生产效率低,劳动强度大,只适合于小批量生产。

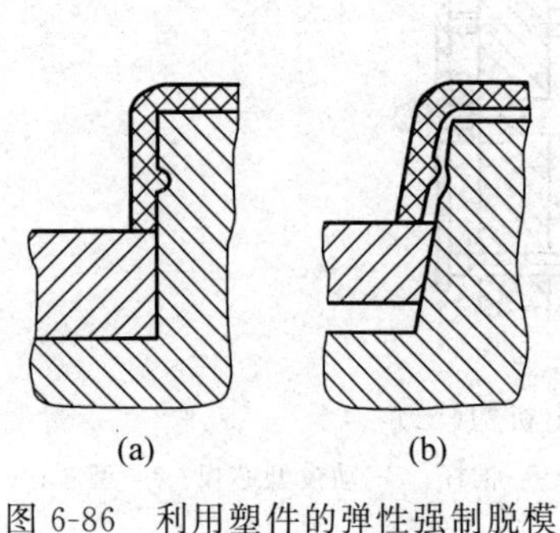

图 6-86　利用塑件的弹性强制脱模

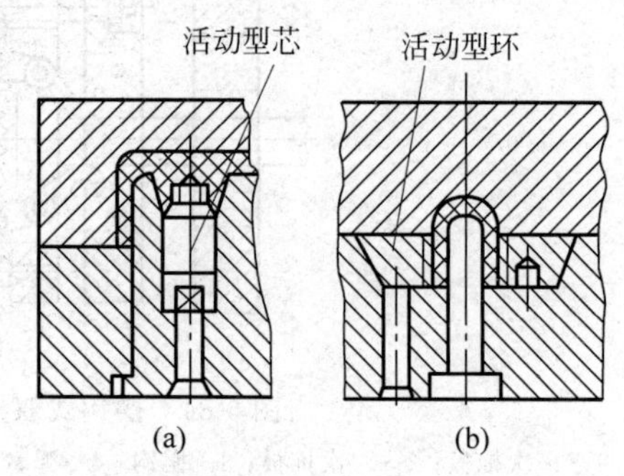

图 6-87　活动螺纹型芯和螺纹型环

(3) 拼合式螺纹型芯和螺纹型环脱模。斜滑块侧向分型或抽芯方式可用于成型内、外螺纹。图 6-88(a)是外螺纹的成型及脱模机构,图 6-88(b)是内螺纹的成型及脱模机构。这种形式的脱螺纹机构结构可靠,但螺纹上有分型线,比较适合成型有间断槽的螺纹。

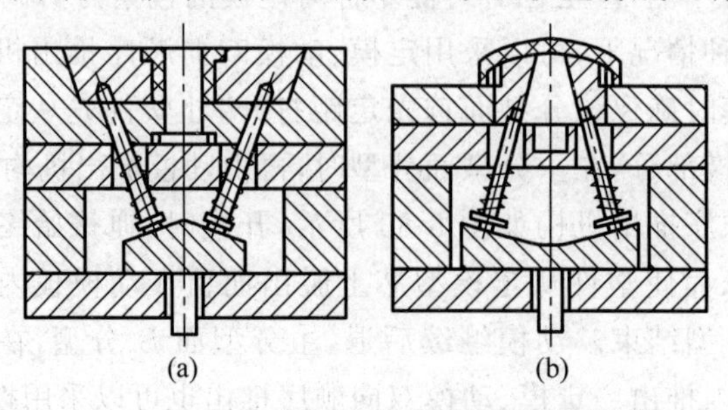

图 6-88　拼合式螺纹型芯和螺纹型环脱模

(4) 模内旋转脱螺纹的方式。这种脱螺纹的方式要求螺纹型芯或螺纹型环与塑件之间既有相对转动,又有轴向的相对移动,所以塑件上应设计有防转结构,如图6-89所示。模内旋转脱螺纹的方式有手动和自动两种。

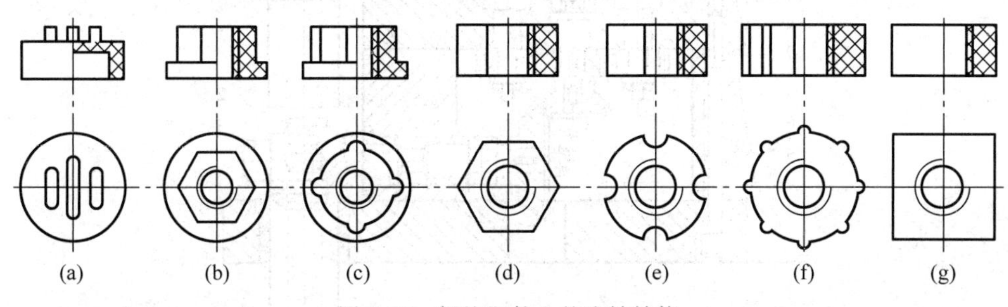

图6-89　螺纹塑件上的防转结构

① 手动脱螺纹方式。图6-90是一种最简单的模内手动侧向脱螺纹机构。塑件成型后,开模前先用专用工具将螺纹型芯旋出塑件然后再开模推出塑件。设计制作这种螺纹型芯应注意两段螺纹的螺距和旋向一定要相同。图6-91是模内手动纵向脱螺纹机构,由于螺纹型芯成型的螺纹轴线与开模方向一致,需要用锥齿轮将手动的侧向旋转变为型芯纵向旋转。开模后手动转动轴通过锥齿轮的传动,使螺纹型芯按旋出方向旋转,弹簧的作用是在脱模过程中始终顶住活动型芯,使其随塑件脱出方向移动,使塑件与型芯始终保持接触,防止塑件随螺纹型芯转动,而且还起顶出制件的作用。

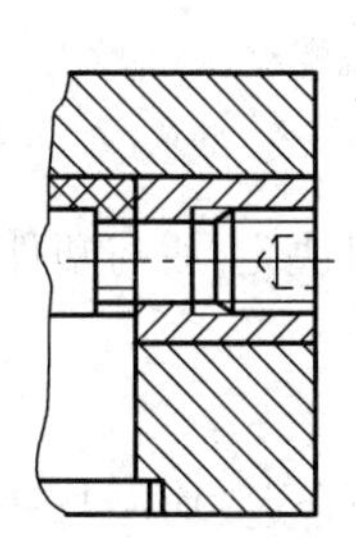
图6-90　模内手动侧向脱螺纹机构

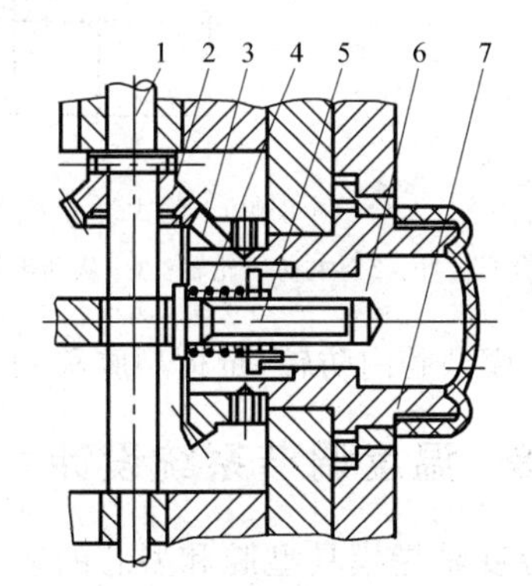

图6-91　模内手动纵向脱螺纹机构
1—轴；2、3—锥齿轮；4—弹簧；5—花键轴；6—活动型芯；7—螺纹型芯

② 机动脱螺纹方式。利用开模时定模、动模的相对运动,使相互啮合的齿轮齿条传动而带动螺纹型芯或型环旋转而脱出螺纹,如图6-92所示。开模时,传动齿条(制作在导柱上)带动齿轮,通过轴及齿轮4、5、6、7的传动,使螺纹型芯按旋出方向转动,拉料杆(头部有螺纹)也随之转动,从而使塑件与浇注系统凝料同时脱出,塑件依靠浇口防转。设计时应注意使螺纹型芯和拉料杆上螺纹的螺距相等、旋向相反。

另一种机动脱螺纹机构如图6-93所示,为角式注塑机利用开合模丝杆带动主动齿轮轴旋转,齿轮轴再带动从动齿轮使螺纹型芯旋转而脱螺纹。弹簧使塑件在螺纹型芯旋转过程

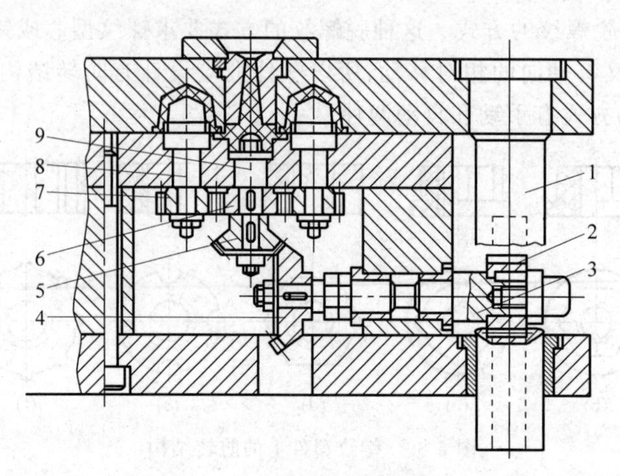

图 6-92　齿轮齿条脱螺纹机构

1—传动齿条；2—齿轮；3—轴；4、5、6、7—齿轮；8—螺纹型芯；9—拉料杆

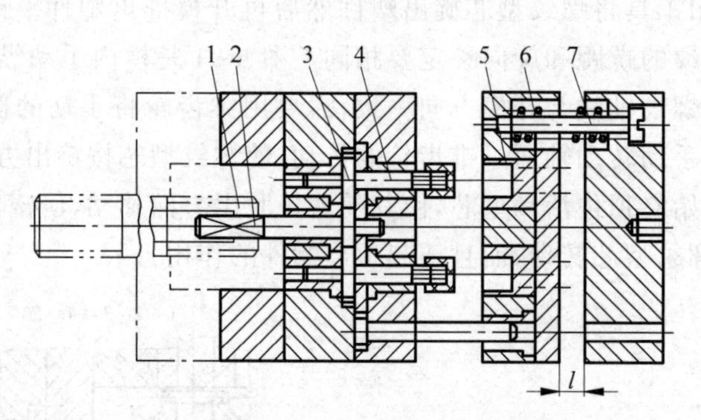

图 6-93　角式注塑机开合模丝杆驱动螺纹型芯脱螺纹

1—开合模丝杆；2—主动齿轮轴；3—从动齿轮；4—螺纹型芯；5—定模型腔；6—弹簧；7—定距螺钉

中保持在定模型腔内防转，定模型腔移动一段距离 Z(由定距螺钉决定)后与塑件脱离。

6.2.8　温度调节系统设计

模具温度是指模具型腔和型芯的表面温度。模具温度是否合适、均一与稳定，对塑料熔体的充模流动、固化定型、生产效率及塑件的形状、外观和尺寸精度都有重要的影响。模具中设置温度调节系统的目的就是要通过控制模具的温度，使注射成型塑件有良好的产品质量和较高的生产效率。

1. 模具温度与塑料成型温度的关系

注射入模具中的热塑性熔融树脂，必须在模具内冷却固化才能成为塑件，所以模具温度必须低于注射入模具型腔内的熔融树脂的温度，即达到 θ_g(玻璃化温度)以下的某一温度范围。为了提高成型效率，一般通过缩短冷却时间的方法来缩短成型周期。因为树脂本身的性能特点不同，所以不同的塑料要求有不同的模具温度。

对于黏度低、流动性好的塑料，例如聚乙烯、聚丙烯、聚苯乙烯、聚酰胺等，因成型工艺要求模温不太高，所以常用常温水对模具冷却，有时为了进一步缩短在模内的冷却时间，也可使用冷凝处理后的冷水进行冷却(尤其是在南方夏季)。对于黏度高、流动性差的塑料,如聚碳酸酯、聚砜、聚甲醛、聚苯醚和氟塑料等,为了提高充型性能,考虑成型工艺要求有较高的模具温度,因此经常需要对模具进行加热。对于黏流温度 θ_f 或熔点 θ_m 较低的塑料,一般需要用常温水或冷水对模具冷却,而对于高黏流温度和高熔点的塑料,可用温水进行模温控制。对于热固性塑料,模温要求在150～200℃,必须对模具加热。对于流程长、壁厚较小的塑件,或者黏流温度或熔点虽然不高但成型面积很大的塑件,为了保证塑料熔体在充模过程中不至温降太大而影响充型,可设置加热装置对模具进行预热。对于小型薄壁塑件,且成型工艺要求模温不太高时,可以不设置冷却装置而靠自然冷却。

2. 冷却回路的尺寸确定与布置

冷却回路的设计应做到回路系统内流动的介质能充分吸收成型塑件所传导的热量,使模具成型表面的温度稳定地保持在需要的温度范围内,并且要做到使冷却介质在回路系统内流动畅通,无滞留部位。

1) 冷却回路尺寸的确定

(1) 冷却回路所需要的总表面积。冷却回路所需要的总表面积可按下式计算:

$$A=\frac{Mq}{3600\alpha(\theta_m-\theta_w)}$$

式中,A 为冷却回路总表面积,m^2;M 为单位时间内注入模具中树脂的质量,kg/h;q 为单位质量树脂在模具内释放的热量,J·kg(查表6-21);α 为冷却水的表面传热系数,$W/(m^2 \cdot K)$;θ_m 为模具成型表面的温度,℃;θ_w 为冷却水的平均温度,℃。

表6-21 树脂成型时放出的热量 单位:10^5 J/kg

树脂名称	q 值	树脂名称	q 值	树脂名称	q 值
ABS	3～4	CA	2.9	PP	5.9
AS	3.35	CAB	2.7	PA6	56
POM	4.2	PA66	6.5～7.5	PS	2.7
PAVC	2.9	LDPE	5.9～6.9	PTFE	5.0
丙烯酸类	2.9	HDPE	6.9～8.2	PVC	1.7～3.6
PMMA	2.1	PC	2.9	SAN	2.7～3.6

冷却水的表面传热系数 α 可用如下公式计算

$$\alpha=\Phi\frac{(\rho v)^{0.8}}{d^{0.2}}$$

式中,α 为冷却水的表面传热系数,$W/(m^2 \cdot K)$;ρ 为冷却水在该温度下的密度,kg/m^3;v 为冷却水的流速,m/s;d 为冷却水孔直径,m;Φ 为与冷却水温度有关的物理系数,可从表6-22查得。

表6-22 水的 Φ 值与其温度的关系

平均水温/℃	5	10	15	20	25	30	35	40	45	56
Φ 值	6.16	6.60	7.06	7.50	7.95	8.40	8.84	9.28	9.66	10.05

(2) 冷却回路的总长度。冷却回路总长度可用下式计算：

$$L=\frac{1000A}{\pi d}$$

式中，L 为冷却回路总长度，m；A 为冷却回路总表面积，m^2；d 为冷却水孔直径，mm。

确定冷却水孔的直径时应注意，无论多大的模具，水孔的直径不能大于 14mm，否则冷却水难以成为湍流状态，以致降低热交换效率。一般水孔的直径可根据塑件的平均壁厚确定。平均壁厚为 2mm 时，水孔直径可取 8～10mm；平均壁厚为 2～4mm 时，水孔直径可取 10～12mm；平均壁厚为 4～6mm 时，水孔直径可取 10～14mm。

(3) 冷却水体积流量的计算。塑料树脂传给模具的热量与自然对流散发到空气中的模具热量、辐射散发到空气中的模具热量及模具传给注塑机热量的差值，即为用冷却水扩散的模具热量。假如塑料树脂在模内释放的热量全部由冷却水传导的话，即忽略其他传热因素，那么模具所需的冷却水体积流量则可用下式计算：

$$q_{\mathrm{v}}=\frac{Mq}{60c\rho(\theta_1-\theta_2)}$$

式中，q_{v} 为冷却水体积流量，m^3/min；M 为单位时间注射入模具内的树脂质量，kg/h；q 为单位时间内树脂在模具内释放的热量，J/kg(表 6-22)；c 为冷却水的比热容，J/(kg·k)；ρ 为冷却水的密度，kg/m^3；θ_1 为冷却水出口处温度，℃；θ_2 为冷却水入口处温度，℃。

2) 冷却水回路的布置

设置冷却效果良好的冷却水回路的模具是缩短成型周期、提高生产效率最有效的方法。如果不能实现均一的快速冷却，则会使塑件内部产生应力而导致产品变形或开裂，所以应根据塑件的形状、壁厚及塑料的品种，设计与制造出能实现均一、高效的冷却回路。下面介绍冷却回路设置的基本原则。

(1) 冷却水道应尽量多、截面尺寸应尽量大。型腔表面的温度与冷却水道的数量、截面尺寸及冷却水的温度有关。为了使型腔表面温度分布趋于均匀，防止塑件不均匀收缩和产生残余应力，在模具结构允许的情况下，应尽量多设冷却水道，并使用较大的截面尺寸。

(2) 冷却水道离模具型腔表面的距离。当塑件壁厚均匀时，冷却水道到型腔表面的好距离一致；但当塑件壁厚不均匀时，厚处冷却水道到型腔表面的距离则应近一些，间距也可适当小些，一般水道孔边至型腔表面距离为 10～15mm。

(3) 水道出入口的布置。水道出入口的布置应该注意两个问题，即浇口处加强冷却和冷却水道的出入口温差应尽量小。塑料熔体充填型腔时，浇口附近温度最高，距浇口越远，温度就越低，因此浇口附近应加强冷却，其办法就是冷却水道的入口处要设置在浇口的附近。为了缩小出入口冷却水的温差，应根据型腔形状的不同进行水道的排布。

(4) 冷却水道应沿着塑料收缩方向设置。对于聚乙烯、聚丙烯等收缩率大的塑料，冷却水道应尽量沿着塑料收缩的方向设置。

(5) 冷却水道的布置应避开塑件易产生熔接痕的部位，塑件易产生熔接痕的地方，本身的温度就比较低，如果在该处再设置冷却水道，就会更加促使熔接痕的产生。

3. 常见冷却系统的结构

冷却水道的形式是根据塑件形状而设置的，塑件的形状是多种多样的，因此，对于不同形状的塑件，冷却水道的位置与形状也不一样。

1）浅型腔扁平塑件

对于扁平的塑件，在使用侧浇口的情况下，常采用动、定模两侧与型腔等距离钻孔的形式设置冷却水道，如图 6-94(a)所示；在使用直接浇口的情况下，可采用如图 6-94(b)所示的形式。

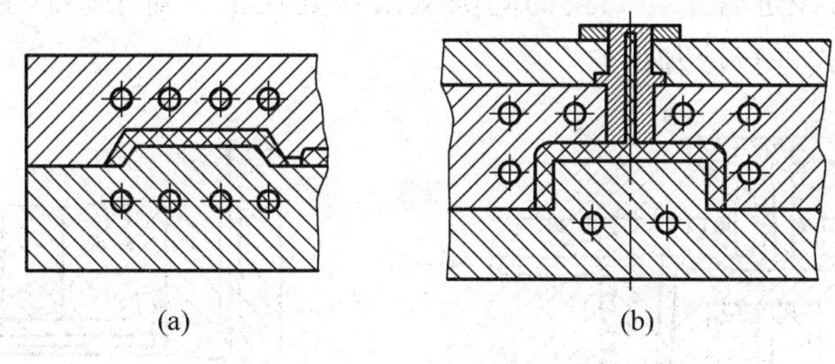

图 6-94　浅型腔扁平塑件的冷却水道

2）中等深度的塑件

采用侧浇口进料的中等深度的壳形塑件，可在凹模底部采用与型腔表面等距离钻孔的形式设置冷却水道。在凸模中，由于容易贮存热量，所以要加强冷却，按塑件形状铣出矩形截面的冷却环形水槽，如图 6-95 所示。如果凹模也要加强冷却，则可采用如图 6-95 所示的结构铣出冷却环形槽的形式。凸模上的冷却水道还可采用图 6-96 所示的形式。

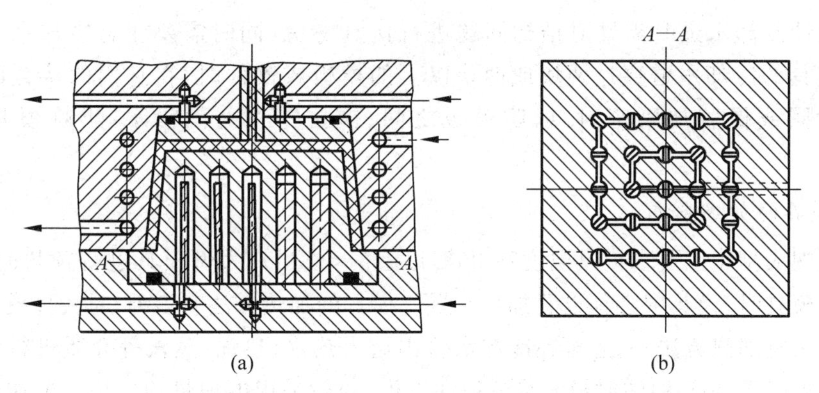

图 6-95　大型中等深度型腔塑件的冷却水道

3）深型腔塑件

使用深型腔塑件模具时最困难的问题是凸模的冷却。图 6-96 所示的大型深型腔塑件模具，在凹模一侧，其底部可从浇口附近通入冷却水，流经沿矩形截面水槽后流出，其侧部开设圆形截面水道，围绕模腔一周之后从分型附近的出口排出。凸模上加工出螺旋槽，并在螺旋槽内加工出一定数量的盲孔，而每个盲孔用隔板分成底部连通的两个部分，从而形成凸模中心进水、外侧出水的冷却回路。这种隔板形式的冷却水道加工麻烦，隔板与孔配合要求高，否则隔板易转动而达不到要求。隔板常用先车削成型（与孔过渡配合）后把两侧铣削掉或线切割成型的办法制成,然后再插入孔中。对于大型特深型腔的塑件,其模具的凹模和凸模均可采用在对应的镶拼件上分别开设螺旋槽的形式,如图 6-96 所示,这种形式的冷却效果特别好。

4)细长塑件

空心细长塑件需要使用细长的型芯,在细长的型芯上开设冷却水道是比较困难的。当塑件内孔相对比较大时,可采用喷射式冷却,如图 6-97 所示,即在型芯的中心制出一个盲孔,在孔中插入一根管子,冷却水从中心管子流入,喷射到浇口附近型芯盲孔的底部对型芯进行冷却,然后经过管子与凸模的间隙从出口处流出。对于型芯更加细小的模具,可采用间接冷却的方式进行冷却。

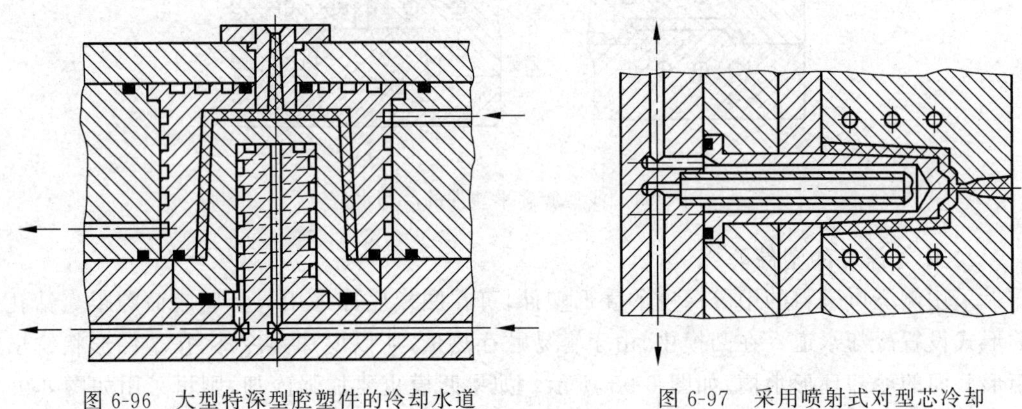

图 6-96　大型特深型腔塑件的冷却水道

图 6-97　采用喷射式对型芯冷却

在设计冷却水道时需要对结构问题进行认真考虑,同时需要注意冷却水道的密封问题。模具的冷却水道穿过两块或两块以上的模板或镶件时,在它们的接合面处一定要用密封圈或橡胶加以密封,以防模板之间、镶拼零件之间渗水,影响模具的正常工作。

4. 模具的加热系统

当注塑成型工艺要求模具温度在 80℃以上时,或当对大型模具进行预热时,或采用热流道的模具时,模具中必须设置加热装置。模具的加热方法有多种,对大型模具的预热除了可采用电加热方法外,还可在冷却水管中通入热水、热油、蒸汽等介质进行预热。对于模温要求高于 80℃的注射模或热流道注射模,一般采用电加热的方法。电加热又可分为电阻丝加热和电热棒加热,目前,大部分厂家采用电热棒加热的方法,电热棒有多种成品规格可供选择。在设计模具时,要先计算加热所需的电功率,加工好安装电热棒的孔,然后将购置的电热棒插入其中接通电源即可加热。

6.2.9 注塑模与注塑机

注塑模具是安装在注塑机上使用的。在设计模具时,除应掌握注塑成型工艺过程外,还应对所选用注塑机的有关技术参数有一个全面的了解,以保证设计的模具与所选用的注塑机相匹配。

1. 注塑机的组成与分类

1) 注塑机的组成

根据常见塑料制品的注塑成型过程，一般可将注塑机的结构分为以下几个部分。

(1) 注塑装置。注塑装置的主要作用是使固态的塑料颗粒均匀地塑化呈熔融状态，并以足够的压力和速度将塑料熔体注入闭合的模具型腔中。注塑装置包括料斗、料筒、加热器、计量装置、螺杆及其驱动装置、喷嘴等部件。

(2) 开、合模装置。开、合模装置的作用有两点：一是实现模具的开闭动作；二是在成型时提供足够的锁模力使模具锁紧。开、合模装置有机械式、液压式以及液压机械联合式。

(3) 推出机构。推出机构的作用是开模时推出模内的塑料制品。推出机构也有机械式推出和液压式推出两种，液压式推出有单点推出和多点推出。

(4) 液压传动和电器控制。由注塑成型过程可知，注塑成型由塑料熔融、模具闭合、熔体充模、压实、保压、冷却定型、开模推出制品等多道工序组成。液压传动和电器控制系统是保证注塑成型过程按照预定的工艺要求(压力、速度、时间、温度)和动作程序准确进行而设置的。液压传动系统是注塑机的动力系统，而电器控制系统是各个动力液压缸完成开启、闭合、注塑和推出等动作的控制系统。

2) 注塑机的分类

(1) 按注塑机成型能力分类。按注塑机成型能力的不同可将注塑机分为四种类型，见表 6-23。

表 6-23 按注塑机成型能力分类

类 型	锁模力/kN	最大注射量/cm^3	类 型	锁模力/kN	最大注射量/cm^3
小型	160～2000	16～630	大型	5000～12500	4000～10000
中型	2000～4000	800～3150	超大型	>16000	>16000

(2) 按塑化方法分类。根据塑化方法的不同，常用的有柱塞式和螺杆式两大类。它们的优缺点对比见表 6-24。目前螺杆式注塑机较为常用。

表 6-24 柱塞式与螺杆式注塑机优缺点对比

使用性能	柱 塞 式	螺 杆 式
塑化能力	分流锥改善塑化能力有限	螺杆旋转增大塑化能力
塑化均匀性	熔体只受推挤，流动形式表现为层流，不可能有良好的均匀性	螺杆旋转产生强烈的搅拌混合与剪切作用，塑化相当均匀
注射压力	由于分流锥部位的压力损失大，成型同样制品时，注射压力必须为螺杆式的 2～3 倍	压力损失小，成型同样制品其注射压力仅为柱塞式的 30%～50%，相同合模力下能成型较大制品
熔体滞留	分流锥表面与机筒内壁滞留的熔体多	滞留熔体少
分色环	无法利用分色环	通过螺杆旋转能使颜料充分混合分散
换色	由于滞留熔体多，换色需要时间	能快速换色
制品质量	由于制品质量误差或者残余应力，容易引起变形	残余应力小，不易引起变形，尺寸精确度高

(3) 按外形结构特征分类。注塑机的外形结构对于工艺操作、生产效率和模具设计均有影响,按其特征分类,通常有以下几种类型。

① 立式注塑机。立式注塑机的特点是注塑装置与合模装置的轴线重合并与机器安装底面垂直。立式注塑机占地面积小、模具装拆方便、易于安装嵌件、料斗中的物料能均匀地进入机筒。但制品被推出模具后需要人工取出,不易实现机械化或自动化操作。此外还有机身不稳定、加料不方便、对厂房高度有一定要求等缺点。立式注塑机主要用于生产注射量小于 $60\mathrm{cm}^3$ 的多嵌件制品,其结构多为柱塞式结构。

② 卧式注塑机。卧式注塑机是注塑机中最普通和最主要的形式,卧式注塑机又分为柱塞式和螺杆式。其中卧式螺杆式注塑机较为常用,其结构如图 6-98 所示。卧式注塑机的注塑装置和定模安装板在设备的一侧,而合模装置、动模安装板和推出机构均设置在另一侧。卧式注塑机的主要优点是机体较矮,容易操作加料,制品推出后能自动落下,便于实现自动化操作,大、中型注塑机多采用这种形式。其缺点是设备占地面积大、模具装卸不方便以及安放嵌件困难等。常用的卧式注塑机型号有 XS—ZY—60、XS—ZY—125、XS—ZY—500、XS—ZY—1000 等,其中 XS 为塑料成型机,Z 为注塑机,Y 为螺杆式,60、125 等数字为注塑机的最大注射量(cm^3 或 g)。目前注塑机生产厂家较多采用锁模力来表示注塑机注塑能力的大小。

图 6-98 卧式螺杆式注塑机

1—电气、液压控制柜;2—液压装置;3—料斗;4—料筒、螺杆、加热器等;5—控制面板;6—模具安装板;7—锁模、推出机构;8—底脚

③ 直角式注塑机。其特点是注射装置与合模装置的轴线垂直,使用和安装特点介于上述两类注塑机之间,适用于中心部分不允许留有浇口痕迹的小型塑料制品。

④ 多工位注塑机。多工位注塑机又有单注塑头对多付模具、多注塑头对多付模具,常见的双色注塑和多色注塑的塑件制品就是使用的多工位注塑机进行生产的。

2. 工艺与安装参数校核

1) 工艺参数校核

在模具设计前,应对注塑机的工艺参数及安装参数等进行校核,以保证所选的注塑机与模具合理、正确的匹配。

(1) 按注塑机的额定塑化量进行校核。

$$nm + m_1 \leqslant \frac{KMt}{3600}$$

式中,K 为注塑机最大注射量的利用系数,一般取 0.8;M 为注塑机的额定塑化量,g/h;t 为预塑时间,s;m_1 为浇注系统所需塑料质量,g;m 为单个塑件的质量,g;n 为型腔的数量。

式中的 M、m_1、m 也可为注塑机额定塑化体积(cm^3/h)、浇注系统所需塑料体积(cm^3)、单个塑件的体积(cm^3)。

(2) 最大注射量的校核。最大注射量是指注塑机一次注射塑料的最大容量。设计模具时,应保证成型塑件所需的总注射量小于所选注塑机的最大注射量,即

$$nm + m_1 \leqslant Km_p$$

式中,m_p 为注塑机允许的最大注射量,g 或 cm^3。

(3) 锁模力的校核。当高压的塑料熔体充满模具型腔时,会产生使模具分型面张开的力,这个力的大小等于塑件和浇注系统在分型面上的投影面积之和乘以型腔的压力,它应小于注塑机的额定锁模力 F_p,才能保证注射时不发生溢料现象,即

$$F_z = p(nA + A_1) < F_p$$

式中,F_z 为熔融塑料在分型面上的涨开力,N。

型腔内的压力约为注塑机注射压力的 80%,通常取 20～40MPa。常用塑料注射时所选用的型腔压力见表 6-25。

表 6-25 常用塑料注射时所选用的型腔压力 单位:MPa

塑料品种	高压聚乙烯(PE)	低压聚乙烯(PE)	PS	AS	ABS	POM	PC
型腔压力	1015	20	1520	30	30	35	40

(4) 注射压力的校核。塑料成型所需要的注射压力是由塑料品种、注塑机类型、喷嘴形式、塑件形状和浇注系统的压力损失等因素决定的。对于黏度较大的塑料以及形状细薄、流程长的塑件,注射压力应取大些。由于柱塞式注塑机的压力损失比螺杆式大,因此注射压力也应取大些。注射压力的校核是核定注塑机的额定注射压力是否大于成型时所需的注射压力。

目前,注塑模具所专用的有限元模拟流动分析软件,如 Moldflow 等,在实际生产中得到了较为广泛的应用,工程设计人员可以借助计算机进行注射成型过程的计算机仿真模拟,以获得较为准确的注射参数以及优化模具结构设计。

2) 安装参数校核

为了使注塑模具能顺利地安装在注塑机上并生产出合格的制品,在设计模具时必须校核注塑机上与模具安装有关的尺寸,因为不同型号和规格的注塑机,其安装模具部位的形状和尺寸各不相同。一般情况下,设计模具时应校核的安装参数包括喷嘴尺寸、定位圈尺寸、最大模厚、最小模厚、模板上的螺孔尺寸等。

(1) 喷嘴尺寸。如图 6-99 所示,注塑机喷嘴头部的球面半径应与模具主流道始端的球面半径 R 吻合,以避免高压塑料熔体从缝隙处溢出。一般 R 应比 r 大 1～2mm,主流道小端直径要比喷嘴直径大,即 D 比 d 大 0.5～1mm,否则主流道内的塑料凝料将无法脱出。

(2) 定位圈尺寸。为了使模具主流道的中心线与注塑机喷嘴的中心线相重合,模具定模板上凸出的定位圈应与注塑机固定模板上的定位孔呈较松动的间隙配合。

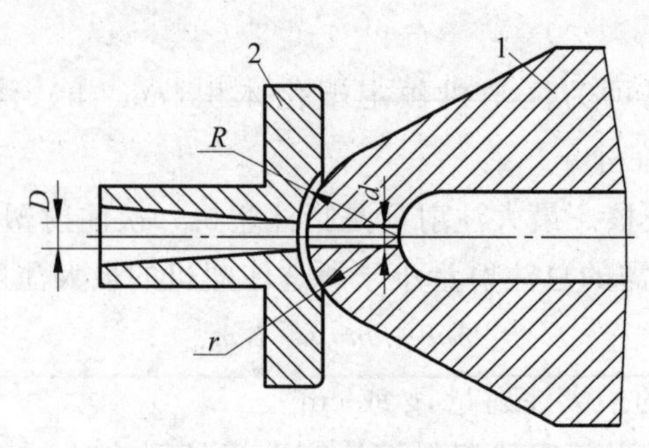

图 6-99 主流道与喷嘴

1—注塑机喷嘴；2—浇口套

(3) 最大与最小模厚。在模具设计时应使模具的总厚度位于注塑机可安装模具的最小模厚与最大模厚之间。同时应校核模具的外形尺寸,使模具能从注塑机的拉杆之间装入。

(4) 螺孔尺寸。注塑模具的动模和定模座板上的螺孔尺寸应分别与注塑机动模板和定模板上的螺孔尺寸相适应。模具在注塑机上的安装方法有用螺栓直接固定和用压板固定两种。当用螺栓直接固定时,模具座与注塑机模板上的螺孔应完全吻合。而用压受固定时,只要在模具座板需安放压板的外侧附近有螺孔就能紧固,因此压板方式具有较大的灵活性。但对质量较大的大型模具,采用螺栓直接固定则较为安全。

3) 开模行程和推出机构的校核

(1) 开模行程校核。开模行程校核与注塑机合模装置的结构类型有关。

① 液压—机械合模装置。注塑机合模装置的工作行程是曲轴机构的冲程,其最大开模行程由曲轴机构的冲程决定,不受模具厚度的影响,所以注塑机最大开模行程与模具厚度无关。

a. 单分型面注塑模。如图 6-100 所示。

$$H \geqslant H_1 + H_2 + (5 \sim 10)$$

式中,H 为注塑机动模板的开模行程,mm；H_1 为制品推出距离,mm；H_2 为包括流道凝料在内的制品高度,mm。

b. 双分型面注塑模。如图 6-101 所示。

$$H \geqslant H_1 + H_2 + a + (5 \sim 10)$$

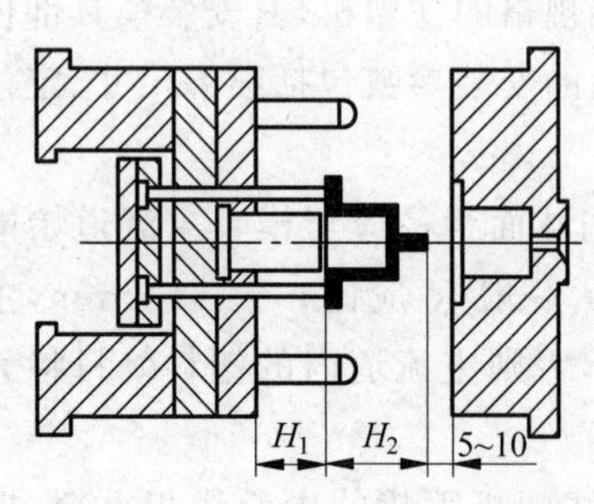

图 6-100 单分型面模具的开模行程校核

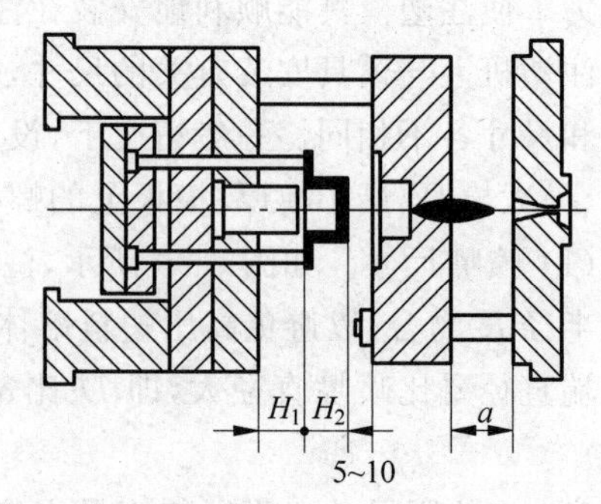

图 6-101 双分型面模具的开模行程校核

式中，a 为定模板和型腔板之间分离距离，mm，此距离应足以取出流道凝料；其他符号同上。

② 液压合模装置。全液压式与机械直角式注塑机的合模装置，模具行程可以在一定范围内调节。合模装置的行程 H，等于定模、动模板之间的最大开距 L 减去模厚 H_m。若模具厚度增加，则开模行程减小，如图 6-102 所示。此时开模行程与模具厚度有关。

a. 单分型面注射模。

$$L > H_m + H_1 + H_2 + (5 \sim 10)$$

b. 双分型面注射模。

$$L > H_m + H_1 + H_2 + a + (5 \sim 10)$$

式中，L 为定模、动模之间的最大开距，mm；H_m 为模具厚度，mm；H_1 为制品推出距离，mm；H_2 为流道凝料在内的制品高度，mm；a 为定模板和型腔板之间的分离距离，mm。

③ 具有机动侧抽机构模具。机动侧抽机构依靠开模行程，由斜销等零件完成侧向分型或抽芯的抽拔距，如图 6-103 所示。故必须校核开模行程 H 是否能满足完成抽拔距 S_c 所对应的开模行程 H_c。

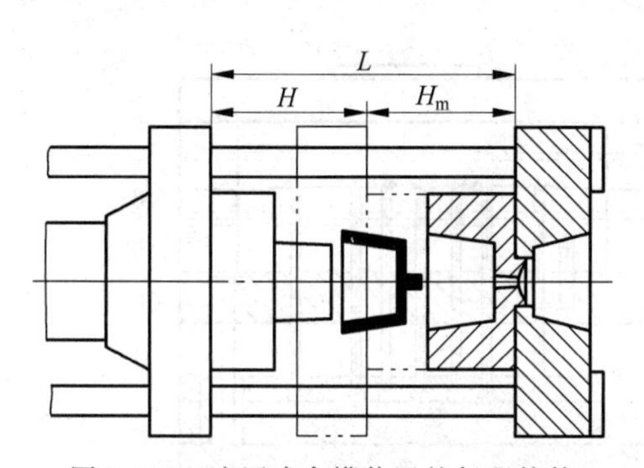

图 6-102 液压式合模装置的行程校核

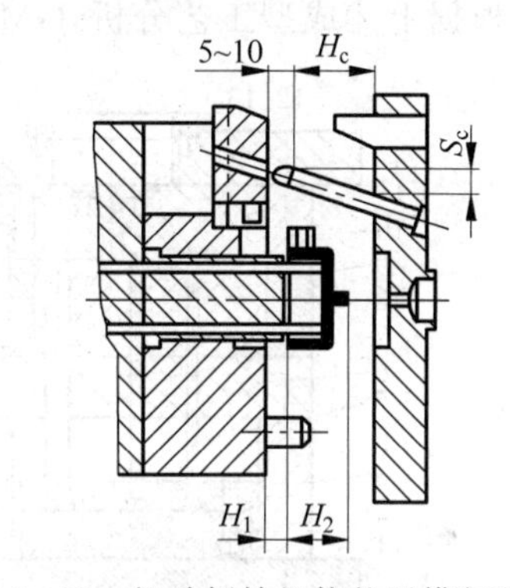

图 6-103 机动侧抽机构的开模行程校核

a. 当 $H_c > H_1 + H_2$ 时，则以上几个校核公式中的 H_1 和 H_2 两项用 H_c 代替，其他各项不变。

b. 当 $H_c < H_1 + H_2$ 时，仍用以上校核公式。

若依靠开模行程完成脱卸制品上的螺纹，则要保证开模行程中具有驱动螺纹型芯或型环旋出所需的行程。

(2) 推出机构校核。各种型号注塑机的推出机构、推出形式和最大推出行程各不相同，模具的脱模机构应与之相适应。脱模行程应小于注塑机的推出行程。

6.3 项目实施

6.3.1 成型工艺分析

GMC 汽车标志零件材料为 ABS(通用工程塑料)，零件外观要求较高，同时有后续电镀处理的工艺要求。ABS 材料收缩率为 3%～8%，根据收缩率进行模具成型型腔、型芯的尺寸计算，计算时可取平均收缩率值或按照材料供应厂商提供的收缩率值。

由于 GMC 汽车标志具有较高的外观要求，因此零件的浇口位置不能设置在汽车标志的外表面及外侧表面，零件分型面应设置在零件的最大投影面，即零件的背面平面，根据零件的要求，浇口可以采用潜伏式浇口形式，同时考虑零件后续电镀工艺的需要，将浇口潜伏入推杆中，如图 6-104 所示。

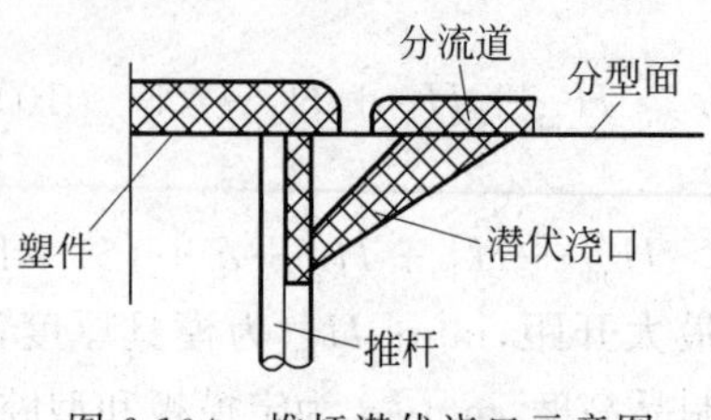

图 6-104 推杆潜伏浇口示意图

6.3.2 模具设计

根据上述成型工艺分析，GMC 汽车标志零件注塑模具结构如图 6-105 所示。

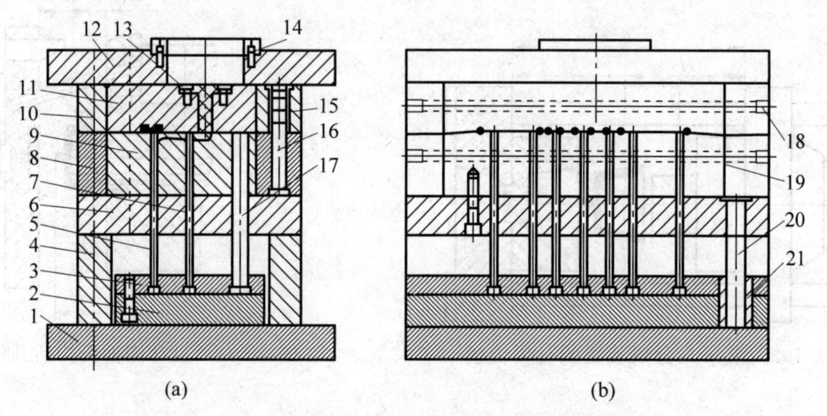

图 6-105 GMC 汽车标志注塑模

1—动模座板；2—推板；3—推杆固定板；4—垫块；5—推杆；6—支撑板；7—拉料杆；8—动模板；9—动模型芯；10—定模板；11—定模型芯；12—定模座板；13—浇口套；14—定位圈；15—导套；16—导柱；17—复位杆；18—冷却水道；19—密封圈；20—推杆导柱；21—推杆套

GMC 汽车标志零件结构比较简单，只是有较高的外观要求及后续电镀工艺对零件的要求，其注塑模具结构采用单分型面、一模一腔的结构形式，浇注系统采用普通浇注系统潜伏式浇口的形式，浇口通过推杆潜伏到型腔中，最终在零件的背面留有推杆潜伏浇口的工艺凝料(图 6-106)，该工艺凝料可供零件后续电镀处理使用。模具采用型腔镶块的结构形式，便于定模、动模型腔的准确对位及电加工工艺处理。

图 6-106 推杆潜伏浇口工艺凝料

拓展练习

1. 简述生活中常用的洗漱盆、塑料办公用品等通常使用什么塑料材料,并简述其主要工艺特性。

2. 简述普通螺杆式注塑机的注塑成型原理。

3. 简述注塑模分型面设置及型腔布局的基本原则。

4. 简述浇注系统的主要类型及其组成。

5. 简述常用浇口的结构形式及其特点。

6. 简述脱模机构的种类及其主要结构特点。

项目7

支架零件注塑成型工艺与模具设计

1. 了解具有侧向成型工艺零件的结构特点。
2. 了解常用侧向成型与抽芯机构。
3. 了解机动、液压、气动等侧向抽芯的结构特点及应用。
4. 能设计具有侧向成型特征的简单零件注塑模具结构。

7.1 项目分析

1. 项目介绍

支架零件的3D图如图7-1所示，支架零件结构比较复杂，不但具有定模、动模双向成型的结构，还有具有侧向成型的结构，同时图7-1中所示的面1和面2具有较高的平面度要求，支架零件的主要尺寸要求如图7-2所示。支架零件具有多种结构及尺寸精度要求，其中较为典型的是侧向成型及定模、动模双向成型结构。

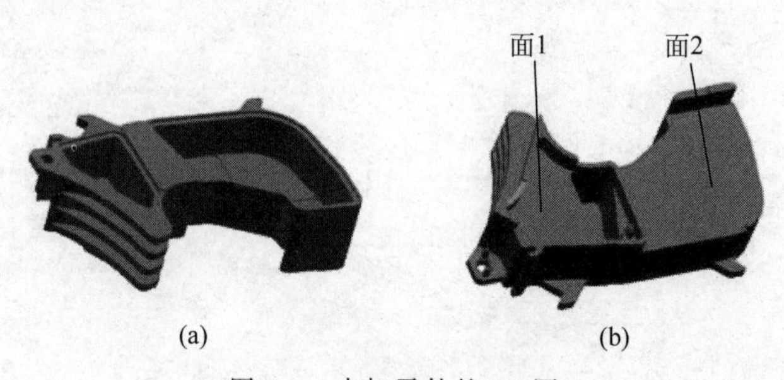

图7-1 支架零件的3D图

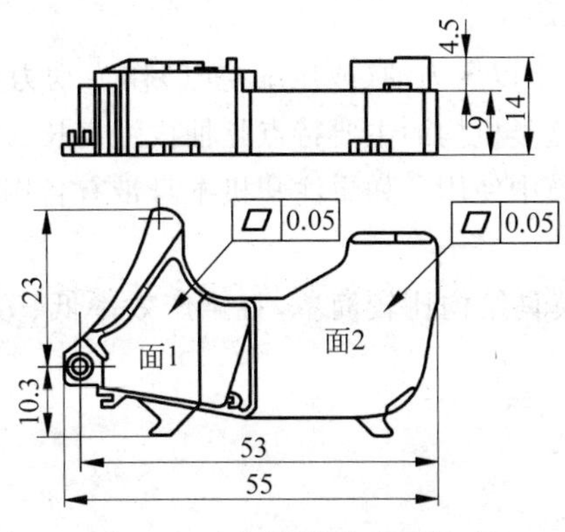

图 7-2 支架零件的主要尺寸

2. 项目基本流程

通过支架零件的工艺分析进行模具结构的设计，零件最大投影面两侧都有成型结构的特征，同时零件上标注面 1、面 2 的两个基准面平面度 0.05mm 的要求，零件的成型结构与精度要求是相互矛盾的，所以需要采用定模、动模上推出机构进行零件的脱模，根据零件成型的特点，如果采用普通浇注系统，将使浇注系统的流道过长，从而容易冷却无法满足零件的正常注塑生产需要，所以考虑采用热流道浇注系统。零件主要成型方向的模具结构方案确定后，考虑侧向成型机构的设计，侧向成型机构可根据具体模具的型腔布局及数量确定其结构形式，可采用斜导柱、气动等侧向抽芯机构的结构。

7.2 理论知识

当注塑成型的塑件制品上内侧或外侧具有孔、凹坑或凸台，妨碍制件直接脱模时，模具上成型该处的零件必须制成侧向移动的结构，在塑件推出之前必须先将侧向成型零件抽出，然后再从模具中推出塑件。侧向分型与抽芯机构就是用来成型制品上的外侧凸起、凹槽和孔，以及壳体制品的内侧局部凸起、凹槽和不通孔。具有侧抽机构的注塑模具，其活动零件多、动作复杂，在设计中特别要注意其机构的可靠、灵活和高效。

7.2.1 侧向分型与抽芯机构分类

1. 侧抽芯机构的分类

侧抽机构的类型很多，通常按动力来源的不同分为三种类型，其中以机动侧向分型与抽芯机构最为常用。

1）机动侧抽机构

机动侧抽机构是指借助于注塑机的开模力或顶出力与合模力进行模具的侧向分型、抽芯及其复位动作的机构。这类机构的经济性好、效率高、动作可靠、实用性强。其主要形式有弹簧分型抽芯、斜导柱分型抽芯、弯销分型抽芯、斜滑块分型抽芯、齿轮齿条抽芯等，其中以斜导柱分型抽芯用得最为广泛。

2）液压(气动)侧抽机构

液压(气动)侧抽机构是指以压力油(或压缩空气)作为动力来源,驱动模具进行侧向分型、抽芯及其复位的机构。这类机构的主要特点是抽拔距离长、抽拔力大、动作灵活、不受开模过程限制,常在大型注射模中使用。如果注塑机本身带有备用的液压缸,则更为方便。

3）手动侧抽机构

采用手动侧抽机构的模具结构比较简单,且生产效率低、劳动强度大、抽拔力有限,故只有在特殊场合才采用。

2. 抽芯距与抽芯力

1）抽芯距的确定

抽芯距 S 是指侧型芯从成型位置抽到不妨碍塑件取出的位置时,侧型芯在抽拔方向所移动的距离。S 一般应大于塑件上侧孔深度或凸台高度 2～3mm,若塑件上侧孔深度为 h,则抽芯距 $S=h+(2\sim3)$。若塑件结构较复杂时,则需通过几何计算或作图法得出。

2）抽芯力

将型芯从塑件中抽出所需的力称为抽芯力 F_z。开始抽拔的瞬间,使塑件与型芯脱离所需的抽拔力为起始抽芯力。型芯从塑件中抽动后,继续抽拔的力为后续抽芯力。起始抽芯力远大于后续抽芯力,因此计算抽芯力时通常计算起始抽芯力。

抽芯机构所需的起始抽芯力必须克服以下几点。

(1) 因塑件冷凝收缩对型芯产生包紧力而造成的抽芯阻力 F。

(2) 抽芯机构的滑动摩擦阻力 F_f。

(3) 未引气时,大气压造成的阻力 F_q。

即

$$F_z=F_f+F+F_q$$

7.2.2 机动侧向分型与抽芯机构

1. 斜导柱分型与抽芯机构

1）工作原理

斜导柱分型与抽芯机构如图 7-3 所示,斜导柱固定在定模座板上,工作过程中不动,滑块可在动模板的导滑槽内滑动,侧型芯用销钉固定在滑块上。开模时,开模力通过斜导柱作用于滑块上,迫使滑块向左滑动,直至达到抽芯距离 S 完成抽芯动作。限位挡块、弹簧、螺钉组成滑块定位装置,使滑块停留在与斜导柱脱开时的位置,保证再次合模时,斜导柱能顺利插入滑块的斜导柱孔,使滑块回到成型位置。楔紧块在成型时紧压滑块,防止型腔内熔体压力使滑块移位。

2）斜导柱分型与抽芯机构零部件设计

(1) 斜导柱的设计。斜导柱是该机构的关键零件,设计时需确定其形状、尺寸和斜角的大小。

① 斜导柱的截面形状。斜导柱的截面形状常用的有圆形和矩形。圆截面斜导柱加工方便,装配容易,应用较多。矩形截面的斜导柱在相同截面积条件下,具有较大的抗弯

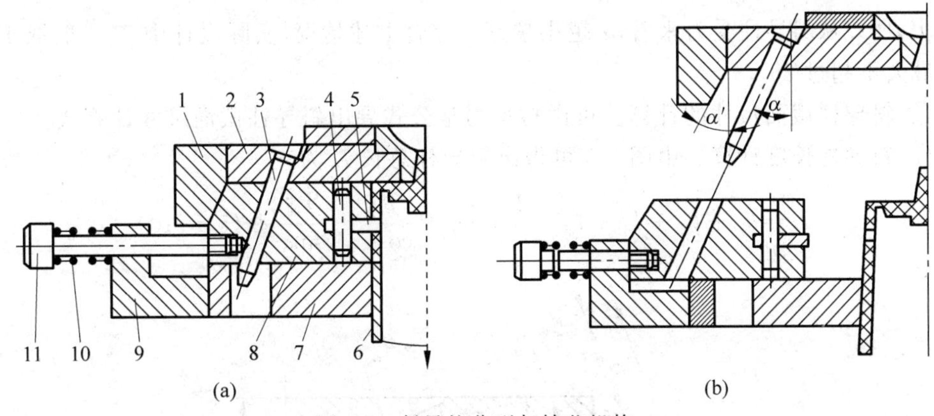

图 7-3　斜导柱分型与抽芯机构

1—楔紧块；2—定模座板；3—斜导柱；4—销钉；5—侧型芯；6—推管；7—动模板；8—滑块；9—挡块；10—弹簧；11—螺钉

截面模量，能承受较大的弯矩，强度、刚度好，但加工与装配较难，适用于抽拔力大的场合，同时还能设计为延时抽芯的斜导柱，又称弯销。

② 斜导柱斜角的确定。斜角 α 的大小影响斜导柱的受力和开模行程的大小，是设计时要确定的主要参数。如图 7-4(a)所示，斜导柱工作部分长度 l_4、抽芯距 $S_{抽}$、开模行程 H_4 与斜角 α 的关系为

$$l_4=\frac{S_{抽}}{\sin\alpha}$$

$$H_4=S_{抽}\cot\alpha$$

如图 7-4(b)，斜导柱所受弯曲力 F_w、抽芯力 F_z、开模力 F_k 与斜角 α 的关系为

$$F_w=F'_w=\frac{F_z}{\cos\alpha}$$

$$F_k=F'_w\sin\alpha=F_z\tan\alpha$$

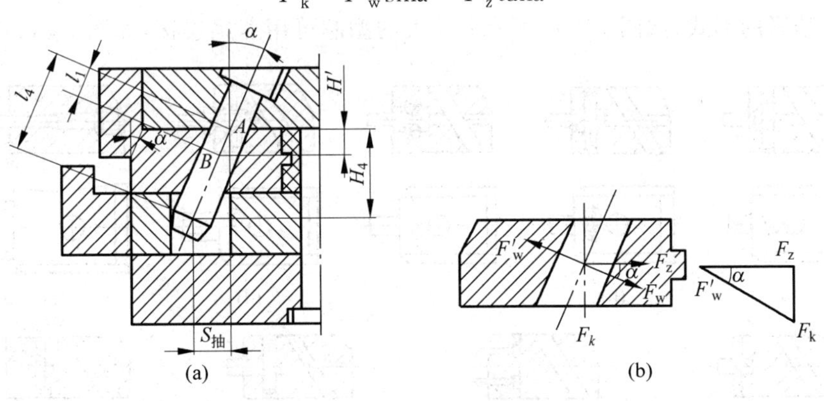

图 7-4　斜导柱斜角的确定

由上述计算公式可知，当抽芯距 $S_{抽}$ 一定时，α 越小，斜导柱的工作长度 l_4 和开模行程 H_4 越大。而 l_4 越大，斜导柱刚度越低，因为开模行程受注塑机限制，由 H_4 和 l_4 的长度考虑，α 不宜太小；当抽力 F_z 一定时，斜导柱所受弯曲力 F_w 和开模力 F_k 随 α 的增大

而增大，所以从斜导柱受力来看，α 越小越好。综合上述情况，实际设计中，α 一般取 15°～20°，最大不超过 25°。

③ 斜导柱截面尺寸的计算。可由材料力学公式导出斜导柱截面尺寸计算式。

④ 斜导柱长度计算。由图 7-5 可得出斜导柱总长 L 为

$$L = l_1 + l_2 + l_4 + l_5 = \frac{D}{2}\tan\alpha + \frac{\delta}{\cos\alpha} + \frac{S_{抽}}{\sin\alpha} + (5 \sim 10)$$

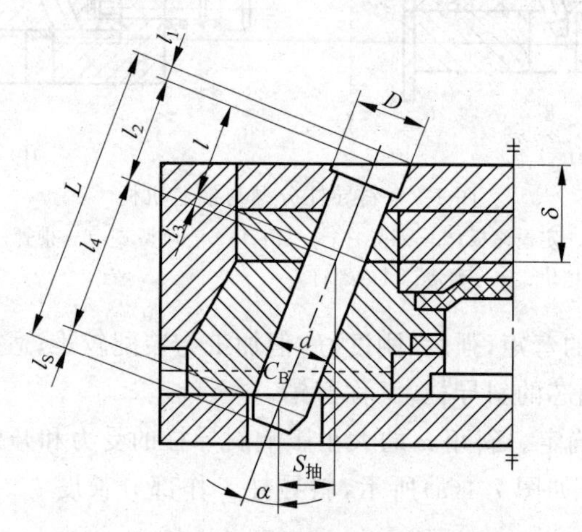

图 7-5　斜导柱长度的确定

(2) 滑块与导滑槽的设计。

① 侧型芯与滑块的连接形式。生产中广泛应用的是将侧型芯固定于滑块上的组合式滑块，这样便于加工、修配和节省贵重模具钢材，如图 7-6 所示。为增加小尺寸型芯的强度，可将嵌入滑块部分的尺寸加大，用销固定，如图 7-6(a)所示；若不增大型芯嵌入部分尺寸，可采用骑缝销固定，如图 7-6(b)、图 7-6(c)所示；当侧型芯尺寸较大时，可采用螺纹连接，并加销钉防转，如图 7-6(d)所示，但螺纹连接位置精度较低；若型芯是圆形，可用紧定螺钉顶紧的形式，如图 7-6(e)所示；较大的型芯可用燕尾连接，如图 7-6(f)所示；对

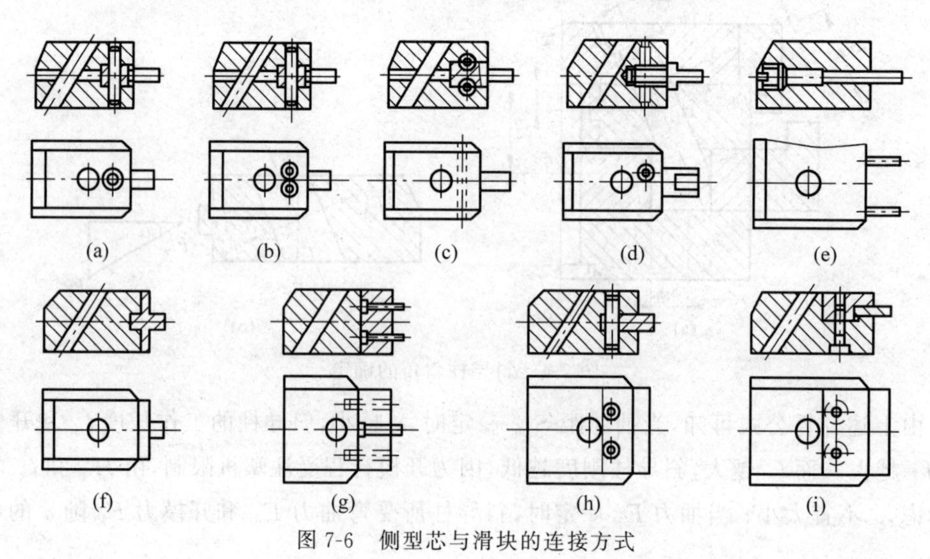

图 7-6　侧型芯与滑块的连接方式

于同时有多个型芯的，可用固定板固定，如图 7-6(g)所示；薄片型芯，用通槽加销钉固定，如图 7-6(h)所示；或加压板固定，如图 7-6(i)所示；若加工方便，侧型芯与滑块也可制成整体结构。

② 滑块的导滑形式。为确保侧型芯可靠地抽出和复位，保证滑块平稳地移动，不会出现上下蹿动和卡死现象，滑块与导滑槽必须很好地配合和导滑。滑块与导滑槽的配合一般采用 H7/f7 的间隙配合。常见的滑块的导滑形式如图 7-7 所示，其中，图 7-7(a)为整体式滑块和整体式导滑槽，其结构紧凑，但制造困难，精度难以保证；图 7-7(b)表示导滑部分设在滑块中部，改善了斜导柱的受力状况，适合于滑块上、下均无支承板的场合；图 7-7(c)为组合式结构，容易加工，精度较高；图 7-7(d)为用中间镶块作导滑基准，可减少加工基准面数；图 7-7(e)的结构便于调整装配；图 7-7(f)表示导滑槽由两块经热处理后磨削加工的镶块组成，既耐磨、精度又高；图 7-7(g)所示为用两根精密的圆形导柱装在滑块两侧形成导滑结构，加工容易，承压面大，磨损小；图 7-7(h)表示宽大的滑块，可在一个滑块上用两根同样的斜导柱带动，代替导滑机构。

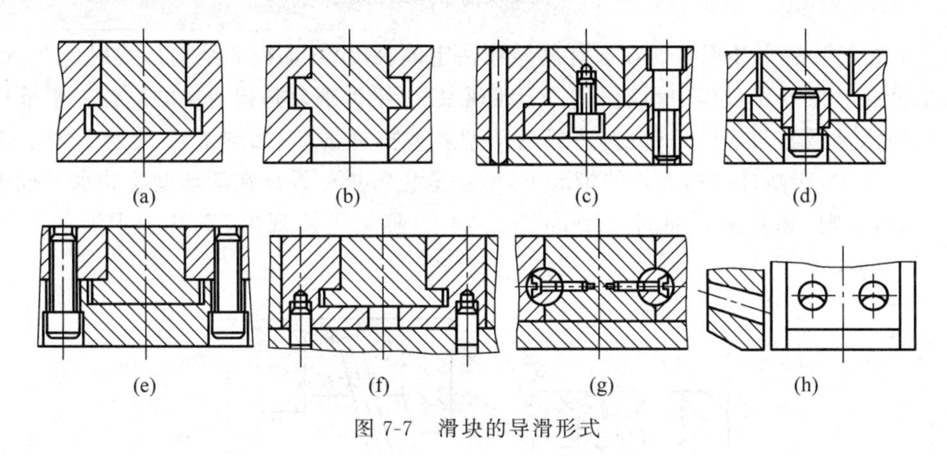

图 7-7 滑块的导滑形式

滑块斜导孔与斜导柱的配合留有 0.5mm 左右的间隙，在开模瞬间有一个小的空行程，这样，可在未抽芯之前强制塑件脱出定模型腔或型芯，并使楔紧块首先脱离滑块，然后进行抽芯。

③ 滑块的定位装置。定位装置的作用是，斜导柱离开滑块后保证滑块停留在准确位置，以便下次合模时斜导柱能准确插入斜导孔中。图 7-8 所示为滑块的定位装置，其中，图 7-8(a)依靠弹簧的弹力使滑块靠在限位块上定位；图 7-8(b)是采用弹簧加活动定位销定位；活动定位销也可以是钢球，如图 7-8(c)所示；图 7-8(d)是将图 7-8(a)弹簧置于模内的形式，其结构紧凑。

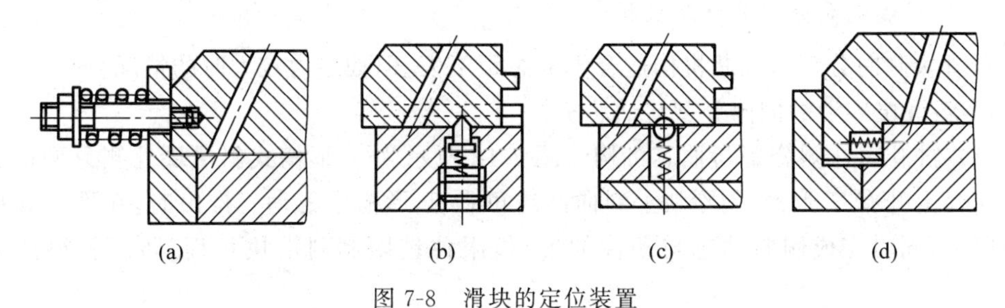

图 7-8 滑块的定位装置

(3) 楔紧块的设计。楔紧块的作用是保证成型过程中将滑块楔紧在成型位置,防止模腔内的熔体压力使滑块后退。图 7-9 为楔紧块的常用结构形式,其中,图 7-9(a)楔紧块与定模座板做成整体,特点是牢固、刚性好、楔紧力大,但加工不便,磨损后修复困难;图 7-9(b)的结构形式便于制造、装配和调整,但楔紧力不大;图 7-9(c)、图 7-9(d)为整体镶入式,特点是刚性较好,装配方便,但模板边缘应有足够的固定位置;图 7-9(e)利用限位块对楔紧块加强,适用于抽芯距短,成型压力大的场合。楔紧块的楔角 α' 应略大于斜导柱的斜角 α,一般情况下,$\alpha'=\alpha+(2°\sim3°)$。

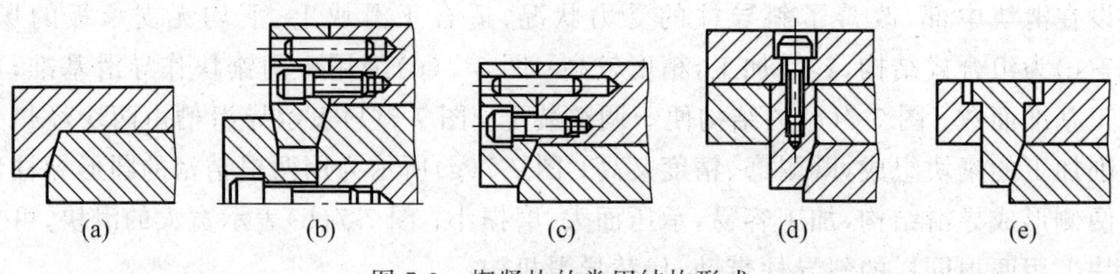

图 7-9　楔紧块的常用结构形式

(4) 抽芯时的干涉现象。在设计斜导柱在定模、滑块在动模的结构形式时应注意,滑块与推杆在合模复位过程中不能发生“干涉现象”。干涉现象是指滑块的复位先于推杆的复位致使活动型芯与推杆相碰撞,造成活动型芯或推杆损坏,如图 7-10 所示。为了避免干涉现象发生,在塑件结构允许的情况下,尽量避免将推杆设计在活动型芯的水平投影面相重合处,否则,必须满足条件 $h_c\tan\alpha > S_c$ 才能避免干涉现象,不发生干涉的条件如图 7-11 所示。

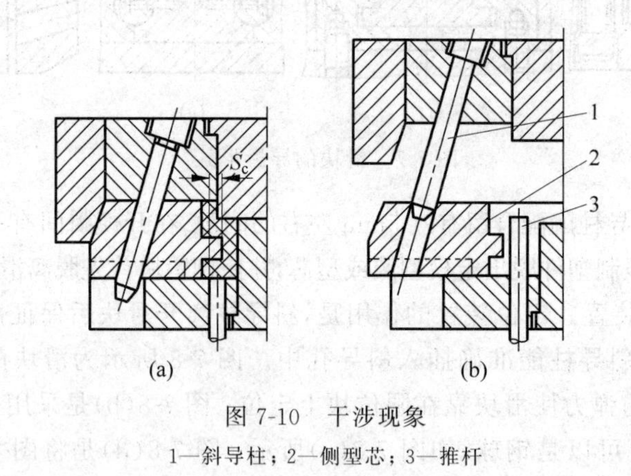

图 7-10　干涉现象

1—斜导柱;2—侧型芯;3—推杆

2. 斜滑块侧向分型与抽芯机构

斜滑块侧向分型与抽芯机构适合于抽芯距不大,但抽芯力较大时的情况。

1) 斜滑块导滑的侧向分型与抽芯机构

(1) 斜滑块外侧分型与抽芯机构。图 7-12 所示为 T 形槽式斜滑块外侧分型抽芯机构。模套上开有 T 形槽,斜滑块上斜向凸缘可在 T 形槽中滑动。推出时,在推管和推杆的作用下,同时完成侧向抽芯与塑件的推出,限位销限制斜滑块行程,防止斜滑块脱出模套。

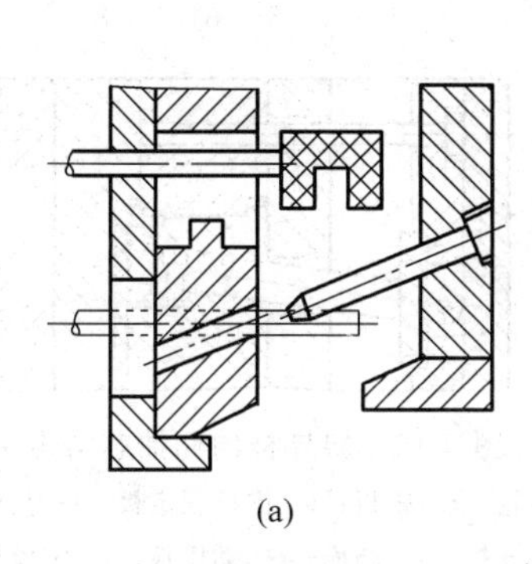
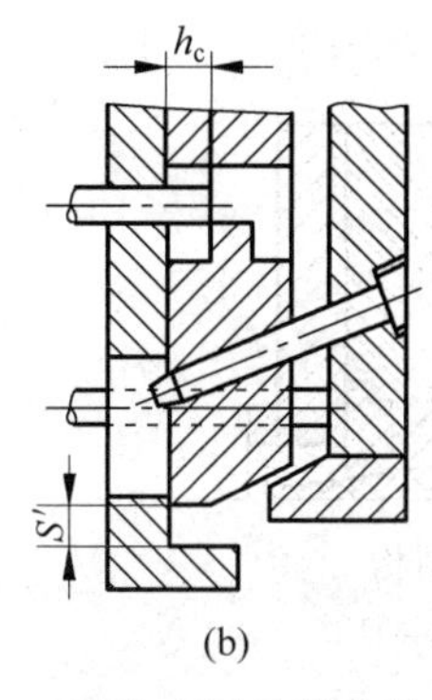
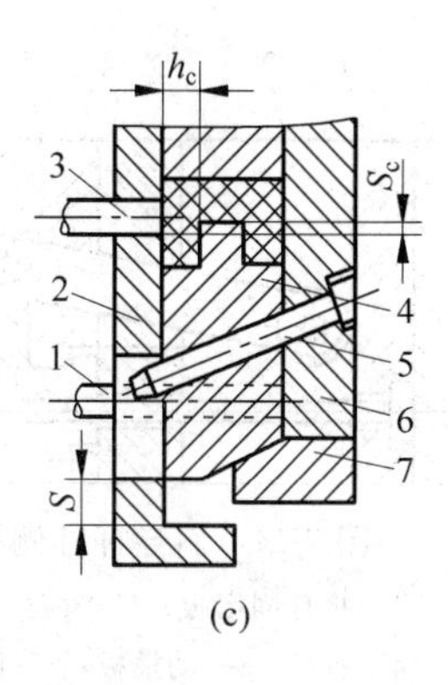

图 7-11　不发生干涉的条件

1—复位杆；2—动模板；3—推杆；4—侧型芯滑块；5—斜导柱；6—定模座板；7—楔紧块

(2) 斜滑块内侧分型抽芯机构。图 7-13 是成型带有内侧凸棱的塑件，采用斜滑块内侧分型抽芯机构，活动斜滑块以动模板内斜孔导向。推杆推动斜滑块同时完成内侧抽芯和脱模。斜滑块的刚性好，能承受较大的抽芯力，所以斜角可做得大些，但一般不大于 30°。

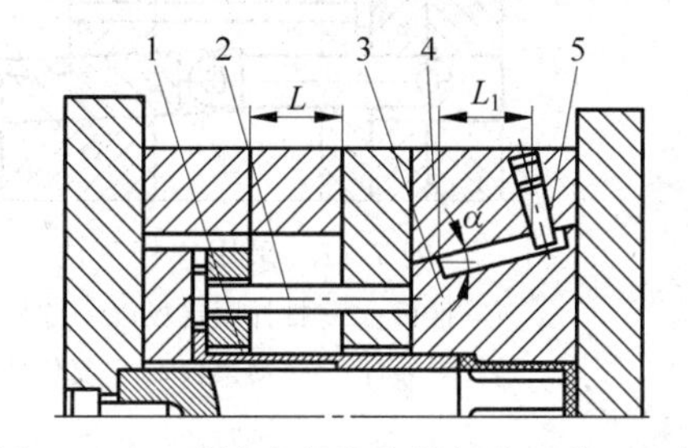

图 7-12　T 形槽式斜滑块外侧分型抽芯机构

1—推管；2—推杆；3—斜滑块；4—模套；5—限位销

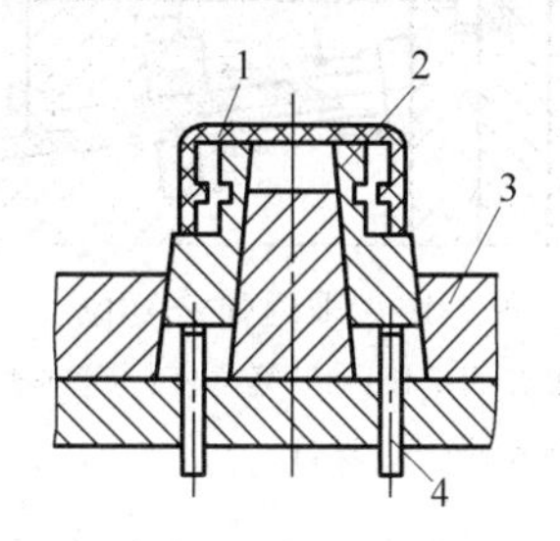

图 7-13　斜滑块内侧分型抽芯机构

1—塑件；2—斜滑块；3—动模板；4—推杆

(3) 斜滑块的导滑及组合形式。常见的斜滑块的导滑形式有 T 形导滑槽、燕尾导滑槽，这两种导滑槽的结构紧凑，但加工困难；还有镶拼式导滑槽，其前后分模楔和左右锁紧楔都是单独制造，经热处理和磨削加工后镶入模框，其精度高，耐磨性好，分模楔用圆柱销定位，定位精度高，锁紧楔用螺钉连接固定。斜滑块的组合形式根据塑件制品的形状和外观要求选用，并保证滑块组合部分的强度。

2) 斜导杆导滑的侧向分型与抽芯机构

斜导杆导滑的侧向分型与抽芯机构是由斜导杆与动模上的斜导向孔(常为矩形截面)进行导滑推出的一种抽芯机构。斜导杆与侧型芯制成整体式或组合式结构，斜导杆与斜导向孔的配合采用 H8/f8。斜导杆侧抽芯机构也有内侧抽芯和外侧抽芯两种。

图 7-14 为斜导杆外侧抽芯结构，斜导杆由侧型芯与斜导杆组合而成，推出端装有滚轮形成滚动摩擦，推杆固定板驱使斜导杆沿动模板中的斜孔运动而抽芯，同时，推杆将塑件从主型芯上推出。合模时，定模板压住斜导杆成型端而复位。

图 7-15 为斜导杆内侧抽芯结构，内侧抽芯的关键是斜导杆的复位措施。将滚轮限制在推板和压板的空间内，合模时，在复位杆的推动下，压板迫使斜导杆复位。图 7-16 是采用弹簧复位；图 7-17 是采用连杆复位。

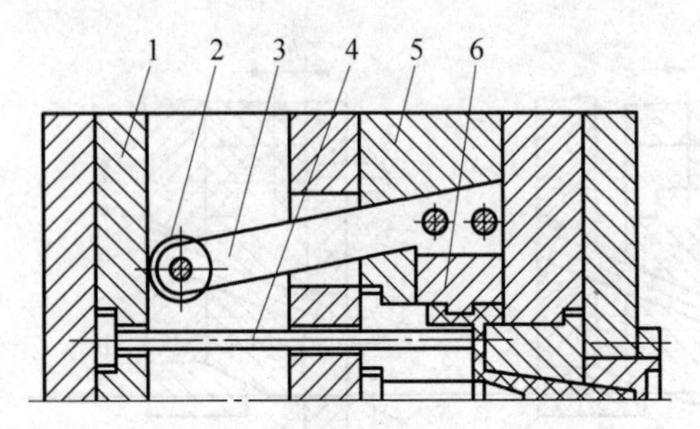

图 7-14 斜导杆外侧抽芯结构

1—推杆固定板；2—滚轮；3—斜导杆；4—推杆；5—动模板；6—侧型芯

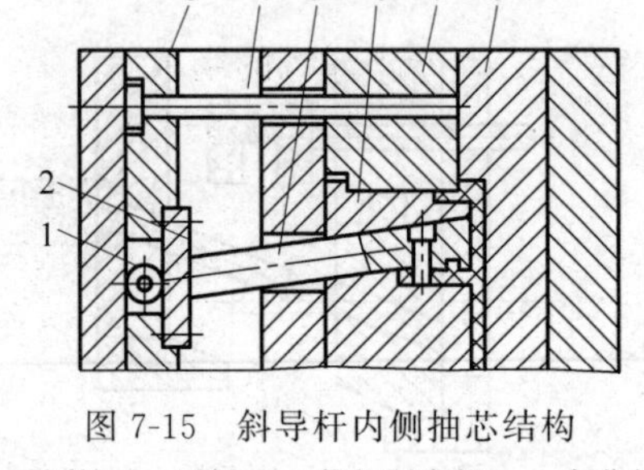

图 7-15 斜导杆内侧抽芯结构

1—滚轮；2—压板；3—推杆固定板；4—复位杆；5—斜导杆；6—凸模；7—动模板；8—定模板

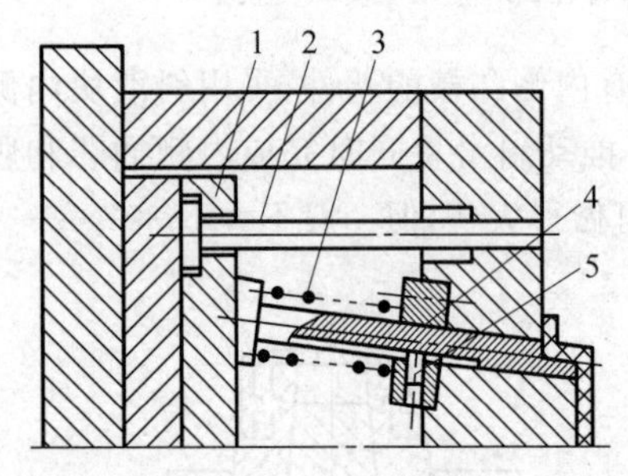

图 7-16 采用弹簧复位

1—推杆固定板；2—复位杆；3—弹簧；4—斜导杆；5—螺钉

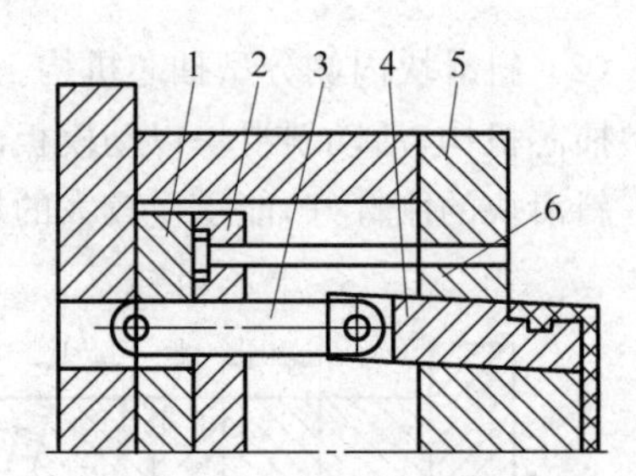

图 7-17 采用连杆复位

1—推板；2—推杆固定板；3—连杆；4—斜导杆；5—动模板；6—复位杆

3. 其他形式的机动侧向分型与抽芯机构

1）斜槽导板侧抽芯机构

斜槽导板侧抽芯机构是由固定于模外的斜槽导板和固定于侧型芯滑块上的圆柱销连接组成。图 7-18 所示为斜槽导板侧向抽芯机构，侧滑块上有圆柱销，圆柱销卡在斜槽导板的槽内，受斜槽的形状控制而运动。开模时，由于圆柱销先在斜槽中与开模方向成 0°的方向移动，故只分型不抽芯，当止动销（相当于楔紧块的作用）脱离侧型芯滑块后，圆柱销接着就在与开模方向成一定角度的斜槽中运动，做侧抽芯。

斜槽导板侧抽芯机构的抽芯动作的整个过程是受导槽形状所控制，图 7-19 是三种不同形式的斜槽。其中图 7-19(a)的形式是斜槽导板上只有斜角为 α 的斜槽，一开模就抽芯，此时的 α 应不大于 25°；图 7-19(b)的形式是开模后有一段延时抽芯的时间，直到由直槽转入斜角为 α 的斜槽才开始抽芯；图 7-19(c)的形式是先在倾斜角为 α_1（较小）的斜槽内抽芯，然后进入倾斜角为 α_2（较大）的斜槽内抽芯，这种形式适合于较长的抽芯距和较大的抽芯力的场合。第一段 α_1 较小，抽芯力大，克服起始抽芯力，α_1 应小于 25°，第一段侧型芯被抽松后，随后的相继抽芯力变小，故转入第二段后 α_2 可适当增大，以增大抽芯距，但 α_2 不应大于 40°。斜槽宽度比圆柱销大 0.2mm。

2）齿轮齿条抽芯机构

齿轮齿条抽芯机构具有抽芯力大、抽芯距长的特点。但其结构复杂，加工较难，只在

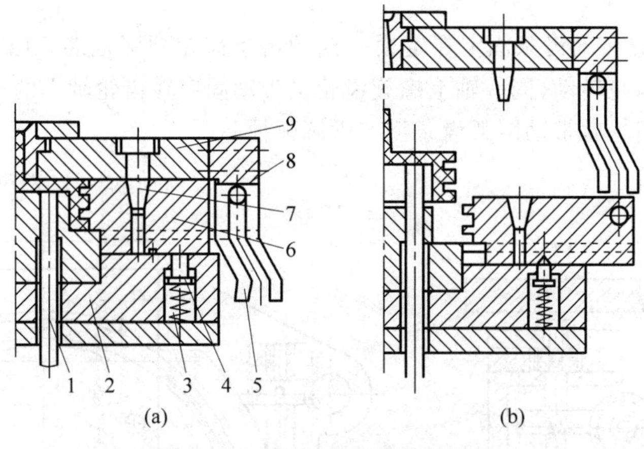

图 7-18　斜槽导板侧向抽芯机构

1—推杆；2—动模板；3—弹簧；4—顶销；5—斜槽导板；6—侧滑块；7—止动销；8—圆柱销；9—定模座板

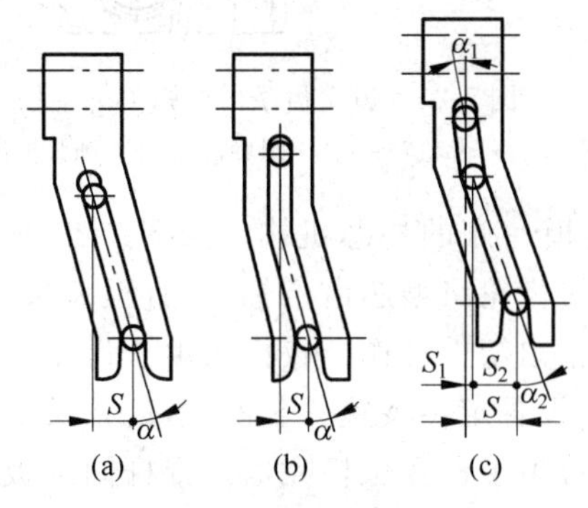

图 7-19　斜槽导板斜槽的形状

其他抽芯机构无法适应时才采用。

（1）传动齿条固定在定模一侧的抽芯机构。如图 7-20 所示，传动齿条固定在定模板内，齿轮和齿条型芯安装在动模板内，开模时，动模部分向后移动，齿轮在传动齿条的作用下逆时针方向转动，从而使与之啮合的齿条型芯向右下方向运动，将型芯从塑件中抽出。当型芯全部从塑件中抽出后，传动齿条与齿轮脱离，此时齿轮由定位装置定位而停留在与传动齿条刚脱离的位置上，最后，推杆将塑件从凸模上脱下。合模时，传动齿条插入动模板对应孔内与齿轮啮合，做顺时针转动的齿轮带动齿条型芯复位，然后锁紧装置将齿轮和

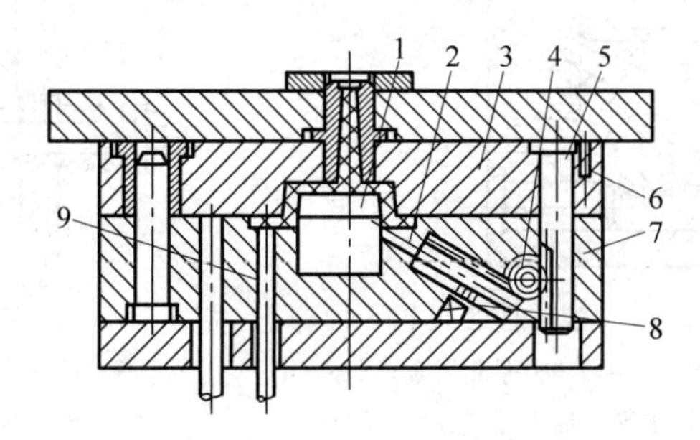

图 7-20　传动齿条固定在定模一侧的结构

1—凸模；2—齿条型芯；3—定模板；4—齿轮；5—传动齿条；6—止转销；7—动模板；8—导向销；9—推杆

齿条型芯锁紧。

图 7-21 所示是传动齿条固定在定模一侧的齿条齿轮圆弧抽芯，开模时，传动齿条带动固定在轴上的齿轮转动，同一轴上螺旋齿轮又带动固定在齿轮轴上的螺旋齿轮，因而固定在齿轮轴上的齿轮就带动圆弧齿条型芯做圆弧抽芯。

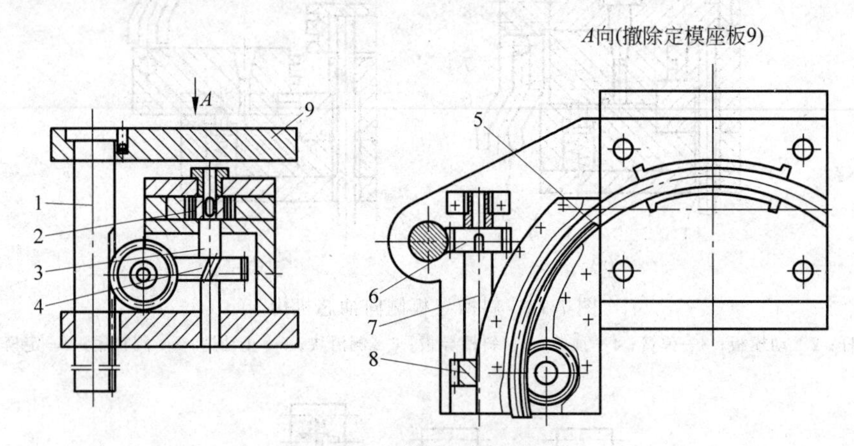

图 7-21　齿轮齿条的圆弧抽芯

1—传动齿条；2、6—齿轮；3、7—齿轮轴；4、8—螺旋齿轮；5—圆弧形齿条型芯；9—定模座板

(2) 传动齿条固定在动模一侧的抽芯机构。如图 7-22 所示，开模后，注塑机顶杆首先推动齿条固定板、齿条通过齿轮将型芯齿条抽出，直至齿条固定板碰到推杆固定板，并与推杆一起继续运动，完成推出塑件动作。该机构由于齿轮齿条在整个工作过程中始终啮合，所以，齿轮轴上不需要设置定位装置。合模时，齿条及齿条固定板的复位由齿条复位杆完成，推杆固定板的复位由推杆复位杆完成。推杆固定板与齿条固定板复位后的间距为 l，应满足抽芯距的要求。

3) 弹性元件侧向分型与抽芯机构

弹性元件侧向分型与抽芯机构用于侧向抽芯力和抽芯距都不大的场合。

图 7-23 为弹簧侧抽芯机构，开模后楔紧块与侧型芯滑块脱离，弹簧使滑块移动抽出型芯。合模时依靠楔紧块将滑块压回成型位置。图 7-24 也是弹簧侧抽芯机构，其工作过程比较简单。

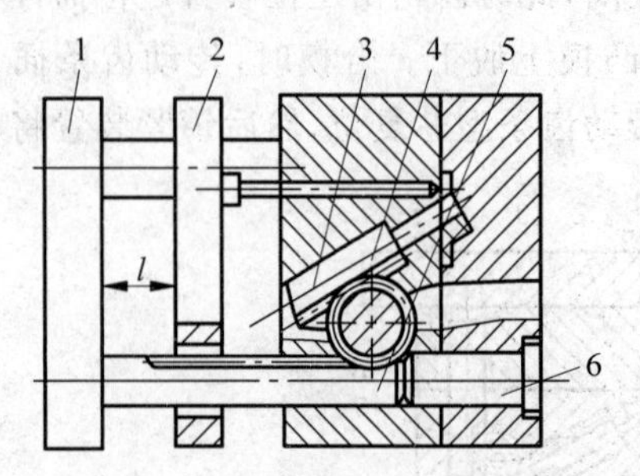

图 7-22　齿条固定在动模一侧的抽芯机构

1—齿条固定板；2—推杆固定板；3—型芯齿条；4—齿轮；5—齿条；6—齿条复位杆

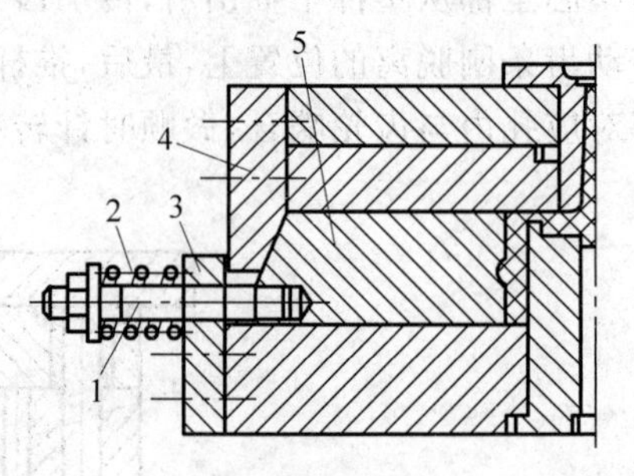

图 7-23　弹簧侧抽芯机构(一)

1—螺杆；2—弹簧；3—挡块；4—楔紧块；5—滑块

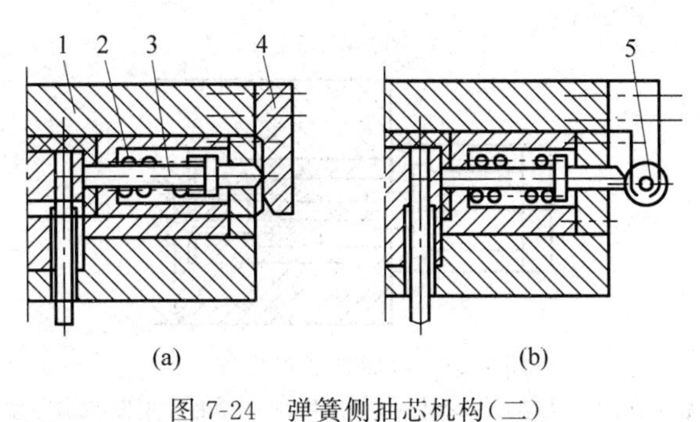

图 7-24　弹簧侧抽芯机构(二)

1—定模座板；2—弹簧；3—侧抽芯；4—楔紧块；5—滚轮

4）手动分型与抽芯机构

手动分型抽芯机构主要用于小批量生产和不便采用机动抽芯的情况。手动分型抽芯可分为模内和模外两类。

(1) 模内手动分型抽芯机构。模内手动分型抽芯是指在开模前或开模后,塑件尚未推出以前用手工完成模具上的侧向分型与抽芯动作,然后推出塑件。

(2) 模外手动分型抽芯。首先将镶块、型芯或螺纹型芯等和塑件一起推出模外,然后手工将镶块或型芯从塑件中取出。

7.2.3　液压与气动侧抽机构

利用液体或气体的压力,通过液压油缸(或气缸)活塞及控制系统,实现侧向分型或抽芯运动,是大型注射模常用的结构形式。液压抽芯的特点是抽拔距长、力大,抽芯时间不受开模或推出时间的限制,运动平稳且灵活。

图 7-25 所示为气动抽芯机构。侧型芯及气缸均设在定模边,开模之前先抽芯,开模后由推杆将制品推出。合模后侧型芯才能复位。

图 7-26 所示为液压抽芯机构。油缸及滑块均在动模边,在开模过程中楔紧块离开侧型芯后才能侧抽芯。

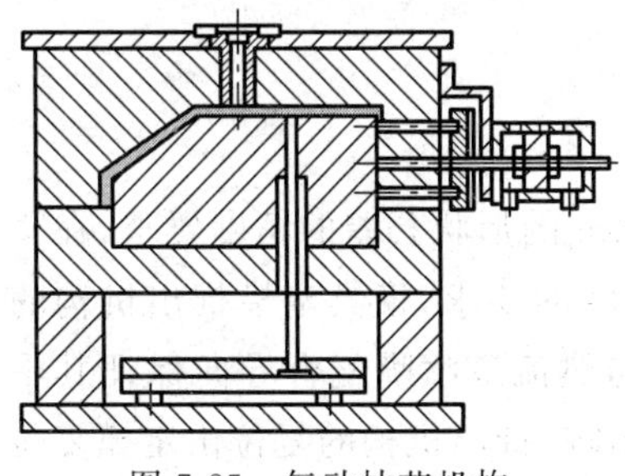

图 7-25　气动抽芯机构

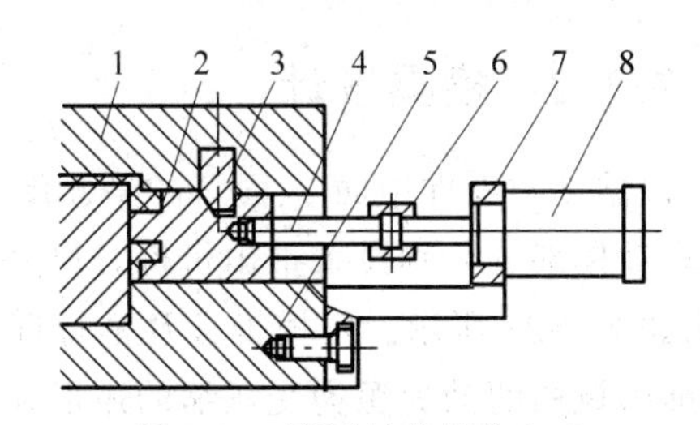

图 7-26　液压抽芯机构(一)

1—定模板；2—侧型芯；3—楔紧块；4—拉杆；5—动模板；6—连接器；7—支架；8—液压缸

图 7-27 所示为液压抽芯的另一结构形式。液压缸及滑块仍在动模边。由于侧型芯穿过定模,因此须在开模之前抽芯,合模之后才能复位。

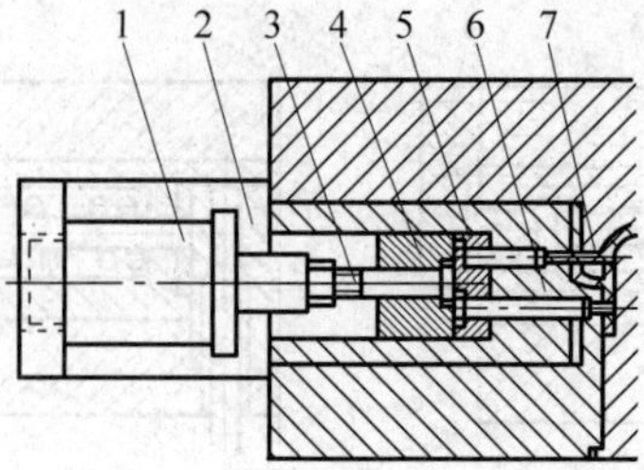

图 7-27 液压抽芯机构(二)

1—液压缸；2—支架；3—螺杆；4—滑块；5—型芯固定板；6、7—型芯

7.3 项目实施

7.3.1 成型工艺分析

支架零件的最大投影面是两侧都有成型结构的特征，同时零件上标注面 1、面 2 的两个基准面有 0.05mm 的平面度要求，分型面设置在零件的最大投影面处，这样零件在分型面的两侧都有成型工艺的结构特点，根据支架零件的结构特点，需要在定模、动模分别设置型芯结构进行零件的成型，这样设计的结构与零件上面 1、面 2 的平面度精度要求相互矛盾，即在保证零件结构成型的条件下无法实现其精度要求，所以模具需要采用定模、动模双向推出机构进行零件的脱模(定模也需设置推出机构)。

根据零件成型的特点，定模设置推出机构后，将增加浇注系统中主流道(或分流道)的长度尺寸，将使得浇注系统的流道过长，从而到达普通浇注系统流道长度的极限尺寸，浇注系统内的料流容易冷却无法满足零件的正常注塑生产需要，因此需要考虑采用热流道浇注系统。

支架零件主要成型方向的模具结构方案确定后，考虑侧向成型机构的设计，侧向成型机构可根据具体模具的型腔布局及数量确定其结构形式，可采用斜导柱、气动等侧向抽芯机构的结构。

7.3.2 模具设计

根据支架零件中面 1、面 2 的平面度小于 0.05mm 的形状公差的精度要求，在模具的定模、动模部分分别设置推出机构，以保证零件平面度的要求，模具定模推出机构的局部结构如图 7-28 所示。定模推板及推杆固定板通过与热流道喷嘴配合导向保证其平稳运动，推出机构的动力源为受压缩的矩形弹簧的弹力影响，推出机构的复位由定模复位杆与模具分型面接触完成复位，开模时，在弹簧的作用下使得塑件贴紧动模型芯并与动模一起移动留于动模一侧，从而克服塑件包紧定模型芯的脱模阻力，保证塑件面 1、面 2 的平面度精度。

为了保证支架零件的平面度精度，在模具的定模部分设置了推出机构，这样就使定模部分的厚度尺寸增加，超出普通浇注系统主流道的极限长度尺寸，因此模具采用了热流道

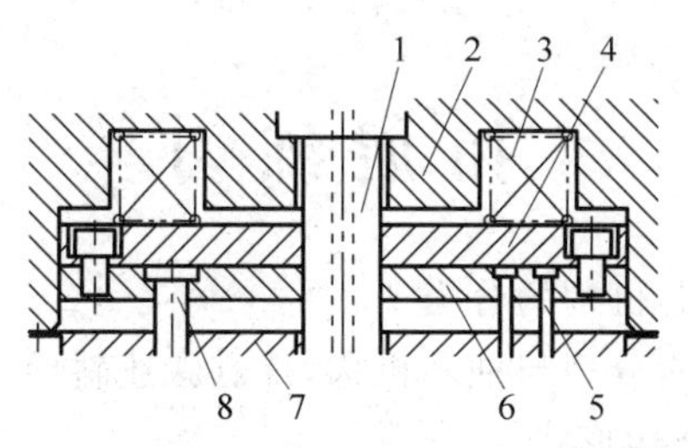

图 7-28　定模推出机构局部结构

1—热流道喷嘴；2—定模垫板；3—矩形弹簧；4—定模推板；5—定模推杆；6—定模推杆固定板；7—动模板；8—定模复位杆

浇注系统，根据零件型腔的布局及模具结构的设计，除主流道之外采用了普通浇注系统，应用了热流道与普通浇注系统的优点组合，定模推出机构与动模推出机构共同作用，确保了零件平面度精度的要求。

根据上述成型工艺分析，支架零件注塑模具结构如图 7-29 所示。

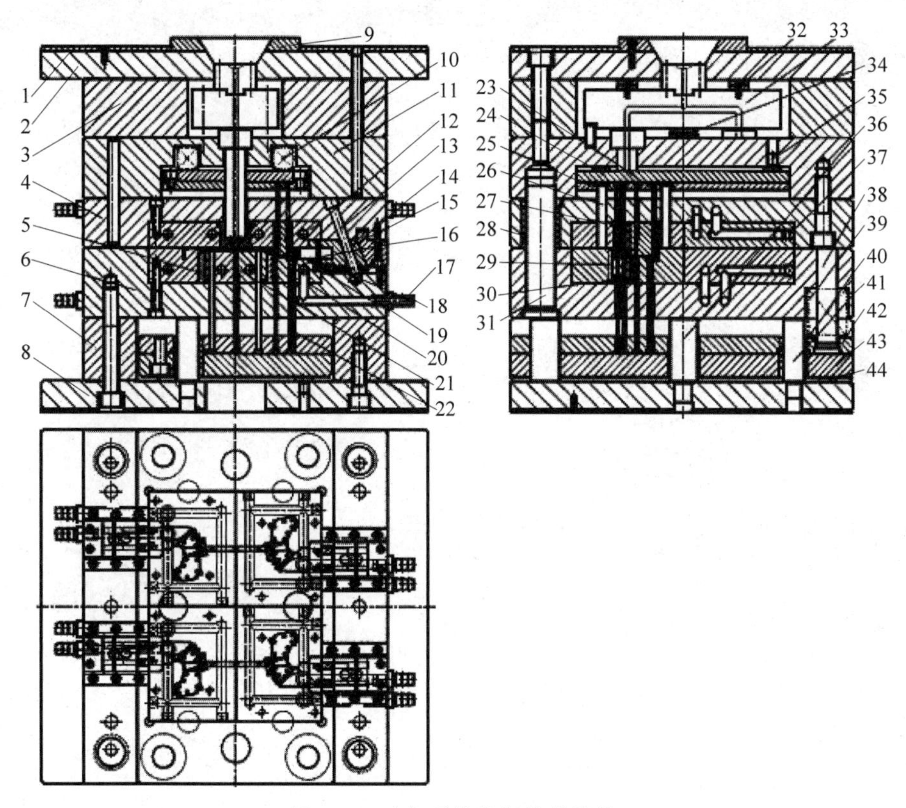

图 7-29　支架零件注塑模具结构

1—隔热板；2—定模座板；3—定模垫板；4—定模板；5、30—动模镶块；6—动模板；7—垫块；8—动模座板；9—定位圈；10、19、39—矩形弹簧；11—中间板；12—定模镶块；13—斜导柱；14—锲紧块；15—侧滑块；16—侧型芯；17—冷却水嘴；18—销钉；20—密封圈；21—拉料杆；22—动模推杆；23—定模推杆；24—定模推板；25—推板固定板；26—定模复位杆；27—定模型芯；28—导套；29—动模型芯；31—导柱；32—隔热介质；33—热流道系统；34—支撑垫；35—定模限位钉；36—支撑柱；37—堵塞；38—动模复位杆；40—动模推板导套；41—动模推板导柱；42—推板固定板；43—动模推板；44—动模限位钉

拓展练习

1. 简述侧向分型与抽芯机构的分类。

2. 简述常见的机动侧向分型与抽芯机构,重点叙述斜导柱式的侧向分型与抽芯机构工作原理及其几种基本的结构形式。

3. 简述液压与气动抽芯机构的基本形式及特点,分析其与模具的关系及注意点。

第3篇

模具制造技术

项目8

冲孔凹模镶块零件加工

1. 了解模具制造技术的基本工艺规程。
2. 了解模具零件制造的工艺性分析。
3. 了解模具零件的普通机械加工。
4. 了解模具零件的电火花线切割加工。
5. 能分析简单模具零件的加工工艺。
6. 能拟定简单模具零件的加工工艺路线。

8.1 项目分析

1. 项目介绍

冲孔凹模镶块零件的结构尺寸如图 8-1 所示。零件材料为 Cr12MoV,热处理:淬火 58～62HRC,刃口尺寸为带 * 的尺寸,刃口尺寸与冲孔凸模(冲头)配 0.18～0.22 的双面间隙,零件内孔的刃口为不规则的异形形状,外形位规则的方形,尺寸 112mm×72mm 与其固定板采用 H7/m6 的过渡配合,零件刃口面的表面粗糙度要求为 $Ra0.8\mu m$,固定部分表面粗糙度要求为 $Ra1.6\mu m$,其余表面粗糙度要求为 $Ra6.3\mu m$。

2. 项目基本流程

通过冲孔凹模镶块零件的工艺分析,了解模具零件制造的基本规程,了解模具零件制造的普通机械加工、电火花线切割加工等工艺,通过冲孔凹模镶块零件的工艺路线的拟定,体现模具零件加工的具体工艺流程。

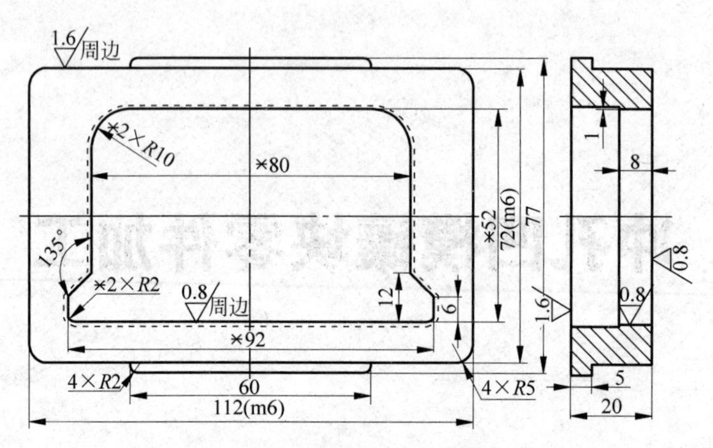

图 8-1　冲孔凹模镶块零件的结构尺寸

8.2　理论知识

8.2.1　模具制造的要求与特点

1. 模具制造的要求

在工业产品的生产中，应用模具的目的在于保证产品质量，提高生产率和降低成本等。为此，除了正确进行模具设计，采用合理的模具结构之外，还必须以先进的模具制造技术作为保证。制造模具时，不论采用哪一种方法都应满足以下几个基本要求。

1）制造精度高

为了生产合格的产品和发挥模具的效能，所设计、制造的模具必须具有较高的精度。模具精度主要是由制品精度和模具结构的要求决定的。为了保证制品的精度，模具工作部分的精度通常要比制品精度高 2～4 级；模具结构对上、下模之间配合有较高的要求，为此组成模具的零部件都必须有足够高的制造精度，否则将不可能生产出合格的制品，甚至会使模具损坏。

2）使用寿命长

模具是比较昂贵的工艺装备，目前模具制造费用占产品成本的 10%～30%，其使用寿命的长短将直接影响产品的成本高低。因此，除了小批量生产和新产品试制等特殊情况外，一般都要求模具有较长的使用寿命，在大批量生产的情况下，模具的使用寿命更加重要。

3）制造周期短

模具制造周期的长短主要取决于设计上的模具标准化程度、制造技术和生产管理水平的高低。为了满足产品市场的需要，提高产品的竞争能力，必须在保证质量的前提下尽量缩短模具制造周期。

4）模具成本低

模具成本与模具结构的复杂程度、模具材料、制造精度等要求及加工方法有关。必须根据制品要求合理设计和制定其加工工艺,降低成本。

需要指出的是,上述四个基本要求是相互关联、相互影响的。片面追求模具精度和使用寿命必然会导致制造成本的增加。当然,只顾降低成本和缩短制造周期而忽视模具精度和使用寿命的做法也是不可取的。在设计与制造模具时,应根据实际情况做出全面考虑,应在保证制品质量的前提下,选择与制品生产量相适应的模具结构和制造方法,使模具制造周期短、成本低。

2. 模具制造的特点

严格来说,模具制造也属机械制造的研究范畴,但一个机械制造能力较强的企业,未必能承担模具制造任务,更难保证制造出高质量的模具。因为模具制造难度较大,与一般机械制造相比,有许多特殊性。

1) 模具的制造特点

(1) 制造质量要求高。模具制造不仅要求加工精度高,而且还要求加工表面质量要好。一般情况下,模具工作部分的制造公差都应控制在±0.01mm以内,有的甚至要求在微米级范围内;模具加工后的表面不仅不允许有任何缺陷,而且工作部分的表面粗糙度 Ra 都要求小于0.8μm。

(2) 形状复杂。模具的工作部分一般都是二维或三维的复杂曲面,而不是一般机械加工的简单几何体。

(3) 材料硬度高。模具实际上相当于一种机械加工工具,其硬度要求较高,一般都是用淬火工具钢或硬质合金等材料制成,若用传统的机械加工方法制造,往往感到十分困难,所以模具加工方法有别于一般机械加工。

(4) 单件生产。通常生产某一个制品,一般都只需要一、两副模具,所以模具制造一般都是单件生产。每制造一副模具,都必须从设计开始,需要一个多月甚至几个月的时间才能完成,设计、制造周期都比较长。

2) 模具制造的工艺特点

(1) 模具加工上尽量采用万能通用机床、通用刀量具和仪器,尽可能地减少专用工具的数量。

(2) 在模具设计和制造上较多的采用"实配法""同镗法"等,使得模具零件的互换性降低,但这是保证加工精度,减小加工难度的有效措施。今后随着加工技术手段的提高,互换性程度将会提高。

(3) 在制造工序安排上,工序相对集中,以保证模具加工质量和进度,简化管理和减少工序周转时间。

8.2.2 模具制造工艺规程

模具加工工艺规程是规定模具零部件机械加工工艺过程和操作方法等的工艺文件。模具生产工艺水平的高低及解决各种工艺问题的方法和手段都要通过机械加工工艺规程来体现,这在很大程度上决定了能否高效、低成本地加工出合格产品。模具机械加工工艺规程的制定与生产实际有着密切的联系,它要求工艺规程制定者具有一定的生产实践知识和专业基础知识。

在实际生产中，由于零件的结构形状、几何精度、技术条件和生产数量等要求不同，一个零件往往要经过一定的加工过程才能将其由图样变成成品零件。因此，模具制造工艺人员必须从工厂现有的生产条件和零件的生产数量出发，根据零件的具体要求，在保证加工质量、提高生产效率和降低生产成本的前提下，对零件上的各加工表面选择适宜的加工方法，合理地安排加工顺序，科学地拟定加工工艺过程，才能获得合格的零件。

模具加工工艺规程是规定模具零件制造工艺过程和操作方法的工艺文件。它是在具体生产条件下，以最合理、最经济的原则编制而成的，经审批后用来指导生产的法规性文件。模具加工工艺规程包括零件加工工艺流程、加工工序内容、切削用量、采用的设备及工艺装备、工时定额等。

1. 工艺文件及应用

将工艺规程的内容，填入一定格式的卡片，即为生产准备和施工依据的技术文件，称为工艺文件。模具是单件、小批量生产，工艺文件一般只需填写工艺过程综合卡片，以供生产管理和生产调动使用。机械加工工艺过程综合卡片的格式见表 8-1。它是以工序为单位说明零件加工过程的一种工艺文件。其内容包括按零件工艺过程顺序列出的工序名称及工序内容、各工序的加工车间和工段。使用的机床及工艺装备等。工序内容一栏中应说明本工序的加工要求，如所加工的工序尺寸及公差、表面粗糙度、形状及位置公差等。

表 8-1　机械加工工艺过程综合卡片的格式

<table>
<tr><td colspan="2" rowspan="2">项　目</td><td colspan="4" rowspan="2">机械加工工艺过程综合卡片</td><td colspan="2">产品型号</td><td></td><td colspan="3">零(部)件图号</td><td colspan="2">共　页</td></tr>
<tr><td colspan="2">产品名称</td><td></td><td colspan="3">零(部)件名称</td><td colspan="2">第　页</td></tr>
<tr><td colspan="2">材料牌号</td><td></td><td>毛坯种类</td><td></td><td>毛坯外形尺寸</td><td colspan="2"></td><td>每坯件数</td><td></td><td>每台件数</td><td></td><td>备注</td><td></td></tr>
<tr><td rowspan="2">工序号</td><td rowspan="2">工序名称</td><td colspan="4" rowspan="2">工序内容</td><td rowspan="2">车间</td><td rowspan="2">工段</td><td colspan="2" rowspan="2">设备</td><td colspan="2" rowspan="2">工艺装备</td><td colspan="2">工时</td></tr>
<tr><td>准终</td><td>单件</td></tr>
<tr><td></td><td></td><td colspan="4"></td><td></td><td></td><td colspan="2"></td><td colspan="2"></td><td></td><td></td></tr>
<tr><td></td><td></td><td></td><td></td><td></td><td></td><td colspan="2" rowspan="2">编制
（日期）</td><td colspan="2" rowspan="2">审核
（日期）</td><td colspan="2" rowspan="2">会签
（日期）</td><td colspan="2" rowspan="2"></td></tr>
<tr><td></td><td></td><td></td><td></td><td></td><td></td></tr>
<tr><td>标记</td><td>处数</td><td>更改文件号</td><td>签字</td><td>日期</td><td></td><td colspan="2"></td><td colspan="2"></td><td colspan="2"></td><td colspan="2"></td></tr>
</table>

如果是模具中关键或复杂的零件，则需分开填写工艺过程卡片（也称工艺路线卡，简称工艺卡）和内容较为详细的工序卡片（简称工序卡）。根据模具零件加工工艺的特点，模具零件的加工工艺过程卡（简称工艺卡）在机械零件加工工艺过程卡的基础上进行了一些调整和简化；模具零件加工工艺过程卡见表 8-2。

表 8-2 模具零件加工工艺过程卡

加工工艺过程卡		零件名称		材料	
		零件图号		数量	
序号	工序名称	工序(工步)内容		工时	检验
编制：		审核：		日期：	

零件加工工艺卡的编制没有统一的标准,因为不同国家、不同地区、不同企业的技术实力、人员素质、设备情况等条件不同,所以零件的加工工艺只有根据具体情况而编制,零件的加工工艺应合理和科学,不合理、不科学的工艺均会造成材料、人工的浪费,使零件质量得不到保证,甚至报废,严重的还会造成工伤事故。由于不同地区、不同企业的设备、技术水平以及操作人员的熟练程度存在较大的差异,所示工艺过程卡中的工时一栏需要根据具体单位的具体情况进行填写,要考虑众多因素,没有统一标准的计算公式,所以本书工艺过程卡中的工时一栏将不进行填写。工艺过程卡中的检验一栏是实际使用中每道工序检验时检验员签字的区域。

2. 工艺过程及其组成

1) 工艺过程

工艺过程是指改变生产对象的形状、尺寸、相对位置和性质等,使其成为半成品或成品的过程。它是生产过程的一部分。工艺过程可分为毛坯制造、零件加工、热处理和装配等工艺过程。

模具加工工艺过程是指用各种加工的方法直接改变毛坯的形状、尺寸和表面质量,使之成为零件或部件的那部分生产过程,它包括零件加工工艺过程和装配工艺过程。

2) 工艺过程的组成

模具加工工艺过程是由一系列按顺序排列着的工序组成的,工序又可依次细分为安装、工位、工步和走刀。

工序是指一个或一组工人,在一个工作地点对同一个或同时对几个工件进行加工所连续完成的那部分工艺过程。工序是工艺过程的基本单元。

由定义可知,判别是否为同一工序的主要依据是,工作地点是否变动和加工是否连续。如何判断一个工件在一个工作地点的加工是否连续,以一批工件上某孔的钻铰加工为例说明,如果每一个工件在同一台机床上钻孔后就接着铰孔,则该孔的钻、铰加工是连续的,应算作一道工序;若将这批工件都钻完孔后再逐个重新装夹进行铰孔,对一个工件的钻、铰加工就不连续了,钻、铰加工应该划分成两道工序。

生产规模不同，加工条件不同，其工艺过程及工序的划分也不同。图 8-2 所示的零件为压入式模柄，根据加工是否连续和变换机床的情况，模柄的零件加工工艺过程可划分为 3 道工序，见表 8-3。

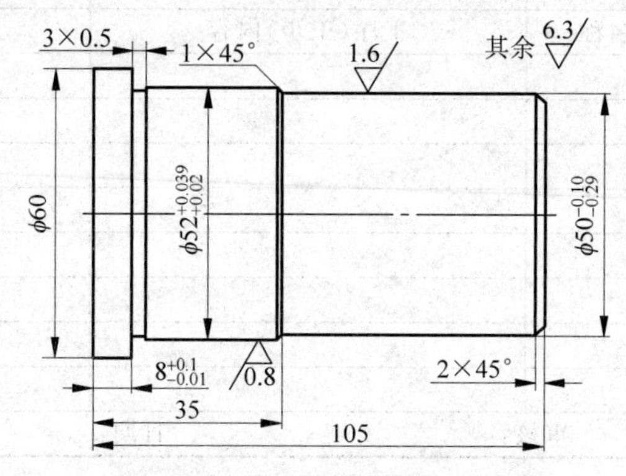

图 8-2　压入式模柄

表 8-3　模柄零件加工工艺过程

工序	工 序 内 容	设　备
1	车外圆 φ50、φ52 留磨削余量(0.3～0.4mm) 车端面、倒角、车退刀槽、钻中心孔 掉头车外圆 φ60、车端面保证长度尺寸 110、钻中心孔	车床
2	磨外圆 φ50、φ52，使其达到图纸要求	外圆磨床
3	检验	

(1) 安装。工件加工前，使其在机床或夹具中相对刀具占据正确位置并给予固定的过程，称为装夹。在工件的加工过程中，需要多次装夹工件，那么，每一次装夹所完成的那部分工艺过程称为安装。一道工序中，工件可能被安装一次或多次。例如表 8-3 中的工序 1，车削模柄的第一端面，钻中心孔时要进行一次装夹；完成后调头车削另一个端面，钻中心孔时又需要重新装夹工件，所以在该工序中，工件需要两次装夹，即有两次安装。

(2) 工位。为了完成一定的工序内容，一次安装工件后，工件与夹具或设备的可动部分一起相对刀具或设备的固定部分所占据的每一个位置称为工位。为了减少由于多次安装带来的误差和时间损失，加工中常采用回转工作台、回转夹具或移动夹具，使工件在一次安装中，先后处于几个不同的位置进行加工，称为多工位加工。采用多工位加工方法，既可以减少安装次数，提高加工精度，并减轻工人的劳动强度，又可以使各工位的加工与工件的装卸同时进行，提高劳动生产率。

(3) 工步。为了便于分析和描述工序的内容，工序还可进一步划分为若干工步。当加工表面不变、切削刀具不变、切削用量中的进给量和切削速度基本保持不变的情况下所连续完成的那部分工序内容，称为工步。以上三个不变因素中只要有一个因素改变，即成为新的工步。一道工序包括一个或几个工步。为简化工艺文件，对于那些连续进行的几个相同的工步，通常可看作一个工步。为了提高生产率，常将几个待加工表面用几把刀具同时加工，这种由刀具合并起来的工步，称为复合工步。复合工步在工艺规程中也写作一个工步。

(4) 走刀。在一个工步中，若需切去的金属层很厚，则可分为几次切削，每进行一次切削就是一次走刀。一个工步可以包括一次或几次走刀。工艺规程中常不包含走刀，但对加工量影响大的场合，应规定走刀(余量)。

8.2.3 模具零件的工艺分析

1. 模具零件的工艺性分析

模具零件的工艺性是指所设计的模具零件在满足使用性能要求的前提下制造的可行性和经济性。当某个零件的结构形状在现有的工艺条件下，既能方便地制造，又有较低的制造成本，这种零件结构的工艺性就好。

模具零件的结构，从形体上进行分析都是由一些基本表面和特殊表面组成的。基本表面包括内、外圆柱面、圆锥面和平面等；特殊表面包括螺旋面、渐开线齿形面和其他一些成型表面。分析零件结构的工艺性，首先要分析该零件是由哪些表面组成，因为零件表面形状是选择加工方法的基本因素。例如，对外圆柱面一般采用车削和磨削进行加工；对内孔一般采用钻、扩、铰、镗、磨削等进行加工。除了表面形状外，还要分析表面的尺寸大小。例如，直径很小的孔的精加工宜采用铰削，不宜采用磨削。

此外，还要注意零件各构成表面的不同组合，表面的不同组合形成了零件结构上的特点。例如，以内、外圆表面为主，既可组成盘类零件、环类零件，也可组成套筒类零件。对于套筒类零件，也有一般的轴套和形状复杂的薄壁套筒之分。但是，如果是模具结构本身需要，即使零件的结构和形状很复杂，加工精度和表面质量要求很高，制造难度很大，也不能认为该零件的结构工艺性差。零件结构工艺性涉及面很广，必须全面综合地加以分析。如凹模镶套零件，其使用面主要是内、外圆表面与两端面的平面。该零件属于典型的轴类零件的结构特点，零件的加工主要采用车削和磨削加工工艺。

2. 零件图的研究

模具零件图是制定工艺规程最主要的原始资料。在制定工艺规程时，必须首先对零件认真分析。为了更深刻地理解零件结构上的特征和主要技术要求，通常还要研究模具的总装图、部件装配图及验收标准，从中了解零件的功用和相关零件间的配合，以及主要技术要求制定的依据，以便从加工制造的角度来分析零件的工艺性是否良好，为合理制定工艺规程做好必要的准备。

零件图的研究包括以下三项内容。

(1) 检查零件图的完整性和正确性。主要检查零件视图是否表达直观、清晰、准确、充分；尺寸、公差、技术要求是否合理、齐全。如有错误或遗漏，应提出修改意见。

(2) 分析零件材料选择是否恰当。零件材料的选择应立足于国内，尽量采用我国资源丰富的材料，尽量避免采用贵重金属；同时，所选材料必须具有良好的加工性。

(3) 分析零件的技术要求。包括零件加工表面的尺寸精度、形状精度、位置精度、表面粗糙度、表面微观质量以及热处理等要求。分析零件的这些技术要求在保证使用性能的前提下是否经济合理，在本企业现有生产条件下是否能够实现。

在模具零件工艺分析过程，如有不能满足加工工艺要求的地方，应及时与设计人员进行沟通，提出相应的改进意见。

8.2.4 模具零件的普通机械加工

1. 车削加工

车削加工主要使用于各种回转类(轴类)零件的加工，模具中有很多回转类(轴类)零件，因此，车削加工是一种比较基本及应用较广的加工方法。在一般的机械制造企业中，车床占金属切削机床总台数的20%～35%。

车床的种类很多，主要包括卧式车床、立式车床、转塔车床、多刀半自动车床、仿形车床及仿形半自动车床和其他专用车床。在众多种类的车床中以卧式车床的通用性较好，应用最为广泛，它适用于加工各类轴类、套筒类和盘类零件上的回转面。

1）车削加工方法

车削加工可应用于加工内外旋转面、螺旋面(螺纹)、端面、钻孔、镗孔、铰孔及滚花等零件加工工艺。车床的主要加工方式如图8-3所示。具体对应各种材料的各种车削加工方式的切削速度、进给量、精度等级等参数可以参照查阅相关的手册和资料。

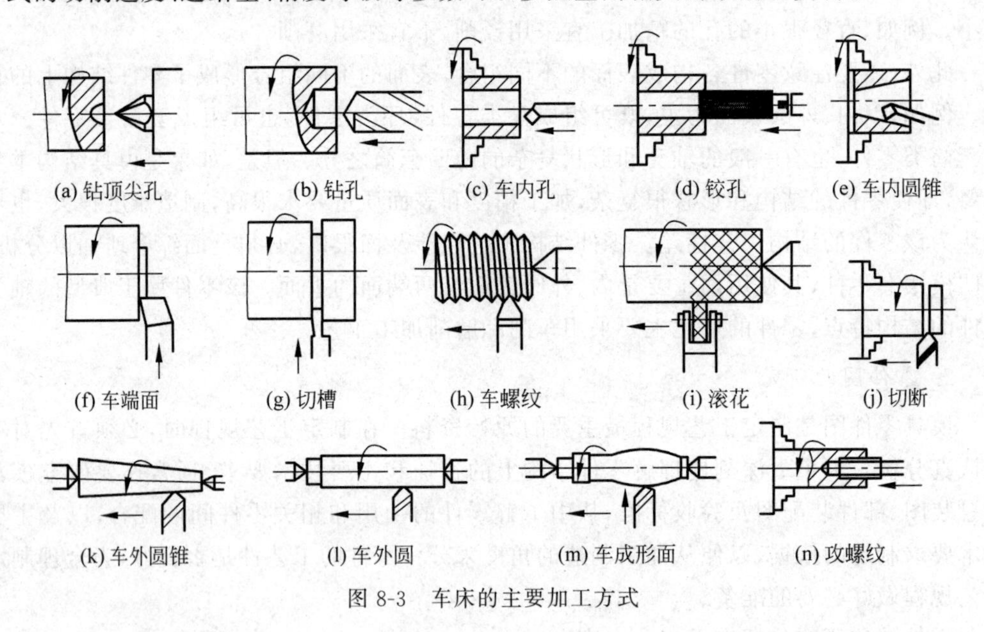

图8-3 车床的主要加工方式

2）车床装夹方法

(1) 卡盘装夹。三爪自定心卡盘适于装夹中小型圆柱形、正三边形、正六边形零件；四爪单动卡盘适于装夹在单件、小批量生产中的非圆柱形零件。

(2) 顶尖装夹。对于较长的轴类零件的装夹，特别是在多工序加工中，重复定位精度要求较高的场合，一般采用两顶尖装夹。

(3) 心轴装夹。对于内、外圆同轴度和端面对轴线垂直度要求较高的套类零件，如导套等，可采用心轴装夹。

(4) 中心架、跟刀架辅助支承。在加工特别细长的轴类零件时，为了增加零件的刚度，防止零件在加工中弯曲变形，常使用中心架或跟刀架作辅助支承。

2. 磨削加工

磨削加工应用范围越来越广，不仅应用于半精加工、精加工，同时还可应用于粗加工，加工精度可以达到IT5～IT6，加工表面粗糙度小至Ra1.25～Ra0.2μm。

磨削加工工艺方法很多，按照磨削方式分，主要有外圆磨削、内圆磨削、平面磨削、无心磨削、成型磨削(齿轮、螺纹)、光学曲线磨削和研磨等。

根据磨削方式的不同，磨床被分为以下几种类型。

(1) 外圆磨床。主要有外圆磨床、万能外圆磨床、无心外圆磨床等。

(2) 内圆磨床。主要有普通内圆磨床、行星内圆磨床、无心内圆磨床等。

(3) 平面磨床。主要有卧轴矩台平面磨床、立轴矩台平面磨床、卧轴圆台平面磨床、立轴圆台平面磨床等。

(4) 专门化磨床。主要有花键磨床、曲轴磨床、齿轮磨床、螺纹磨床等。

(5) 刀具刃具磨床。主要有滚刀刃磨磨床、万能工具磨床等。

(6) 工具磨床。主要有工具曲线磨床、钻头沟槽磨床等。

3. 铣削加工

铣削加工是在铣床上利用铣刀对工件进行切削加工的工艺过程。一般用来平面加工和表面成型。铣削加工的主运动是铣刀的旋转运动，因而可以采用较高的切削速度，由于没有往复运动时的空行程，因此效率比较高，在很大程度上取代了刨削加工。

铣削加工的主要加工对象是各种模具零件的面、槽、型腔、型面等的粗加工及精加工，其加工公差等级可达IT10，表面粗糙度Ra可达1.6μm。若选用高速、小进给量铣削，则工件的公差等级可达IT8，表面粗糙度Ra可达0.8μm，同时，需要留约0.05mm的修光余量。

铣削加工的特点如下。

(1) 铣刀是一种多齿刀具，进给方向与轴线垂直，由于同时工作齿数多，可采用阶梯或高速铣削，且无空行程，因此生产率高。

(2) 可以加工刨削无法加工或难以加工的表面。

(3) 铣削过程是断续切削过程，刀齿切削瞬间会产生冲击和振动；此外，由于每个刀齿切削厚度是变化的，也会引起冲击和振动。当振动频率接近固有频率时，振动会加剧，会造成刀齿崩刃，甚至损坏机器零件。

铣床上零件的装夹主要有：①用平口虎钳装夹；②用万能分度头装夹；③用压板、螺栓直接将工件装夹在铣床工作台上；④在成批生产中采用专用夹具装夹。

4. 钻削、扩削、铰削、镗削加工

钻削、扩削、铰削和镗削是应用较广泛的孔的加工方法，模具零件中孔的加工占整个模具零件加工中较大的比重。

1) 钻削

钻削是利用钻头在实体材料上加工出精度要求及表面粗糙度不高的切削方法，也常作为精度较高的孔的粗加工工序或工步。钻削加工为粗加工，精度一般为IT11～IT13，

表面粗糙度 $Ra \geqslant 12.5\mu m$。钻削加工主要分为钻床钻削加工和车床钻削加工。

钻削加工有以下特点。

(1) 钻头容易偏斜。由于横刃会影响定心不准,切入时钻头容易引偏;且钻头的刚性和导向作用较差,切削时钻头容易弯曲。在钻床上钻孔时容易引起孔的轴线偏移和不直,但孔径无显著变化;在车床上钻孔时容易引起孔径的变化,但孔的轴线仍然是直的。因此,在钻孔前应先加工端面,并用钻头或中心钻预钻一个锥坑,以便钻头定心。钻小孔和深孔时,为了避免孔的轴线偏移和不直,应尽可能采用工件回转方式进行钻孔。

(2) 孔径容易扩大。钻削时钻头两切削刃径向力不等将引起孔径扩大;卧式车床钻孔时的切入引偏也是孔径扩大的重要原因;此外钻头的径向跳动等也是造成孔径扩大的原因。

(3) 孔的表面质量较差。钻削切屑较宽,在孔内被迫卷为螺旋状,流出时会与孔壁发生摩擦而刮伤已加工表面。

(4) 钻削时轴向力大。这主要是由钻头的横刃引起的。试验表明,钻孔时50%的轴向力和15%的扭矩是由横刃产生的。因此,当钻孔直径 $d>30$mm 时,一般要分两次进行钻削。第一次钻出(0.5~0.7)d,第二次钻到所需要的孔径。由于横刃第二次不参加切削,故可采用较大的进给量,使孔的表面质量和生产率均得到提高。

2) 扩削加工

扩削加工是对已有的孔(钻出、铸出、锻出或冲出)进行加固的工艺方法,它可以用于孔的最终加工或铰孔、磨孔前的预加工。扩孔的加工精度为IT9~IT10,表面粗糙度为 $Ra6.3$~$Ra3.2$mm。扩孔没有专业机床,可以扩孔刀具在车床、铣床、钻床和镗床上进行加工。

作为大直径加工的补充措施,扩削加工有其一定的特点。

(1) 扩孔钻齿数较多,一般有3~4个齿,导向性较好,切削平稳。

(2) 扩孔的加工余量较小,因而扩孔钻没有横刃,改善了切削条件。

(3) 容屑槽交线,钻心较厚,刀体的刚度和强度较高,可以选择较大的切削用量。

与麻花钻相比,扩孔钻的加工质量和生产效率都较高;与钻孔相比,扩孔的精度高,表面粗糙度低,而且可以部分纠正钻孔的轴线歪斜。常用的扩孔刀具有高速钢扩孔钻和硬质合金扩孔钻。在实际生产中,许多工厂也使用可转位扩孔钻。扩孔的目的是校正预制孔的不精确度,以得到较为精确的孔径,因此,扩孔钻的螺旋角一般不需要太大。

扩孔的切削用量一般要控制在孔径的1/8左右。在加工钢件时,如果扩孔钻采用高速钢材料,切削速度应该控制在10m/min左右,并且要有充分的冷却润滑液。硬质合金扩孔钻,可以大大提高切削速度,但为了保证扩孔时的稳定和扩孔精度,而常采用低速(小于20m/min)进行。

3) 铰削

铰削是用铰刀对孔进行半精加工和精加工的工艺方法。铰孔的尺寸公差等级可达IT7~IT9,表面粗糙度值可达 $Ra3.2$~$Ra0.8\mu m$。铰孔的方式有机铰和手铰两种,机铰没有专用的机床,可以在钻床、车床和镗床上进行。

铰削加工具有以下工艺特点。

(1) 铰刀的工作齿数对加工粗糙度影响不大,但对加工精度影响甚大。齿数较多时,铰削稳定性较好,因此,加工得到的孔壁几何精度较高。

(2) 铰刀的铰削工作主要依靠主切削刃的作用,而主切削刃本身所具有的各几何参数都会直接影响到铰削时切削的受力、变形,影响到切削层的分离和加工表面的形成。

(3) 铰削工作的定位,在机用铰刀中主要依靠主切削刃。当铰刀主切削刃入孔切削后,铰刀的定位作用已基本完成。此时,工件的铰削精度主要取决于主切削刃周刃的跳动量、推进时轴向传递力的稳定性、预制孔导线的正确性以及铰刀轴线对工件轴线的重合精度。如果上述四个方面都较好,那么铰孔精度基本上就能保证。

(4) 铰孔直径的大小、铰刀的锐利程度和冷却润滑的不同都会引起孔径的扩大或缩小。

(5) 采用全弧形前型面铰削非淬硬材料,在适当的正向前角配合下,有利于切屑变形、卷曲,故有利于降低孔壁粗糙度。另外,这种前角还可以减少铰刀的径向切削力,使铰削轻快。

(6) 在主切削刃前倾面加一个等于前角值的刃倾面(在主切削刃和圆柱刃间,控制在一个适当的长度),能将切削推向未加工面,且有利于使刃倾角在主切削刃后刀面形成一个过渡刃。这可使切削厚度逐渐减薄,对降低铰削粗糙度有决定性的作用。

(7) 在确保铰刀圆柱部分全长上有倒锥的情况下,可适当加大圆柱刃带的宽度。

4) 镗削

(1) 镗削加工的工艺特点

镗削是利用各种镗刀在各类镗床上进行切削加工的一种工艺方法。它在孔加工等工艺中具有的工艺特点如下。

① 镗削主要适宜加工机座、箱体、支架等外形复杂的大型零件上的孔径较大、尺寸精度较高、有位置精度要求的孔系。

② 镗削加工的万能性较强,可以镗削单孔和孔系;铣面;车镗端面等。如配备各种附件、专用镗杆等装置后,其加工范围还可以扩大。

③ 镗削时能靠多次走刀调整孔的轴线偏斜。一般镗孔的尺寸公差等级为IT7～IT8,表面粗糙度为$Ra1.6$～$Ra0.8\mu m$;精镗时,公差等级为IT6～IT7,表面粗糙度为$Ra0.8$～$Ra0.2\mu m$。

④ 镗刀的制造和刃磨较简单,但是镗床和镗刀调整较为复杂,操作技术要求较高,效率较低;在大批量生产中,为提高生产效率,应使用镗模。

⑤ 镗削加工不宜加工淬火和硬度过高的材料。

(2) 常用的单刃镗刀镗削的特点。

① 镗削的适应性强。镗削可在钻孔、铸出孔和锻出孔的基础上进行。可达的尺寸公差等级和表面粗糙度值的范围较广;除直径很小且较深的孔以外,各种直径和各种结构类型的孔几乎均可镗削。

② 镗削可有效地校正原孔的位置误差,但由于镗杆直径受孔径的限制,一般其刚性较差,易弯曲和振动,故镗削质量的控制(特别是细长孔)不如铰削方便。

③ 镗削的生产率低。因为镗削需用较小的切深和进给量进行多次走刀以减小刀杆

的弯曲变形,且在镗床和铣床上镗孔需要调整镗刀在刀杆上的径向位置,故操作复杂、费时。

④ 镗削广泛应用于单件、小批量生产中各类零件的孔加工。在大批量生产中,镗削支架和箱体的轴承孔需用镗模。

5. 光整加工

1) 光整加工的特点

光整加工是精加工后,在工件上不切除或只切除极薄的材料层,以降低表面粗糙度,增加表面光泽和强化其表面为主要目的而进行的研磨和抛光加工(简称研抛)。抛光加工在研磨加工之后进行,能够得到比研磨更低的表面粗糙度值。光整加工是模具加工制造中的重要一环,对于提高模具寿命和制件质量,保证顺利脱模等方面具有重要作用。其特点如下。

(1) 光整加工的加工余量小,主要用来改善表面质量,少量用于提高加工精度(如尺寸精度、形状精度)的加工,但不能用于提高位置精度的加工。

(2) 光整加工是用细粒度的磨料对工件表面进行微量切削和挤压的过程,表面加工均匀,切削力和切削热很小,可获得很高的表面质量。

(3) 光整加工属于微量加工,不能纠正较大的表面缺陷,其加工前要进行精加工。

目前,用户对模具的寿命和制件的质量要求越来越高,对模具的制造质量也提出越来越高的要求,其中模具零件成型表面的质量对模具的寿命和制件的质量有很大的影响。

2) 光整加工的方法

光整加工的方法很多,按其加工条件不同,主要分为以下几类。

(1) 手工研抛。它是指主要依靠操作人员自身技艺(可辅助工具)进行的研抛,是目前用得最多的研抛方法。

(2) 挤压研磨。它是指在压力作用下,使含有磨料的弹黏性流体介质强行通过被加工表面而进行的研磨加工。

(3) 电化学研抛。它是利用电化学反应中的阳极溶解原理,使工件表面发生选择性溶解而形成平滑表面的一种光整加工方法,可分为电解研抛和电解修磨研抛。

(4) 磁力研抛。它是利用磁场作用力,使两极吸附磁性磨粒形成磁立刷,再利用磁力刷对工件进行光整加工。

(5) 超声波研抛。它是利用超声波能传递高能量特性,通过产生超声波振动装置,带动工件和抛光工具间的含有磨料的悬浮液冲击和磨削被加工部位而进行的光整加工。

(6) 玻璃珠喷射研抛。它是利用压缩空气将微小直径的玻璃珠高速喷射至工件被加工表面,利用玻璃珠的撞击达到光整加工的目的。

8.2.5 模具零件电火花线切割加工

1. 电火花线切割加工原理

电火花线切割加工与电火花成型加工的原理基本一样,如图 8-4 所示。电火花线切割加工的基本原理:利用一根连续移动的金属丝(称为电极丝)作为工具电极。在金属丝和工件间施加脉冲电流，产生放电腐蚀，对工件进行切割加工。线切割加工工件时，工件接高频脉冲的正极，电极丝接负接，即正极性加工，电极丝缠绕在贮丝筒上，电动机带动贮丝筒运动，致使电极丝不断地进入和离开放电区域，电极丝和工件间有绝缘工作液。当接通高频脉冲电源时，随着工作液的电离、击穿，形成放电通道，电子高速奔向正极，正离子奔向负极，于是电能转变为动能，粒子间的相互碰撞以及粒子与电极材料的碰撞，又将动能转变为热能。

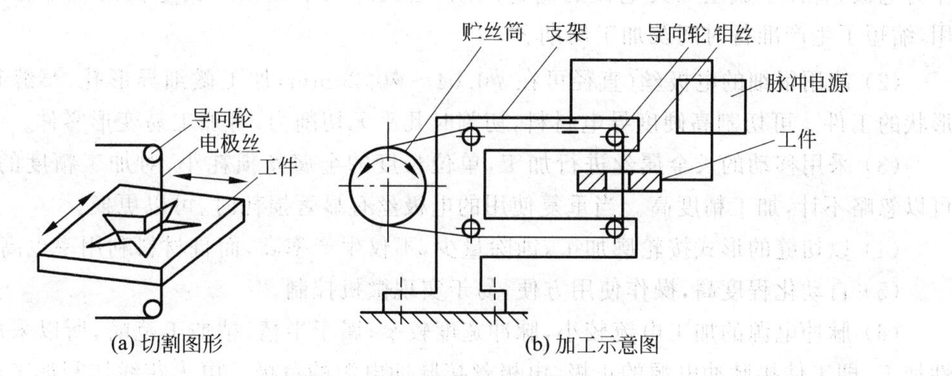

图 8-4 电火花线切割示意图

在放电通道内，正极和负极的表面分别产生瞬时热流，达到很高的温度，使工作液汽化、剧烈分解，金属材料熔化、沸腾、汽化。在热膨胀、局部微爆炸、电动力、流体动力等综合作用下，蚀除下来的金属微粒随着电极丝的移动和工作液的冲洗而被抛出放电区，于是在金属表面形成凹坑，在脉冲间隔时间内工作液消除电离，放电通道中的带电粒子复合为中性粒子，恢复了工作液的绝缘性。由于加工过程是连续的，步进电动机（伺服电动机）受控制系统的控制，使工作台在水平面沿两个坐标方向伺服进给运动。于是工件就被切割成各种给定的形状。

利用脉冲放电原理进行线切割加工，需要具备以下条件。

(1) 确保电极丝与工件间产生火花放电。当一个电脉冲出现时，为确保电极丝和工件之间产生的是火花放电而不是电弧放电，必须使两个脉冲之间具有足够的间隔时间，使放电间隙中的介质消电离，使放电通道中的带电粒子复合为中性粒子。恢复本次放电通道处间隙中介质的绝缘强度，以免总在同一处发生放电而形成电弧放电。一般脉冲间隔应为脉冲宽度的 4 倍以上。

(2) 保证放电时电极丝不被烧断。为此，必须向放电间隙注入大量的工作液，以使电极丝得到充分冷却。同时电极丝必须做相对的高速运动，以避免火花放电总是在电极丝的局部位置进行而被烧断，高速运动的电极丝有利于不断往放电间隙中带入新的工作液，同时也有利用把电蚀产物从间隙中排出。

(3) 工作台能做复杂的平面轨迹运动。线切割机床的工作台在数控装置的控制下使受控轴做伺服运动，从而使电极相对工件按照加工图形做轨迹运动。理论上，两轴联动线切割机床能加工任何图形的平面轨迹；更加复杂的图形如“天圆地方”一类的复杂形状，则需采用三轴联动的线切割机床。

2. 线切割加工的特点

线切割用于加工精密细小、形状复杂、材料特殊的零件，解决了许多机械加工困难或根本无法解决的加工问题，效率一般可以成倍提高，越是形状复杂、精密细小的冲模，特别是硬质合金模具，其经济效益越显著。线切割加工的主要特点如下。

(1) 不需要制作专门的工具电极，不同形状的图形只需编制不同的程序，采用线材线作为电极，省掉了成型工具电极的制造周期，大大降低了成型工具电极的设计和制造费用，缩短了生产准备时间及加工周期。

(2) 能用很细的电极丝(直径可在 $\phi0.04 \sim \phi0.20$mm)加工微细异形孔、窄缝和复杂形状的工件。可切割高硬度导电材料，切割时几乎无切削力，可加工易变形零件。

(3) 采用移动的长金属丝进行加工，单位长度的金属丝损耗小，对加工精度的影响，可以忽略不计，加工精度高。当重复使用的电极丝有显著损耗时、可以更换。

(4) 以切缝的形式按轮廓加工，蚀除量少，不仅生产率高，而且材料利用率也高。

(5) 自动化程度高，操作使用方便，易于实现微机控制。

(6) 脉冲电源的加工电流较小，脉冲宽度较窄，属于半精、精加工范畴，所以采用正极性加工，即工件接脉冲电源的正极，电极丝接脉冲电源的负极。电火花线切割加工通常一次完成，中途一般不转换电规准，缩短了模具零件的制造工时。

(7) 选用水基乳化液或去离子水作为工作液，加工过程中不易引发火灾，同时还可以节省资源。另外，线切割加工还具有操作方便、加工自动化程度高等特点。

(8) 由于电极是运动着的长金属丝，单位长度电极丝损耗较小，故加工精度高，可达 0.01mm 或更高。还能加工细小的内、外成型面，线切割加工的凸模与凹模形状精确，间隙均匀。

3. 快走丝线切割加工

快走丝线切割加工时电极丝进行高速往复走丝运动，俗称“快走丝”，往复走丝电火花线切割机床的走丝速度为 8～12m/s，这种线切割加工机床是我国独创的机种；一般快走丝线切割使用的电极丝为钼丝或钨钼合金丝，常用电极丝直径为 $\phi0.10 \sim \phi0.30$mm，通常电极丝是重复利用的，工作液采用皂化液。

快走丝线切割加工主要应用于各类中低档模具制造和特殊零件的加工，但由于快走丝线切割机床不能对电极丝实施恒张力控制，故电极丝抖动大，在加工过程中易断丝。由于电极丝是往复使用，所以会造成加工过程中电极丝损耗，即加工中电极丝的尺寸一直是变化减小的，致使零件加工精度和表面质量降低，加工精度一般为 0.01～0.02mm，表面粗糙度 Ra 一般为 1.6～3.2μm。

4. 慢走丝线切割加工

慢走丝线切割机床的电极丝以铜线作为电极丝，是低速单向走丝电火花线切割机床，俗称“慢走丝”，一般电极丝以低于 0.2m/s 的速度做单向运动，在铜线与铜、钢或超硬合金等被加工物材料之间施加 60～300V 的脉冲电压，并保持 5～50μm 间隙，工作液一般为去离子水。慢走丝线切割机加工的零件具有较高的表面粗糙度，通常保证精度为 0.002～0.005μm，表面粗糙度 Ra0.04～0.8μm，表面粗糙度最高可达到 Ra0.005μm，表面质量也接近磨削水平。电极丝放电后不再使用，而且采用无电阻防电解电源，一般均带有自动穿丝和恒张力装置。工作平稳、均匀、抖动小、加工精度高、表面质量好，但不宜加工大厚度工件。由于机床结构精密，技术含量高，机床价格高，因此使用成本也高。

慢走丝电火花线切割机床早期是国外公司的独有机种，在慢走丝线切割机床加工技术方面，近几年我国也取得了一定的进展，开发出了一些种类的慢走丝线切割机床设备。由于慢走丝线切割是采取线电极丝连续供丝的方式，即电极丝在运动过程中完成加工，因此即使电极丝发生损耗，也能连续地予以补充，相当于电极无损耗的加工形式，故能提高零件加工精度。慢走丝线切割所加工的工件表面粗糙度通常可达 $Ra0.8\mu m$ 及以上，且慢走丝线切割机床的圆度误差、直线误差和尺寸误差都比快走丝线切割机床好，所以在加工高精度零件时，慢走丝线切割机得到了广泛应用。慢走丝切割机构如图 8-5 所示。

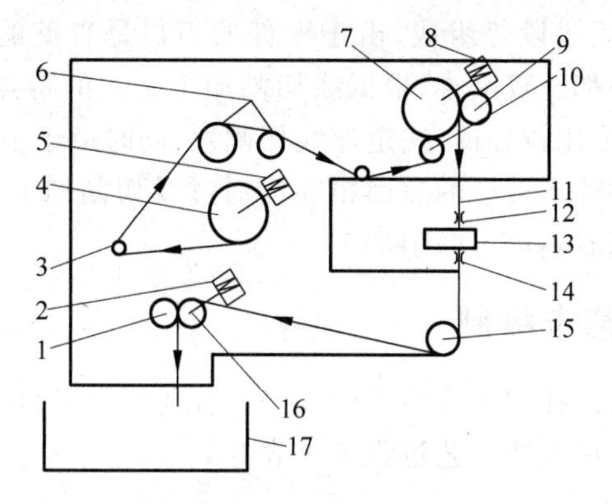

图 8-5 慢走丝切割机构

1、9、10—压紧卷筒；2—电极丝自动卷绕电动机；3—滚筒；4—供丝绕线轴；5—预张力电动机；6、15—导轮；7—恒张力控制轮；8—恒张力控制伺服电动机；11—电动机丝；12—上部电极丝导向器；13—工件；14—下部电极丝导向器；16—拉丝卷筒；17—废电极丝回收箱

5. 线切割加工的应用与分类

线切割加工技术适合于小批量、多品种零件的加工，以减少模具制造费用，缩短生产周期。主要应用在以下方面。

(1) 各种冲裁模具、挤压模具、粉末冶金模具、注塑模具、拉丝模具等模具的加工。

(2) 可以加工微细异形孔、窄缝和复杂形状的工件样板等零件。

(3) 可加工高硬度材料，切割薄片、贵重金属材料等，也可用于加工各种成型刀具。

(4) 可加工凸轮、特殊齿轮等零件。

(5) 也可加工电火花成型加工用的铜、铜钨、银铜合金等材料的电极。

目前电火花线切割加工按照加工精度等特点可以分为快走丝线切割、慢走丝线切割和中走丝线切割三种。

8.3 项目实施

8.3.1 制造工艺分析

冲孔凹模镶块零件如图 8-1 所示，该零件是冲压模具的工作零件，零件的尺寸精度直接决定着产品零件的冲孔尺寸精度，所以冲孔凹模镶块零件加工精度要求较高，零件的技术要求为：材料 Cr12MoV，热处理：淬火 58～62HRC；带 * 的刃口尺寸与冲孔凸模(冲头)配 0.18～0.22 的双面间隙，零件内孔的刃口为不规则的异形形状，外形为规则的方形，尺寸为 112mm×72mm 与其固定板采用 H7/m6 的过渡配合，零件刃口面的表面粗糙度要求为 $Ra0.8\mu m$，固定部分表面粗糙度要求为 $Ra1.6\mu m$，其余表面粗糙度要求为 $Ra6.3\mu m$。

零件外形比较规则，根据目前模具制造技术的现状，其外形可以采用普通铣削、磨削加工的工艺路线，还可以采用线切割加工。但是零件的内部刃口部位由多段线段组成，主要由直线段、斜线段、圆弧线段等组成，由于零件的刃口是直壁的刃口，在选择加工方法时，一些普通的加工方法都比较困难，根据线切割加工工艺的特点，冲孔凹模镶块零件加工过程中选用线切割加工比较合适(快走丝线切割)。同时由于不规则的形状结构不容易进行磨削加工，所以零件外形刃口的表面粗糙度通过线切割加工过程中电规准的调整进行精加工来保证，线切割后不进行磨削加工。

8.3.2 制造工艺卡编制

根据上述工艺分析，冲孔凹模镶块零件先经过普通粗加工，再使用精基准进行后续的精加工，冲孔凹模镶块零件制造工艺过程卡见表 8-4。

表 8-4 冲孔凹模镶块零件制造工艺过程卡 单位：mm

<table>
<tr><td colspan="2" rowspan="2">加工工艺过程卡</td><td>零件名称</td><td>冲孔凹模镶块</td><td>材料</td><td>Cr12MoV</td></tr>
<tr><td>零件图号</td><td>CKAMXK</td><td>数量</td><td>1</td></tr>
<tr><td>序号</td><td>工序名称</td><td colspan="2">工序(工步)内容</td><td>工时</td><td>检验</td></tr>
<tr><td>1</td><td>备料</td><td colspan="2">备 Cr12MoV 锻料 140×100</td><td></td><td></td></tr>
<tr><td>2</td><td>铣</td><td colspan="2">铣六面去粗，宽度方向一侧作为基准，留余量为 0.3～0.5，上、下两面各留余量 0.5</td><td></td><td></td></tr>
<tr><td>3</td><td>平磨</td><td colspan="2">磨上、下两面，尺寸保证为 21，保证表面粗糙度，磨侧面基准，光面即可</td><td></td><td></td></tr>
<tr><td>4</td><td>钳工</td><td colspan="2">钻内腔、外形的穿丝孔</td><td></td><td></td></tr>
<tr><td>5</td><td>热处理</td><td colspan="2">淬火 58～62HRC</td><td></td><td></td></tr>
<tr><td>6</td><td>平磨</td><td colspan="2">磨上、下两面，保证表面粗糙度及尺寸，磨侧面基准</td><td></td><td></td></tr>
<tr><td>7</td><td>线切割</td><td colspan="2">① 线切割零件内腔刃口(与冲头配间隙)
② 线切割零件外形及两个 60×5 的台阶</td><td></td><td></td></tr>
<tr><td>8</td><td>电火花成型</td><td colspan="2">电火花成型刃口周边的 1mm 漏料的扩孔</td><td></td><td></td></tr>
</table>

编制： 审核： 日期：

冲孔凹模镶块零件的制造工艺过程中，其零件的外形工艺也可以先采用铣削大部分余量并加工出两个 60×5×R2 的台阶，留少许余量后进行热处理工艺，之后再进行磨削加工，通过普通机械加工的制造工艺实现外形尺寸的加工。刃口周边 1mm 的漏料扩孔也可以采用铣削加工成型，但是铣削加工效率较低，而且该漏料结构及尺寸基本没有精度要求，所以可以直接采用成本较低的刃口轮廓形状的钢板作为电极，进行电火花成型加工。零件的制造工艺一般需要根据具体企业、地区的技术、设备、工艺水平而合理的制定，所以同样的零件可能有多种制造工艺路线，只有符合实际情况的才是合理的制造工艺路线。

拓展练习

1. 简述模具制造的主要精度要求及特点。

2. 简述车削加工对于模具零件的应用特点及范围。

3. 简述磨削加工的种类，并叙述各主要针对的结构类型的零件。

4. 简述光整加工针对模具零件的目的及应用。

5. 简述电火花线切割加工的工作原理。

6. 简述快走丝电火花线切割和慢走丝电火花线切割加工的精度特点及其对于模具零件加工的应用。

7. 编制凹模零件的制造工艺卡。凹模如图 8-6 所示。材料：Cr12MoV；热处理：淬火 58～62HRC；刃口尺寸与冲头及凹模配双面间隙 0.10～0.15mm；其余表面粗糙度 $Ra\,6.3\mu$m。

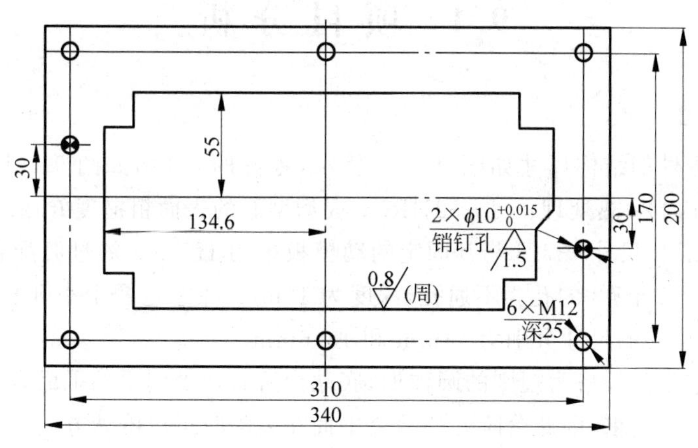

图 8-6 凹模零件图

项目9

动模型芯零件加工

项目目标

1. 了解模具零件的电火花成型加工。
2. 了解模具零件的数控加工。
3. 了解简单模具的装配工艺。
4. 能够拟定简单模具零件的加工工艺路线。

9.1 项目分析

1. 项目介绍

动模型芯零件的结构尺寸如图 9-1(a)所示,零件的 3D 图如图 9-1(b)所示。材料:H13(4Cr5MoSiV1);热处理:48~52HRC;成型型芯的表面粗糙度 $Ra0.2\mu m$,其余表面粗糙度 $Ra1.6\mu m$。尺寸$\phi37.6$与其固定的动模板采用 H7/m6 的过渡配合,其表面粗糙度为 $Ra0.8\mu m$。2 个$\phi3$ 的孔为不通孔,深度为 10mm,注意这两个小孔相对于中心不是对称的,相当于中心的尺寸分别为 14mm 和 13.6mm。

该动模型芯零件外形为规则的圆柱形,底端台阶有两处削平的平面,由于该零件与动模板装配时有方向要求,因此台阶处的两个平面在装配时可以确认方向,并防止动模型芯零件转动。

2. 项目基本流程

通过动模型芯零件的工艺分析,了解模具零件制造的基本规程,了解模具零件制造的电火花成型加工、数控加工等工艺,通过动模型芯零件的工艺路线的拟定,体现模具零件加工的具体工艺流程。

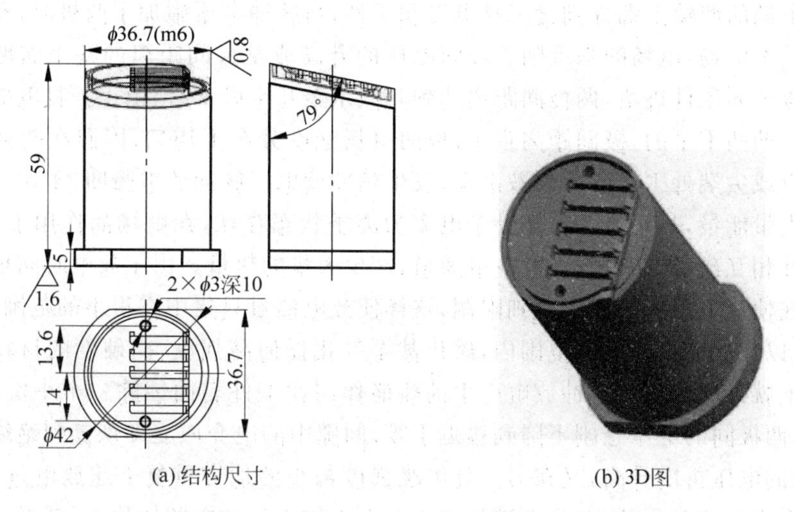

图 9-1 动模型芯零件

9.2 理论知识

9.2.1 电火花成型加工

电火花加工又称放电加工，是一种利用脉冲放电产生的热能进行加工的方法。其加工过程：使工具和工件之间不断产生脉冲性的火花放电，靠放电时局部、瞬时产生的高温把金属熔解、气化而蚀除材料。放电过程可见到火花，故称为电火花加工。

1. 电火花加工原理

电火花成型加工的基本原理是基于工具电极和工件（正、负电极）之间脉冲火花放电时的电腐蚀现象来蚀除多余的金属，以达到对零件的尺寸、形状及表面质量预定的加工要求，电火花成型加工原理如图 9-2 所示。

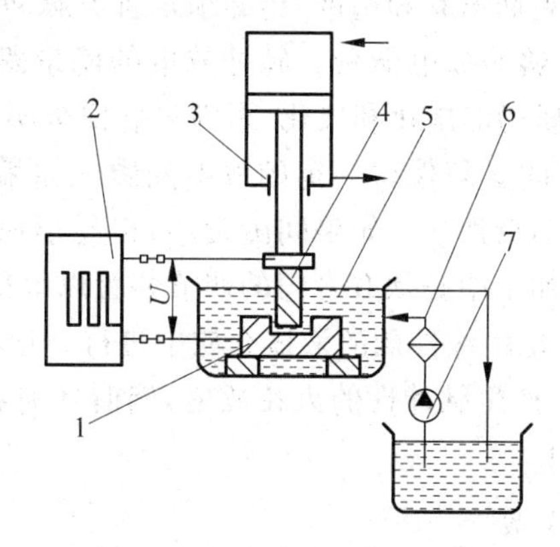

图 9-2 电火花成型加工原理

1—工件；2—脉冲电源；3—自动进给调节装置；4—工具电极；5—工作液；6—过滤器；7—泵

脉冲电源的两输出端分别接工具电极和工件，当脉冲电压施加于两极时，在两极之间就形成了一个电场，电场的强度随着极间电压的升高或是极间距离的减小而增大。随着工具电极逐渐向工件进给，两极间距离达到几微米至几十微米时，由于工具电极和工件的微观表面是凹凸不平的，极间距离很小，极间电场强度分布不均匀，因而在两极间距离最近的突出点或尖端处工作液首先被击穿，发生脉冲放电。脉冲放电瞬间，工作液的微观分子获得了大量能量，从而将工作液分子电离为离子状态存在，在电场的作用下，正负离子高速运动并相互碰撞，在极间形成放电通道，产生大量的热量。由于放电时间很短和工作介质的存在使放电通道的扩张受到限制，这样使放电能量只集中在很小的范围内，能量密度很大，足以在放电点的微观范围内，熔化甚至气化任何高强度、高硬度的材料。电火花加工实际上就是利用单次脉冲放电产生的热能作用在工件表面蚀除一个小坑，一次脉冲放电之后，两极间的电压急剧下降到接近于零，间隙中的电介质立即恢复到绝缘状态。此后，两极间的电压再次升高，又在另一处绝缘强度最小的地方重复上述放电过程，多次脉冲产生多个小坑相互重叠，使整个被加工表面由无数小的放电凹坑构成，就形成了被加工表面。

2. 电火花成型加工必须具备的条件

(1) 电火花成型加工必须采用脉冲电源、提供瞬间脉冲放电。加到工件和工具电极上放电间隙两端电压脉冲持续时间 t_i 称为脉冲宽度，为防止电弧烧伤，电火花加工只能用断断续续的脉冲放电波，相邻两个电压脉冲间隔时间 t_o 为脉冲间隔，$T=t_i+t_o$ 称为脉冲周期。工件和工具电极间隙开路时电极间的最高电压 U_r 称为峰值电压，它等于电源的直流电压。工件和工具电极间隙火花放电时脉冲电流瞬间的最大值 i 称为峰值电流，它是影响加工速度和表面粗糙度的重要参数。为了保证电火花放电所产生的热量来不及从放电点传导扩散出去，必须形成极小范围内的瞬时高温，以便金属局部熔化，甚至气化。脉冲宽度 t_i 应小于 0.001s。脉冲放电之后，为使放电介质有足够时间恢复绝缘状态，以免引起持续电弧放电，烧伤加工表面，还要有一定的脉冲间隔时间。在电火花成型加工中，为保证工件表面的正常加工，应使工具电极表面的电蚀量减小，延长工具电极的形状和精度，以得到预定的加工表面形状和精度，还必须是直流脉冲电源。

(2) 脉冲放电必须有足够的放电能量。脉冲放电的能量要足够大，电流密度应大于 $10^5 \sim 10^6\ A/cm^2$，足以使金属局部熔化和气化，否则只能使金属表面发热。

(3) 工具电极和工件之间必须保持一定的放电间隙。如果间隙过大，极间电压不能击穿极间介质，火花放电就不会产生；如果间隙过小，很易形成短路，同样不能产生火花放电。为此，在电火花成型加工中必须有专门的调节装置以维持正常的放电间隙。

(4) 火花放电必须在一定绝缘性能的液体介质中进行。这种液体介质(如煤油、皂化液、去离子水等)不仅有利于产生脉冲性的火花放电，同时还有排除放电间隙中的电蚀产物及对电极表面的冷却作用。

3. 电火花加工的物理本质

脉冲电源输出的电压加在液体介质中的工件和工具电极(以下简称电极)上。当电压升高到间隙中介质的击穿电压时，会使介质在绝缘强度最低处被击穿，产生火花放电。瞬间高温使工件和电极表面都被蚀除掉一小块材料，形成小的凹坑。电火花放电加工的物理过程是非常短暂而又复杂的，每次脉冲放电的过程可大概分为介质击穿和通道形成、能量转换和传递、电蚀屑的抛出、间隙介质消电离等几个阶段。

（1）电通道形成。电火花加工一般都是在液体介质中进行的，当脉冲电压施加在工具电极与工件之间时，就会在极间产生电场。由于极间距离很小及电极表面的微观不平，极间电场是不均匀的，一般在两者相距最近的对应点上的电场最大。极间液体介质中的杂质会在极间电场作用下，向电场较强的地方聚集，进而引起极间电场的畸变。当极间距离最小的尖端处的电场强度超过极间液体介质的介电强度时，阴极表面逸出电子，在电场作用下电子向阳极高速运动，并撞击液体介质中的分子和中性原子，产生碰撞电离，有形成带负电的粒子和带正电的粒子，导致带电粒子雪崩式的增多。当电子到达阳极表面时会使液体介质被瞬间击穿，形成放电通道。由于放电通道截面很小，带电粒子在高速运动时会产生剧烈碰撞，产生大量的热能，使得通道内温度很高，其中心温度可达10000℃以上，此时电能转化为热能熔化去除材料，实现工件的加工。

（2）能量转换和传递。两极间的介质一旦被击穿，脉冲电源使通道间的电子高速奔向正极，正离子奔向负极，电能转变成动能，动能通过碰撞又转变为热能。于是两极放电点和通道本身温度剧增，使两极放电点的金属材料熔化甚至气化，并使通道中介质气化或热分解。这些气化后的工作液和金属蒸气瞬间体积猛增，在放电间隙内成为气泡迅速热膨胀，就像火药、爆竹被点燃后那样具有爆炸的特性。电火花加工主要靠热膨胀和局部微爆炸，使熔化、气化了的工件与工具电极材料抛出蚀除。

（3）电蚀屑的抛出。在热膨胀压力和爆炸力的作用下，工具电极和工件表面熔化与气化了的金属被抛入附近的液体介质中冷却，由于表面张力和内聚力的作用，使抛出的材料冷凝为微小的球状颗粒。放电过程中放电间隙状态及加工后工具电极与工件表面如图9-3所示。实际上熔化了和气化了的金属在抛离电极表面时向四处飞溅，除大部分抛入工作液中收缩成小颗粒外，还有一小部分飞溅、镀覆、吸附在工具电极的表面上，形成积碳现象。工具电极表面积碳之后，在其表面容易形成一层绝缘层而无法继续进行放电加工。所以放电加工过程中电蚀屑的抛出不能仅靠加工本身的爆炸力来抛出电蚀屑，还需要增加外力条件以增强排屑能力，通常电加工过程中电蚀屑的抛出主要由三个方面的力

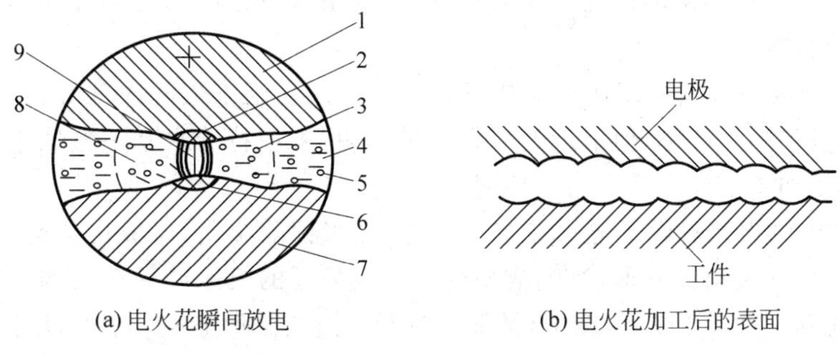

(a) 电火花瞬间放电　　(b) 电火花加工后的表面

图9-3　电火花瞬间放电示意图

1—阳极；2—阳极表面熔化区；3—熔化后抛出的金属颗粒；4—工作液；5—工作液中凝固的金属颗粒；6—阴极表面熔化区；7—阴极；8—放电通道；9—气泡

来保障：一是电加工本身的热膨胀压力和爆炸力；二是电加工机床强迫工作液在电加工区域点上的流动，一般是采用工作液冲刷加工点；三是电加工机床安装工具电极的主轴间歇周期的向上台动，迫使加工工具电极周围区域工作液流动。

(4) 间隙介质的消电离。为保证电火花加工过程的正常进行，在两次脉冲放电之间一般要有足够的脉冲间隔时间，使间隙内的介质消电离，即放电通道中的带电粒子复合为中性粒子，并恢复该处液体介质的绝缘强度。如果间隔时间不够，消电离不充分，电蚀产物和气泡来不及很快排除，就会改变间隙内介质的成分和绝缘强度，破坏消电离过程，这些都会使脉冲放电不能顺利转移到其他部位，而始终集中在某一部位，形成连续的电弧放电，烧坏工件和工具电极使电火花加工不能正常进行。

4. 电火花加工的特点

(1) 适合于难切削材料的加工。由于加工中材料的去除是靠放电时的电热作用实现的，材料的可加工性主要取决于材料的导电性及其热学特性，如熔点、沸点（气化点）、比热容、热导率、电阻率等，而几乎与其力学性能（硬度、强度等）无关。这样可以突破传统切削加工对刀具的限制，实现用软的工具加工硬、韧的工件，甚至可以加工像聚晶金刚石、立方氯化硼一类的超硬材料。目前电极材料多采用纯钢或石墨，因此工具电极较容易加工。

(2) 可以加工特殊及复杂形状的零件。由于加工中工具电极和工件不直接接触，没有机械加工的切削力，因此适宜加工低刚度工件及微细加工。由于可以简单地将工具电极的形状复制到工件上，因此特别适用于复杂表面形状工件的加工，如复杂型腔模具加工等。数控技术的采用使得用简单的电极加工复杂形状工件也成为可能。

(3) 易于实现加工过程自动化。由于是直接利用电能加工，而电能、电参数较机械量易于实现数字控制、适应控制、智能化控制和无人化操作等。

(4) 可以改进结构设计，改善结构的工艺性。例如，可以将拼镶结构的硬质合金冲模改为用电火花加工的整体结构，减少了加工工时和装配工时，延长使用寿命。喷气发动机中的叶轮，采用电火花加工后可以将拼镶、焊接结构改为整体叶轮，既提高了工作可靠性，又减小了体积和质量。

电火花加工虽然有优点，但是也有其一定的局限性，具体如下。

(1) 只能用于加工金属等导电材料。不像切削加工那样可以加工塑料、陶瓷等绝缘的非导电材料。但近年来的研究结果表明，在一定条件下也可加工半导体和聚晶金刚石等非导体超硬材料。

(2) 加工速度一般较慢。通常安排工艺时多采用切削来去除大部分余量，再进行电火花加工，以求提高生产率，但最近的研究成果表明，采用特殊水基不燃性工作液进行电火花加工，其粗加工生产率甚至高于切削加工。

(3) 存在电极损耗。内于电火花加工靠电、热来蚀除金属，电极也会遭受损耗，而且电极损耗多集中在尖角或底面，影响成型精度。但最近的机床产品在粗加工时已能将电极相对损耗比降至0.1%以下，在中、精加工时能将损耗比降至1%，甚至更小。

(4) 最小角部半径有限制。一般电火花加工能得到的最小角部半径略大于加工放电间隙（通常为0.02～0.30mm），若电极有损耗或采用平动头加工，则角部半径还要增大。但近年来的多轴数控电火花加工机床，采用 X 轴、Y 轴、Z 轴数控摇动加工，可以棱角分明地加工出方孔、窄槽的侧壁和底面。

(5) 加工表面有变质层甚至微裂纹。由于电火花加工具有许多传统切削加工所无法比拟的优点,因此其应用领域日益扩大,目前已广泛应用于机械(特别是模具制造)、宇航、航空等领域。

5. 电极

电极材料必须是导电性能良好,损耗小,造型容易,并具有加工稳定、效率高、材料来源丰富、价格便宜等特点。常用电极材料有紫铜、石墨、黄铜、铜钨合金和钢、铸铁等。

1) 纯铜电极

纯铜的特点是塑性好,可机械加工成型、锻造成型、电铸成型及电火花线电极切割成型等。其质地细密,加工稳定性好,相对电极损耗小,适应性广,易于制成薄片或其他复杂形状。常选用板材、棒材、冷拔棍、冷拔空芯铜管作为电极材料。在电加工过程中纯铜电极物理性能稳定,不容易产生电弧,在较困难的条件下也能稳定加工。常用精加工低损耗规准获得轮廓清晰的型腔,因此组织结构致密,加工表面光洁度高。但因其本身熔点低(1083℃),不宜承受较大的电流密度,如果长时间大电流加工(超过 30A)容易使电极表面粗糙、龟裂,从而破坏型腔表面光洁度。故适用于中、小型复杂形状、加工精度质量要求高的花纹模和型腔模具。

2) 石墨电极

石墨材料是一种难熔材料(熔点为 3700℃),具有良好的抗热冲击性、耐腐性,在高温下具有良好的机械强度,热膨胀系数小,在宽脉冲大电流的情况下具有电极损耗小的特点,能承受较高的电流密度,具有质量轻、变形小,容易制造的特点。其缺点是精加工时电极损耗较大,加工光洁度低于紫铜电极,并且容易脱落、掉渣,易拉弧烧伤。

3) 黄铜电极

黄铜电极最适宜中小规准情况下加工,稳定性好,制造也较容易,但缺点是电极的损耗量较一般电极大,不容易使被加工件一次成型,所以一般只用在简单的模具加工或通孔加工,取断丝锥等。

4) 铸铁电极

铸铁电极是一种在国内被广泛应用的一种材料,主要特点:制造容易、价格低廉、材料来源丰富,放电加工稳定性较好。它特别适用于高低压复合式脉冲电源加工,电极损耗一般达 20%以下,适合冷冲模加工。

5) 钢电极

钢电极也是我国应用比较广泛的,它和铸铁电极相比,加工稳定性差,效率也较低,但其可把电极和冲头合为一体,只需要一次成型,可缩短电极与冲头的制造工时。电极损耗与铸铁相似,适合“钢打钢”冷冲模加工。

6) 铜钨合金与银钨合金电极

由于含钨量较高,所以在加工中电极损耗小,机械加工成型也较容易,特别适用于工具钢、硬质合金等模具加工及特殊导孔、槽的加工。其加工稳定,在放电加工中是一种性能较好的材料;缺点是价格较贵,尤其是银钨合金电极。

工具电极材料的首要条件是导电材料,具体选用应从放电加工的工艺特性、电极材料的加工特性，以及电极本身要求的尺寸精度等方面考虑。电极的放电加工工艺特性是指电极损耗、加工稳定性、加工效率以及被加工表面的粗糙度等。电极材料加工特性是指机械加工性能、材料来源是否丰富和价格是否合理等方面。一般选用导电性良好、熔点较高、易加工的耐电蚀材料，并且具有足够的机械强度、加工稳定、效率高、成本低，如紫铜、石墨、铜钨合金，其次有黄铜、钢、铸铁等。

9.2.2 数控加工

数控机床是用数字化信号对机床的运动及其加工过程进行控制的机床，是用数字信息对机械运动和工作过程进行控制的技术，是现代化工业生产中一门新型的、发展十分迅速的高新技术。它是一种技术密集度及自动化程度很高的机电一体化加工设备。数控加工则是根据被加工零件的图样和工艺要求，编制成以数码表示的程序，输入机床的数控装置或控制计算机中，以控制工件和刀具的相对运动，使之加工出合格零件的方法。概括起来，数控加工有如下特点。

(1) 适应性强。在数控机床上改变加工零件时，除更换刀具和解决毛坯装夹方式外，只需要重新编制程序，输入新程序后就能实现对新的零件加工，且生产过程是自动完成的。这就特别适合于加工形状复杂，改型频繁，小批量零件的生产及新产品的试制，即具有非常强的适应性。

(2) 精度高，质量稳定。数控机床是按照数字形式给出指令进行加工的，大部分操作都由机器自动完成，消除了人为操作误差，再配合高精度的传动机构及反馈装置，数控机床加工尺寸精度一般在 0.005～0.010mm，重复定位精度可达±0.005mm。同时，不受零件复杂程度的影响，加工零件尺寸的一致性好，质量稳定。

(3) 生产效率高。一般数控机床主轴转速和进给量的调节范围比普通机床宽，且数控机床一般刚度好，可以选择更合理的切削用量，缩短加工时间；在数控机床上重新装夹工件时，几乎不需要重新调整机床，换刀也快，所以辅助时间比一般机床大大缩短，同时减轻了操作者的劳动强度，改善了劳动条件；加工质量稳定，一般只需要首件检查和工序间关键尺寸检查，缩短了停机时间。

(4) 经济效益好。虽然数控机床价格较高，但在单件、小批量生产的情况下，使用数控机床可节省划线、调整、检查工时，一般不需要专用夹具，且加工精度稳定，废品率低，这些都降低了生产成本；同时，数控机床还可一机多用。所以，数控机床加工具有良好的经济效益。

(5) 有利于现代化管理。数控机床采用数字信息与标准代码处理、传递信息，为计算机辅助设计、制造及管理一体化奠定了基础。

数控机床加工技术作为先进生产力的代表，在汽车、模具、航空航天、机械电子等制造领域发挥着重要的作用，在科研和生产上极大地促进了生产力的发展。数控机床加工技术的应用从整体上改善了传统制造业的发展面貌。

1. 数控加工原理

金属切削机床加工零件是操作者依据工程图样的要求，不断改变刀具与工件之间相对运动的参数(位置、速度等)，使刀具对工件进行切削加工，最终得到所需要的合格零件。

数控机床的加工是把刀具与工件的运动坐标分割成一些最小的单位量,即最小位移量,由数控系统按照零件程序的要求,使坐标移动若干个最小位移量(控制刀具运动轨迹),从而实现刀具与工件的相对运动,完成对零件加工。这个最小位移量常称为"脉冲当量"或"分辨率"。

与传统的加工方式不同,数控加工的本质实际上是以微小的直线段去逼近曲线,逼近误差(弦高差)要小于工件所要求的形位公差。生成这些微小直线段的过程即是对轨迹起点和终点之间的数据"密化"过程,这个过程称为插补。使用步进电动机或伺服电动机的脉冲控制方式(或称为位置控制方式)驱动时,采用脉冲增量插补方法(如逐点比较法和DDA 方法);使用伺服电动机的模拟量控制方式(或称为速度控制方式)驱动时,采用时间分割插补方法(或称为数据采样插补方法)。

2. 数控铣削加工

模具零件的加工中,应用较多的数控工艺是数控铣削加工。数控铣床是在普通铣床基础上发展起来的一种数控机床,两者的加工工艺基本相同,机床结构也有些相似。但数控铣床是靠程序控制的自动加工机床,它除了能铣削普通铣床所能加工的各种零件表面外,还能铣削各种复杂的平面类、变斜角类和曲面类零件,如凸轮、叶片、螺旋桨等。数控铣床至少有三个控制轴,即 X 轴、Y 轴、Z 轴,通过两轴联动可加工零件的平面轮廓,通过两轴半、三轴或多轴联动可加工零件的空间曲面。同时,数控铣床还可用做数控钻床或数控镗床,完成镗、钻、扩、铰等工艺内容。数控铣床有立式、卧式、立卧两用和龙门式数控铣床等。

1) 数控铣床的主要功能

不同档次的数控铣床的功能差别很大,但都具有以下几项主要功能。

(1) 点位控制功能。此功能可以实现对相互位置精度要求很高的孔系加工。

(2) 连续轮廓控制功能。此功能可以实现直线插补功能、圆弧插补功能和非圆曲线的加工。直线插补功能分为平面直线插补功能、空间直线插补功能和逼近直线插补功能等;圆弧插补功能分为平面圆弧插补、逼近圆弧捕补功能等。

(3) 刀具半径补偿功能。此功能可以根据零件图样的标注尺寸编程,而不必考虑所用刀具的实际半径尺寸,从而减少编程时的复杂数值计算。

(4) 刀具长度补偿功能。此功能可以自动补偿刀具的长短,以适应加工中对刀具长度尺寸调整的要求。

(5) 比例缩放及镜像加工功能。此功能可将编好的加工程序按指定比例改变坐标值来执行。镜像加工又称轴对称加工,如果一个零件的形状关于坐标轴对称,那么只要编出一个或两个象限的程序,而其余象限的轮廓就可以通过镜像加工来实现。

(6) 旋转功能。该功能可将编制好的加工程序在加工平面内旋转任意角度来执行。

(7)子程序调用功能。有些零件需要在不同的位置上重复加工同样的轮廓形状,将一轮廓形状的加工程序作为子程序,在需要的位置上重复调用,就可以完成对该零件的加工。

(8) 宏程序功能。该功能可用一个总指令代表实现某一功能的一系列指令,并能对变量进行运算,使程序更具灵活性和方便性。

2）数控铣床加工对象

与数控车床相同，采用数控铣削加工时，要选择合适的加工对象，以兼顾加工质量、效率和成本。适合于数控铣削加工的零件有以下几类。

（1）平面类零件

平面类零件的特点是各个加工表面是平面或可以展开为平面，目前在数控铣床上加工的绝大多数零件属于平面类零件。平面类零件是数控铣削加工对象中最简单的一类，一般只需用三轴数控铣床的两轴联动（两轴半坐标加工）就可以加工，如图 9-4 所示。

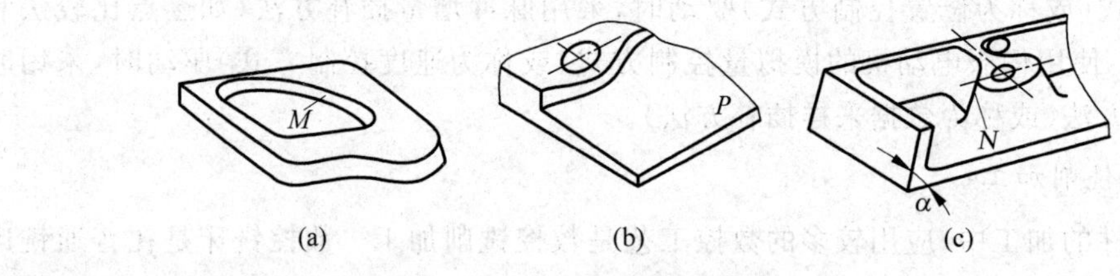

图 9-4　平面类零件

（2）变斜角类零件

变斜角类零件即加工面与水平面的夹角成连续变化的零件，如图 9-5 所示。加工变斜角类零件最好采用四轴或五轴数控铣床进行摆角加工，若没有上述机床，也可在三轴数控铣床上采用两轴半控制的行切法进行近似加工，但加工精度稍差。

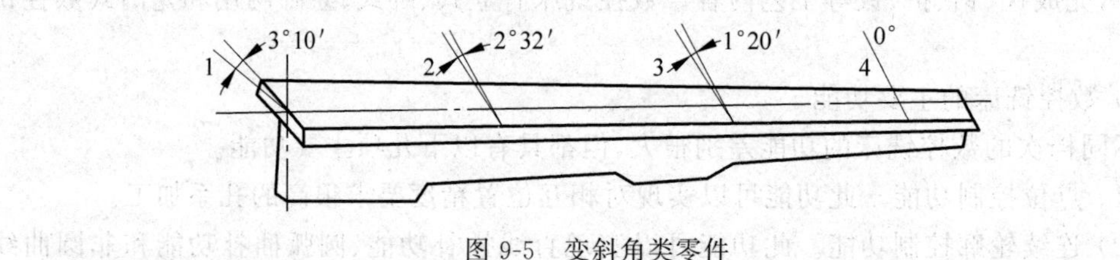

图 9-5　变斜角类零件

（3）曲面类（立体类）零件

曲面类零件即加工面为空间曲面的零件，加工时需采用球头刀，加工面与铣刀始终为点接触，一般采用三轴联动数控铣床加工，常用的加工方法主要有以下两种。

① 采用两轴半联动行切法加工。行切法是在加工时只有两个坐标轴联动，另一个坐标轴按一定行距周期进给。这种方法常用于不太复杂的空间曲面的加工。

② 采用三轴联动方法加工。所用的铣床必须具有 X 轴、Y 轴、Z 轴三轴联动加工功能，可进行空间直线插补。这种方法常用于较复杂空间曲面的加工。

3）加工中心加工

数控加工中心是在一般的数控镗、铣床上加装刀库和自动换刀装置，工件在一次装夹后通过自动更换刀具，连续地对其各加工面自动地完成铣、镗、钻、锪、铰、攻螺纹等多种工序加工。加工中心机床按照主轴所处的方位分为立式加工中心和卧式加工中心两种。加工中心与普通数控铣床的区别是加工中心具有刀库和自动换刀系统。在模具加工中，立式加工中心应用较多。

加工中心具有自动换刀装置的计算机数控（CNC）镗、铣床，采用软件固定型计算机控制的数控系统，适用于多种复杂模具零件的加工。机床的刀库可安装多把刀具，根据加工需要通过机械手换用，换刀时间仅为几秒。

采用加工中心加工模具零件，具有一般机床或数控机床所不可比拟的优越性。例如，用自动编程装置和CAD/CAM提供的三维曲面信息，即可进行三维曲面加工，并从粗加工到精加工都可按预定的刀具和切削条件连续地进行多型面或多孔加工，可以在一次装夹中自动连续地完成，加工中心机床可以按照程序自动加工，加工中不需要人工操作，加工质量稳定、加工速度快、生产效率高。

在模具制造中，数控加工中心逐渐成为机械加工的重要设备，目前我国的许多模具制造企业都采用了这种先进的设备。但目前数控加工中心的价格昂贵，在实际应用中应充分考虑其经济效果。

9.2.3　模具装配

1. 模具装配的概念

模具是由若干个具有不同几何形状和结构功能的零件或部件组成的，模具的装配是指按照模具设计装配图给定的装配关系及其技术要求，通过配合、定位、连接、固定、调整、修研和检测等操作，将加工、检验合格的零、部件及标准件组合在一起的工艺过程。模具装配是模具制造工艺全过程的最后与关键阶段，是对模具结构设计和零件加工精度与质量的总检验。通过装配可以发现模具设计和制造中存在的问题或缺陷，以便在模具正式投产前予以改正。模具的最终质量需由装配工艺和技术来保证，只有加工精度高的零件，而没有高质量的装配工艺，也难以获得高质量的模具。但零件加工质量仍是保证模具整体质量的重要基础。高质量的装配工艺与调试，可以实现在经济加工精度的零件、部件基础上，装配出高质量的模具。因此，模具装配的工艺是保证模具质量的关键环节。

模具属于结构较为复杂的单件生产的工艺装备，其制造与装配质量直接影响成型产品的质量。为保证模具的装配质量和效率，需要根据不同类型模具的结构特点，从装配工艺角度将模具分解为不同的装配单元。零件是组成模具基本结构的最小单元，几个相关零件按照相互关系装配在一起，可以形成一个组件，而组件和零件又可组合成具有某种功能的部件。模具的总体结构就是由若干个零件或部件组成的。模具装配就是要将若干个这样的零件、部件或组件按照结构关系与功能要求组合到一起，实现成型合格制件的目的。

2. 模具装配精度与技术要求

1）模具装配精度要求

模具的质量是以模具的工作性能、使用寿命以及模具成型制件的尺寸精度等综合指标来评定的。为保证模具的装配质量，模具装配时应有相应的精度要求。模具装配精度是指装配后的模具，其各部分的实际尺寸、几何形状、运动参数和工作性能等与其理想值的符合程度。模具装配精度越高，成型制件的质量就越好，但模具零件的制造要求也就越高。可见模具的装配精度不仅影响模具的质量及模具制造的成本，而且还影响成型制件的精度与质量。为保证模具及其成型制件的质量，对模具装配应有以下几方面的精度要求。

(1) 模具各零、部件间应满足一定的相互位置精度要求，如垂直度、平行度、同轴度等。

(2) 活动零件应有相对运动精度要求，如各类机构的传动精度、回转运动精度以及直线运动精度等。

(3) 导向、定位精度，如动模与定模或上模与下模的运动导向、型腔(凹模)与型芯(凸模)安装定位及滑块运动的导向与定位精度等。

(4) 配合精度与接触精度，配合精度主要是指相互配合的零件表面之间应达到的配合间隙或过盈、过渡程度；如型腔或型芯、镶块与模板孔的配合、导柱、导套的配合及与模板的配合等。接触精度是指两配合与连接表面达到规定的接触面积大小与实际接触点的分布程度，如分型面上接触点的均匀程度、锁紧楔斜面的接触面积大小等。

(5) 其他方面的精度要求，如模具装配时的紧固力、变形量、润滑与密封等；以及模具工作时的振动、噪声、温度与摩擦控制等，都应满足模具的工作要求。

2) 模具装配的技术要求

(1) 装配后的模具各模板及外露零件的棱边均应进行倒角，不得有毛刺和尖角；各外观表面不得有严重划痕、磕伤或黏附污物；也不应有锈迹或局部未加工的毛坯面。

(2) 按模具的工作状态，在模具适当平衡的位置应装有吊环或起吊孔；多分型面模具应用锁紧板将各模板锁紧，以防运输过程中活动模板受振动而打开造成损伤。

(3) 模具的外形尺寸、闭合高度、安装固定及定位尺寸、顶出方式、开模行程等均应符合设计图纸要求，并与所使用设备参数合理匹配。

(4) 模具应有标记号或铭牌，各模板应打印顺序编号及加工与装配基准角的印记。

(5) 模具定模、动模的连接螺钉要紧固牢靠，其头部不得高出模板平面。

(6) 模具外观上的各种辅助机构，如限制开模顺序的拉钩、摆杆、锁扣及冷却水嘴、液压与电气元件等，应安装齐全、规范、可靠。

3. 模具的装配过程

模具装配是由一系列的装配工序按照合理的工艺顺序进行的，不同类型的模具，其结构组成、复杂程度及精度要求都不同，装配的具体内容和要点也不同，通常包括以下主要几点。

1) 准备阶段

(1) 研究装配图。装配图是整个模具装配工作的依据，通过对装配图的分析和研究，了解模具产品的结构特点和技术要求，以及有关零件的连接、配合性质等，从而确定合理的装配基准、方法和顺序。

(2) 清洗零件。全部模具零件装配之前必须进行认真的清洗，以去除零部件内、外表面黏附的油污和各种机械杂质等。常见的清洗方法有清洗液擦洗、浸洗和超声波清洗等。清洗工艺的要素是清洗液的类型(常用的有煤油、汽油和各种化学清洗剂)，工艺参数(如温度、压力、时间)以及清洗方法。清洗工艺方法的选择，要根据零件的材料、油污和机械杂质的性质及黏附情况等因素来确定。清洗后的零件应具有一定的中间防锈能力。清洗工作对保证模具的装配精度和质量，以及延长模具的使用寿命都具有重要意义。尤其对保证精密模具的装配质量更为重要。

(3) 检测零件。模具钳工装配前还应对主要零部件进行认真检测，了解哪些是关键尺寸，哪些是配合与成型尺寸，关键部位的配合精度等级及表面质量要求等，以便装配时进行选配，避免将极限尺寸误差较大的零件装配在同一位置而增加修研工作量。尤其是成型零件、定位与导向零件以及滑动零件的配合尺寸。以防将不合格零件用于装配而损伤其他零件。

(4) 准备工具。准备好装配时所需要的工具、夹具、量具及辅助设备等，并清理装配工作台。

2) 组件、部件装配阶段

模具装配过程中有大量的零件固定与连接工作。一般模具的定模与动模(或上模与下模)各模板之间、成型零件与模板之间以及其他零件与模板或零件与零件之间都需要相应的定位与连接，以保证模具整体能准确可靠的工作。模具零件的安装位置常用销钉、定位块和零件的几何型面等进行定位，而零件之间的固定与连接则多采用一端台阶结构或螺纹连接方式。如模具的镶块和型芯等多用台阶与模板固定，这种方式结构简单，装配方便。螺纹连接是模具零件固定与连接的普遍使用方式。螺纹连接的质量与装配工艺关系很大，应根据被连接件的形状和螺钉位置的分布与受力情况，合理确定各螺钉的紧固力和紧固顺序。模具零件的连接分为可拆卸连接与不可拆卸连接两种。可拆卸连接在拆卸相互连接的零件时，不应损坏任何零件，拆卸后还可重新装配连接，通常采用螺纹和销钉连接方式。不可拆卸连接在被连接的零件使用过程中是不可拆卸的，常用的不可拆卸连接方式有焊接、铆接和过盈配合等，应用较多的是过盈配合。如模具的型芯、镶块等与模板的连接。过盈连接多用于轴、孔配合，常用压入配合、热胀配合和冷缩配合等方法。

3) 补充加工与抛光阶段

模具零件装配之前，并非所有零件的几何尺寸与形状都完全一次加工到位。尤其在塑料模具和金属压铸模具装配中，有些零件需留有一定加工余量，待装配过程中与其他相配零件一起加工，才能保证其尺寸与形状的一致性要求。有些零件则是因材料或热处理及结构复杂程度等因素，要求装配时进行一定的补充加工。如有些镶拼式结构的成型零件或局部的镶块或镶芯就需与主型芯拼装到一起后，再去加工其成型表面或相关的尺寸。还有些零件之间的连接、定位或配合，也需在装配时通过修磨加工或配合来完成。冲压模具装配中也常用配作的方法来进行凸、凹模及卸料板的装配。

零件成型表面的抛光也是模具装配过程中的一项重要内容，形状复杂的成型表面或狭小的窄缝、沟槽、细小的盲孔等局部结构都需钳工通过手工抛光来达到最终要求的表面粗糙度。

4) 研配与总装阶段

模具装配不是简单地将所有零件组合在一起，而是需钳工对这些具有一定加工误差的合格零件，按照结构关系和功能要求进行有序的装配。由于零件尺寸与形状误差的存在，装配中需要不断地调整与修研零件。调整就是对零、部件之间相互位置与尺寸进行适当的调节与选配，使其满足装配要求。如可以配合尺寸的检测与位置找正来保证零、部件安装的相对位置精度，还可调节滑动零件的间隙大小，以保证运动精度。

研配是指对相关零件进行的适当修研、刮配或配钻、配铰、配磨等操作。修研、刮配主要是针对成型零件或其他固定与滑动零件装配中的配合表面或尺寸进行修刮、研磨，使之达到装配精度要求。配钻、配铰和配磨主要用于相关零件的配合或连接装配。

5）检验与调试阶段

组成模具的所有零件装配完成后，还需根据模具设计的功能要求，对其各部分机构或活动零、部件的动作进行整体联动检验，以检查其动作的灵活性、机构的可靠性和行程与位置的准确性及各部分运动的协调性等要求。如模具的开模行程及开、合模的动作顺序与控制，限位机构的工作状态，侧向抽芯机构及推出、复位机构的动作灵活性、稳定性和行程大小，以及传动机构的运动特性与精度等。边检验边调整边修改，直至将模具调整到最佳工作状态。小型模具一般在钳工平台上由人工拉动检验，大型模具需在专门的模具装配试模机上进行。

除上述主要内容外，模具现场试模及试模后的装卸与调整、修改等，也属模具装配内容的一部分。

4. 冲压模具的装配

冲压模具的装配就是要把已加工好的模具零件按设计装配图的结构关系与技术要求组装、修整成一套完整、合格的模具。它是冲压模具制造过程中的关键环节，也是最后的工序。冲压模具装配的精度与质量将直接影响制件的成型质量及冲压模的工作性能和使用寿命。因此，冲压模装配人员必须充分了解模具的结构类型与特点及相关技术要求，认真研究模具总装图纸，精心装配与调试，确保模具装配的质量。

1）冲压模具的装配要点

冲压模具装配的工艺过程主要是根据冲压模具的类型、结构特点和冲压制件的质量要求来确定，其装配的要点见表 9-1。

表 9-1　冲压模具的装配要点

序号	项　目	装配要点
1	基准件的选择	冲模装配时，先选择基准件。其选择的原则是按照模具主要零件加工时的依赖关系确定。可作为装配基准件的零件有凸模、凹模、导向板及固定板等
2	装配	① 以导向板作为基准进行装配时，应先通过导板的导向孔将凸模装入固定板，再装上模板；然后装入下模的凹模及下模板； ② 固定板具有止口的模具，可以用止口对相关零件进行定位与装配（止口尺寸可按模块配制，已经加工好的可直接作为基准）； ③ 对于连续模，为便于调整准确步距，应先将拼块凹模装入下模板，再以凹模定位反装凸模，并将凸模通过凹模定位装入上凸模固定板中； ④ 当模具零件装入上、下模板时，应先装作为基准的零件，检查无误后再拧紧螺钉；模具经过试冲无误后需再进一步拧紧各部件的连接螺钉、打入销钉

续表

序号	项　目	装配要点
3	凸、凹模间隙的调整	冲模装配时，必须严格控制及调整凸、凹模间隙的大小及均匀性。间隙调整好后，才能紧固螺钉及销钉
4	试冲	冲模装好后，都需进行试冲。试冲时可用切纸(纸厚等于料厚)试冲及上机试冲两种方法。试冲出的试件要仔细检查，如发现凸、凹模间隙不均匀或试件毛刺过大，应进行重新装配与调整，直到试出合格制件为止

2）冲压模装配顺序的选择

冲压模装配的重点是要保证凸、凹模间隙的均匀性。因此，装配前必须合理地选择上、下模及其零件的装配顺序，否则装配后可能出现间隙不均匀又不易调整的情况。冲压模的装配顺序就是以基准件为依据来确定其他零件的组装次序。装配顺序的选择与模具结构有关，其选择方法见表 9-2。

表 9-2　冲压模的装配顺序选择

模具结构	装配顺序	工艺说明
无导柱、导套导向装置的冲模	装配时无严格的次序要求	这类冲模的上、下模之间因无导柱、导套进行导向，因此其间隙的调整在压力机上进行。即上、下模分别按图纸装配后，将其安装到压力机上边试冲边调整凸、凹模间隙，直到冲出合格制件，再将下模用螺栓、压板紧固在压力机工作台上
凹模安装在下模，板上的有导柱冲模	先安装下模，然后依据下模装配上模	① 将凹模放在下模板上，找正位置后，将下模板按凹模型孔划出漏料孔的位置及大小，并加工漏料孔； ② 将凹模固紧在下模板上； ③ 将凸模与凸模固定板组合用等高垫铁垫起，使上模导套和凸模刃口部位分别伸进相应的导柱及凹模孔内； ④ 调整凸、凹模间隙使之均匀； ⑤ 把上模板、垫板与凸模固定板组合用夹具夹紧，取下后按凸模固定板配钻销孔及螺孔，并用螺钉紧固，但不要拧紧； ⑥ 将上模导套与下模导柱轻轻配合，检查凸模是否进入凹模孔中，可用透光法观察间隙均匀性并进行调整； ⑦ 凸、凹模间隙及导柱、导套配合合适后，再将螺钉紧固并打入销钉； ⑧ 最后安装其他辅助零件
有导柱的复合冲模	先组装上模再装配下模	① 按设计图纸要求，先组装好上模部分； ② 再借助上模的冲孔凸模及落料凹模孔，找正下模的凸、凹模位置并进行间隙调整； ③ 按冲孔凹模孔，在底板上加工出漏料孔； ④ 调整好间隙后，装配下模及其他辅助零件
有导柱的连续模	先装配下模再装配上模	对有导柱的连续模，为便于调整准确步距，一般先装配下模，再以下模的凹模孔为基准将凸模通过刮料板导向，安装凸模

冲压模具的装配顺序并不是固定不变的，装配时可根据冲模的结构、装配者的经验与习惯以及装配条件等，采用灵活、合理的装配顺序进行装配与调整。

5. 注塑模具装配

塑料模具的种类较多，结构差异很大，装配时的具体内容与技术要求各不相同。即使是同一类模具，由于成型塑料品种及塑件结构和尺寸精度要求的差异，其装配方法也不尽相同。因此，模具组装前应根据不同类型模具的工作特点，仔细分析研究总装图和零件图的结构关系，了解各零件的功能、作用、特点及其技术要求，正确建立装配基准。通过合理装配，最终达到成型制品的各项质量指标、模具动作精度和使用过程中的各项技术要求。

1）注塑模具的装配要点

注塑模具的结构关系复杂，组成零件数量多，装配精度要求高。装配时基准的选择是保证模具装配质量的关键环节。装配基准的选择，依据零件加工方法与加工设备及工艺技术水平的不同，一般可分为以下两种情况。

（1）以型腔、型芯为装配基准。以型腔、型芯作为注塑模具的成型零件，是模具结构中的核心零件，其加工精度高。以型腔、型芯作为装配基准的称为第一基准。模具其他零件装配的位置关系都要依据成型零件来确定。如导柱、导套孔的位置确定，就要按型腔、型芯的位置来找正。为保证定模、动模合模定位准确及塑件壁厚均匀，可在型腔、型芯的四周间隙塞入厚度均匀的紫铜片，找正后再进行孔的加工。采用这种方法时，通常定模和动模的导柱、导套孔先不加工，而先加工好型腔和型芯或镶块，然后装入定模和动模板内。型腔和型芯之间以垫片或工艺定位器保证壁厚均匀，动模和定模对合后用平行夹板或夹钳夹紧固定，再镗制导柱和导套孔。最后顺序安装模具的其他结构零件。

（2）以模具动、定模板（*A* 板、*B* 板）两个互相垂直的相邻侧面为基准。以模架上的 *A* 板、*B* 板两个互相垂直的相邻侧面为装配基准，称为第二基准。型腔、型芯及镶块的安装，侧滑块滑道零件的定位与调整以及其他结构零件的装配，均以动模、定模板相互垂直的两相邻侧面为基准来确定位置与调整尺寸，也可以以模架上已有的导柱、导套为基准，进行其他零件的装配与调整。

2）装配时的修研原则与工艺要点

模具零件加工后都有一定的公差或加工余量，钳工装配时需进行相应的修整、研配、刮削及抛光等操作，具体修研时应注意以下几点。

（1）脱模斜度的修研。脱模斜度是保证塑件顺利脱模及尺寸精度的重要结构因素。修研脱模斜度的原则是，型腔应保证塑件收缩后其大端尺寸在允许的公差范围之内，型芯应保证塑件收缩后其小端尺寸在公差范围内。脱模斜度修研不得影响塑件尺寸精度。

（2）圆角与倒角。成型零件上边角处圆角半径的修整，应使型腔零件偏大些，型芯偏小些。便于塑料制品装配时底、盖配合处留有调整余量。型腔、型芯倒角的修整也应遵循此原则，但若零件图上没有给出圆角半径或倒角尺寸时，不应修成圆角或倒角。

（3）垂直分型面和水平分型面的修研。当模具既有水平分型面，又有垂直分型面时，修研时应使垂直分型面完全接触吻合，水平分型面则可留有 0.01～0.02mm 的间隙。涂红丹油检查时，垂直分型面出现明显黑亮接触点，而水平分型面稍见均匀分布红点即可。

（4）型腔沿口处修研。模具型腔沿口处分型面的修研，应保证型腔沿口周边 10mm 左右的分型面，合模时接触吻合均匀，对合严密，其他部位可比型腔周边低 0.02～0.04mm，以保证制品轮廓清晰，分型面处不产生飞边或毛刺。

(5) 浇注系统的修研。浇注系统是塑料熔体进入模具型腔的唯一流动通道。装配时浇注系统表面抛光纹路方向应与熔体流动方向一致,流道表面应平直光滑,拐角处应修磨成圆弧过渡,流道与浇口连接处应修成斜面,浇口尺寸修整时应留有调整余量。

(6) 侧向抽芯滑道和锁紧块的修研。侧向抽芯机构一般由滑块、侧型芯、滑道和锁紧楔等零件组成。装配时通常先研配滑块与滑道的配合尺寸,保证有 H8/f7 或 H7/f7 的配合间隙;然后调整并找正侧型芯中心在滑块上的高度尺寸,修研侧型芯端面及与侧孔的配合间隙;最后修研锁紧楔的斜面与滑块斜面,保证足够的接触面积。当侧型芯前端面到达正确位置或与主型芯贴合时,锁紧楔与滑块的斜面也应同时完全接触吻合,并应使滑块上顶面与模板之间保持 0.2mm 左右的间隙,以保证锁紧楔与滑块之间有足够的锁紧力。侧向抽芯机构工作时,熔体的侧向作用力不应作用于斜导柱上,而应由锁紧楔来承受。为此须保证斜导柱与滑块斜孔之间有足够的间隙,一般单边间隙不小于 0.5mm。滑块斜孔端部应修成圆角,便于斜导柱插入与滑出。

(7) 导柱、导套的装配。导柱、导套作为模具工作时的导向与定位零件,装配精度要求严格,相对位置误差一般在±0.01mm。装配后应保证模具开、合模运动灵活,定位准确。因此,装配前应进行导柱、导套配合间隙的分组选配。装配时应先安装模板对角线上的两个,并做开、合模运动检验,如有卡紧现象,应予以修整或调换。合格后再装其余两个,每装一个都须进行开合、模动作检验,确保动、定模开合运动轻松灵活,导向准确,定位可靠。

(8) 推杆与推件板的装配。推杆与推板的装配要求是保证塑件脱模时运动平稳,滑动灵活。推杆装配时,应逐一检查每一推杆尾部台肩的厚度尺寸与推杆固定板上沉孔的深度,并使装配后两者之间能留有 0.05mm 左右的间隙。推杆固定板和动模垫板上的推杆孔位置,可通过型芯上的推杆孔引钻的方法确定。型芯上的推杆孔与推杆配合部分应采用 H7/f6 或 H8/f7 的间隙,其余过孔部分可有 0.5mm 的间隙。推杆端面形状应随型芯表面形状进行修磨与抛光,且装配后不得低于型芯表面,但允许高出 0.05～0.10mm。曲面或斜面上的推杆装好后,应有防转措施。

推件板装配时,应保证推件板型孔与型芯配合表面采用 3°～10°的斜面配合,配合精度可取 H7/f6,表面粗糙度不应低于 *Ra*0.8μm。要求配合间隙均匀,不得溢料,尤其是异形孔截面孔。

(9) 限位机构的装配。多分型面模具常用各类限位机构来控制模具的开、合模顺序和模板的运动距离。这类机构一般要求运动灵活,受力均匀平衡,限位准确可靠,极限位置不与其他零件干涉。如用拉钩或摆杆机构限制开模顺序时,应保证开模时各拉钩或摆杆能同时打开或卡紧。装配时应严格控制各拉钩的位置、尺寸和摆杆摆动角度,确保动作一致,行程准确,安全可靠。

9.3 项目实施

9.3.1 制造工艺分析

动模型芯零件如图 9-1 所示。零件的技术要求:材料:H13(4Cr5MoSiV1),热处理:

48～52HRC；成型型芯的表面粗糙度 Ra0.2μm，其余表面粗糙度 Ra1.6μm。尺寸 ϕ37.6 与其固定的动模板采用 H7/m6 的过渡配合，其表面粗糙度为 Ra0.8μm。2 个 ϕ3 的孔为不通孔，孔深为 10mm，相当于中心的尺寸分别为 14mm 和 13.6mm。动模型芯零件底端台阶有两处削平的平面，由于该零件与动模板装配时有方向要求，因此台阶处的两个平面在装配时可以确认方向，并防止动模型芯零件转动。

零件外形比较规则，坯料可以采用圆柱的棒料先进行车削粗加工，留余量后进行热处理，然后再进行磨削等精加工工艺，由于动模型芯零件的成型面上具有小孔等细小的结构特征，这些结构特征采用普通的加工方法时，其制造工艺比较困难，同时也很难保证其加工的精度，所以考虑采用电火花成型加工，该加工工艺可以设置在零件热处理之后。

9.3.2 制造工艺卡编制

根据上述工艺分析，动模型芯零件先经过普通粗加工，再使用精基准进行后续的精加工，动模型芯零件的制造工艺过程卡见表 9-3。

表 9-3 动模型芯零件的制造工艺过程卡 单位：mm

加工工艺过程卡		零件名称	动模型芯	材料	H13
		零件图号	DMXX	数量	1
序号	工序名称	工序(工步)内容		工时	检验
1	备料	H13 圆柱棒料 ϕ45×80			
2	车	车削外圆、两端面去粗，ϕ42 直接至尺寸，外圆 ϕ36.7 车至尺寸 ϕ37.5 留单边余量 0.4，车两端面顶尖孔			
3	铣	铣 ϕ42 台阶处的两侧平面至尺寸 36.7			
4	热处理	淬火 58～62HRC			
5	钳工	修磨两顶尖孔			
6	外圆磨	磨外圆至尺寸 ϕ36.7(m6)，并保证表面粗糙度 Ra0.8μm			
7	线切割	① 线切割零件一侧的斜面，保证角度尺寸 79°；② 线切割零件另一侧的端面，取出顶尖孔并保证尺寸 59			
8	电火花成型	电火花成型型芯的成型面(细小结构特征及两个 ϕ3 的孔)			
9	研磨	研磨动模型芯零件的成型面，保证表面粗糙度 Ra0.2μm			
编制：		审核：	日期：		

动模型芯零件具有注塑模具零件的典型特征，对零件的成型部位尺寸精度与表面粗糙度要求都很高，而且这种局部成型的零件结构特征比较细小，加工时容易变形，因此现代制造工艺中多采用电火花加工，这样进过热处理的零件具有一定硬度后再进行后续加工，容易实现细小易顺部位的加工精度。

由于电火花成型加工效率较低等特点，一般零件加工时需要先取出大部分加工余量后再进行电火花成型加工，这样可以发挥各种制造工艺的优势进行互补，充分提高了加工效率。

拓展练习

1. 简述电火花加工的工作原理及其在模具零件加工中的应用。

2. 简述常用电极材料种类及其应用。

3. 简述数控加工与普通机械加工的区别。

4. 简述普通数控铣与加工中心的区别及其应用。

5. 简述冲压模具装配的基本步骤和要点。

6. 简述注塑模具装配的特点。

7. 编制支撑板零件的制造工艺卡，如图 9-6 所示，材料：CrWMn；各型腔面表面粗糙度 $Ra0.8\mu m$，其余表面粗糙度 $Ra6.3\mu m$；热处理：淬火 50～55HRC。

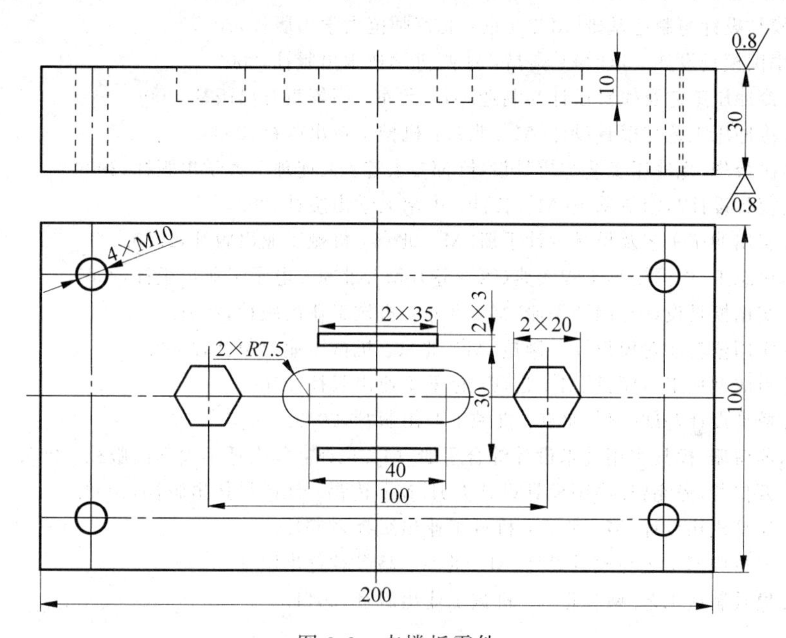

图 9-6　支撑板零件

参考文献

[1] 袁小江.冲压模具设计项目教程[M].2版.北京：机械工业出版社,2015.
[2] 袁小江.塑料成型工艺与模具设计[M].北京：高等教育出版社,2017.
[3] 高鸿庭.冷冲模设计及制造[M].北京：机械工业出版社,2001.
[4] 刘建超.冲压模具设计与制造[M].北京：高等教育出版社,2004.
[5] 成虹.冲压工艺与模具设计[M].2版.北京：高等教育出版社,2006.
[6] 丁松聚.冷冲模设计[M].北京：机械工业出版社,2001.
[7] 陈孝康.实用模具技术手册[M].北京：中国轻工业出版社,2001.
[8] 杨炎全.模具设计与制造基础[M].北京：北京师范大学出版社,2005.
[9] 夏巨谌.中国模具设计大典[M].南昌：江西科学技术出版社,2003.
[10] 韩森和.冷冲压工艺及模具设计与制造[M].北京：高等教育出版社,2006.
[11] 陈剑鹤.冷冲压工艺与模具设计[M].北京：机械工业出版社,2008.
[12] 杨关全,匡余华.冷冲压工艺与模具设计[M].大连：大连理工大学出版社,2009.
[13] 汤忠义.模具设计与制造基础[M].长沙：中南大学出版社,2006.
[14] 杨玉英.实用冲压工艺及模具设计手册[M].北京：机械工业出版社,2005.
[15] 李德群,唐志玉.中国模具工程大典(第3卷)[M].北京：电子工业出版社,2007.
[16] 许发樾.实用模具设计与制造手册[M].北京：机械工业出版社,2001.
[17] 陈万林.实用塑料注射模设计与制造[M].北京：机械工业出版社,2002.
[18] 黄虹.塑料成型加工与模具[M].北京：化学工业出版社,2003.
[19] 陈剑鹤.模具设计基础[M].北京：机械工业出版社,2003.
[20] 王树勋,苏树珊.模具实用技术设计综合手册[M].广州：华南理工大学出版社,2003.
[21] 黄乃愉,万仁芳,潘宪曾.中国模具设计大典[M].南昌：江西科技出版社,2003.
[22] 许发樾.模具机构设计[M].北京：机械工业出版社,2004.
[23] 屈华昌.塑料成型工艺与模具设计[M].北京：高等教育出版社,2005.
[24] 袁小江.模具制造工艺[M].北京：机械工业出版社,2011.